质谱分析技术原理与应用

台湾质谱学会　编著

刘虎威　等　校订（简体中文版）

U0389526

科学出版社

北京

图字：01-2018-7321 号

内 容 简 介

本书是台湾质谱学会集结众学者之力，编撰的一本质谱分析技术的入门教科书。全书包括质谱分析技术基本原理和质谱分析技术应用两部分。第 1 章对质谱仪进行概述；第 2～8 章为第一部分，从离子化方法，质量分析器，串联质谱分析，质谱与分离技术的结合，真空、检测与仪器控制系统，质谱数据解析，定量分析等方面阐明质谱分析技术基本原理；第 9～13 章为第二部分，讨论质谱分析技术在食品安全分析、蛋白质组学/代谢组学、环境与地球科学、药物与毒物分析以及医学上的应用。

本书可作为对质谱知识有兴趣者的初学入门书，大学与职技院校的质谱课程教科书，以及各相关行业领域专业人士的工具书和参考书。

图书在版编目(CIP)数据

质谱分析技术原理与应用 / 台湾质谱学会编著. —北京：科学出版社，2019.1

ISBN 978-7-03-059204-0

Ⅰ. ①质… Ⅱ. ①台… Ⅲ. ①质谱法－分析方法 Ⅳ. ①O657.63

中国版本图书馆 CIP 数据核字（2018）第 240398 号

责任编辑：刘 冉 / 责任校对：赵桂芬
责任印制：吴兆东 / 封面设计：东方人华

科 学 出 版 社 出版
北京东黄城根北街 16 号
邮政编码：100717
http://www.sciencep.com

北京九州迅驰传媒文化有限公司 印刷
科学出版社发行 各地新华书店经销
*
2019 年 1 月第 一 版 开本：720×1000 1/16
2024 年 1 月第七次印刷 印张：26 3/4
字数：540 000

定价：160.00 元
（如有印装质量问题，我社负责调换）

简体中文版序

台湾质谱学会组织几位学者撰写了《质谱分析技术原理与应用》一书，我有幸先睹为快，读后颇有收获。这既是一本很好的质谱入门教科书，又是一本系统的专业著作。阵容强大的作者队伍均来自科研第一线，而且是在质谱研究领域卓有建树的知名学者。该书内容几乎涵盖了当今质谱发展的各个方面，既阐述了质谱技术的原理，又详细介绍了各种质谱仪器的构造，还专门讨论了质谱在诸多领域的应用。无论对于新入科研之门的学生和实验人员，还是在质谱领域工作多年的研究人员，此书都会是很有价值的参考书，因此，很高兴看到此书简体中文版出版，以惠及更多读者。

质谱技术是 20 世纪发展起来的最重要的分析技术之一，其原理可以追溯到1906 年诺贝尔物理学奖得主 Joseph John Thomson 的工作，他发现了电荷在气体中的运动现象，并于 1910 年获得了第一张质谱图。其后，1922 年 Francis William Aston 因采用质谱技术发现了同位素而获得诺贝尔化学奖，1989 年诺贝尔物理学奖颁给了两位发明离子阱质谱技术的科学家，Wolfgang Paul 和 Hans Georg Dehmelt。2002 年的诺贝尔化学奖则是颁给了发明电喷雾电离技术的 John Bennet Fenn 和发明基质辅助激光解吸电离技术的田中耕一。此外，Ernest Orlando Lawrence 因为发明回旋加速器而获得了 1939 年的诺贝尔物理学奖，后来人们利用测量离子的回旋共振频率发明了世界上最高分辨率的 FT-ICR 质谱。还有，从1911 年诺贝尔物理学奖的成果"热辐射规律"、1943 年诺贝尔物理学奖的成果"分子束"到 1986 年诺贝尔化学奖的成果"交叉分子束"，以及 1996 年诺贝尔化学奖的成果"发现碳 60"，均与质谱密切相关。今天，质谱既可用于分析无机元素，包括同位素，又可用于分析有机小分子，还可用于分析生物大分子，在生命科学、材料科学、环境科学、药物研发和精准药疗、食品安全和石油化工等领域发挥着巨大而不可替代的作用。随着科学技术的发展，质谱的分析能力越来越强大，在方方面面的应用也越来越普遍。而越来越多的研究和使用质谱的人，也就自然能发现这本著作的价值。

近年来，中国大陆的质谱研究发展极快，从业人员越来越多，有关质谱的著作也出版了不少，但是，我仍然认为读者能够从本书对质谱的系统介绍中获益，这也是我极力推荐出版简体中文版的原因。参加简体中文版校订的人员有：刘虎威（目录、第 1 章和附录）、白玉（第 2，3 章和英汉名词对照索引）、聂宗秀

（第4～7章）、陈焕文（第8，12，13章）、辛培勇（第9～11章）。在本书出版之际，我真诚地感谢这几位青年学者所付出的辛勤劳动。感谢台湾质谱学会同仁的信任，特别是负责联络和进一步编辑工作的陈颂方博士、廖宝琦博士和李茂荣教授，没有他们的鼓励和帮助，简体中文版很难这么快出版。

由于校订者水平有限，加之有些专业术语在大陆和台湾有一些差异，简体中文版难免有不足甚至谬误之处，敬请读者批评指正。希望本书的出版也能促进海峡两岸质谱学者的交流，共同推动质谱技术的发展。

是为序。

刘虎威

2018年3月4日于北京·燕园

序

　　质谱分析技术在近年来广泛地应用在环境检测、地学与材料科学、食品安全、临床检验、药物与毒物、生物医学研究等领域，应用层面包罗万象。"质谱仪"这一名词开始见诸报章杂志，从学术象牙塔渐渐走入您的日常生活。在此背景之下，接触到质谱知识的专业工作者也急速增长，每年台湾质谱学会开设的训练课程均受到极大欢迎，参与者众多。目前台湾市面上可以买到多本极佳的英文基础质谱教科书，但没有合适的中文入门书籍。经学会历任四位理事长何国荣、李茂荣、谢建台、陈玉如与有识之士的倡议，获得全体理监事赞同决议，集结台湾众学者之力，编撰了这本入门教科书，在学会成员的殷切期盼下出版，希望能满足读者的需求。

　　从设计理念来讲，本书专为下列读者量身打造，内容力求深入浅出，期望能够伴随读者们共同成长，轻松愉快地了解质谱分析技术的基本原理与应用。本书是：

　　（1）对质谱知识有兴趣者的初学入门书；

　　（2）大学与职技院校的质谱课程教科书；

　　（3）各相关行业领域专业人士的参考书。

　　参与本书写作与编辑的人很多，他们默默努力耕耘付出，本书才得以完成。以下列出他们的贡献，在此代表学会与读者，向他们献上最高的敬意，谢谢大家！

　　参与本书写作与编辑的人员（按繁体中文原版姓名笔画排序）

　　作者（加下划线者负责各章统稿）：

第 1 章　<u>何国荣</u>　陈玉如

第 2 章　<u>廖宝琦</u>　王亦生　陈逸然　曾美郡　黄友利　赖建成

第 3 章　<u>彭文平</u>　何彦鹏

第 4 章　<u>许邦弘</u>　李福安　赖建成

第 5 章　<u>陈朝荣</u>

第 6 章　<u>王亦生</u>　林俊利

第 7 章　<u>陈颂方</u>

第 8 章　<u>陈逸然</u>

第 9 章　<u>李茂荣</u>　何彦鹏　谢建台

第 10 章　<u>陈玉如</u>　卓群恭　陈颂方　廖宝琦

第 11 章　丁望贤　王家麟　游镇烽
第 12 章　陈皓君　王胜盟　李茂荣　廖宝琦　蔡东湖
第 13 章　陈月枝　何彦鹏　卓怡孜
审 稿 小 组：王亦生　傅明仁　廖宝琦
编 审 委 员：王亦生　何国荣　李茂荣　陈玉如　傅明仁　廖宝琦
编 辑 助 理：柯旻欣　黄佳政　蔡舒涵
绘　　　图：黄佳政　颜凯均
封 面 设 计：李尚竹
校　　　稿：李　珣　林依欣　柯旻欣　张可耕　曹嘉云　许仁译
　　　　　　陈崇宇　黄佳政　杨宜芳　蔡家烽　蔡舒涵　钟怡宁
全华出版社：许为婷　陈怡惠　黄立良　杨素华

　　因为参与写作的人数极多，要求全书文字标准整齐便成为艰巨的任务，我们在编辑过程中尽了最大的努力，试着呈现入门教科书的效果给读者。要特别感谢编审委员们鼎力相助，经过无数冗长的编审会议，数度挑灯夜战，才能有眼前虽不完美，但是大家都觉得已经尽力了的成果。王亦生与何国荣两位委员付出最多心血，编辑团队铭记在心，特别在此致意。

　　作者团队网罗各界质谱专家，虽然丰富了本书的广度与深度，但也让编辑工作庞杂困难。虽然经过多次校稿，估计本书仍难免于错误。如果读者发现任何值得修正之处，恳请您与出版社联系，提供您的宝贵意见作为日后本书修订再版时的参考。

台湾质谱学会　谨识

第四届出版委员会成员：廖宝琦（召集人）　李茂荣　张耀仁　陈皓君
　　　　　　　　　　　陈颂方　彭文平
第五届出版委员会成员：陈颂方（召集人）　李茂荣　陈怡婷　陈朝荣　陈皓君
第四届理监事成员（按繁体中文原版姓名笔画排序）
　理 事 长：陈玉如
　秘 书 长：王亦生
　常务理事：李茂荣　何国荣　傅明仁　廖宝琦　赖建成　谢建台
　常务监事：孙毓璋
　理　　事：朱达德　何彦鹏　李宏萍　李德仁　卓群恭　林鼎信　凌永健
　　　　　　张耀仁　陈月枝　陈仲瑄　陈淑慧　陈皓君　陈逸然　彭文平
　监　　事：何永皓　许秀容　陈颂方　麦富德　刘俊升　郑净月

目　　录

第二部分　质谱分析技术应用

第01章

一种功能强大的分析仪器——质谱仪

质谱仪（Mass Spectrometer）是一种分析质量（Mass）的仪器，可进而鉴定分子结构及定量分析。纵观其发展历程，质谱的发展速度近似于指数曲线，近年来越来越快速地成长，已成为当今分析化学功能强大的设备。一般而言，课题越重要，参与的人越多。美国质谱年会每年有超过 3000 篇的口头及墙报论文发表，超过 6000 人与会，没有哪一种分析仪器具有类似的会议规模。由于质谱仪具有结构鉴定能力强大、灵敏度高、分析范围广、分析速度快、与色谱仪兼容性高等特点，是应用范围相当广泛的分析仪器。小至半导体组件的微量金属元素，大至血液中分子量达数十万的蛋白质分子，质谱仪无论在日常分析还是学术研究上都扮演着重要的角色，是医药、生物工程、环境及化学领域极为重要的分析仪器。

1.1 质谱仪的构造与质谱图

1.1.1 质谱仪的基本原理与构造

顾名思义，质谱仪是测定物质质量的仪器，基本原理为将分析样品（气、液、固相）电离（Ionization）为带电离子（Ion），带电离子在电场或磁场的作用下可以在空间或时间上分离：

$$M \xrightarrow{\text{电离}} M^+ 或 M^-$$

这些离子被检测器（Detector）检测后即可得到其质荷比（Mass-to-Charge Ratio, m/z）与相对强度（Relative Intensity）的质谱图（Mass Spectrum），进而推算出分析物中分子的质量。透过质谱图或精确的分子量测量可以对分析物做定性分析，利用检测到的离子强度可做准确的定量分析。

质谱仪的种类很多，但是基本结构相同。如图 1-1 所示，质谱仪的基本构造主要分成五个部分：样品导入系统（Sample Inlet）、离子源（Ion Source）、质量分析器（Mass Analyzer）、检测器（Detector）及数据分析系统（Data Analysis System）。纯物质与成分简单的样品可直接经接口导入质谱仪；样品为复杂的混合物时，可先由液相或气相色谱仪分离样品组分，再导入质谱仪。当分析样品进入质谱仪后，首先在离子源对分析样品进行电离，以电子、离子、分子或光子将样品转换为气相的带电离子，分析物依其性质成为带正电的阳离子或带负电的阴离子。产生气相离子后，离子即进入质量分析器[图 1-1（a）]进行质荷比的测量。在电场、磁场等物理作用下，离子运动的轨迹会受场力的影响而产生差异，检测器则可将离子转换成电子信号，处理并储存于计算机中，再以各种方式转换成质谱图。此方法可测得不同离子的质荷比，进而从电荷推算出分析物中分子的质量。此外，质谱仪还需要一个高真空系统，维持在 10^{-4} torr①至 10^{-10} torr 的低压环境中，让样品离子不会因碰撞而损失或测量到的 m/z 值有偏差。

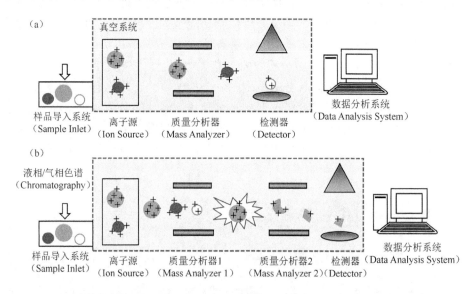

图 1-1　质谱仪的硬件组成：（a）质谱仪基本构造；（b）串联质谱仪

除了质量的测量，质谱仪也可以利用串联质谱（Tandem Mass Spectrometry，MS/MS）技术，更有效地鉴定化合物的分子结构。顾名思义，串联质谱仪（Tandem Mass Spectrometer）是由两个以上的质量分析器[图 1-1（b）]连接在一起所组成的质谱仪。当分析物经过离子源电离后，第一个质量分析器可以从混合物中选择及分离特定的离子，以外力（碰撞气体、光子、电子等）使该离子解离，并产生碎

---

① 1 torr=1 mmHg=1.333 22×10^2 Pa

片离子，再由第二个质量分析器进行碎片离子的质量分析。这些碎片信息可以用来鉴定小分子及蛋白质、核酸等生物分子的结构。当样品复杂度很高时，可在样品进样区前串联一液相色谱（Liquid Chromatography，LC）或气相色谱（Gas Chromatography，GC）系统，帮助样品预分离（Pre-separation）以提高质谱分析的效率。

1.1.2　质谱图及基本名词

图 1-2（a）为一张典型的质谱图，横坐标（x 轴）为生成离子的质荷比，纵坐标（y 轴）则代表离子的相对强度。质谱中峰强度最高的离子峰称为基峰（Base Peak），离子相对强度的计算方法是以基峰的信号强度定为 100%，其他离子峰则以相对于基峰的百分比强度表示。由于不同结构的分子被电离的难易度及效率不同，分子离子峰的强弱随化合物结构不同而异。

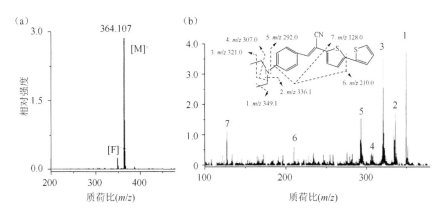

图 1-2　（a）丙烯腈（Acrylonitrile）的质谱图；（b）丙烯腈（Acrylonitrile）的串联质谱图，利用碎裂后的产物离子可推知其结构

质谱图中由分析物所形成的离子称为分子离子（Molecular Ion），由其对应的 m/z 值可以得知分析物的分子质量。由于分子由多个原子组成，分子的质量即组成原子的质量之总和，而原子质量常以原子质量单位（Atomic Mass Unit，amu 或 Dalton，Da）表示，因此 Da 或 amu 为质谱测量常用的质量单位，且 1 Da（＝1 amu）被定义为碳 12（^{12}C）原子质量的 1/12。通常生物大分子的分子量大于数千 Da，常用 kDa 作为单位。通过测量准确质量（Accurate Mass）更可推导出可能的化学分子式（质量的定义详见第 7 章）。

在串联质谱技术中，第一个质量分析器所选择的特定离子称作前体离子（Precursor Ion，有时也称 Parent Ion），前体离子碎裂后所产生的碎片离子称为产物离子（Product Ion）。图 1-2（b）为一张典型的串联质谱图（Tandem Mass Spectrum），由于分子离子有各自特定的碎裂模式，通过解析这些碎片"指纹"，可以推知原先分子的结构。

1.2 质谱仪的定性鉴定与高灵敏检测能力

最常被报道和讨论的分析数据是分析物的浓度，但若所检测的分析物是错误的，浓度的可信度再高也没有意义。因此，除了"定量"的质量之外，鉴定是哪一种化合物的正确性也极为重要。在质谱仪因高灵敏度而广受关注之前，它最为人知的优点就是其远优于其他仪器的定性鉴定能力。现在和生活息息相关的许多领域，如环境质量、食品安全、生物医药与临床诊断，多涉及低浓度的化合物。因此低浓度物质的检测能力，特别是在复杂背景（复杂基质）下检测低浓度化合物的能力，成为分析仪器非常重要的一个功能指标。目前质谱仪即以其远优于其他分析仪器的检测能力，成为分析化学最重要的分析仪器。

1.2.1 质谱仪的定性功能

20 世纪 70 年代以前，质谱仪主要用于化合物结构的鉴定。有机化学家可由质谱图的分子离子判定化合物的分子量，再通过众多的碎片离子判断化合物的化学结构。由于核磁共振谱仪快速的发展及优异的结构解析能力，目前有机化学家已较少利用质谱图来推测化合物的结构，取而代之的是分析化学家使用质谱图进行化合物鉴定（定性）的工作。

一张化合物的电子轰击质谱图，除了分子离子外还包含许多碎片离子。不同的化合物不但具有相同的分子量、相同的裂解碎片，而且各碎片的相对强度也相同的概率是十分低的，因此每个化合物的质谱图几乎是独一无二的。分析化学家即便不知道各碎片离子所代表的化学结构，也可通过质谱图高专一性的特性达到化合物鉴定的目的。串联质谱仪（如三重四极杆串联质谱仪）是迄今最为人知的质谱仪。类似电子轰击质谱图，串联质谱的产物离子质谱图也具有很高的专一性。质量相同的前体离子，产生相同质量的裂解碎片（产物离子），且各碎片又具有相同强度比的概率是很低的。研究显示，即使不检测所有的产物离子，该方法也有很高的专一性，例如，为了提高灵敏度，通常三重四极杆串联质谱仪只观测产物离子中的某两个产物离子。根据文献资料，色谱保留时间加上一前体离子的二级产物离子的定性失误小于百万分之一。

1.2.2　质谱仪分析混合物的功能

有机化合物的组成元素不多（碳、氢、氧、氮、硫等），但是其组成原子的数量却往往十分可观（有的超过数十万个）。化合物很少是单独存在的，通常和许多其他的化合物共存于样品中。分析目标化合物时，必须排除其他共存物的干扰，才能得到该化合物的真正信号。为了排除其他共存物的干扰，样品萃取、净化与分离，常是有机分析不可或缺的几个步骤。

气相色谱仪为一类功能强大的分离仪器，20 世纪 70 年代气相色谱与质谱仪的成功结合，显著提高了质谱仪分析混合物的能力。气相色谱-质谱仪也因兼具分离与鉴定两功能而广受分析化学家的重视。液相色谱仪能够分离的化合物种类远超过气相色谱仪，因此液相色谱仪和质谱仪的联用一度是极受重视的研究主题，但是一直到 20 世纪 90 年代，耶鲁大学芬恩教授将电喷雾法应用于质谱仪才成功地将这两类仪器相结合。近年来该方法无论在仪器还是在串联接口方面都有快速的发展，液相色谱-质谱仪已逐渐成为分析化学最重要的仪器。

质谱仪连接气相色谱仪、液相色谱仪等分离设备的主要目的，是希望借助色谱仪的分离功能，排除其他共存物的干扰。但分离毕竟有其限制，当色谱仪无法有效分离时，就需要依赖后端检测器的分辨能力。质谱仪因具有分辨不同质量（质量分离）的功能而优于其他检测器。只要共流出化合物的分子量和目标化合物不同，质谱仪就能有效地避开这些化合物的干扰。若共流出化合物和目标化合物有相同的保留时间，而且分子量也相同，就需要进一步提升检测器的分辨能力，以排除共流出物的干扰。最著名的高分辨能力检测器就是串联质谱仪，虽然共流出物有相同的分子量，但只要产物离子的质量不同，串联质谱仪仍然可以排除共流出物的干扰。

除了可以依靠不同的产物离子来区分相同质量的化合物外，另一种区分的方法则是提高质谱仪的分辨率（参阅第 7 章）。自然界各元素以碳 12 为基准，其他各元素原子的精确质量（Exact Mass）都不是整数，如 H 为 1.00794，O 为 15.99943，N 为 14.00672。一般的低分辨质谱仪无法测得精确质量，因此无法区分整数质量（标称质量，Nominal Mass）相同的化合物，如 CO 及 N_2（两者的整数质量均为 28）。但 CO 及 N_2 的精确质量并不相同（CO 为 27.99493，N_2 为 28.01344），高分辨质谱仪因高的质量解析能力及高精确度而能够区分 CO 及 N_2。将这样的现象应用到提高区分能力时，前述同分子量（同整数质量）共流出物的精确质量很可能和目标化合物是不相同的。因此，若使用高分辨率的双聚焦质谱仪、飞行时间质谱仪、轨道阱质谱仪或傅里叶变换质谱仪，也能排除同质量（整数质量）共流出物的干扰。

1.2.3 质谱仪的高灵敏检测能力

在串联质谱分析技术成熟前，单一质谱的选择离子监测（Selected Ion Monitoring，SIM）模式是质谱仪较常使用的高灵敏度（或称高感度）检测模式。使用传统的全扫描（Full Scan）模式时，对任一特定质量的离子而言，只有当质谱仪扫描到该特定质量时才会被检测到。因为全扫描模式检测离子的效率不高，所以灵敏度也较差。但若质谱仪只检测某一特定离子（选择离子监测模式），因为检测离子的效率较高（一个为100%，两个为50%），就能提供较好的灵敏度，即较低的检测极限。

串联质谱（如三重四极杆串联质谱仪）的选择反应监测（Selected Reaction Monitoring，SRM）模式和单一质谱仪的选择离子监测概念十分相似，它只检测产物离子中的某一个或两个碎片，因有较高的检测效率，就能提供较高的灵敏度。前述的推论可以解释选择离子监测较全扫描有较高的灵敏度，或选择反应监测较产物离子扫描（Product Ion Scan）有较高的灵敏度，但却无法解释为何选择反应监测较选择离子监测有更高的灵敏度。理论上，若SIM和SRM都只检测一个离子，检测的效率都为100%，理应有类似的灵敏度，但是实际上SRM比SIM灵敏得多。此差异的主要原因在于上节讨论的排除化学噪声的能力：SIM可以排除滞留时间近似但质量不同的化合物的干扰，SRM则可排除滞留时间近似，质量也相同，但产物离子不同的化合物的干扰。SRM较SIM有更高的排除化学噪声的能力，因此可以检测到更低浓度的化合物。这也使得液相色谱-三重四极杆串联质谱仪成为近十年来分析小分子的最著名的仪器，它将分析化合物的能力由百万分之一（ppm）推进到十亿分之一（ppb），甚至万亿分之一（ppt）的水平，显著提高了质谱仪分析低浓度化合物的能力。

三重四极杆串联质谱仪因其排除质量相同化合物干扰的能力而有较高的灵敏度。高分辨质谱仪也可排除整数质量相同但精确质量不同的化合物的干扰，因此也有较高的灵敏度。气相色谱-双聚焦质谱仪之所以成为微量二噁英最重要的分析仪器，就是借助于双聚焦质谱仪优良的质量分辨能力。

1.3 日新月异的质谱技术

20世纪90年代新的电离法——电喷雾电离（Electrospray Ionization，ESI）及基质辅助激光解吸电离（Matrix-Assisted Laser Desorption/Ionization，MALDI）的出现，开启了质谱技术进入生命科学领域的新纪元，生物质谱法自此蓬勃发展。

质谱技术对蛋白质快速、灵敏的鉴定，不同状态下的定量分析，以及探讨翻译后修饰的差异，让生命科学研究学者得以一窥细胞生理变化的奥秘。

质谱技术的进展和实际应用常是互为依赖、相辅相成的。ESI 及 MALDI 的出现开启了生物质谱的新纪元，而生物样品微量及复杂的特性也促成了质谱技术的快速发展。例如，高灵敏度、高分辨率及高分析速度的飞行时间质谱仪及轨道阱质谱仪的快速进展，即源自于在微量的生化样品中解析复杂蛋白体的需求。上述仪器的进展除了增强蛋白质组学分析的功能外，也开启了小分子分析的新应用，食品安全日益受到重视的无靶标（Non-Targeted）检验即须依靠高扫描速度及高分辨率的飞行时间或轨道阱质谱仪。

质谱仪以其高灵敏度、高分辨率及高分析通量而成为目前广泛使用的分析仪器，未来它仍将继续提高检测灵敏度、分辨率、质量准确度、分析通量等性能而成为性能更好、应用更广泛的分析仪器。

第一部分
质谱分析技术基本原理

第 *02* 章

离子化方法

纵观质谱仪离子化方法的发展历史，从 20 世纪初期开始各种形式的离子化技术就层出不穷，其错综复杂的发展过程，让质谱分析技术广泛地应用于许多领域来解决化学分析的需求。目前，没有单一种类的离子化方法能适用于所有的分析需求，多种离子化方法在分析应用价值上各具独特之处，使用者可根据样品与被分析物的物理化学特性选用适当的离子化方法。图 2-1 将各种离子化方法发展的先后顺序以时间轴显示，方便读者了解以下的讨论。

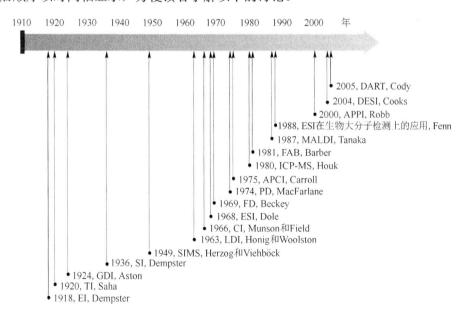

图 2-1　离子化方法的发展时间与发明者

最早使用的离子化方法是 1918 年 Dempster 发明的电子电离（Electron Ionization，EI）[1]，又称电子轰击（Electron Impact），1929 年 Bleakney 又进一步将之改进[2]。此离子化技术是通过加热灯丝放出电子，电子经过电场加速获得高能量，被分析物（Analyte）因为获得电子的能量而离子化。被分析物吸收能量后，会因化学结构不同，裂解为独特的碎片离子，所以电子电离在当时常应用于有机分子的鉴定。此法的缺点为电子所携带的能量太大，使得离子化过程相当剧烈，常常得到大量的碎片离子，无法获得被分析物分子量信息。Munson 与 Field 等于 1966 年发展出了化学电离（Chemical Ionization，CI）法[3]，此法同样利用加热灯丝产生的高能电子进行离子化，不同之处在于化学电离法将试剂气体（Reagent Gas）通入离子源（Ion Source）中，先以电子电离方式产生试剂离子（Reagent Ion），再与被分析物进行离子/分子反应（Ion/Molecule Reaction），从而使被分析物离子化。相比电子电离，化学电离法显著减少了被分析物碎裂的机会，能得到完整的分子量信息，在文献中被称为较软（Soft）的离子化技术。

使用电子电离与化学电离法必须先将被分析物汽化（Vaporization），所以这两种技术不适用于低挥发性、热不稳定以及凝聚态（Condensed Phase）的被分析物。Herzog 与 Viehböck 在 1949 年提出了二次离子质谱（Secondary Ion Mass Spectrometry，SIMS）法[4]，此方法是利用高能量离子束撞击被分析物，通过溅射（Sputtering）现象生成二次离子，而这些二次离子可反映出被分析物的化学组成。上述的离子化技术属于解吸电离（Desorption Ionization，DI）法，其特点是利用高能量的粒子，将被分析物从样本表面解吸附，同时形成气相离子（Gas Phase Ion），由此可利用解吸电离法分析难以汽化的物质。自二次离子质谱法出现后，许多解吸电离方法逐渐被提出，如 20 世纪 60 年代的激光解吸电离（Laser Desorption Ionization，LDI）[5]与场解吸（Field Desorption，FD）[6]，1974 年的等离子体解吸（Plasma Desorption，PD）[7]，以及 1981 年的快速原子轰击（Fast Atom Bombardment，FAB）[8]。以上几种离子化技术均可分析凝聚态物质，不同之处在于所使用的能量源。对于生物大分子（多肽、蛋白质）或高分子聚合物，前述解吸电离法仍不适用；以激光解吸电离法为例，激光光束的高能量会同时使蛋白质分子发生光降解（Photo-Degradation），生成许多难以辨别的碎片离子，所以传统的激光解吸电离法适用的分子量上限不超过 1000 Da。直到 20 世纪 80 年代，激光解吸电离法在大分子样品的分析上有了新的突破，日本学者 Koichi Tanaka 发现，在样品中加入基质（Matrix）可辅助大分子完整地离子化成分子离子（Molecular Ion），可让大分子保持完整的结构进入质量分析器被检测，并于 1987 年给出了利用该方法成功分析完整蛋白质分子的质谱图[9]。此方法后来经过 Hillenkamp 与 Karas 两位学者改进成为更实用的技术，称为基质辅助激光解吸电离（Matrix-Assisted Laser Desorption/Ionization，MALDI）[10]。

　　在各种解吸电离技术被陆续提出的同时，以分析液态样品为主的离子化技术又有另一段发展过程。质谱学家开始在常压下直接将液态样品喷雾成微液滴，再结合不同的离子化过程进行质谱分析。第一个实现此构想的离子化技术是 Dole 于 1968 年发表的电喷雾电离（Electrospray Ionization，ESI）法[11]；而 Carroll 等则在 1975 年以电晕放电（Corona Discharge）装置取代化学电离法所使用的灯丝，在常压下将液态样品离子化，此技术后来被称为大气压化学电离（Atmospheric Pressure Chemical Ionization，APCI）法[12]。Fenn 等于 1989 年使用电喷雾电离法准确地测量了蛋白质的分子质量[13]；Robb 等于 2000 年推出具有分析低极性物质能力的大气压光致电离（Atmospheric Pressure Photoionization，APPI）[14]。文献将与上述离子化技术类似的方法，统称为大气压电离（Atmospheric Pressure Ionization，API）。21 世纪初期，大气压电离有了一个新的发展方向，即让离子源能够直接分析自然原始状态（Native State）的样品。2004 年 Cooks 团队开发出解吸电喷雾电离（Desorption Electrospray Ionization，DESI）法[15]，2005 年 Cody 团队开发出实时直接分析（Direct Analysis in Real Time，DART）法[16]。之后，质谱学家陆续提出许多概念类似的、可在大气环境下直接分析样品且几乎不需要样品前处理的离子化方法[17]，文献中将此类离子化技术统称为常压敞开式离子化（Ambient Ionization）法。

　　以上介绍的离子化法多应用于有机化合物的分析，而在无机物或元素的分析中，则有四种常用的离子化技术，分别为 1920 年 Saha 提出的热电离（Thermal Ionization，TI）[18]，1924 年 Aston 提出的辉光放电电离（Glow Discharge Ionization，GDI）[19]，1936 年 Dempster 提出的火花放电电离（Spark Ionization，SI）[20]，以及 1980 年 Houk 发表的电感耦合等离子体质谱（Inductively Coupled Plasma Mass Spectrometry，ICP-MS）[21]。

　　本章的 2.1～2.9 节将针对现今较常使用的离子化法进行介绍，2.10 节说明如何选择离子化法并列举应用实例。

2.1　电子电离

　　借助具有一定能量的电子使被分析物转化为离子，这种离子化的方法称为电子轰击或电子电离（Electron Ionization，EI）[2, 22]。两个名称的英文简写均为 EI，然而后者为比较正确的称呼，原因是此离子化法将电子的动能传递给被分析物使其离子化而带电。电子电离法仅能离子化气体分子，因此主要应用在挥发性较高的有机化合物的分析上。另外，由于被电子电离后的分子内能过高，因此在离子化过程中，分子离子信号不一定能在谱图中观察到。

电子电离的离子源基本构造如图 2-2 所示，此离子源包含灯丝、离子化室以及磁铁。在此离子源内，灯丝经过加热产生热电子，热电子经加速电压加速并受到磁铁的磁场影响，以螺旋状前进至正极。样品引入方向与加速电子的方向垂直，样品与电子作用后被离子化。被离子化的分子会被离子加速电极推送至质量分析器。通常情况下，如果样品为气体分子，则可以直接引入离子化室，若为液体或是固体，则需加热汽化后再引入离子化室。离子化室可加热以避免汽化后的样品进入离子源后产生凝结。在此离子源中，灯丝加热电压决定电子释放的数量，电子加速电压决定电子波长（因电子运动所产生的波动现象）。此波长可由计算物质波（Matter Wave）的德布罗意方程（de Broglie Equation）得知：

$$\lambda = \frac{h}{mv} \tag{2-1}$$

其中，m 为质量；v 为速度；h 为普朗克常量（Planck Constant）。由式（2-1）计算得，当电子动能为 20 电子伏特（eV）时，物质波波长为 2.7 Å。若电子动能为 70 eV，换算成波长则为 1.4 Å，此波长范围与分子键长度相近，因此相比于 20 eV 所产生的电子波长，其更易与化学键相互作用。当电子的波长符合分子电子能级跃迁所需的波长时，电子能量（Electron Energy）会被分子吸收，使分子内能提高，

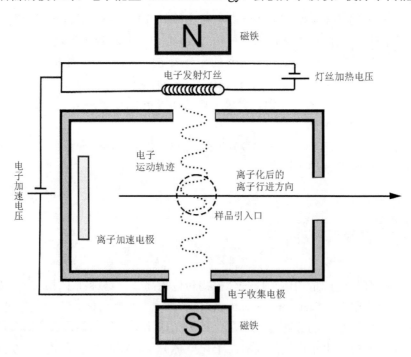

图 2-2 电子电离法的离子源，样品由垂直于图面的方向引入（虚线圆圈为引入口）

将外层电子提升至高能级，进而至离子化态（Ionization State）并产生自由基阳离子（Radical Cation）。当电子能量远高于分子的电子能级时，电子能量无法被分子吸收，因此使用过高的电子加速电压反而会使离子化效率（Ionization Efficiency）降低。由于分子并不是借助与电子的撞击完成离子化，而是以能量转移的机理实现离子化的，为了避免错误描述离子化的机理，如今大多避免用电子轰击来描述该离子化技术。此外，由此离子化机理可知，电子电离法主要产生带正电的离子，负离子较不易产生，因此使用电子电离法时，主要用正离子模式（Positive Ion Mode）进行分析。

图 2-3 为固定压力下，甲烷气体在不同电子能量下的离子化效率。电子能量大约在 50～100 eV 范围内离子化效率最高，过低的电子能量无法被被分析物有效地吸收，反而导致离子化效率降低，过高则无法被吸收而直接穿透分子。通常电子电离使用的电子能量为 70 eV（即电子加速电压为 70 V），此能量位于最佳离子化效率能量区间的中间值，可提供较高重现性的谱图[23]。

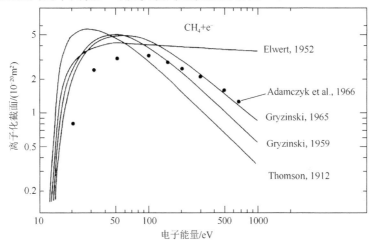

图 2-3　甲烷（CH_4）离子化截面（Ionization Cross Section）与电子能量的关系（摘自 Mark, T.D. 1982. Fundamental aspects of electron impact ionization. Int. J. Mass Spectrom. Ion Phys.）

有机分子的电离能大多为 10～20 eV，而电子能量在 70 eV 时大约可以使 1000 个分子生成 1 个离子。图 2-4 为利用电子电离法分析 β-内酰胺（β-lactam）[24]，当电子能量在 15 eV 时，可以检测到 m/z = 249 的分子离子信号，离子强度大约为 150 个信号单位。而当能量增加至 70 eV 时，其分子离子信号增强至 250 个信号单位，这时被离子化分子得到过高的电子能量，造成内能提高，所以可同时观察到因获得过高内能而产生的碎片离子。虽然较低的电子能量会使得整体信号下降，但分子离子峰的相对强度会因裂解程度降低而提高，可以较容易地从谱图中辨识出分子离子的质荷比。质谱中所观察到的碎片离子可以提供分子离子的结构信息，可用此信息鉴定或解析分子的"身份"（Identity）。电子电离法所产生的碎片离子重现性极高，主要与所使用的离子化电子加速电压有关。因为碎裂过程具有高重现性，可以通过收集不同分子电子电离产生的质谱图建立谱图库，并利用与标准谱图进行比对的方法鉴定化合物的身份。截至 2014 年，美国国家标准与技术研究院（National Institute of Standards and Technology，NIST）收集了包括 28 万余种不同化合物分子的电子电离质谱图库供检索比对。

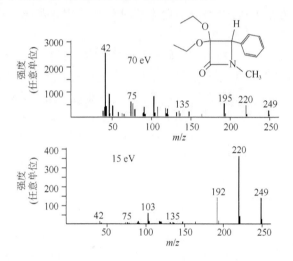

图 2-4　利用电子电离法分析 β-内酰胺（β-lactam），在不同电子能量下所得到的质谱图（摘自 de Hoffman, E.d., et al. 2007. Mass Spectrometry: Principles and Applications）

在应用上，电子电离法由于需将样品汽化，所以检测的分子大都属于热稳定性高、沸点低的化合物。若分子沸点过高，可以利用衍生化反应将样品沸点降低以便于汽化。分子热不稳定、分子量过高或是无法利用衍生化降低沸点至热不稳定温度以下的分子，无法利用该方法进行检测。多肽分子或蛋白质属于无法利用电子电离法进行分析的分子类型。

2.2　化学电离

电子电离法在离子化过程中给予分子过多的内能，导致分子在离子化后发生裂解。裂解导致难以测定被分析物的分子量，同时无法使用电子电离谱图库搜寻未知物。化学电离（Chemical Ionization，CI）法的开发弥补了电子电离法不易观察到分子离子峰的不足[25]。此离子化法利用电子先将一特定的试剂气体离子化以产生气相分子离子，再用产生的试剂气体离子与被分析物进行气相离子/分子反应，使待分析分子通过质子转移（Proton Transfer）或电子转移（Electron Transfer）等反应成为带电离子。此离子化法并不是使被加速的电子直接与分子作用，因此在离子化过程中不容易像电子电离那样容易使被分析物发生碎裂。由于化学电离法的离子源设计与电子电离法相近，适合分析低沸点的被分析物，但可观测到分子离子峰，因此这个技术被认为是与电子电离法互补的技术。在化学电离中，为了使被分析物与离子化后的试剂气体有效地进行离子/分子反应，第一个必须要考虑的就是被分析物与试剂气体碰撞的概率。碰撞概率与试剂气体在离子源的分压与分子平均自由程（Mean Free Path）有关，若在室温下平均自由程为 0.1 mm，则试剂气体的分压大约为 60 Pa。为了维持离子化腔体内试剂气体的分压，化学电离中离子化室开口比电子电离法小很多，仅允许试剂气体、样品与电子导入。另外，通常离子化后产生的离子出口也较小，以尽可能避免试剂气体的扩散。在化学电离法中被分析物的分压通常远小于试剂气体，这使得离子源内的加速电子可先与试剂气体反应，而不会直接与被分析物作用导致其发生裂解反应。图 2-5 为 CI 离子源的设计图，由此图可以看到，为了减少试剂气体的扩散，除了开口均缩小以外，取消了电子收集电极，改为离子化室内接收电子，或是有些设计将其移至离子化室中以避免多一个开口。

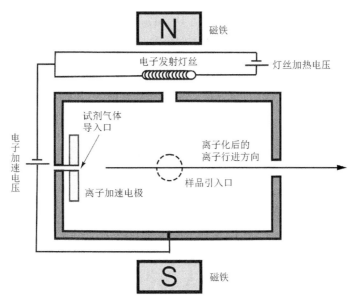

图 2-5　化学电离法的离子源，样品由垂直于图面的方向引入（虚线圆圈为引入口）

化学电离法主要使用两种气相化学反应使得待分析分子带电，即质子转移反应（Proton Transfer Reaction）以及电子转移反应（Electron Transfer Reaction）。质子转移反应的发生取决于质子受体的气相碱度（Gas Phase Basicity，GB）以及质子供体的气相酸度（Gas Phase Acidity，GA）。电子转移反应的发生则分别由电子受体和电子供体的电子亲和势（Electron Affinity，EA）和电离能（Ionization Energy，IE）决定。表 2-1 为化学电离法中常用的气相离子反应类型及决定反应是否为自发反应所常用的热力学参数。

表 2-1　化学电离法中常用的气相离子反应类型及相对应的热力学参数

反应类型	对应的气相反应热力学参数[a]	
质子转移反应	气相碱度	气相酸度
$M + RH \longrightarrow MH^+ + R^-$	$M + H^+ \longrightarrow MH^+$	$RH \longrightarrow R^- + H^+$
$\Delta H = \Delta H_{acid}(RH) - PA(M)$	$\Delta H = -PA^{[b]}(M)$	$\Delta H = \Delta H_{acid}^{[d]}(RH)$
$\Delta G = \Delta G_{acid}(RH) - GB(M)$	$\Delta G = -GB^{[c]}(M)$	$\Delta G = \Delta G_{acid}^{[d]}(RH)$
电子转移	电子亲和	电子解离
$M + R \longrightarrow M^{+\cdot} + R^{-\cdot}$	$M + e^- \longrightarrow M^{-\cdot}$	$R \Longrightarrow R^{+\cdot} + e^-$
$\Delta H = IE(R) - EA(M)$	$\Delta H = -EA^{[e]}(M)$	$\Delta H = IE^{[f]}(R)$

a. M 代表被分析物，RH 及 R 分别表示质子转移以及电子转移的反应分子。

b. 质子亲和势（Proton Affinity，PA）定义为质子化反应所释放出的热量，为热焓变化的负值。

c. 气相碱度（Gas Phase Basicity，GB）定义为质子化反应的吉布斯自由能（Gibbs Free Energy）变化的负值。

d. 气相酸度反应中ΔH_{acid}以及ΔG_{acid}定义为质子解离反应的热焓以及自由能变化。

e. 电子亲和势（Electron Affinity，EA）定义为电子亲和反应所释放出的热量，为反应热焓变化的负值。

f. 电离能（Ionization Energy，IE）定义为电子离子化反应的焓变。

化学电离中使被分析物带电的气相反应是否能够自发进行，取决于反应是否为放能反应（Exoergic Reaction），即吉布斯自由能（Gibbs Free Energy）的变化ΔG需小于零。上述两种反应类型由于反应物与产物的分子数均为二，因此反应熵（Entropy）的变化ΔS趋近于零。由吉布斯自由能的方程式$\Delta G = \Delta H - T\Delta S$可知，当反应$\Delta S$为零时，自由能要小于零，则焓（Enthalpy）的变化ΔH也需要小于零。即反应是放热反应（Exothermic Reaction）才会使得ΔG小于零而达到反应自发进行的条件。

虽然气相反应的发生与否可由吉布斯自由能或焓变是否小于零得知，但在化学电离法中所观测到的被分析物离子并非仅靠反应的自发性（Spontaneity）来决定，发生反应后所产生的热量也必须考虑，此因素在真空状态下的气相反应中特别关键。由于质谱仪的主要元件大多置于高真空中，真空中的放热反应释放在产物中的热量仅能以辐射热的形式扩散，无法像发生在溶液中的反应那样，可以有效借助溶剂分子将热量导出。虽然热力学上放热反应能有效地在气相中发生，但当气相反应产生过多的热量时，会进一步地提升分子的内能。由于分子内能主要表现在化学键的振动上，因此气相反应若产生过高的热量，将会导致产物分子内化学键振动能过高，使得产物进一步发生裂解，最终产生碎片离子。

在化学电离中，可以利用不同气相离子的化学反应特性，控制被分析物选择性地得到电荷而离子化以及得到电荷后产生的分子离子的稳定性，或是得到足够内能发生裂解反应生成碎片离子作为鉴定分子结构的依据。以下将介绍化学电离中常用的使被分析物离子化的气相化学反应。

2.2.1 质子转移化学电离

在质谱中最常观察到的气相离子反应为质子转移反应[3, 26]，在化学电离中也是。化学电离中利用易释放质子的试剂气体离子（RH^+）与待分析分子（M）发生反应。若要试剂气体将质子转移给被分析物，主要考虑试剂气体（R）与待分析分子（M）的气相质子亲和势或气相碱度的关系（表 2-1）。若利用试剂气体 R 离子化被分析物 M，化学反应式表示如下：

$$RH^+ + M \longrightarrow R + MH^+$$

此反应的焓变 ΔH 可由试剂气体与待分析分子的质子亲和势（Proton Affinity，PA）得到：

$$R + H^+ \longrightarrow RH^+ \qquad \Delta H = -PA(R)$$

$$M + H^+ \longrightarrow MH^+ \qquad \Delta H = -PA(M)$$

把上面第一个反应式反过来与上面第二式相加

$$RH^+ \longrightarrow R + H^+ \qquad \Delta H = -\left[-PA(R)\right]$$

$$\underline{M + H^+ \longrightarrow MH^+ \qquad \Delta H = -PA(M)}$$

$$RH^+ + M \longrightarrow R + MH^+ \quad \Delta H = PA(R) - PA(M)$$

反应自发进行的前提为放能或放热反应，即自由能变化 $\Delta G < 0$ 或焓变 $\Delta H < 0$，满足这个条件要求 PA(R) < PA(M)，这表示被分析物的质子亲和势必须比试剂气体的质子亲和势高才会进行反应。

另外需要注意的是，如前所述，若放热反应放出的热量过高，在质谱的真空环境中被分析物法会因无法将热量直接传递给周围其他的分子而使得其内能过高，这将导致被分析物分子发生更进一步的裂解反应。因此在基于质子转移的化学电离法中，要避免分子发生裂解，试剂气体的质子亲和势除了要比被分析物低之外，还要与被分析物越接近越好。试剂气体的质子亲和势除了与注入的气体质子亲和势有关之外，在化学电离法的离子化室中，试剂气体间互相反应所产生的气相离子的质子亲和势也要考虑。以化学电离法使用甲烷作为试剂气体为例，在反应室内试剂气体相互反应产生不同的分子离子反应：

$$CH_4 + e^- \longrightarrow CH_4^{+\cdot} \text{或} CH_3^+ \text{或} CH_2^{+\cdot} \text{或} CH^+ \text{或} C^{+\cdot} \text{或} H_2^{+\cdot} \text{或} H^+ + 2e^-$$

$$CH_4^{+\cdot} + CH_4 \longrightarrow CH_5^+ + CH_3^{\cdot}$$

$$CH_3^+ + CH_4 \longrightarrow C_2H_7^+$$

$$C_2H_7^+ \longrightarrow C_2H_5^+ + H_2$$
$$CH_2^{\cdot +} + CH_4 \longrightarrow C_2H_3^+ + H_2 + H^{\cdot}$$
$$\cdots\cdots$$

这些不同的反应可产生出不同的分子离子，所产生分子离子的种类与试剂气体在反应室内的压力有关。越高的甲烷压力越有助于产生更高 PA 的试剂气体离子 $C_2H_5^+$ 以及 $C_3H_5^+$，如此可减少被分析物质子化（Protonation）后发生裂解的现象。以被分析物苯胺（Aniline，$C_6H_5NH_2$）与 CH_5^+ 反应后得到质子化的分子离子的反应为例：

$$CH_5^+ + C_6H_5NH_2 \longrightarrow CH_4 + C_6H_5NH_3^+$$

此反应焓变为

$$\Delta H = PA(CH_4) - PA(C_6H_5NH_2)$$
$$= 543 \text{ kJ/mol} - 882 \text{ kJ/mol} = -339 \text{ kJ/mol}$$

当苯胺与较高分子量的试剂离子 $C_2H_5^+$ 反应后得到质子化的分子离子时：

$$C_2H_5^+ + C_6H_5NH_2 \longrightarrow C_2H_4 + C_6H_5NH_3^+$$

此反应焓变为

$$\Delta H = PA(C_2H_4) - PA(C_6H_5NH_2)$$
$$= 680 \text{ kJ/mol} - 882 \text{ kJ/mol} = -202 \text{ kJ/mol}$$

比较两试剂气体与苯胺的气相离子反应可知，因为 $C_2H_5^+$ 的 PA 较高，所以放出的热能较低，反应后的分子发生裂解的概率相比使用 CH_5^+ 反应时低。PA 高的试剂离子如 $C_2H_5^+$ 需要经过多次气相离子反应才能产生，因此试剂气体压力越高则产生高 PA 试剂离子的概率越高。在此我们回顾先前所提的化学电离离子化室的设计，其与电子电离法的离子化室不同之处就是开口极小，目的是要提高试剂气体在腔体内的压力。这除了可以让被分析物与试剂气体碰撞发生反应之外，另一个重要的原因就是使试剂气体互相碰撞得到较大 PA 的试剂气体离子。若将开口扩大，则主要得到的是 PA 较小的试剂气体离子，如 CH_5^+，因而使得气相反应产生过多的热量而导致碎裂反应的发生。

2.2.2 电荷交换化学电离

电荷交换化学电离（Charge Exchange Chemical Ionization，CE-CI）[27, 28]指被电子电离而带电的试剂气体离子（$R^{\cdot +}$）与被分析物（M）作用，被分析物上的电子转移到试剂气体上，而使被分析物离子化带正电荷。此方法也被称作电荷转移化学电离（Charge Transfer Chemical Ionization，CT-CI）。

$$R^{\cdot +} + M \longrightarrow M^{\cdot +} + R$$

试剂气体离子($R^{\cdot +}$)可以是惰性气体或是有机气体分子经电子电离产生的离

子或分子离子[如试剂气体氦气(He)被电子电离后产生 $He^{\cdot+}$]。电荷交换化学电离法可用的试剂气体还包含苯（Benzene）、二硫化碳（Carbon Disulfide）、一氧化碳（Carbon Monoxide）、氮气（Nitrogen）以及氩气（Argon）等。与其他化学电离法不同的是，CE-CI 通常使用较低压力的试剂气体，离子化试剂气体的电子束能量为 $100\sim600$ eV。

此离子化法涉及试剂气体得到电子以及被分析物被离子化的反应：

$$\begin{aligned} R^{\cdot+} + e^- &\longrightarrow R & \Delta H &= -IE(R) \\ M &\longrightarrow M^{\cdot+} + e^- & \Delta H &= -IE(M) \\ \hline R^{\cdot+} + M &\longrightarrow M^{\cdot+} + R & \Delta H &= IE(M) - IE(R) \end{aligned}$$

因此，此方法如要进行，被分析物的电离能必须低于试剂气体。

2.2.3　电子捕获负离子化学电离

试剂气体被电子电离时，由 2.2.1 小节中甲烷试剂气体的分子离子反应可知，在离子化的过程中可同时产生带正电的试剂气体分子以及自由热电子的等离子体。此试剂气体等离子体除了正离子部分可以与被分析物进行质子转移或电荷交换（Charge Exchange）外，等离子体内的热电子也可以被某些带酸性或高电负性（Electronegativity）的官能团分子捕获而带负电。此方法利用分子捕获热电子造成分子带负电的离子化机理，称作电子捕获负离子化学电离（Electron Capture Negative Ion Chemical Ionization，ECNICI）[29]。此离子化法所牵涉的气相反应分为：

共振电子捕获反应　　　　　$M + e^- \longrightarrow M^{\cdot-}$

电子捕获后解离反应　　　　$M + e^- \longrightarrow [M-A]^- + A^{\cdot}$

离子对生成反应　　　　　　$M + e^- \longrightarrow [M-B]^- + B^+ + e^-$

此离子化法无法像正离子 CI 或是 CE-CI 那样可以让大多数的中性分子带电或离子化，但其优点在于可以选择性地观察到某些可以被此方法离子化的化合物（特别是带有卤素官能团的化合物）。由于此离子化法具有选择性，因此样品基质的干扰物所产生的信号可以大幅降低，进而提升检测的灵敏度（Sensitivity）。

2.3　快速原子轰击

2.3.1　快速原子轰击原理

快速原子轰击（Fast Atom Bombardment，FAB）离子源的基本构造是从电子电离源改变而来的（图 2-6）。其中快速原子枪的设计是将氙气（Xe）以 $10^{10} \, s^{-1} \, mm^{-2}$ 的流量导入[30]，通过类似电子电离源的设计，将灯丝加热后产生的热电子经电压加速至正极，氙气分子撞击电子之后离子化形成氙气离子[式（2-2）]，氙气离子在加速电压（4~8 kV）作用下形成快速氙气离子[式（2-3）][31]。快速氙气离子撞击其他氙气原子，经过电荷转换形成具有高动能的氙气快速原子[式（2-4）]，之后再撞击被分析物使被分析物离子化（图2-6）。

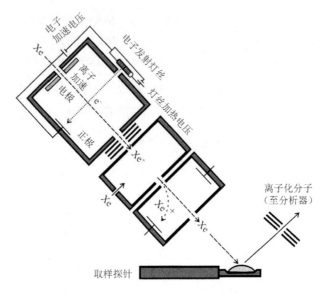

图 2-6　快速原子轰击离子源（原子枪与样品）

$$Xe + e^- \xrightarrow{\text{离子化}} Xe^+ + 2e^- \tag{2-2}$$

$$Xe^+ \xrightarrow{\text{加速}} \underset{\text{快速离子}}{Xe^+} \tag{2-3}$$

$$\underset{\text{快速离子}}{Xe^+} + Xe \xrightarrow{\text{电荷转换}} \underset{\text{快速原子}}{Xe} \tag{2-4}$$

　　一般快速原子束使用的气体为分子量较大的氙气，与氩气和氖气相比，同样的加速电场下氙气所能得到的转换动量最高，更容易将被分析物电离而得到较高的信号强度[32]。除了使用氙气原子作为原子束之外，目前更好的选择是使用铯离子（Cs+）作为离子束电离被分析物，一般称为快速离子轰击（Fast Ion Bombardment，FIB）法[24]。快离子轰击法的原理主要通过加热将硅酸铯铝或者其他铯盐类化合物形成离子，再经由加速聚焦，使其产生能量约为 5~25 keV 的离子束，再撞击被分析物使其离子化[33,34]。其由于能量较氙气原子束高，可以检测的被分析物种类较广，并且对于高分子量的化合物有较好的离子化效率[35]。利用离子束撞击样品的离子化技术将在 2.8 节详细介绍。

2.3.2　液相基质作用

早期使用快速原子轰击离子源分析高极性化合物时，容易使被分析物发生裂解，直到 1981 年 Bycroft 和 Tyler 等以液相基质混合被分析物后再送入离子源，发现液体基质除了可以避免被分析物发生裂解外，还能提高离子化效率[36]。一般而言，选用的液相基质必须具备下列几项特性：①低挥发性，以避免破坏真空。②必须可以吸收原子束能量。③可以与被分析物均匀混合。④能不断扩散至样品表面补充新的能量或电荷给被分析物。⑤可以提供质子或电子帮助被分析物离子化。常用的液相基质如甘油[Glycerol，化学结构如图 2-7（a）所示]，适合用来分析极性化合物，而 3-硝基苯甲醇[3-nitrobenzyl alcohol，NBA，化学结构如图 2-7（b）所示]则适合分析其他较低极性的化合物。比例为 5∶1 的二硫苏糖醇（Dithiothreitol）和旋光异构体二硫赤藓糖醇（Dithioerythritol）的混合基质，一般称为"魔术子弹"[Magic Bullet，化学结构如图 2-7（c）所示]，可以应用于极性的高分子化合物中。除上述三种较普遍使用的基质之外，还有一些比较特殊的液相基质[37-39]。由此可知，快速原子轰击法能够通过选择不同的基质种类，使待测化合物种类范围更广，并且与电子电离法相比，是一种较软的离子化方法，可以得到分子离子信号。

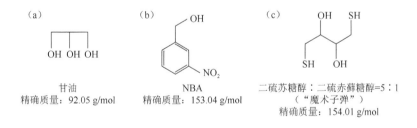

（a）

OH　OH　OH

甘油
精确质量：92.05 g/mol

（b）

OH

NO₂

NBA
精确质量：153.04 g/mol

（c）

OH　SH

SH　OH

二硫苏糖醇∶二硫赤藓糖醇=5∶1
（"魔术子弹"）
精确质量：154.01 g/mol

图 2-7　常见的液相基质

2.3.3　样品配制

通常被分析物可以是固体或液体，不需要经过特别的前处理。配制时先取 1～2 μL 被分析物放置在取样探针上（图 2-6），再取等体积的基质与被分析物混合均匀后置入离子源的真空腔体，样品表面与原子束呈大约 30°～60°角以便离子化。通常取样探针会维持在室温下，其主要的目的是避免基质挥发而破坏真空，以及减少样品裂解。

2.3.4 快速原子轰击法的应用及谱图分析

1. 无机化合物分析

由于无机化合物中多含有金属元素，在原子束轰击无机被分析物表面的大约 30~60 ps 的时间里，由于电荷碰撞，被分析物解吸附后易在液相和气相交界处而形成离子团簇（Ionic Clusters）信号 $[nM+H]^{+\,[40]}$。例如，碘化铯（CsI）在正离子模式下容易在不同分子量区域产生不同的 $[(CsI)_nCs]^+$ 的离子信号。此外，由于碘化铯的离子信号都是单一同位素分子量，目前常被用于分析样品之前，进行不同分子量区域的分子量校正。

2. 有机化合物分析

使用快速原子轰击法对有机化合物进行分析时，其离子的形成机制大致可分为两种：一种是类似化学电离模式，当被分析物电离时，液相基质也会产生连锁的碰撞反应，使基质在液相和气相的界面形成等离子体（包含电子、离子、中性分子等），类似化学电离过程中试剂气体的作用。而基质所形成的二次离子再与被分析物碰撞，并将其质子转移到被分析物上，形成 $[M+H]^+$，或者是将电子转移至极性较弱的被分析物上，形成 $[M]^{•+}$。另一种为前体离子（Precursor Ion）模式，在液相状态中基质直接提供质子给被分析物，使其离子化形成 $[M+H]^+$。若是被分析物不易获得基质上的质子，则比较容易形成基质加合离子，即 $[M+matrix(MA)+H]^+$ 的离子信号[41]。

总而言之，在快速原子轰击离子化的谱图中，除了以有机或无机化合物来分类之外，还可依照被分析物的极性来分类。对于极性或中等极性化合物，在正离子模式下皆会产生的离子为 $[M+H]^+$、$[M+Na/K]^+$ 或团簇离子 $[nM+H]^+$、$[nM+Na/K]^+$，或者与液相基质形成加合离子 $[M+MA+H]^+$、$[M+MA+Na/K]^+$。而在负离子模式下，产生的离子信号为 $[M-H]^-$，或者为团簇离子 $[nM-H]^-$ 和加合离子 $[M+MA-H]^-$ 信号。对于非极性化合物，正离子模式下产生的离子为 $M^{•+}$，在负离子模式下产生的离子为 $M^{•-\,[42]}$。

快速原子轰击法谱图最大的缺点是由于基质易电离产生团簇离子的信号，如图 2-8（a）所示，谱图中除了得到被分析物 $[M+H]^+$ 信号之外，也会有基质的干扰信号[图 2-8（b）]。此外，在有机或无机化合物的鉴定方面，目前期刊通常要求有质谱的鉴定结果并且其质量准确度需小于 5 ppm，以确定其化合物的分子组成[43]。如图 2-8（b）所示，利用快速原子轰击电离法结合高分辨的质谱仪检测分子式为 $C_{17}H_{17}O_2S$ 的化合物，检测到 $[M+H]^+$ 的 $m/z = 285.0947$，而理论值为 285.0949，因此借助测试得到的谱图可以计算其质量准确度为 0.7 ppm，如此便能得知合成的化合物是否正确。

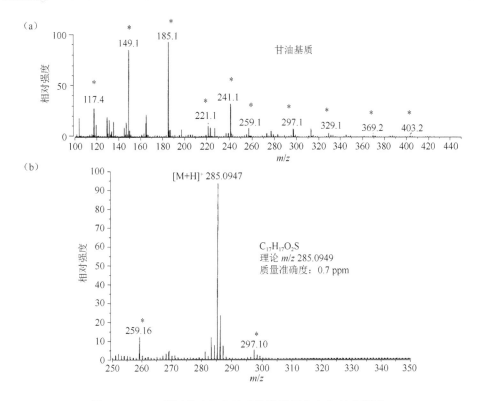

图 2-8 （a）利用甘油作为基质的快原子轰击电离质谱图；
（b）被分析物[M+H]$^+$的质谱图
*代表基质信号

2.4 激光解吸电离与基质辅助激光解吸电离

激光解吸电离（Laser Desorption Ionization，LDI）与基质辅助激光解吸电离（Matrix-Assisted Laser Desorption/Ionization，MALDI）是极为相似的技术，都是以激光激发固态样品产生气态离子。LDI 法的发展远早于 MALDI 法，且两种技术的应用范围也不相同。LDI 法在激光发明之初就被用于检测固态样品的实验中，且常用于分析元素、无机盐、染料或者具有高吸光特性的分子，如具有π电子的苯环衍生物[44, 45]。早期的 LDI 法常用波长为 10.6 μm 的横向激发大气压二氧化碳（TEA-CO$_2$）激光或 1064 nm 的铷钇铝石榴石（Nd：YAG）激光，脉冲时间宽度约为数十纳秒（ns）[46]。而随着激光技术的进步，可见光或紫外光脉冲激光也成为常用的激光光源，如波长为 337 nm 的氮气激光、355 nm 的三倍频及 266 nm 的四倍频 Nd：YAG 激光，或各种不同波长（193 nm、248 nm、308 nm 及 351 nm

等）的准分子激光（Excimer Laser）。LDI 实验必须将激光聚焦至样品表面，成为边长大约数百微米的光斑，相当于激光能量密度（Laser Fluence）约 $100\sim300$ J/m^2。由于使用的激光能量高，所以样品温度在激光照射下会急剧上升，使得样品分子自表面解吸附出来，这也是 LDI 名称中"解吸"（Desorption）的意义所在。但是，挥发性极低的生物大分子并不适合以 LDI 法分析，因为仅靠激光产生的热量不足以使这些分子挥发。如果使用高激光能量照射样品，其产生的剧烈化学反应会使得被分析物分子裂解成碎片，无法获得完整离子的信息。因而大分子的分析必须以较软的电离方式产生离子，MALDI 法因此应运而生。

MALDI 法适用于非挥发性的固态或液态被分析物的分析，尤其是对于离子态或极性被分析物的电离效率最好。MALDI 法与 LDI 法非常相似，其差别仅在于 MALDI 法分析的是基质（Matrix）与被分析物液混合共结晶（Cocrystallization）产生的固态样品，而不像 LDI 单纯以被分析物为样品。图 2-9 为 MALDI 离子源的结构示意图，包含一个高电压金属样品板电极，以及上方的金属网电极。激光激发样品板上的样品时，产生大量中性物质和部分自表面解吸附的离子形成的解吸附物流束（Plume）。此过程产生的气态离子在金属网电极电场作用下引入质量分析器。因为 MALDI 法的样品制备需要让样品和基质先在液相混合再于样品板上共结晶，所以 MALDI 法的被分析物与基质必须可溶解于适当的溶剂中。使用基质的优点是离子化过程比 LDI 法更温和，可产生大部分带单电荷的离子，且通常是质子化或去质子化（Deprotonation）的完整被分析物，而非被分析物的碎片离子。MALDI 法的样品配制方法非常快速，且少量的样品（<2 μL）即可提供足够的离子数量进行检测。这些特性使得 MALDI 极适合用于生物大分子的质谱分析，也开创了质谱法在蛋白质组学研究中被广泛应用的新篇章。

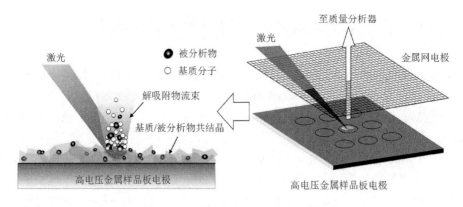

图 2-9　基质辅助激光解吸电离示意图

MALDI 的发展与 ESI 几乎在同一时期,主要是由于当时的质谱学家们极力寻找适合于生物分子的离子化方法。现今 MALDI 的起源可追溯到 20 世纪 80 年代的几个极为重要的开创性工作,包括 1985 年德国科学家 Micheal Karas 与 Franz Hillenkamp 首次提出以有机小分子为基质增加生物小分子与激光解吸附法的离子化效率,以及 1987 年日本的田中耕一以钴纳米粒子与甘油混合物作为液态基质,并以 337 nm 波长的脉冲激光辐照产生蛋白质分子[9]。田中耕一的电离技术被称为软激光解吸(Soft Laser Desorption,SLD),该工作启发了 Micheal Karas 与 Franz Hillenkamp 将基质辅助激光解吸电离技术用于生物大分子分析,并进一步改良此方法使其成为目前质谱工作者所熟悉的 MALDI 法[10]。由于田中耕一对早期研究激光解吸附在蛋白质电离中的应用上的启发,他与发展 ESI 法的美国科学家 John B. Fenn 获得 2002 年诺贝尔化学奖。

MALDI 法最重要的突破就是使用基质当作化学反应的媒介。大部分的基质是有机酸,其中含有高激光吸光度的苯环及特定的官能团[目前市售质谱仪多搭配近紫外光(Near UV)的脉冲激光],如图 2-10 所列三种常用的基质分子。一般认为基质的作用是吸收激光,将能量转换为热能传递给被分析物,并提供质子作为电荷的来源。现今最常用的基质为 2,5-二羟基苯甲酸(2,5-dihydroxybenzoic acid,DHB)、α-氰基-4-羟基肉桂酸(α-cyano-4-hydroxycinnamic acid,CHCA)、3,5-二甲氧基-4-羟基肉桂酸(3,5-dimethoxy-4-hydroxycinnamic acid,Sinapinic Acid,SA)、2,4,6-三羟基苯乙酮(2,4,6-trihydroxyacetophenone,THAP)等,而 3-羟基吡啶甲酸(3-hydroxypicolinic acid,3-HPA)则常用于 DNA 分析。更完整的基质分子及其用途列于本书末的附录中,然而各基质与被分析物间的匹配大多基于经验法则,目前质谱学界还未完全理清各种匹配的相关性。

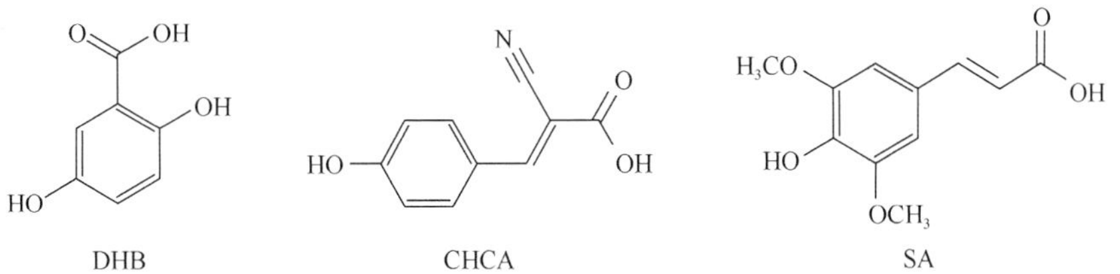

图 2-10　常用的三种基质

2.4.1　激光条件

通常 MALDI 所使用的激光都是脉冲宽度为 3~5 ns 的近紫外激光,最常用的为波长 337 nm 的氮气激光或 355 nm 的三倍频 Nd：YAG 激光。实验时,激光必须聚焦在样品上呈大约 50~100 μm 的光点。某些有成像质谱(Imaging Mass Spectrometry,IMS)功能的质谱仪,会将激光聚焦到 10 μm 以内,以增加质谱成像的空间分辨率。其他波长的激光也可以使用，但前提是所使用的基质必须能够吸收该波长的激光。一般进行 UV-MALDI 实验时所需要的激光能量密度大约在 150 J/m^2 以上，此能量密度在激光光点为 100 μm 时大约相当于 $1\sim2 \text{ μJ}$ 的能量。但是，不同的基质会有不同的激光吸收效率，从而造成最佳的激光能量密度范围不同。例如，对于常用的基质，最佳激光能量密度的高低顺序通常是 CHCA < DHB ≈ SA < THAP。某些实验装置曾使用红外激光或超快激光[47, 48]，但是此类装置并未成为商业质谱产品。若以红外激光进行实验，通常所需要的激光能量密度远高于紫外光激光使用的能量密度。

基质吸收激光之后，会在数至数十纳秒内产生高热及剧烈的化学反应，最终生成离子。而样品吸收激光的瞬间，也让表面产生冲击波及高温（约 $700\sim1500 \text{ K}$），让物质自表面解吸附出来，形成解吸附物流束[49, 50]。在一般的实验条件下，激光每次大约可解吸附 $10^7\sim10^{12}$ 个分子，其中基质的离子化效率按文献介绍大约只有 10^{-5} 以下[51-53]。这些被离子化的基质分子，成为后续使被分析物离子化的电荷来源。一般 MALDI 反应产生的离子数量在激光能量密度超过最低临界值（或阈值，Threshold Value）后，会随着能量密度的上升呈现指数型（约 10 次幂）上升[54]。但当能量密度达到临界值的 2 倍以上时，离子数量常会饱和而无法再增加，如图 2-11 所示。离子数量达到饱和的原因，可能是大量离子在离子源区产生库仑排斥，

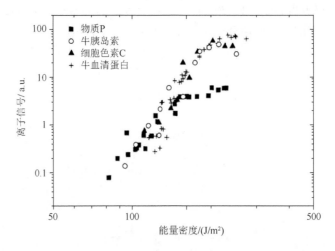

图 2-11　MALDI 法的离子信号强度随着激光能量密度的上升，在超过激光能量密度临界值后呈现指数上升，并在大约临界值 2 倍时达到饱和。图中显示各种样品以 DHB 为基质配制后，所得到的结果都有相同的趋势（摘自 Dreisewerd, K., et al. 1995. Influence of the laser intensity and spot size on the desorption of molecules and ions in matrix-assisted laser-desorption ionization with a uniform beam profile. Int. J. Mass Spectrom.）

使得离子空间分布变宽，并造成外围离子无法飞到检测器感应区之内[55]。而过高的激光产生太高的温度，也会使得离子的初始能量分布变宽，造成质谱的分辨率降低。

2.4.2 离子化反应机理

直到目前 MALDI 的详细反应机理还不完全清楚，而缺乏完整的反应理论模型也是此法研究中的不足之一[56, 57]。目前提出的反应模型大致分为两类：第一类为非线性光致电离模型（Nonlinear Photoionization Model）[50, 54, 58, 59]，主张反应机理以激光引发的基质离子化反应开始，产生基质离子后再于短时间内将电荷转移给被分析物；第二类称作团簇模型（Cluster Model）[60, 61]，主张被分析物在基质结晶时就保持离子状态，而激光仅起到将结晶瞬间加热以达到释放离子的作用。

在非线性光致电离反应模型中，激光（$h\nu$）激发样品后会将基质分子 M 激发到电子激发态（Electronic Excited State），形成不稳定的基质分子 M^*[式（2-5）]。此激发态基质分子再回到电子基态（Electronic Ground State）前，若再次获得激光光子能量[如式（2-6a）或式（2-6b）两种可能途径]，则会被激发至离子态，产生基质的自由基阳离子，而释放出的自由电子则可通过电子捕获离子化（Electron-Capture Ionization）反应与邻近的基质分子产生负离子[式（2-7）]。因为以上的电离反应发生在数纳秒之内，此时实际的解吸附行为还处于初始阶段，物质密度极高，因此离子可与周围的基质分子进行无数次碰撞并产生质子转移及其他化学反应，最后可得到质子化与去质子化的基质及其他副产物[式（2-8）与式（2-9）]。除了以上的复杂化学反应外，某些基质分子也可能因为激光产生的高温而直接引发基质分子间的质子转移反应，从而直接产生质子对（Proton-Pair）[62, 63]，如式（2-10）所示。当这些质子化及去质子化的基质分子与被分析物 A 碰撞时，只要被分析物的电荷亲和势大于基质离子，就可以通过电荷转移反应让被分析物离子化[式（2-11a）及式（2-11b）]。激光引发的离子转移反应也可能发生在基质分子与被分析物分子间，如此可以直接产生被分析物离子（式 2-12）。

$$M_{(s)} + h\nu \rightleftharpoons M_{(s)}^* \qquad (2-5)$$

$$M_{(s)}^* + h\nu \longrightarrow M_{(s)}^{\cdot+} + e^- \qquad (2-6a)$$

$$M_{(s)}^* + M_{(s)}^* \longrightarrow M_{(s)}^{\cdot+} + M_{(s)} + e^- \qquad (2-6b)$$

$$e^- + M \longrightarrow M^{\cdot-} \qquad (2-7)$$

$$M^{\cdot+} + M \longrightarrow [M+H]^+ + [M-H]^{\cdot} \qquad (2-8)$$

$$M^{\cdot-} + M \longrightarrow [M-H]^- + [M+H]^{\cdot} \qquad (2-9)$$

$$2M_{(s)} + h\nu \rightleftharpoons 2M^{\neq} \rightleftharpoons [M+H]^+ + [M-H]^- \qquad (2-10)$$

$$[M+H]^+ + A \rightleftharpoons M + [A+H]^+ \qquad (2\text{-}11a)$$

$$[M-H]^- + A \rightleftharpoons M + [A-H]^- \qquad (2\text{-}11b)$$

$$M_{(S)} + A_{(S)} + h\nu \rightleftharpoons [A+H]^+ + [M-H]^- \qquad (2\text{-}12)$$

相对于非线性光致电离模型的复杂解释，团簇模型的论点就显得简单得多。团簇模型主张所有的被分析物在基质结晶内已经是离子态，而其反荷离子（Counter Ion）则分布在这些被分析物离子的周围[61]。当激光激发时，基质晶体因温度急速上升而发生剧烈的相变化，并造成原本电中性的完整晶体分裂，进而解吸附成为电荷不平衡的晶体颗粒。这些电荷不平衡的颗粒因高温而溶解、挥发，最后通过类似 ESI 的过程产生多价的被分析物离子。而因为在整个离子化区内含有许多正、负电荷，包括移动速度非常快的电子，所以高价离子非常容易与反电荷的离子发生电荷中和反应，直到最终剩下存活率（Survival Rate）最高的单电荷离子。由于此模型将单电荷离子描述为最可能存活的离子态，所以此模型也被称为幸存离子模型（Lucky Survivor Model）。然而，目前还没有一个单一模型可以解释 MALDI 的所有现象。

2.4.3 基质辅助激光解吸电离分析技术特性

MALDI 法样品用量少，目前仍有许多瓶颈问题有待克服。

1. 基质与被分析物的配合

基质与被分析物的配合是影响 MALDI 分析效果最主要的因素之一。选对适当的基质，才能有足够的被分析物离子化效率。目前质谱研究上对于基质的选择，较易掌握的是基质与被分析物的电荷竞争，即基质的电荷亲和势与被分析物相比，必须让式（2-11a）及式（2-11b）向右进行。例如，当选择正离子模式时，基质分子的质子亲和势应该低于被分析物；反之，负离子模式时，去质子化基质分子的质子亲和势要高于去质子化被分析物。一般而言，含有精氨酸（Arginine）或赖氨酸（Lysine）的蛋白质或多肽的质子亲和势较高。但是比较质子亲和势并非选择基质的唯一条件，因为基质本身的离子化效率也是重要的因素。

2. 基质/被分析物比例

即使选择了对的基质，被分析物的离子化效率仍取决于基质与被分析物间的比例，如物质的量比。一般而言，小分子量的被分析物，所使用的基质/被分析物比例较高分子量被分析物低。例如，质量在 1000 Da 以内的多肽分子，其基质/被分析物可用比例约为 300，质量在 1000~6000 Da 左右可用比例约 2000，而质量高于 10000 Da 的分子可用比例约为 10000。

3. 甜点效应（Sweet Spot Effect）

甜点效应指离子信号在样品表面某些位置很高，在其他位置很低，这是 MALDI 法最被使用者熟知的问题之一。此效应造成使用者在分析过程中，无法预测被分析物位置，而必须控制激光照射位置以找寻最佳信号点，如图 2-12 所示[64]。在甜点位置，被分析物离子信号强且可持续数十次辐照，但一旦离开甜点位置，则几乎无法得到任何信号，这使得 MALDI 不适用于定量分析。通常以自然干燥法配制的样品有比较严重的甜点效应，尤其是 DHB 所产生的结晶状态不规则，其甜点效应比其他常用的基质（如 CHCA 与 SA）更严重。

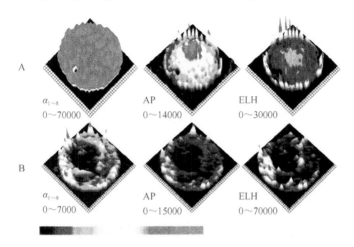

图 2-12　三种不同多肽混合后，利用质谱成像技术所测得的空间分布状态。A 为 CHCA 基质薄层法配制的样品。B 为以 DHB 基质干燥法配制的样品。此结果显示，不同的样品有不同的空间分布，且两种样品制备方法都造成大部分样品发生甜点效应（摘自 Garden, R.W., et al. 2000. Heterogeneity within MALDI samples as revealed by mass spectrometric imaging. Anal. Chem.）

4. 重现性

MALDI 法的重现性差，部分是因为甜点效应，另一部分是因为激光会渐渐剥蚀结晶表面，造成样品损耗，不像液态样品有周围样品对流补充。一般 MALDI 在每一次激光照射所得的谱图强度相对标准偏差（Relative Standard Deviation）约在 30%，除非在干燥样品时使其产生均匀的样品层，并避免激光停留于固定的取样点。重现性差也是 MALDI 不适合用于定量分析的一个重要因素。

2.4.4 基质辅助激光解吸电离样品配制法

MALDI 样品的配制法对于信号重现性与灵敏度有关键性影响，所以配制时必须比其他离子化法更小心。MALDI 样品配制时需先准备基质溶液和被分析物溶液，基质溶液通常以含有少量（约 0.1%体积比）有机酸的 50%有机水溶液为溶剂，将基质浓度配制成大约 0.1～0.3 mol/L，接近基质分子的饱和浓度。乙腈（Acetonitrile）、甲醇（Methanol）或乙醇（Ethanol）均为常用的有机溶剂，而有机酸通常为甲酸（Formic Acid，FA）或三氟乙酸（Trifluoroacetic Acid，TFA）。被分析物溶液则可用纯水或有机水溶液配制，有时也可加入少量的有机酸帮助被分析物溶解。被分析物浓度视其离子化难易程度而定，一般的蛋白质样品大约是 1 pmol/μL（1 μmol/L），但较难离子化的碳水化合物（Carbohydrate）分子大约需要 100 pmol/μL。配制好被分析物与基质水溶液后，就可以将样品制备于干净的 MALDI 样品靶板上使其干燥结晶。

改变 MALDI 样品的制备与干燥过程，可以产生不同的样品结晶。不同的样品配制过程各有优缺点，产生的效果也不尽相同。最简单的配制法为自然干燥法（Dried Droplet Method），其方法是将等量的基质与被分析物水溶液混合后，滴于样品板上静置待其自然干燥。自然干燥法的优点是简单快速，但是结晶形态较不均匀，甜点效应明显。图 2-13 显示各种基质所形成的结晶形态，可以看出除了 CHCA 外，其他的基质结晶都较为不均匀。薄层法（Thin Layer Method，TL）则是先以基质溶液于样品盘上结晶形成晶种层（Seed Layer），再将被分析物与基质水溶液的等量混合溶液滴于晶种层待其干燥[65]。TL 可以产生均匀的结晶，改善信号的重现性及降低甜点效应，但是灵敏度通常不如自然干燥法好。要产生均匀的样品结晶，也可以将液体样品滴于样品板后置于小型真空抽气系统，利用真空干燥使液体快速干燥而产生较为细小且均匀的结晶层。另一方面，现今 MALDI 已经可扩展至免除样品前处理的实验上，如生物组织切片的质谱成像研究。质谱成像无法将被分析物溶解于溶剂中，但是基质又是 MALDI 法的必备物质，所以衍

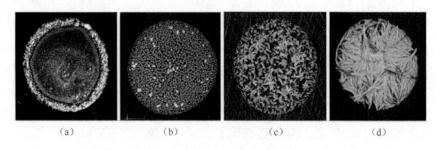

(a)   (b)   (c)   (d)

图 2-13 各种基质利用自然干燥法制备后的结晶形态
(a) DHB；(b) CHCA；(c) SA；(d) THAP

生出数种适用于表面样品的基质配制法。在此类实验中，MALDI 基质配制最主要的要求就是基质在被分析物表面的均匀度，如要尽可能在样品表面上产生一层基质薄膜。现今常用的质谱成像中基质配制方法有喷雾法、蒸镀法、超声波雾化法等。

2.5 大气压化学电离与大气压光致电离

大气压电离（Atmospheric Pressure Ionization，API），顾名思义是在常压下进行的离子化技术。与传统需要在真空下进行的离子化法相比，大气压电离具有直接分析液态样品、样品制备简单等优点。本节介绍的大气压化学电离（Atmospheric Pressure Chemical Ionization，APCI）与大气压光致电离（Atmospheric Pressure Photoionization，APPI），都是大气压下进行的离子化法。其中大气压化学电离于 20 世纪 70 年代开发，工作原理与化学电离相似，主要分析对象为中低极性、分子量低于 1500 Da 的小分子，如小分子药物的分析；大气压光致电离于 2000 年被提出，其长处在于分析非极性物质的能力[66]。

2.5.1 大气压化学电离

大气压化学电离其实是将 2.2 节的化学电离方法扩展至大气压下进行，基本原理同样为离子/分子反应，但大气压化学电离是借助电晕放电（Corona Discharge）产生试剂离子[12]。大气压化学电离的装置如图 2-14 所示，主要由气动雾化器（Pneumatic Nebulizer）、加热器（Heater）、电晕放电装置组成。样品溶液（Sample Solution）进入离子源后即被引入气动雾化器中，此装置是以高速氮气束所形成的雾化气体（Nebulizer Gas）辅助样品溶液喷雾成液滴。因产生的液滴犹如薄雾，故又称溶液的雾化过程。液滴会持续受到雾化气体的带动，进入一段加热石英管（Heated Quartz Tube），管内的温度约为 120℃，足以将溶剂汽化而留下溶质，所以将液滴通过加热石英管，是一个溶剂汽化与去溶剂化（Desolvation）的过程。汽化的溶剂与溶质则会被气流带往电晕放电装置，此为大气压化学电离法最重要且独特的步骤，因为传统的化学电离法是将灯丝加热，使其释放出电子并与试剂气体反应产生试剂离子，但在大气压下将灯丝加热，会产生强烈的氧化反应导致灯丝燃烧，故以电晕放电装置来取代灯丝。此方法利用高电压（5~6 kV）金属针尖放电产生等离子体区域（Plasma Region），若在金属针上通正电，会吸引区域内的电子。因为区域内的气体以氮气、氧气、水汽为主，所以产生的离子也多为这些气体的衍生物。

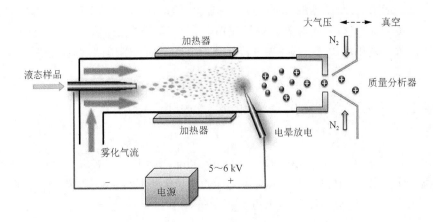

图 2-14　大气压化学电离的基本结构

　　大气压化学电离通常以氮气作为试剂气体，经由电晕放电的方式产生一次离子（Primary Ions），如 $N_2^{\cdot+}$ 和 $N_4^{\cdot+}$，其过程可用下列化学式表示：

$$N_2 + e^- \longrightarrow N_2^{\cdot+} + 2e^-$$

$$N_2^{\cdot+} + 2N_2 \longrightarrow N_4^{\cdot+} + N_2$$

一次离子会再与汽化的溶剂反应，产生二次反应气体离子（Secondary Reactant Gas Ions），如 H_3O^+、$(H_2O)_2H^+$、$(H_2O)_3H^+$，其过程可用下列化学式表示：

$$N_4^{\cdot+} + H_2O \longrightarrow H_2O^{\cdot+} + 2N_2$$

$$H_2O^{\cdot+} + H_2O \longrightarrow H_3O^+ + OH^{\cdot}$$

$$H_3O^+ + H_2O + N_2 \longrightarrow (H_2O)_2H^+ + N_2$$

经碰撞产生的二次反应气体离子能与溶质进行离子/分子反应，如图 2-15 所示：$(H_2O)_2H^+$ 发生质子转移反应，被分析物（M）获得质子达到离子化的目的[24, 67, 68]。

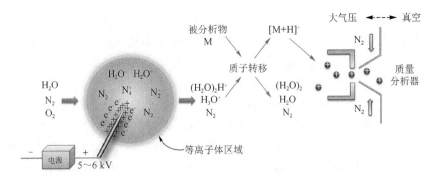

图 2-15　大气压化学电离法中被分析物离子化的过程

2.5.2　大气压光致电离

大气压光致电离是利用光能激发气态被分析物分子，使其离子化为自由基离子（Radical Ion）或进一步将被分析物质子化生成离子，其基本结构如图 2-16 所示。样品溶液进入离子源后雾化为液滴，随后通入加热石英管中进行去溶剂化过程。当样品溶液完成去溶剂化后便进入此离子化方法的关键一环，即以光能激发被分析物使其离子化。光源可使用各种元素灯，如氩（Ar）灯、氪（Kr）灯、氙（Xe）灯等，每种元素所发出的光能均有所不同，可依据被分析物的种类进行选择。一般情况下会以氪灯作为光源，因为氪放电产生的光能为 10.20 eV，大多数被分析物的离子化能为 7～10 eV，溶剂、空气分子的离子化能在 10 eV 以上，如甲醇为 10.84 eV、乙腈为 12.20 eV、氮气为 15.58 eV、氧气（Oxygen）为 12.07 eV，所以利用氪当光源可选择性地（Selectively）对被分析物进行离子化。虽然选择适当的光源可以防止溶剂、空气分子离子化，降低它们离子化后的干扰，但溶剂、空气分子依然会吸收光能，对被分析物的离子化效率造成非常大的影响。

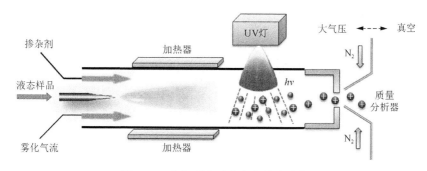

图 2-16　大气压光致电离的基本结构

鉴于此，大气压光致电离经常使用掺杂剂（Dopant）如甲苯（Toluene）、丙酮（Acetone）来帮助被分析物离子化，故依据加入掺杂剂与否，大气压光致电离又可分为直接（Direct）大气压光致电离与掺杂剂大气压光致电离。在正离子模式下，直接大气压光致电离的过程可用下列反应式表示：

$$M + h\nu \longrightarrow M^{\cdot +} + e^-$$
$$M^{\cdot +} + S \longrightarrow [M + H]^+ + (S - H)^{\cdot}$$

其中，M 为被分析物；S 为汽化的溶剂。反应式表示被分析物吸收光能形成自由基离子后会与汽化的溶剂进行质子转换，将被分析物质子化形成离子。若考虑溶剂、空气分子的吸光影响，由上述机理生成的离子数目可能有限，终会导致质谱信号强度大打折扣。若加入掺杂剂，其离子化过程可以下列化学式表示：

$$D + h\nu \longrightarrow D^{\cdot +} + e^-$$
$$D^{\cdot +} + S \longrightarrow [S+H]^+ + (D-H)^{\cdot}$$
$$M + [S+H]^+ \longrightarrow (M+H)^+ + S$$

其中，D 为掺杂剂。此方法的第一个步骤是通入高浓度的掺杂剂（相对于被分析物），让掺杂剂吸光并离子化为自由基离子，再与气态溶剂进行质子转移反应，最后质子转移至被分析物上，使其离子化。另一方面，在第一步中所形成的掺杂剂自由基离子，可直接与被分析物进行电荷交换：

$$D^{\cdot +} + M \longrightarrow M^{\cdot +} + D$$

也就是说，被分析物的电离能较掺杂剂低时，就能形成被分析物自由基离子（ $M^{\cdot +}$ ）[14, 69]。

由以上化学式可见，掺杂剂大气压光致电离所产生的离子来自于被分析物与气态溶剂的质子转移以及掺杂剂自由基离子与被分析物发生的电荷交换。因此掺杂剂大气压光致电离所产生的离子会比直接大气压光致电离多，有文献指出，掺杂剂大气压光致电离的离子化效率比直接大气压光致电离高 10～100 倍[24]。

2.5.3　大气压化学电离与大气压光致电离的异同

大气压化学电离与大气压光致电离，其基本原理均为离子/分子反应，在进样部分都使用雾化气带动样品溶液，并由气动雾化器喷雾为微小液滴，再经过加热石英管将溶剂挥发，形成气态分子。差异在于产生试剂离子的方式，前者使用电晕放电装置将氮气离子化，得到一次离子，随后再与汽化溶剂碰撞产生二次反应气体离子，而二次反应气体离子可将质子转移至被分析物上；后者使用元素灯的光能直接激发被分析物，得到被分析物的自由基离子，再与汽化溶剂进行质子转移反应，或是通过激发掺杂剂，间接利用电荷交换、质子转移反应来达成被分析物离子化的目的。

由此可见，大气压化学电离只有一个渠道产生离子，即二次反应气体离子的质子转移。但质子转移发生的前提为被分析物的质子亲和势大于二次反应气体离子，而电晕放电产生的二次试剂离子多为水分子的衍生物，如 H_3O^+、$(H_2O)_2H^+$ 等，水分子的质子亲和势约为 697 kJ/mol，所以被分析物的质子亲和势须大于此值。对于极低极性或非极性物质而言，它们的结构对称、电荷分布均匀、质子亲和势偏低，所以大气压化学电离无法对极低极性或非极性物质进行离子化。而大气压光致电离能产生自由基离子，具有很强的活性，能与低极性或非极性物质进行电荷交换，所以大气压光致电离具有分析极低极性或非极性物质的能力，弥补了大气压化学电离的不足。

2.6 电喷雾电离与纳喷雾电离

　　电喷雾离子源能够将溶液中的带电离子在大气压下经由电喷雾的过程转换为气相离子，再导入质谱仪中进行分析。此法是由 John B. Fenn 提出，其构想为利用物理学家已知许多年的电喷雾（Electrospray）现象结合质谱仪，来达到精确测量蛋白质分子量的目的，并于 1989 年发表实验数据[13]。在电喷雾电离（Electrospray Ionization，ESI）发展的初期，人们普遍认为此离子化法十分适合用于蛋白质大分子的分析，但很快发现电喷雾电离也适用于分析极性小分子，且具有极高的灵敏度，加上易与高效液相色谱（High Performance Liquid Chromatography，HPLC）在线联用等多项优点，为质谱分析技术写下了新的一页。其广泛应用于生物医学研究、临床检验、药物与毒物、食品安全与环境检测等领域。2002 年 John B. Fenn 荣获诺贝尔化学奖，他在质谱与蛋白质领域的贡献得到肯定，同时也宣告电喷雾电离质谱仪时代的来临。

2.6.1 电喷雾离子源

　　早期发展的电喷雾离子源构造十分简单，可用图 2-17 来说明。其主体是一支由金属制成的毛细管喷针（Capillary Nozzle），其内径约为数微米至数百微米，并于喷嘴出口 1～2 cm 处放置一片对电极（Counter Electrode）。分析时将含有被分析物的水溶液样品注入金属毛细管，并利用高压电源（Power Supply）在金属毛细管与对电极间制造 3～6 kV 的电位差，样品便会因电场的牵引喷雾成带有电荷的微液滴，其直径约在亚微米级。而这些微液滴会再经过去溶剂化过程转变为气态离子，并顺着压力差进入一个圆锥状的分离电极（Skimmer Electrode），减少离子的流失，并让离子顺利地进入质量分析器中。

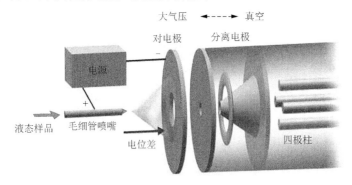

图 2-17　电喷雾离子源

图2-18为电喷雾现象的示意图，在无电位差的情况下，当水溶液样品流至金属管喷嘴出口时，会因为表面张力而形成一个圆弧曲面，水溶液内含有许多解离且分布均匀的正负离子。图2-18（a）显示，如果在金属毛细管施以正电压，水溶液中的正负离子会在电场中受力移动，正离子聚集于水溶液的弧形表面上；图2-18（b）显示，逐渐提高金属毛细管的电压，电场对正离子的作用力会牵引液面向外扩张，当牵引力大于表面张力时，电喷雾现象就此产生，且此时液面形成圆锥形，称为泰勒锥（Taylor Cone）。泰勒锥尖端会陆续释放出带有正电荷的微液滴，此即电喷雾现象。

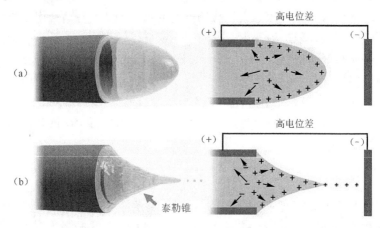

图2-18　（a）溶液中解离的正离子受电场牵引，推挤出口端液面成为圆锥形；
（b）正离子的电场牵引力大于液面表面张力时，形成可稳定产生电喷雾现象的泰勒锥

图2-19描述的是电喷雾生成气态离子的过程，图2-19（a）是电喷雾实物照片，（b）为电喷雾离子源示意图，水溶液样品被喷雾为带电荷的微液滴后，在电场引导下朝着质量分析器真空腔入口飞行。飞行过程中微液滴与空气接触，使得溶剂不断挥发，造成微液滴体积缩小。由于电荷无法挥发，分布于液滴表面的电荷密度逐渐增加。当电荷密度很大时，液滴分裂，形成较小的带电荷液滴；此时表面积变大，而每单位面积上电荷密度降低。上述的液滴分裂的现象会重复发生多次，产生体积越来越小的液滴，此一连串反应称为库仑分裂（Coulomb Fission），这一过程使得液滴体积不断缩小，最后将溶剂去除。以上所描述的现象[70-72]是一种带电荷微液滴去溶剂化的过程（c）；电喷雾所产生的微液滴由溶剂、溶质（被分析物）、电荷组成，少了溶剂，即剩下被分析物与电荷。也就是说，不断缩小体积的带电荷液滴最后会产生完全不含溶剂分子的气态被分析物离子，顺着压力差与电位差进入质量分析器，来检测其质荷比。

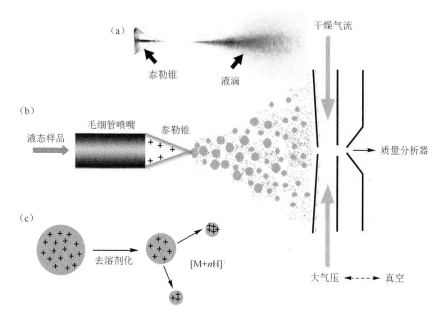

图 2-19　电喷雾生成气态离子的过程

（a）电喷雾实物拍摄；（b）电喷雾离子源示意图；（c）带电荷微液滴去溶剂化过程

　　文献中曾提出两种不同的机制，来解释经多次分裂、体积不断缩小的带电荷液滴，如何产生完全不含溶剂分子的气相离子。第一种称为离子蒸发模型（Ion Evaporation Model）[73]，经多次分裂的带电荷液滴体积缩小至直径约为 10～20 nm 时，液滴中的离子可以在强电场的影响之下，直接脱离液滴蒸发成为气相离子。第二种称为电荷残基模型（Charge Residue Model）[11]，该模型描述的是另一种可能产生气相离子的方式：当带电荷液滴经多次分裂后，每个液滴的体积缩小的同时液滴中的离子数也跟着减少，最后会形成一些只含单一离子且无法再更进一步分裂的极小液滴；对只含单一蛋白质离子的液滴来说，可以看作一个蛋白质离子（含有多个正电荷分散在碱性氨基酸上）周围因氢键作用依附着许多水（溶剂）分子。当这个含水（溶剂）分子的蛋白质离子顺着压力差与电位差进入质量分析器时，会经历许多次与气体分子的碰撞而得到能量，用此能量将水（溶剂）分子脱离蛋白质离子，产生完全不含水（溶剂）分子的气态蛋白质离子。上述现象文献称之为利用碰撞活化去团簇（Declustering by Collision Activation）的过程。

　　在此对电喷雾生成气相离子的过程与机理进行以下总结：①整个过程可以分为液滴生成（Droplet Formation）、液滴缩小（Droplet Shrinkage）、气相离子生成（Gas Phase Ion Formation）三个阶段。②在强电场下，样品溶液会形成泰勒锥释放出带有正电的微液滴。③微液滴上的溶剂蒸发造成液滴体积缩小、表面电荷密度过大，使液滴分裂成更小液滴。④一个电喷雾形成的微液滴可进行多次上述分裂过程，最后形成众多的极小液滴。⑤文献中曾提出两种模型解释气相离子的产生。

现今的电喷雾离子源在硬件上做了许多改良，如在离子源中通入雾化气体、气帘（Curtain Gas）、热气流，或是调整电喷雾喷嘴的角度（通常与质量分析器入口呈 90°角），以提升被分析物的离子化效率。通常有如下做法提高电喷雾离子化效率：①将样品溶于具有极性的有机溶剂（如使用甲醇或乙腈）与水的混合溶液中，以增加溶剂挥发的速度和降低表面张力。②调整电喷雾喷嘴与质量分析器入口的角度，当两者呈 90°角时有最好的离子化效率。③改良去溶剂过程的效率，如图 2-20 所示，利用雾化气体辅助溶液更容易喷雾成微液滴，或者从质量分析器入口向电喷雾喷嘴，制造一面气帘以及从喷嘴侧面导入加热的气流，均能使溶剂加速挥发，使去溶剂化过程更快完成。

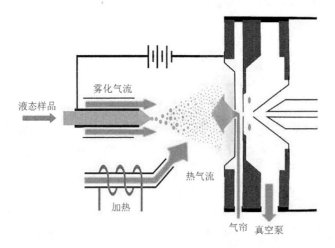

图 2-20　雾化气体、气帘、热气流辅助电喷雾离子化示意图

由电喷雾电离所产生的谱图特征为带多电荷的一系列离子信号。以蛋白质样品为例，被分析物经电喷雾后会形成带有多个正电荷的气态蛋白质离子，这些正电荷以质子化的方式形成于蛋白质的碱性官能团（Basic Functional Group）上。蛋白质的 N 端（N-Terminus）、碱性氨基酸（Basic Amino Acid）如精氨酸（Arginine）与赖氨酸（Lysine）都有含氮原子组成的碱性官能团，这些碱性官能团在酸化的溶液中会与质子（Proton，H^+）结合而带正电荷。所以蛋白质样品在酸化的溶液中，会形成带有多个正电荷的蛋白质离子，最后经电喷雾后形成带有多个正电荷的气相离子。气态蛋白质离子的电荷数目不一定与原溶液中蛋白质离子的电荷数目相同，但与蛋白质碱性氨基酸数目有关，碱性氨基酸数目越多，则气态蛋白质

离子电荷数目越多，此外也与蛋白质样品溶液的酸化程度有关[74, 75]。所以，在利用电喷雾电离质谱仪分析蛋白质时，常在蛋白质样品溶液中加入甲酸或乙酸等易挥发的酸，来帮助产生气态蛋白质正离子。利用甲酸制备酸化的蛋白质样品溶液，经电喷雾形成带有多个正电荷的气态蛋白质离子的过程，可用下列化学式来说明：

$$M_{(solid)} + H_2O + HCOOH \xrightarrow{\text{溶剂化}} [M] + mH^{m+}_{(liquid)} \xrightarrow{\text{电喷雾}} [M+nH]^{n+}_{(gas)}$$

其中，M 为蛋白质分子；m 为溶液中蛋白质带正电荷数目；n 为气态蛋白质离子的电荷数目。m 与 n 的大小不一定相同，但与蛋白质碱性氨基酸数目及酸的强度（受酸的种类、浓度、溶液组成等因素影响）有关。图 2-21 是溶菌酶经电喷雾产生的质谱图，其中的信号代表带有不同正电荷数目的溶菌酶离子，请参考 7.3 节，该节详细说明了计算溶菌酶分子量的过程。

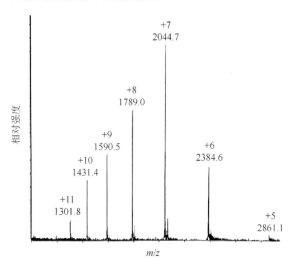

图 2-21　溶菌酶经电喷雾产生的质谱图，图中各信号代表带有不同正电荷数目的溶菌酶离子

2.6.2　基质效应

大气压电离，尤其是电喷雾电离与大气压化学电离，这些离子化法的离子化效率会受基质的影响而变化，文献中称之为"基质效应"（Matrix Effect，ME）[76, 77]。当上述离子化法与色谱（Chromatography）技术相结合时，从色谱柱与被分析物共流出（Coeluting）的物质，往往会让被分析物的质谱信号大幅减弱（或增强），严重影响定量分析的准确度、精密度、检测下限、线性范围等。由于色谱质谱联用仪广泛应用于环境、食品、生物医学等领域的定量检测，若使用者未能正确评估基质效应的影响，很有可能获得不可靠的分析数据而做出错误的判断。基质效应可以用下列式子量化：

$$基质效应(ME\%) = \left(\frac{B}{A} - 1\right) \times 100\%$$

其中，A 为被分析物标准溶液经仪器分析产生的信号强度；B 为相同浓度被分析物添加在基质中所产生的信号强度。以文献中分析血液中某种药物的数据为例[76]，A 的值是 8580，受基质影响后信号强度减弱为 $B = 6390$，那么 ME% 就是 $\left(\frac{6390}{8580} - 1\right) \times 100\% = -26\%$，也就是说，基质效应让被分析物的信号减弱了 26%。

关于基质效应现象的解释，有观点认为是由于被分析物与基质中的干扰物质必须竞争雾化形成液滴表面的有限电荷数目，但目前尚无定论，学者们仍然在努力尝试了解其详细机理。目前已知有下列方法可以克服基质效应造成的负面影响：①利用样品前处理或合适的色谱分离将复杂基质的化学成分净化，以去除干扰物质。②使用基质匹配（Matrix-Matching）的校准曲线进行定量。③采用标准加入法（Standard Addition Method）进行定量。④采用内标物（Internal Standard）进行定量，对可区分化学性质相似但质量不同的待测物的质谱仪而言，若使用稳定同位素标记的内标物往往能大幅提高定量的准确度，缺点是成本昂贵。⑤改进离子源设计或选用合适的离子源降低基质效应。先前的研究显示，电喷雾电离的基质效应相对比较严重，大气压化学电离次之，大气压光致电离比较不明显。

2.6.3 纳喷雾电离

随着电喷雾电离在知识和技术层面的日趋成熟，研究者们发现电喷雾离子源所产生的质谱信号与被分析物在溶液中的浓度成正相关，但与溶液的流速无关。这意味着少量的样品只要配合较低的溶液流速，使得被分析物在溶液中的浓度维持相同，仍可以得到强度相当的信号，这是电喷雾离子源特有的浓度敏感（Concentration-Sensitive）的现象。图 2-22 为不同流速下，使用选择离子监测（Selected Ion Monitoring，SIM）模式对两个被分析物进行分析的结果。图中波峰上方的数字为信号强度，而流速由左至右为 400 μL/min（样品溶液无分流）、132 μL/min（分流自样品溶液）、15 μL/min（分流自样品溶液），可观察到两个被分析物的信号强度并不会因流速的降低而受到影响，甚至略有上升[78]。

早期使用的电喷雾离子源喷嘴（Spraying Nozzle），其内径在 100 μm 以上，维持电喷雾稳定的流速约每分钟数微升至数百微升。为了达到更低流速下电喷雾仍然稳定的目的，Wilm 与 Mann 于 1994 年利用玻璃毛细管（Glass Capillary）制作出内径约 1 μm 的微小化电喷雾离子源喷嘴，其可在极低流速（约 25 nL/min）下，达到稳定的电喷雾电离过程以及质谱信号的输出。由于溶液的流速只有每分钟数十纳升，所以将其称为纳喷雾离子源（Nanoelectrospray Ion Source）[79]。Karas 等曾提出如图 2-23 所示的概念来说明其原理[80]，相较于传统的电喷雾电离，纳喷雾离子源产生的液滴较小，所需进行的库仑分裂次数大为减少，便可以完成去溶剂化过程，从而有效地离子化被分析物，使其进入质谱仪当中。此外，纳喷雾电离（Nanoelectrospray Ionization，Nano-ESI）能承受溶液中较高浓度盐类污染物的影响，基质效应较不明显，其机理也可能与其能高效地完成去溶剂化过程有关。

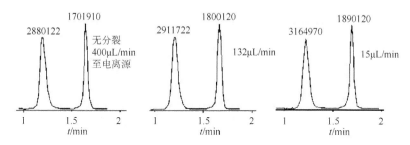

图 2-22　电喷雾离子源的浓度敏感现象（摘自 Snyder A P. 1995. Biochemical and Biotechnological Applications of Electrospray Ionization Mass Spectrometry, ACS Symposium Series 619, American Chemical Society）

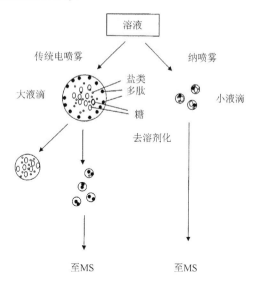

图 2-23　传统的电喷雾离子源与纳喷雾离子源相比较，后者所需进行的库仑分裂次数大为减少，便可以完成去溶剂化过程，从而有效离子化被分析物，使其进入质谱仪当中（摘自 Karas, M., et al. 2000. Nano-electrospray ionization mass spectrometry: Addressing analytical problems beyond routine. Fresenius J. Anal. Chem.）

　　与传统的电喷雾离子源相比较，纳喷雾离子源在分析混合物时，不同被分析物间的相对信号强度也呈现差异。图 2-24 为神经降压肽（Neurotensin）与麦芽七糖（Maltoheptaose）等物质的量混合并溶于 10 mmol/L 醋酸铵（Ammonium Acetate）

水溶液中的质谱图，以喷嘴口径 1 μm 与喷嘴口径 10 μm 进行实验，所得到的麦芽七糖信号有天壤之别[81]。从纳喷雾离子源得到的两个被分析物信号强度相当[图 2-24（a）]；相反地，较高流速的传统电喷雾离子源所能产生的麦芽七糖信号几乎观察不到[图 2-24（b）]，两个被分析物的离子化效率除了与其表面活性（Surface Activity）、极性及带电荷形式有关，更受到流速的极大影响。结果显示，在上述低浓度盐类的影响下，纳喷雾离子源能从混合被分析物样品中得到较完整的质谱信号。

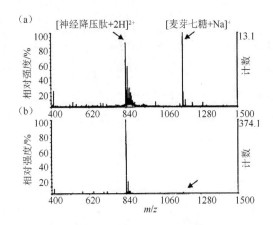

图 2-24　不同内径喷嘴的谱图信号比较：（a）喷嘴内径为 1 μm；（b）喷嘴内径为 10 μm（摘自 Schmidt, A., et al. 2003. Effect of different solution flow rates on analyte ion signals in nano-ESI MS, or: when does ESI turn into nano-ESI? J. Am. Soc. Mass Spectrom.）

前述神经降压肽与麦芽七糖在纳喷雾离子源得到的相对信号强度与流速有极大的相关性，图 2-25 为两个被分析物信号强度比值随着流速变化的情况[81]，数据显示，该比值与液滴的表面积/体积比（Surface Area/Volume Ratio）有关。图中两条虚线与一条实线为三种不同数学模型所推算出液滴的表面积/体积比，可以看出，不论何种模型其结果均显示流速大时表面积对体积的比值小，反之则大。另外，表面积对体积的比值与液滴大小成反比，因此流速小，所产生的液滴也小，可以从中发现流速、液滴大小、质谱信号强度三者的关系[79]。

纳喷雾离子源可以借助色谱或其他分离技术将样品中的少量被分析物预浓缩以提高浓度，使得低流速下产生信号更强的质谱数据。从 20 世纪 90 年代中期以来，电喷雾电离技术的演进呈现一个重要的共同趋势：将电喷雾喷嘴的口径越做越小，以便在低流速下稳定地喷洒出微小的液滴，甚至前端的液相色谱仪流速也随之向纳升发展。纳喷雾电离的出现，使得质谱仪成为微量分析的利器，并广泛应用在不容易大量取样的生物医学领域，如在体液、组织样品中找寻癌症的生物标志物（Biomarker），或分析在不同培养环境中细菌或细胞株的分泌蛋白组（Secretome）等。蛋白组研究面临重要的瓶颈，即许多存在于样品中的微量蛋白质往往低于质谱仪的检测下限而无法进行分析，但这些微量的蛋白质却可能在生理上有重要的功能（如信号传导、促进癌细胞的侵袭能力等）。所以对于微量蛋白质分析而言，往往需要先结合在线浓缩技术将样品转换成低体积高浓度的状态，再结合低流速的纳喷雾离子源，得到强度较高的信号以利于后续的分析。总而言之，纳喷雾电离质谱仪为研究样品中的微量物质提供了一个灵敏的分析平台。

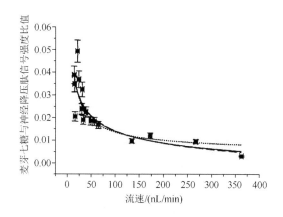

图 2-25　麦芽七糖与神经降压肽的信号强度比值随流速的改变而变化（摘自 Schmidt, A., et al. 2003. Effect of different solution flow rates on analyte ion signals in nano-ESI MS, or: when does ESI turn into nano-ESI? J. Am. Soc. Mass Spectrom.）

2.7　常压敞开式电离

近年来质谱技术的一个新的发展趋势是让离子源能够直接分析自然原始状态的样品。例如，分析蔬菜中的残留农药时，传统的分析方法要先将蔬菜均质化，利用有机溶剂将农药萃取出来，再经过液相或气相色谱对农药进行分离，最后进入质谱仪进行分析。整个分析过程相当耗时，可能发生蔬菜已出货，检验报告才出炉的情况。直接分析自然原始状态的样品，即不论是固态样品还是液态样品，均能以最少的前处理甚至是在"零处理"条件下，在大气环境下直接对其进行分析，这也是与 2.5 节所提及的大气压电离的不同之处。在上述需求下，率先发展出的离子化方法为 2004 年 Cooks 团队开发出的解吸电喷雾电离[15]以及 2005 年 Cody 团队开发出的实时直接分析[16]。而常压敞开式质谱（Ambient Mass Spectrometry）首次出现于 Cooks 等 2006 年发表的综述文章[82]，解吸电喷雾电离与实时直接分析法都被收录在该文章中。自此,受到解吸电喷雾电离和实时直接分析两种离子化方式的启发,质谱学家陆续研发出能在大气环境下运行的离子化技术,时至今日有 40 余种离子化技术被提出[17, 83],统称常压敞开式离子化(Ambient Ionization),本节将针对解吸电喷雾电离法和实时直接分析法进行介绍。

2.7.1 解吸电喷雾电离

解吸电喷雾电离(Desorption Electrospray Ionization,DESI)主要运用电喷雾装置以及气动雾化器,将溶剂雾化为带电荷的微液滴,其基本结构如图 2-26 所示。

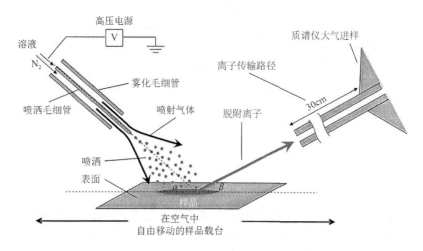

图 2-26　解吸电喷雾电离基本结构(摘自 Takats, Z., et al. 2004. Mass spectrometry sampling under ambient conditions with desorption electrospray ionization. Science)

当气体束以入射角 α 撞击样品时,被分析物将会溶解于微液滴内,并于液态下进行离子/分子反应,产生被分析物离子。在这个过程中,气体束的动能必须得以释放,所以会以一反射角 β 将含有被分析物离子的微液滴溅射出去。而反射的气体束会将带电荷的微液滴送往质量分析器,在飞行的过程中会发生去溶剂与库仑分裂,此部分解吸电喷雾电离与电喷雾电离相似,均生成带有多个电荷的离子。另一方面,在反射的气体束中,并不是所有的带电荷微液滴都含有被分析物,也存在一部分受动能作用而溅射的中性物质。所以当带电荷的微液滴产生气相离子,也会与中性物质进行离子/分子反应,生成被分析物离子。

解吸电喷雾电离的离子化效率主要受以下参数影响:喷雾电压、电喷雾喷嘴与样品表面距离、质量分析器进口与样品表面距离、气体束入射角度、气体束速率(压力)、溶剂流速、样品表面的物理化学特性等。其中电喷雾喷嘴与样品表面距离、质量分析器进口与样品表面距离、气体束入射角度,影响了进入质量分析器的被分析物离子数目，与信号强度有关；溶剂、被分析物及样品表面三者的溶解度（Solubility）影响了液态下的离子/分子反应。相比于样品表面，被分析物须易溶解于溶剂，才能有效率地使被分析物溶解于溶剂液滴，以利于反应进行[84]。依据溶剂、被分析物种类的不同，所发生的离子/分子反应可分为吸热反应或放热反应，若溶剂与被分析物的反应为放热反应，则代表溶剂与被分析物在反应后处于高内能的状态，需要将其释放，此时可使用较小的动能使被分析物解吸附；若为吸热反应，则代表反应后处于低内能的状态，需使用较大的动能对样品表面进行撞击，以达到解吸附的目的；倘若气体束速率过大或质量分析器进口与样品距离太短，会使去溶剂化、库仑分裂以及气态下的离子/分子反应不完全，导致质谱信号受到溶剂的干扰，以及被分析物离子有所损失。另有文献指出，不同种类被分析物，其解吸电喷雾电离的最佳参数也有所不同[85]。

2.7.2　实时直接分析

实时直接分析（Direct Analysis in Real Time，DART）的离子源由工作气体、针状电极（Needle Electrode）、两个多孔盘电极（Perforated Disk Electrode）、气体加热器（Gas Heater）、格栅电极（Grid Electrode）以及绝缘帽（Insulator Cap）组成。上述四个电极为实时直接分析离子源最重要的元件，如图 2-27 所示，四个电极将离子化装置由右上至左下分隔为三个区域，每个区域有不同的功能。第一个区域为针状电极与第一个多孔盘电极之间，氦气是最常用的工作气体。当工作气体进入此区域时，针状电极以 $1 \sim 5$ kV 的电压差进行辉光放电（Glow Discharge），使工作气体吸收能量跃迁成为激发态原子（Excited Atoms）。此时第一个多孔盘电极作为相对电极并且接地，让生成的离子、电子、原子经气流的带动，全部进入离子化装置的第二个区域，即两个多孔盘电极之间。若在第二个多孔盘电极通以正电压，此多孔盘电极便具有移除阳离子的效用，所以气流穿越此电极时，其内的阳离子将被移除，剩下的原子、阴离子则继续被气流送往第三个区域。在第三个区域中，设有加热装置，可依据被分析物的物理、化学特性来调整气流温度。出口处的格栅电极，会移除气流内的阴离子，所以最后气流中只存在激发态中性物种（Excited Neutral Species）。从图 2-27 的装置喷出的气体可将待测物从样本表面解吸附，并利用激发态中性物种使被分析物解离。在正离子模式下，实时直接分析法所获得的质谱图主要为 $M^{\cdot+}$ 与 $[M+H]^+$；而在负离子模式下，则为 $M^{\cdot-}$ 与 $[M+H]^-$ [16, 24, 86]。

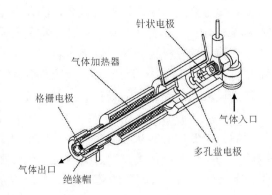

图 2-27　实时直接分析离子源基本结构（摘自 Cody, R.B., et al. 2005. Versatile new ion source for the analysis of materials in open air under ambient conditions. Anal Chem.）

　　自解吸电喷雾电离和实时直接分析两种离子化方式问世后，各种新颖的离子化技术应运而生，它们的共同点是利用装置使被分析物从样本表面解吸附，再通过离子/分子反应生成被分析物离子，达到离子化的目的。根据离子化原理，常压敞开式离子化法适合分析存在于物体表面的物质，如蔬果表面残留的农药，从事炸药制造的恐怖分子衣服、裤子、鞋子上残留的炸药成分，塑料厂工作者皮肤上的增塑剂代谢物等。所以常压敞开式离子化法在未来将有潜力用于食品安全、环境检测、代谢组学、犯罪物证鉴定等领域。

　　在定量方面，常压敞开式离子化法的定量准确性与重现性仍不够好，与基质辅助激光解吸电离类似，质谱信号强度变动幅度较大，目前质谱学家正在努力提高常压敞开式离子化法的定量准确性。

2.8　二次离子质谱

　　二次离子质谱（Secondary Ion Mass Spectrometry，SIMS）是通过连续或脉冲的一次离子（Primary Ion）束轰击被分析物表面，再以质谱分析所产生的二次离子（Secondary Ion）的方法[87]。其发展历史可追溯到 1910 年，J. J. Thomson 发现离子轰击可使中性与带电离子从样品表面弹射出来，而 Arnot 等的进一步研究显示二次离子包含了正离子与负离子，1949 年 Herzog 与 Viehböck 将二次离子的概念运用在质谱分析上，并进一步将之发展为二次离子质谱法[4]。此法发展至今已具有微量成分检测、高表面灵敏度、同位素检测及空间分子分布信息检测等功能和优点，被应用于金属、盐类、有机化合物、制药、聚合物、电子材料、催化剂以及生化组织样品的成像分析上[88-90]。例如，文献中曾利用 TOF-SIMS（TOF 是质量分析器的一种，详见第 3 章）来分析名画上矿物或有机颜料的分布组成[91]；另外，Sjövalla 等则以 TOF-SIMS 分析了阿尔茨海默病模型小鼠大脑组织中 β-淀粉样肽（Amyloid-beta Peptides），并借此建立了脂质的分布图像[92]。

2.8.1　空间分布与深层剖面分析

二次离子质谱主要用于表面特性的分析[93]，利用一束高能量（约 keV 量级）的一次离子束撞击样品表面，一次离子束会与样品表面分子进行一连串的碰撞，使表面数个原子层中的能量转移，最后产生溅射现象，使得表面弹射出电子、光子、中性或带电的原子及分子（图 2-28）。其中溅射出的带电原子及分子就称为二次离子，分析这些二次离子可反映出样品表面的化学组成，而利用此离子源的质谱也因此称为二次离子质谱。

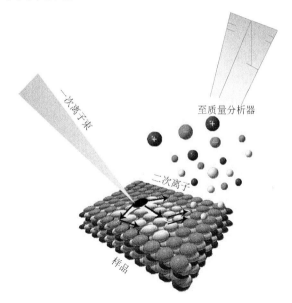

图 2-28　SIMS 离子化示意图

从 20 世纪 50 年代 Honig[94]、60 年代 Castaing 和 Slodzian[95]到 1967 年 Liebl[96]，科学家陆续开发出更实用的 SIMS 仪器，在 60 年代美国国家航空航天局（NASA）更将该仪器用于阿波罗工程中在月球上采集的石块样本的成分分析。1970 年后，SIMS 在应用与发展上不断有突破性进展，Benninghoven 团队首先测得了氨基酸的二次离子质谱图且首度使用了"SIMS"这个缩写来代表二次离子质谱[97]。之后相关应用延伸到表面单层分析、深层剖面（Depth Profile）分析、固体分析及成像分析等领域[98]。现在甚至可通过相关的特征离子碎片，对分子量高达 10 kDa 的化合物进行鉴定。SIMS 的应用也促进了后来可分析有机样品的快速原子轰击法的发展。

　　SIMS 在高质量分辨率的模式下才有机会分析质量相近或相等的离子，解决来自于不同价态的原子离子及一些简单化学反应的产物干扰问题，如卤化物与氧化物等。而在空间分布分辨率上，一般离子束轰击得到的成分分布图可精确解析到 50 nm 以下[99]，可提供样品表面的横向与深度纵向的元素分布情形，通常在导体或半导体平面的分析上可以得到较好的结果。如上所述，空间分辨率及质量分辨率为 SIMS 技术是否可行的关键，而这两者又互为拮抗作用（Antagonism），也就是说，好的空间分辨率常会伴随质量分辨率的降低，反之亦然，这都与所采用的一次离子束形式相关。

　　SIMS 一次离子束通常为+1 价，根据不同的需求，有许多不同的一次离子束可供选择。商品化仪器中通常配备较高能量上限（25～30 keV）的一次离子源，如可利用热离子源（Thermal Ionization Source）或双等离子体离子源（Duoplasmatron Ion Source）产生一次离子束。不同的离子束包含：将碱金属硅酸铝化物经热发射产生碱金属硅酸铝化物的一次离子束；利用 O_2^+ 作为一次离子束，对于正电性（Electropositive）化合物如许多金属可以产生较多量的二次正离子；Cs^+ 离子束轰击样品表面则会形成二次电子，更有效地产生二次负离子，所以适合于负电性化合物的分析，其通常用来针对带负电目标物的喷溅清除或深度剖面分析，如半金属与非金属及Ⅷ族过渡金属的二次负离子分析；而 Ga^+ 或 In^+ 液态金属离子枪（Liquid Metal Ion Guns，LMIG）也是很常见的一次离子源，能够提供 Ga^+ 或 In^+。虽然它们产生的二次离子量不高，但 LMIG 可提供聚焦微细与高流量的离子束（<10 nm，1～10 A/cm²）[100]，在材料表面的化学成分分布图像分析中，此方法可提供较小的聚焦轰击点，从而提升图像的分辨率，因此能够进行横向高分辨率的表面分布分析。

　　文献显示，高分子量的氙离子束比氩、氖离子束可以产生更多的二次离子[101]，并可更有效地分析大分子，因此如 SF_6 与 Cs_xI_y 等分子离子束、Bi_n^+ 与 Au_n^+ 团簇一次离子束与 C_{60}^+ 富勒烯分子离子束等被陆续发展出来[102, 103]。C_{60}^+ 一次离子束对样品表面的损坏小，可以得到较佳的分子的深层剖面影像。而 SIMS 搭配 Bi_3^+ 一次离子束来建立生化组织样品的成分轮廓成像技术也备受生物医药领域瞩目[104]。多原子一次离子束撞击表面后本身的断裂会产生许多较大范围的弱冲击，这些比较柔和的冲击的协同作用也会影响分子的解吸附。分子动力学模拟显示，这一过程中所产生的弱声波（Acoustic Wave）是让表面二次离子解吸附的主因，引起周边区域产生较弱的冲击波（Shock Wave），有助于表面分子的解吸附过程，由于适用于生物样品，SIMS 的应用更为广泛。相较于以单原子或分子离子为一次离子，团簇一次离子的轰击可使二次离子的产量增强数百倍，特别是在高分子量区域也有增强效果，这有助于生物样品的分析及改善图像品质，可保持 1 μm 的横向分辨率并将可检测质量范围拉大至 m/z 1500。

此外，研究发现将样品表面涂覆薄层的金或其他金属可增强二次离子信号，可提供更佳的空间图像及化学组成分辨率，该方法称为金属辅助二次离子质谱（Metal-Assisted SIMS）；或是仿照制备 MALDI 分析样品的方法（见 2.4 节），将有机酸[如 2,5-二羟基苯甲酸（2,5-Dihydroxybenzoic Acid）]等基质涂覆于被分析样品表面，也可改善 SIMS 的离子化效率[105]，该方法称为基质增强二次离子质谱（Matrix-Enhanced SIMS）。表 2-2 为 SIMS 不同离子源的比较。

表 2-2　SIMS 不同离子源比较

离子源形式	轰击点大小	能量
电子轰击枪	50 μm 至几毫米	1～10 keV
固态离子枪，如 Cs^+	2～3 μm	1～10 keV
液态金属离子枪，如 Ga^+、Au^+ 或 In^+	< 1 μm	> 25 keV
团簇与富勒烯分子离子束，如 Bi_n^+ 与 C_{60}^+	200 nm～200 μm	5～40 keV

2.8.2　动态与静态二次离子质谱

SIMS 在实际应用中可以分为动态 SIMS（Dynamic SIMS）与静态 SIMS（Static SIMS）。通常静态 SIMS 配合脉冲式低流量一次离子束（< 1 nA/cm²）进行分析，其脉冲式的特色适合与 TOF 分析器搭配使用。第一台 TOF-SIMS 仪器就是利用脉冲式的碱金属一次离子源[106]，虽然低流量离子束可以延长检测样品二次离子的时间，但也因此降低了检测灵敏度。利用 TOF 作为分析器的原因是 TOF 可针对一个一次离子的短暂脉冲冲击所产生的所有二次离子进行分析，传输效率（Transmission Efficiency）高也使得离子损失率少，因此相对于四极杆质量分析器来讲，TOF 可得到较高的灵敏度。

对于静态 SIMS 的脉冲一次离子束，长脉冲可获得较佳的轮廓分布分辨率，轮廓分布分辨率指可被区分的两个轰击点之间能达到的最小距离，距离越小，代表在固定区域能容纳更多的轰击点，也能建立更详细的横向成分轮廓分布图像。反之短脉冲（<1 ns）因轰击时间短，可让二次离子在极短时间产生并同时进入 TOF，离子较少有空间上的散乱分布或扩散，也因此有较佳的质量分辨率。轮廓分布及质量两者的分辨率具有拮抗关系，实验中常需寻求最佳平衡点，因此 TOF-SIMS 仪器有高质量分辨率及高横向轮廓分辨率两种操作模式可供选择。大部分脉冲式离子源用于固态或一些导体表面，不但可对样品最上单层进行高质量分辨的特性（Characteristics）分析，甚至可提供亚微米级分辨的成分空间分布轮廓图[107]。而静态 SIMS 对样品表面损耗小，可获得与等离子体解吸附离子化类似

的质谱图。在航空制造业中，铝金属表面阳极氧化处理形成的氧化薄膜可加强飞机配件之间的黏合强度，因此监测铝金属表面的化学反应与组成就显得尤为重要。如图 2-29 所示，利用静态 SIMS 可监测经过阳极氧化处理产生的铝氧化薄膜成分[108]。从图中可见，低分子量区域碳氢化合物的污染信号在阳极处理后显著降低，处理时间越长越明显，此外，还可见表面 AlOH$^+$ 信号随处理时间增加而升高的现象。

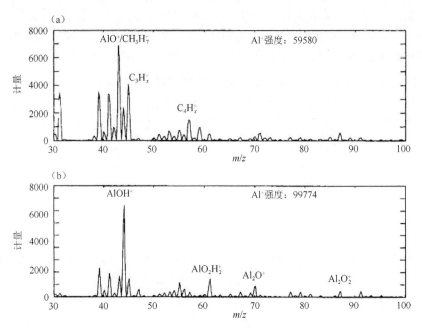

图 2-29　不同阳极氧化处理时间产生的铝氧化薄膜表面静态 SIMS 分析：（a）正离子谱图，
　　　　　3 s 阳极处理；（b）正离子谱图，5 s 阳极处理（摘自 Johnson, D., et al. 1990. SSIMS, XPS
　　　　　and microstructural studies of AC‐phosphoric acid anodic films on aluminium. Surf.
　　　　　Interface Anal.）

　　与静态 SIMS 不同，动态 SIMS 采用持续高流量（约 1 μA/cm^2）的一次离子束，其由于持续产生离子的特性，可与四极杆、磁场式等分析器配合使用，因此也可对无机样品进行深度剖面分析。尽管动态 SIMS 会造成样品表面的损害，表面的损坏也会导致其二次离子的信号持续时间较短，但通过动态 SIMS 却能了解材料从表面到内部所含的不同元素成分。这样的原子与小分子成分深层剖面分析的分辨率可小于 1 nm，甚至可借此建立原子或小分子的三维空间分布成像。此外，若 SIMS 配合高质量分辨率的磁场分析器，甚至可分析质量相近或重叠的原子或小分子离子。

2.9　电感耦合等离子体质谱

电感耦合等离子体质谱（Inductively Coupled Plasma Mass Spectrometry，ICP-MS）主要用于元素分析。利用 ICP 优异的离子化能力，搭配高灵敏度的质谱仪，ICP-MS 除了对大多数元素具有极低的检测限之外，同时具备多元素检测的特性以及同位素分析的能力，因而被广泛地应用于各领域的微量元素分析。

1980 年 Robert S. Houk 教授等首度发表利用 ICP 离子源结合质谱仪进行微量元素分析的论文[21]，首台商品化的 ICP-MS 仪器于 1983 年问世，从此微量元素分析技术的发展开启了崭新的一页。鉴于不同型态的元素物种在环境科学、食品营养科学以及生物医学中所扮演的角色与功能不尽相同，利用液相色谱（Liquid Chromatography，LC）结合 ICP-MS 进行微量元素物种分析，也成为鉴别微量元素物种的主要分析技术之一[109]。本节将介绍 ICP-MS 的原理、结构与分析特性。

2.9.1　电感耦合等离子体质谱仪的组成与分析原理

ICP-MS 仪器的组成主要包括样品传输系统、ICP 离子源、取样接口、质量分析器以及检测器。其通过样品传输系统将样品导入电感耦合等离子体中，经去溶剂化、汽化、原子化及离子化过程后形成单价正离子，再由取样接口引入质量分析器中分析元素质量并由检测器定量。

目前电感耦合等离子体质谱分析技术已广泛地应用于环境、地质、法医鉴定、食品科学以及生物医学等各种领域的实际分析工作中。为应对各种形态的样品，不同的样品引入系统也应运而生。常见的样品引入系统包括：气动雾化（Pneumatic Nebulization）装置、超声波雾化（Ultrasonic Nebulization）装置、电热式汽化（Electrothermal Vaporization）装置、流动注射（Flow Injection）式、蒸汽发生（Vapor Generation）式以及固态进样的激光烧蚀（Laser Ablation）等。就目前常用的分析液态样品而言，首先经由雾化器（Nebulizer）将样品雾化形成气溶胶（Aerosol），之后由载气（Carrier Gas）携带进入雾化室（Spray Chamber）来筛选气溶胶颗粒，让颗粒较小且分布均匀的气溶胶颗粒进入等离子体炬（Torch）中。一般而言，增加雾化气流将引入更多的被分析物，进而提升样品的传输效率。然而，这也同时缩短样品在等离子体中的反应时间，造成离子化效率不佳。因此，雾化气流的调节是电感耦合等离子体稳定离子源的重要参数之一。经过雾化室筛选后的样品气溶胶颗粒凭借等离子体炬传导至带电等离子体中进行去溶剂化、汽化、分解（Decomposition）、原子化（Atomization）与离子化（Ionization）的过程。

2.9.2 电感耦合等离子体离子源

常见的等离子体炬由三层同轴石英管组成（图 2-30），目前最常用于 ICP-MS 的气体为氩气，最外层为冷却气流（Cooling Gas），流量约为 10～20 L/min，其主要作用在于形成带电等离子体且同时冷却石英管，支撑等离子体本身悬空并维持稳定，还可抑制等离子体体积的扩大。中层气流为辅助气流（Auxiliary Gas），主要用于点燃等离子体并将等离子体推出，避免中心注入管因等离子体产生的高温熔化变形。最内层气流为雾化气流或载送气流，一般气流流量为 0.8～1.0 mL/min，主要将样品传输系统所导入的气溶胶颗粒传送至等离子体中进行离子化。

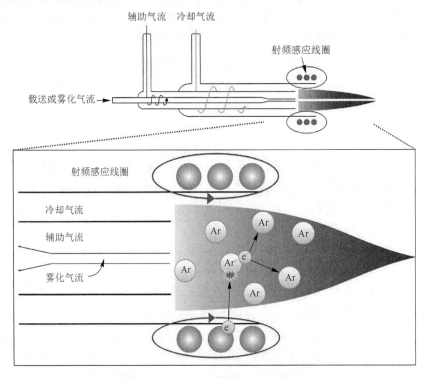

图 2-30　同轴石英等离子体炬的构造

电感耦合等离子体是利用射频发生器（Radio Frequency Generator）产生的感应磁场引发足够能量，使气体解离产生含有高密度电子的离子化气体（通常由氩气形成）。电感耦合等离子体产生的原理如图 2-30 所示，等离子体炬外层绕有感应线圈（Induction Coil），当线圈通电时射频发生器会使其产生同频率的磁场。经由特斯拉线圈（Tesla Coil）放电所产生的电子受到磁场影响而快速碰撞氩气原子，使其解离产生离子与电子，产生的离子与电子同样受到磁场影响，进而使得更多氩气离子化，最后产生含有高密度电子的高温（6000～10000 K）离子化气体。

　　一般而言，等离子体的离子化环境与被分析物电离能的大小是决定离子源选择的重要因素。因为氩气的第一电离能为 15.76 eV，而大部分元素的第一电离能都小于 16 eV（图 2-31），因此使用氩气等离子体可以有效地使大部分待分析元素解离产生单价正离子。此外，大部分元素因为第二电离能高于 16 eV，所以仅有少数元素会产生二次离子化，如碱土及稀土元素。依据 Houk[110]利用 Saha 方程式计算出的各元素在 ICP 环境下的离子化效率，高温氩气等离子体环境下，大部分元素均具有大于 90%的离子化效率。如此优异的电离特性，使其成为无机质谱分析理想的离子源。

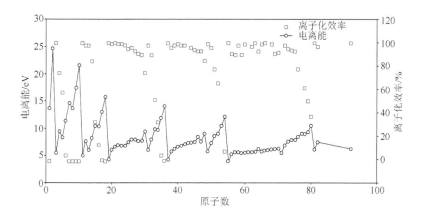

图 2-31　各元素的第一电离能与离子化效率

　　自 1980 年 Houk 等发表 ICP 作为质谱仪的离子源至今，ICP-MS 因其优异的分析特性已经被广泛地应用在许多不同研究领域与实际的微量元素分析工作中。然而，尽管以氩气作为离子源可以达到大部分元素离子化所需的第一电离能，但二价离子（M^{2+}）、氧化物离子（MO^+）以及氢氧化物离子（MOH^+）等的干扰仍会在分析中造成问题。此类干扰主要是因为待分析元素的同位素与样品中其他共存元素的同位素质量重叠，常见的例子有：待分析样品中若含有盐酸（HCl）会形成 $^{40}Ar^{35}Cl^+$，该离子的存在会对砷（As）的分析造成干扰（As 具有唯一同位素 $^{75}As^+$）；此外，Ar^{2+}的存在会干扰 $^{80}Se^{2+}$的分析（质荷比同为 40）。此类干扰若未能妥善地排除，将有可能导致 ICP-MS 分析中的错误结果。

　　近年来针对 ICP-MS 分析过程中的干扰问题，陆续发展了各种干扰消除的技术与设备，主要包括低温等离子体（Cold Plasma）、动态反应室（Dynamic Reaction Cell，DRC）以及碰撞/反应室（Collision/Reaction Cell，CRC）等。低温等离子体技术是利用降低等离子体温度的方式减少同重多原子离子（Isobaric Polyatomic

Ion）的干扰，然而等离子体能量不足，会使元素的离子化效率显著下降而导致分析灵敏度降低。DRC 或 CRC 则是目前新式 ICP-MS 配备的干扰去除装置，其工作原理为加入碰撞/反应气体至反应室中，当离子束进入反应室后与腔体内填充的气体发生碰撞、电荷转移或质子转移等作用，从而将干扰物消除[111-114]。

2.10　离子化方法的选择与应用实例

　　现今的质谱技术之所以得到普遍的应用，其关键之一在于可以针对被分析物的特性选择适用的离子化方法，将样品内的待分析分子转化为气相离子并使其进入到质量分析器中分析检测。因此，在质谱分析中，离子化方法的选择是检测成功与否的决定性考量因素。该方法的选择除了与被分析物以及样品的特性有关之外，也和分析的目的有关。目前最常使用的离子化方法包括电子电离、化学电离、电喷雾电离、大气压化学电离及大气压光致电离，以及激光解吸电离与基质辅助激光解吸电离。上述几种离子化方法最常被使用的最主要原因在于，这些方法除了有宽广的样品适用范围与高灵敏度之外，如样品基质太过复杂时还可以与色谱分离方法联用来降低样品基质干扰，完成样品的分析。

2.10.1　离子化方法的选择

　　在选择离子化方法时，可以大略地根据想得到的信息以及被分析物分子的物理、化学性质进行区分。由于每一种离子化方法都有特定的电离反应机理，其反应环境也已被定义得很清楚，所以能够检测的分子也有许多限制。以下就针对离子化方法选择时需要考虑的先后顺序做原则性的介绍。

　　1. 样品的物理性质

　　待分析样品的物理性质决定了可以选用的离子化方法的范围。EI 与 CI 适用于气体或是汽化后仍然稳定的样品。ESI 与 APCI/APPI 适用于液态或是可溶在溶液中的样品。LDI/MALDI 则适用于固态或可溶于高沸点的液体或是可和基质形成共结晶的样品。

　　2. 所要得到的定性信息

　　在 EI/CI 的使用中，EI 由于在离子化过程中主要观察到的是碎片离子，甚至无法观察到分子离子，因此并不适合于完全未知的被分析物的分析或是混合物的直接分析。虽然 EI 会发生显著的碎裂反应从而导致无法用分子离子的信号区别被分析物，但目前已有的 EI 谱图资料库已囊括了超过二十万种不同的分子，这对于无靶标（Non-Targeted）的分子分析十分有利。对于没有 EI 标准谱图的被分析物分子，或是分子组成过于复杂而无法利用色谱分离开的样品，CI 是一个好的选择。由于 CI 可产生主要为分子离子的信号，有利于得到分子量甚至是同位素组成的信息，这在初期鉴定完全未知的物质时十分有帮助。另外，CI 可以通过被分析物气相反应的热力学特性，使用反应气体选择性地离子化特定化合物，如此可降低样品基质所产生的背景干扰。ESI/APCI/LDI/MALDI 也主要产生分子离子的信号，可以很容易地得到分子量以及同位素组成的信息，且可离子化较大分子量的极性分子。其中，ESI 甚至可以通过调节离子化参数保持分子在溶液中的非共价作用力，进而开展分子间非共价相互作用的研究。在分析分子量超过质谱质量上限的分子时，则可以利用 ESI 离子化过程带多电荷的特性测得其分子量。

3. 待分析分子的分子特性

在考察上述离子化技术适用何种分子时，可以大略地将被分析物分子的分子量以及极性作为选择合适离子化方法的依据，如图 2-32 所示。

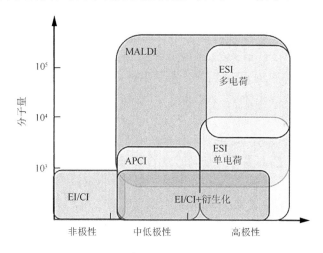

图 2-32　离子化方法的适用范围

非极性的分子无法在 ESI/APCI/MALDI 中实现质子化或去质子化而电离，因此较适合选择 EI 以及 CI 对其进行分析。但过高分子量的非极性分子因为沸点过高，无法在 EI/CI 离子源中汽化，且无法通过质子化或去质子化的方法使其电离，因此目前并无适用的离子化方法。极性高的分子因为分子间作用力强，挥发性低，通常都呈现液态或固态。分子极性过高会因样品无法被汽化而无法引入 EI/CI 离子源进行离子化。若使用过高的温度汽化样品，则被分析物会因高热导致其在离子化前发生热裂解，因此极性高的分子较常采用的是直接以液态或固态的离子化法产生离子。除此之外，被分析物分子极性高低也与其质子或离子亲和势相关，这也是极性影响离子化方法选择的另一个要素。图 2-32 的横轴以被分析物的极性归纳出合适的离子化方法，由图中可以看出，高极性的被分析物可选用的离子化方法最多，包括 ESI 与 MALDI，甚至极性太高的分子也可经衍生化后利用 EI/CI 方式电离。ESI 基本上在待分析分子变成气态时必须要先在溶液中形成预生成离子（Preformed Ion），因此具有高极性或离子性的待分析分子才能在 ESI 中获得好的离子化效率。若分子属于低极性或中低极性，则可以选择使用 APCI 方式电离。APCI 在离子源的设计上与 ESI 很接近，可将溶液态中无法形成预生成离子的分子先汽化，然后借助气相化学反应将样品离子化。气相化学反应不需克服溶解能，因此气态的质子化或去质子化反应较溶液态更易发生。

4. 与质谱联用的色谱（Chromatography）

质谱在分析复杂混合物样品时，样品基质除可干扰被分析物的离子化效率外，还可能影响质谱进行定性定量的能力。色谱与质谱技术的联用则可以大幅降低样品基质带来的影响，并可借助被分析物的色谱峰作为定性的辅助信息，甚至可以通过色谱分离技术对分析物进行浓缩的特性将检测灵敏度进一步提升。一般而言，使用气相色谱（Gas Chromatography，GC）与质谱进行在线（On-Line）联用时，最常选用的离子化方法是 EI 或 CI，主要是由于 GC 流出的分子为气态且这两种离子化方法也需将样品先进行汽化才能进行电离。另外，使用气相色谱法分析的样品通常极性较低，这样才能在色谱柱中被汽化，且这两种离子化方法具有直接电离低极性或非极性被分析物的能力。色谱法对于容易产生碎片离子的 EI 法而言十分重要，因为未经分离的多种分子同时进入 EI 离子源所产生的碎片信号会相互重叠而影响数据库检索或谱图检索的准确率。由于一般样品多为混合物，因此目前市面上配备 EI 离子源的质谱仪（EI-MS）大多也配备了 GC 以解决上述问题。对于分离含有高极性或高沸点被分析物的样品而言，液相色谱（Liquid Chromatography，LC）是最常用的分离技术。ESI 由于可在大气压下将溶解的被分析物直接转化为气相分子离子，目前已成为 LC 与质谱在线联用中的主要离子化方法。LC 也可以与 MALDI 进行联用，但目前无法实现在线联用，需要将色谱分级（Fractionation）后的组分收集在靶板上再送入质谱仪进行分析[115]。虽然 MALDI 无法与液相色谱在线联用，但由于样品已结晶在靶板上，质谱可以针对谱图中观察到的分子离子信息反复对靶板上的样品进行串联质谱分析或不同条件的分析，不用担心利用在线色谱质谱联用分析时因质谱扫描速度不足而无法对每个质谱观察到的被分析物进行串联或不同模式质谱分析的问题。

5. 定量分析的需求

进行定量分析时最看重的是离子化方法的稳定度与重现性。一般而言，气态与液态离子化方法因为样品的流动性高，均匀度好，所以稳定性与重现性均适合定量分析。固态样品离子化方法因为样品无法流动，所以一旦某一处样品被电离，样品表面即开始变化并持续减少。再者，固态样品在表面也可能分布不均匀，造成离子信号强度的偏差，如 MALDI 法常见的甜点效应。

在掌握了选择离子化方法的原则之后，质谱分析才有一个好的开始。基于以上原则，2.10.2 小节列举了数个应用实例，来解释面对实际样品时的考虑细节。

2.10.2　应用实例

电子电离质谱仪最重要的应用之一是农药残留的检测。由于多数农药的有效成分具有挥发性，且在食品或农产品内的农药残留种类十分广泛，非标分析是最常使用的策略。结合 EI 丰富的谱图资料库，目前使用 GC-EI-MS 可以同时检测多达 927 种以上的农药残留[116]。而对于没有标准谱图且成分多元的被分析物，CI 则是较好的选择。以分析是否过量使用止痛药为例，利用 CI-MS 并使用异丁烷（*iso*-Butane）为试剂气体可观察到止痛药 Percodan（其中含有多种止痛成分）的主要成分在胃中的含量[117]。与甲烷作为试剂气体相比较，使用异丁烷作为试剂气体所产生的 *tert*-$C_4H_9^+$ 质子亲和势较高，所以被反应气体质子化后的被分析物分子离子的内能较低，较不易发生碎裂。所以在这个分析中可以观察到所有的止痛药主要成分的分子离子峰，以及一些少量的碎片离子[117]，如图 2-33 所示。

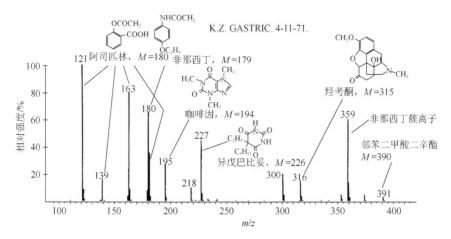

图 2-33　利用正丁烷作为 CI 试剂气体分析止痛药 Percodan 的各主要成分在胃中的含量（摘自 Milne, G.W., et al. 1971. Identification of dangerous drugs by isobutane chemical ionization mass spectrometry. Anal. Chem.）

除了借助质子化让被分析物带电的化学电离法外，电荷交换化学电离法（CE-CI）可用于选择性地检测样品中特定种类的分子。以分析燃料或石油中的芳香族化合物为例，使用氯苯（Chlorobenzene）产生 $C_5H_6Cl^+$ 试剂气体进行 CE-CI，可以选择性地离子化燃料中苯或萘（Naphthalene）等衍生物而不受到背景中饱和碳氢化合物的干扰[118]。电子捕获负离子化学电离也因具有选择性，常被用在检测环境污染物上，此方法主要利用低动能（0～2 eV）的热电子选择性地离子化电子亲和势高的分子，一般为带有卤素官能团的环境污染物（通常 EA > 0），如二噁英[119]或尿液中含有卤素元素的代谢物[120]等。

MALDI 最具代表性的应用为多肽（Peptide）以及蛋白质（Protein）的分析。MALDI 为多肽质量指纹图谱（Peptide Mass Fingerprint）的主流离子化方法，此方法将蛋白质酶解成多肽之后，分析其所产生的肽段的分子量，进行资料库比对进而鉴定出蛋白质"身份"。虽然 ESI 以及 MALDI 都可以很灵敏地分析确定多肽的分子量，但多肽在 ESI 中通常产生多电荷信号，除了必须要推算分子量外，每个多肽会产生数个质荷比的信号，导致信号降低以及谱图复杂度提高，这也会使整体分析的灵敏度以及准确度降低。若利用 MALDI 分析多肽，则主要观测到单电荷的多肽信号，其容易作为多肽指纹谱图比对的依据。图 2-34 为牛血清白蛋白酶解后测得的多肽质谱图，图中所观察到的均为单电荷的信号。虽然 MALDI 有许多优点，但也有一些主要的缺点。MALDI 会在分子量小于 500 的区间产生很强的基质信号，因此会干扰这个质荷比区间的离子检测。一般基质辅助激光解吸飞

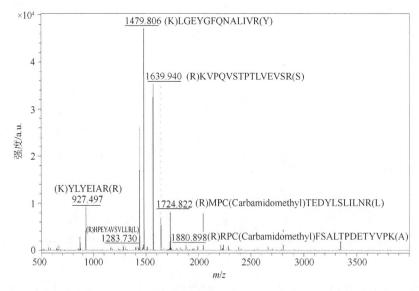

图 2-34　利用基质辅助激光解吸飞行时间质谱仪分析胰蛋白酶水解的牛血清白蛋白所产生的多肽片段

行时间质谱仪（MALDI-TOF-MS）为避免基质信号过强而导致检测器信号饱和，通常会选择不采集质荷比 500 以下的信号。另外，MALDI 使用的基质通常是酸性或碱性的有机盐类，这对分析生物分子间的非共价相互作用十分不利，特别是在分析蛋白质的四级结构或与小分子的非共价结合时。

　　ESI 是目前应用最广泛的离子化方法，可以分析从单一原子的离子到数十万分子量的蛋白质分子，涵盖大部分极性到离子型分子的分析。由于现今蛋白质组学分析中多使用高分辨质谱仪，其具备辨别多价离子电荷数的能力，所以 ESI 所产生的多价蛋白质或多肽价数大多可被确认。再者，由于生物样品中非多肽的分子经 ESI 电离后大多仅带一价电荷的信号，质谱可以借助同位素特征快速辨别其是否为多肽，进而判断是否需要进行二次质谱分析。ESI 最独特的分析应用在于其可以分析生物分子间的非共价相互作用，特别是蛋白质间或蛋白质与小分子间形成的配合物。此方法可行的最主要的原因在于 ESI 可以让被分析物在接近生理条件下离子化。在分析蛋白质配合物方面，图 2-35 为利用质谱分析蛋白质酶素

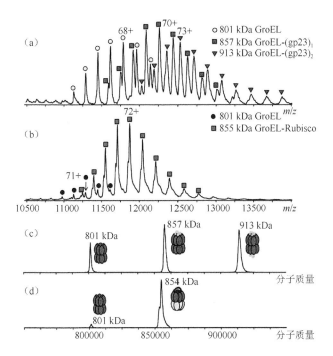

图 2-35　利用 Nano-ESI 分析 GroEL 与（a）一个以及两个 gp23 以及（b）Rubisco 形成配合物的原始蛋白质多电荷质谱图。图（c）与（d）分别为图（a）与（b）回推成单电荷时的质谱图（摘自 van Duijn, E., et al. 2006. Tandem mass spectrometry of intact GroEL-substrate complexes reveals substrate-specific conformational changes in the trans ring. J. Am. Chem. Soc.）

GroEL 与蛋白质 gp23 形成的配合物。在此分析中，由于蛋白质很容易受有机溶剂的影响而造成其二级到四级结构的变化，因此必须使用纯水作为溶剂。对于一般的 ESI 离子源，电离溶解在纯水中的分子所需的电喷雾电离起始电压（Onset Voltage）过高，易导致电晕放电，因此在进行此类分析时必须使用 Nano-ESI。Nano-ESI 除了具有分析流速大幅降低的特点，还可以显著降低电喷雾电离的起始电压，因此可以顺利地分析溶在纯水中的蛋白质分子，并保留其原始结构，甚至观察到其与其他分子的相互作用[121]。ESI 的另一个优点是其特有的浓度敏感现象（详见第 2.6 节），即分析灵敏度与浓度正相关，因此使用低流速电喷雾电离仍可以得到相近的分子信号，甚至在样品基质非常复杂时降低 ESI 的流速可以得到更佳的离子化效率以提高检测灵敏度[122]。

前面在描述离子化方法选择原则时曾提到 APCI 适合低极性或中低极性的分子，并可作为与 ESI 互补的离子化方法。先前的文献曾经比较 75 个农药分子利用 ESI 或是 APCI 分析时的灵敏度优劣，此研究发现中性以及碱性的农药分子使用 APCI 可得到较灵敏的分析结果，而离子型的除草剂分子利用 ESI 分析时，结果灵敏度较好[123]。

参 考 文 献

[1]   Dempster, A.: A new method of positive ray analysis. Phys. Rev. **11**, 316-325 (1918)

[2]   Bleakney, W.: A new method of positive ray analysis and its application to the measurement of ionization potentials in mercury vapor. Phys. Rev. **34**, 157 (1929)

[3]   Munson, M.S., Field, F.-H.: Chemical ionization mass spectrometry. I. General introduction. J. Am. Chem. Soc. **88**, 2621-2630 (1966)

[4]   Herzog, R., Viehböck, F.: Ion source for mass spectrography. Phys. Rev. **76**, 855 (1949)

[5]   Honig, R., Woolston, J.: Laser-induced emission of electrons, ions, and neutral atoms from solid surfaces. Appl. Phys. Letters **2**, (1963)

[6]   Beckey, H.: Field desorption mass spectrometry: A technique for the study of thermally unstable substances of low volatility. Int. J. Mass Spectrom. Ion Phys. **2**, 500-502 (1969)

[7]   Torgerson, D., Skowronski, R., MacFarlane, R.: New approach to the mass spectroscopy of non-volatile compounds. Biochem. Biophys. Res. Commun. **60**, 616-621 (1974)

[8]   Morris, H.R., Panico, M., Barber, M., Bordoli, R.S., Sedgwick, R.D., Tyler, A.: Fast atom bombardment: A new mass spectrometric method for peptide sequence analysis. Biochem. Biophys. Res. Commun. **101**, 623-631 (1981)

[9]   Tanaka, K., Waki, H., Ido, Y., Akita, S., Yoshida, Y., Yoshida, T., Matsuo, T.: Protein and polymer analyses up to *m/z* 100 000 by laser ionization time-of-flight mass spectrometry. Rapid Commun. Mass Spectrom. **2**, 151-153 (1988)

[10]   Karas, M., Hillenkamp, F.: Laser desorption ionization of proteins with molecular masses exceeding 10,000 daltons. Anal. Chem. **60**, 2299-2301 (1988)

[11]   Dole, M., Mack, L., Hines, R., Mobley, R., Ferguson, L., Alice, M.: Molecular beams of macroions. J. Chem. Phys. **49**, 2240-2249 (1968)

[12] Carroll, D., Dzidic, I., Stillwell, R., Haegele, K., Horning, E.: Atmospheric pressure ionization mass spectrometry. Corona discharge ion source for use in a liquid chromatograph-mass spectrometer-computer analytical system. Anal. Chem. **47**, 2369-2373 (1975)

[13] Fenn, J.B., Mann, M., Meng, C.K., Wong, S.F., Whitehouse, C.M.: Electrospray ionization for mass spectrometry of large biomolecules. Science **246**, 64-71 (1989)

[14] Robb, D.B., Covey, T.R., Bruins, A.P.: Atmospheric pressure photoionization: An ionization method for liquid chromatography-mass spectrometry. Anal. Chem. **72**, 3653-3659 (2000)

[15] Takats, Z., Wiseman, J.M., Gologan, B., Cooks, R.G.: Mass spectrometry sampling under ambient conditions with desorption electrospray ionization. Science **306**, 471-473 (2004)

[16] Cody, R.B., Laramée, J.A., Durst, H.D.: Versatile new ion source for the analysis of materials in open air under ambient conditions. Anal. Chem. **77**, 2297-2302 (2005)

[17] Badu-Tawiah, A.K., Eberlin, L.S., Ouyang, Z., Cooks, R.G.: Chemical aspects of the extractive methods of ambient ionization mass spectrometry. Annu. Rev. Phys. Chem. **64**, 481-505 (2013)

[18] Saha, M.N.: LIII. Ionization in the solar chromosphere. Philos. Mag. **40**, 472-488 (1920)

[19] Barshick, C.M., Duckworth, D.C., Smith, D.H.: Inorganic Mass Spectrometry Fundamentals and Applications. Marcel Dekker Inc., New York. (2000)

[20] Dempster, A.: New ion sources for mass spectroscopy. Nature **135**, 542 (1936)

[21] Houk, R.S., Fassel, V.A., Flesch, G.D., Svec, H.J., Gray, A.L., Taylor, C.E.: Inductively coupled argon plasma as an ion source for mass spectrometric determination of trace elements. Anal. Chem. **52**, 2283-2289 (1980)

[22] Nier, A.O.: A mass spectrometer for isotope and gas analysis. Rev. Sci. Instrum. **18**, 398-411 (1947)

[23] Mark, T.: Fundamental aspects of electron impact ionization. Int. J. Mass Spectrom. Ion Phys. **45**, 125-145 (1982)

[24] Hoffmann, E.d., Stroobant, V: Mass Spectrometry: Principles and Applications (3rd ed.). John Wiley & Sons, Ltd, Chichester (2007)

[25] Harrison, A.G.: Chemical ionization mass spectrometry (2nd ed.). CRC Press, London (1983)

[26] Munson, M.: Proton affinities and the methyl inductive effect. J. Am. Chem. Soc. **87**, 2332-2336 (1965)

[27] Subba Rao, S., Fenselau, C.: Evaluation of benzene as a charge exchange reagent. Anal. Chem. **50**, 511-515 (1978)

[28] Todd, J.F.: Recommendations for nomenclature and symbolism for mass spectroscopy. Int. J. Mass Spectrom. Ion Process. **142**, 209-240 (1995)

[29] Hunt, D.F., Crow, F.W.: Electron capture negative ion chemical ionization mass spectrometry. Anal. Chem. **50**, 1781-1784 (1978)

[30] Boggess, B., Cook, K.D.: Determination of flux from a saddle field fast-atom bombardment gun. J. Am. Soc. Mass Spectrom. **5**, 100-105 (1994)

[31] Barber, M., Bordoli, R., Sedgwick, R., Tyler, A.: Fast atom bombardment of solids as an ion source in mass spectrometry. Nature **293**, 270-275 (1981)

[32] Morris, H.R., Panico, M., Haskins, N.J.: Comparison of ionisation gases in FAB mass spectra. Int. J. Mass Spectrom. Ion Phys. **46**, 363-366 (1983)

[33] Aberth, W., Straub, K.M., Burlingame, A.: Secondary ion mass spectrometry with cesium ion primary beam and liquid target matrix for analysis of bioorganic compounds. Anal. Chem. **54**, 2029-2034 (1982)

[34] Aberth, W., Burlingame, A.: Comparison of three geometries for a cesium primary beam liquid secondary ion mass spectrometry source. Anal. Chem. **56**, 2915-2918 (1984)

[35] Miller, J.M.: Fast atom bombardment mass spectrometry (FAB MS) of organometallic, coordination, and related compounds. Mass Spectrom. Rev. **9**, 319-347 (1990)

[36] Barber, M., Bordoli, R., Sedgwick, R., Tyler, A., Bycroft, B.: Fast atom bombardment mass spectrometry of bleomycin A 2 and B 2 and their metal complexes. Biochem. Biophys. Res. Commun. **101**, 632-638 (1981)

[37] Meili, J., Seibl, J.: Matrix effects in Fast Atom Bombardment (FAB) mass spectrometry. Int. J. Mass Spectrom. Ion Phys. **46**, 367-370 (1983)

[38] De Pauw, E.: Liquid matrices for secondary ion mass spectrometry. Mass Spectrom. Rev. **5**, 191-212 (1986)

[39] Staempfli, A., Schlunegger, U.: A new matrix for fast-atom bombardment analysis of corrins. Rapid Commun. Mass Spectrom. **5**, 30-31 (1991)

[40] Busch, K.L.: Desorption ionization mass spectrometry. J. Mass Spectrom. **30**, 233-240 (1995)

[41] Miller, J.M., Balasanmugam, K.: Fast atom bombardment mass spectrometry of some nonpolar compounds. Anal. Chem. **61**, 1293-1295 (1989)

[42] Gross, J.H.: Mass Spectrometry (2nd ed.). Springer, Berlin Heidelberg (2011)

[43] Balogh, M.: Debating resolution and mass accuracy in mass spectrometry. Spectroscopy **19**, 34-34 (2004)

[44] Levis, R.J.: Laser desorption and ejection of biomolecules from the condensed phase into the gas phase. Annu. Rev. Phys. Chem. **45**, 483-518 (1994)

[45] Peterson, D.S.: Matrix-free methods for laser desorption/ionization mass spectrometry. Mass Spectrom. Rev. **26**, 19-34 (2007)

[46] Vertes, A., Gijbels, R., Adams, F.: Laser ionization mass analysis. Wiley & Sons, New York (1993)

[47] Overberg, A., Karas, M., Bahr, U., Kaufmann, R., Hillenkamp, F.: Matrix-assisted infrared-laser (2.94 μm) desorption/ionization mass spectrometry of large biomolecules. Rapid Commun. Mass Spectrom. **4**, 293-296 (1990)

[48] Demirev, P., Westman, A., Reimann, C., Håkansson, P., Barofsky, D., Sundqvist, B., Cheng, Y., Seibt, W., Siegbahn, K.: Matrix-assisted laser desorption with ultra-short laser pulses. Rapid Commun. Mass Spectrom. **6**, 187-191 (1992)

[49] Koubenakis, A., Frankevich, V., Zhang, J., Zenobi, R.: Time-resolved surface temperature measurement of MALDI matrices under pulsed UV laser irradiation. J. Phys. Chem. A **108**, 2405-2410 (2004)

[50] Lai, Y.-H., Wang, C.-C., Chen, C.W., Liu, B.-H., Lin, S.H., Lee, Y.T., Wang, Y.-S.: Analysis of initial reactions of maldi based on chemical properties of matrixes and excitation condition. J. Phys. Chem. B **116**, 9635-9643 (2012)

[51] Ens, W., Mao, Y., Mayer, F., Standing, K.: Properties of matrix-assisted laser desorption. measurements with a time-to-digital converter. Rapid Commun. Mass Spectrom. **5**, 117-123 (1991)

[52] Mowry, C.D., Johnston, M.V.: Simultaneous detection of ions and neutrals produced by matrix-assisted laser desorption. Rapid Commun. Mass Spectrom. **7**, 569-575 (1993)

[53] Quist, A.P., Huth-Fehre, T., Sundqvist, B.U., Vertes, A.: Total yield measurements in matrix-assisted laser desorption using a quartz crystal microbalance. Rapid Commun. Mass Spectrom. **8**, 149-154 (1994)

[54] Dreisewerd, K., Schürenberg, M., Karas, M., Hillenkamp, F.: Influence of the laser intensity and spot size on the desorption of molecules and ions in matrix-assisted laser desorption/ionization with a uniform beam profile. Int. J. Mass Spectrom. Ion Process. **141**, 127-148 (1995)

[55] Lai, Y.-H., Wang, C.-C., Lin, S.-H., Lee, Y.T., Wang, Y.-S.: Solid-phase thermodynamic interpretation of ion desorption in matrix-assisted laser desorption/ionization. J. Phys. Chem. B **114**, 13847-13852 (2010)

[56] Zenobi, R., Knochenmuss, R.: Ion formation in MALDI mass spectrometry. Mass Spectrom. Rev. **17**, 337-366 (1998)

[57] Knochenmuss, R.: Ion formation mechanisms in UV-MALDI. Analyst **131**, 966-986 (2006)

[58] Ehring, H., Karas, M., Hillenkamp, F.: Role of photoionization and photochemistry in ionization processes of organic molecules and relevance for matrix-assisted laser desorption ionization mass spectrometry. Org. Mass Spectrom. **27**, 472-480 (1992)

[59] Allwood, D., Dyer, P., Dreyfus, R.: Ionization modelling of matrix molecules in ultraviolet matrix-assisted laser desorption/ionization. Rapid Commun. Mass Spectrom. **11**, 499-503 (1997)

[60] Karas, M., Glückmann, M., Schäfer, J.: Ionization in matrix-assisted laser desorption/ionization: singly charged molecular ions are the lucky survivors. J. Mass Spectrom. **35**, 1-12 (2000)

[61] Karas, M., Krüger, R.: Ion formation in MALDI: the cluster ionization mechanism. Chem. Rev. **103**, 427-440 (2003)

[62]　Chu, K.Y., Lee, S., Tsai, M.-T., Lu, I.-C., Dyakov, Y.A., Lai, Y.H., Lee, Y.-T., Ni, C.-K.: Thermal proton transfer reactions in ultraviolet matrix-assisted laser desorption/ionization. J. Am. Soc. Mass Spectrom. 25, 310-318 (2014)

[63]　Lai, Y.H., Chen, B.G., Lee, Y.T., Wang, Y.S., Lin, S.H.: Contribution of thermal energy to initial ion production in matrix-assisted laser desorption/ionization observed with 2, 4, 6-trihydroxyacetophenone. Rapid Commun. Mass Spectrom. 28, 1716-1722 (2014)

[64]　Garden, R.W., Sweedler, J.V.: Heterogeneity within MALDI samples as revealed by mass spectrometric imaging. Anal. Chem. 72, 30-36 (2000)

[65]　Önnerfjord, P., Ekström, S., Bergquist, J., Nilsson, J., Laurell, T., Marko-Varga, G.: Homogeneous sample preparation for automated high throughput analysis with matrix-assisted laser desorption/ionisation time-of-flight mass spectrometry. Rapid Commun. Mass Spectrom. 13, 315-322 (1999)

[66]　Carroll, D., Dzidic, I., Horning, E., Stillwell, R.: Atmospheric pressure ionization mass spectrometry. Appl. Spectros. Rev 17, 337-406 (1981)

[67]　Horning, E., Carroll, D., Dzidic, I., Haegele, K., Horning, M., Stillwell, R.: Liquid chromatograph-mass spectrometer-computer analytical systems: A continuous-flow system based on atmospheric pressure ionization mass spectrometry. J. Chromatogr. A 99, 13-21 (1974)

[68]　Horning, E., Carroll, D., Dzidic, I., Haegele, K., Horning, M., Stillwell, R.: Atmospheric pressure ionization (API) mass spectrometry. Solvent-mediated ionization of samples introduced in solution and in a liquid chromatograph effluent stream. J. Chromatogr. Sci. 12, 725-729 (1974)

[69]　Kauppila, T.J., Kuuranne, T., Meurer, E.C., Eberlin, M.N., Kotiaho, T., Kostiainen, R.: Atmospheric pressure photoionization mass spectrometry. Ionization mechanism and the effect of solvent on the ionization of naphthalenes. Anal. Chem. 74, 5470-5479 (2002)

[70]　Gaskell, S.J.: Electrospray: Principles and practice. J. Mass Spectrom. 32, 677-688 (1997)

[71]　Bruins, A.P.: Mechanistic aspects of electrospray ionization. J. Chromatogr. A 794, 345-357 (1998)

[72]　Kebarle, P.: A brief overview of the present status of the mechanisms involved in electrospray mass spectrometry. J. Mass Spectrom. 35, 804-817 (2000)

[73]　Iribarne, J., Thomson, B.: On the evaporation of small ions from charged droplets. J. Chem. Phys 64, 2287-2294 (1976)

[74]　Fligge, T.A., Bruns, K., Przybylski, M.: Analytical development of electrospray and nanoelectrospray mass spectrometry in combination with liquid chromatography for the characterization of proteins. J. Chromatogr. B Biomed. Sci. Appl. 706, 91-100 (1998)

[75]　Griffiths, W., Jonsson, A., Liu, S., Rai, D., Wang, Y.: Electrospray and tandem mass spectrometry in biochemistry. Biochem. J. 355, 545-561 (2001)

[76]　Taylor, P.J.: Matrix effects: the Achilles heel of quantitative high-performance liquid chromatography-electrospray-tandem mass spectrometry. Clin. Biochem. 38, 328-334 (2005)

[77]　Trufelli, H., Palma, P., Famiglini, G., Cappiello, A.: An overview of matrix effects in liquid chromatography–mass spectrometry. Mass Spectrom. Rev. 30, 491-509 (2011)

[78]　Covey, T.: Analytical characteristics of the electrospray ionization process, in Biochemical and Biotechnological Applications of Electrospray Ionization Mass Spectrometry, pp. 21-59 (ed. A.P. Snyder), ACS Symposium Series 619, American Chemical Society, Washington, DC. (1996)

[79]　Wilm, M.S., Mann, M.: Electrospray and Taylor-Cone theory, Dole's beam of macromolecules at last? Int. J. Mass Spectrom. Ion Process. 136, 167-180 (1994)

[80]　Karas, M., Bahr, U., Dülcks, T.: Nano-electrospray ionization mass spectrometry: addressing analytical problems beyond routine. Fresenius J. Anal. Chem. 366, 669-676 (2000)

[81]　Schmidt, A., Karas, M., Dülcks, T.: Effect of different solution flow rates on analyte ion signals in nano-ESI MS, or: when does ESI turn into nano-ESI? J. Am. Soc. Mass Spectrom. 14, 492-500 (2003)

[82]　Cooks, R.G, Ouyang, Z., Takats, Z., Wiseman, J.M.: Ambient mass spectrometry. Science 311, 1566-1570 (2006)

[83]   Huang, M.-Z., Yuan, C.-H., Cheng, S.-C., Cho, Y.-T., Shiea, J.: Ambient ionization mass spectrometry. Annu. Rev. Anal. Chem. **3**, 43-65 (2010)

[84]   Badu-Tawiah, A., Bland, C., Campbell, D.I., Cooks, R.G.: Non-aqueous spray solvents and solubility effects in desorption electrospray ionization. J. Am. Soc. Mass Spectrom. **21**, 572-579 (2010)

[85]   Takats, Z., Wiseman, J.M., Cooks, R.G.: Ambient mass spectrometry using desorption electrospray ionization (DESI): instrumentation, mechanisms and applications in forensics, chemistry, and biology. J. Mass Spectrom. **40**, 1261-1275 (2005)

[86]   Cody, R.B.: Observation of molecular ions and analysis of nonpolar compounds with the direct analysis in real time ion source. Anal. Chem. **81**, 1101-1107 (2008)

[87]   Van Vaeck, L., Adriaens, A., Gijbels, R.: Static secondary ion mass spectrometry (S-SIMS) Part 1: methodology and structural interpretation. Mass Spectrom. Rev. **18**, 1-47 (1999)

[88]   Sodhi, R.N.: Time-of-flight secondary ion mass spectrometry (TOF-SIMS):—versatility in chemical and imaging surface analysis. Analyst **129**, 483-487 (2004)

[89]   McPhail, D.: Applications of secondary ion mass spectrometry (SIMS) in materials science. J. Material Sci. **41**, 873-903 (2006)

[90]   Vaezian, B., Anderton, C.R., Kraft, M.L.: Discriminating and imaging different phosphatidylcholine species within phase-separated model membranes by principal component analysis of TOF-secondary ion mass spectrometry images. Anal. Chem. **82**, 10006-10014 (2010)

[91]   Richardin, P., Mazel, V., Walter, P., Laprévote, O., Brunelle, A.: Identification of different copper green pigments in Renaissance paintings by cluster-TOF-SIMS imaging analysis. J. Am. Soc. Mass Spectrom. **22**, 1729-1736 (2011)

[92]   Carlred, L., Gunnarsson, A., Solé-Domènech, S., Johansson, B.r., Vukojević, V., Terenius, L., Codita, A., Winblad, B., Schalling, M., Höök, F.: Simultaneous imaging of amyloid-β and lipids in brain tissue using antibody-coupled liposomes and time-of-flight secondary ion mass spectrometry. J. Am. Chem. Soc. **136**, 9973-9981 (2014)

[93]   Benninghoven, A., Sichtermann, W.: Detection, identification, and structural investigation of biologically important compounds by secondary ion mass spectrometry. Anal. Chem. **50**, 1180-1184 (1978)

[94]   Honig, R.E.: Stone-age mass spectrometry: the beginnings of "SIMS" at RCA Laboratories, Princeton. Int. J. Mass Spectrom. Ion Process. **143**, 1-10 (1995)

[95]   Castaing, R., Slodzian, G.: Optique corpusculaire-premiers essais de microanalyse par emission ionique secondaire. Comptes Rendus Hebdomadaires Des Seances De L Academie Des Sciences **255**, 1893-1895 (1962)

[96]   Liebl, H.: Ion microprobe mass analyzer. J. Appl. Phys. **38**, 5277-5283 (1967)

[97]   Benninghoven, A., Jaspers, D., Sichtermann, W.: Secondary-ion emission of amino acids. Appl. Phys **11**, 35-39 (1976)

[98]   Benninghoven, A., Werner, H.W., Rudenauer, F.G: Secondary Ion Mass Spectrometry: Basic Concepts, Instrumental Aspects, Applications and Trends. Wiley, New York. (1987)

[99]   Adams, F.: Analytical atomic spectrometry and imaging: Looking backward from 2020 to 1975. Spectrochim. Acta Part B **63**, 738-745 (2008)

[100]   Pacholski, M., Winograd, N.: Imaging with mass spectrometry. Chem. Rev. **99**, 2977-3006 (1999)

[101]   Briggs, D., Hearn, M.J.: Analysis of polymer surfaces by SIMS. Part 5. The effects of primary ion mass and energy on secondary ion relative intensities. Int. J. Mass Spectrom. Ion Process. **67**, 47-56 (1985)

[102]   Nagy, G, Walker, A.: Enhanced secondary ion emission with a bismuth cluster ion source. Int. J. Mass spectrom. **262**, 144-153 (2007)

[103]   Winograd, N.: The magic of cluster SIMS. Anal. Chem. **77**, 142 A-149 A (2005)

[104]   Chaurand, P., Schwartz, S.A., Caprioli, R.M.: Peer reviewed: profiling and imaging proteins in tissue sections by MS. Anal. Chem. **76**, 86 A-93 A (2004)

[105]   Altelaar, A.M., Piersma, S.R.: Cellular imaging using matrix-enhanced and metal-assisted SIMS. Methods Mol. Biol., 197-208 (2010)

[106]   Chait, B., Standing, K.: A time-of-flight mass spectrometer for measurement of secondary ion mass spectra. Int. J. Mass Spectrom. Ion Phys. **40**, 185-193 (1981)

[107]   McDonnell, L.A., Heeren, R.: Imaging mass spectrometry. Mass Spectrom. Rev. **26**, 606-643 (2007)

[108]   Johnson, D., Vickerman, J., West, R., Treverton, J., Ball, J.: SSIMS, XPS and microstructural studies of ac-phosphoric acid anodic films on aluminium. Surf. Interface Anal. **15**, 369-376 (1990)

[109]   Thompson, J.J., Houk, R.: Inductively coupled plasma mass spectrometric detection for multielement flow injection analysis and elemental speciation by reversed-phase liquid chromatography. Anal. Chem. **58**, 2541-2548 (1986)

[110]   Houk, R.: Mass spectrometry of inductively coupled plasmas. Anal. Chem. **58**, 97A-105A (1986)

[111]   Thomas, R.: A beginner's guide to ICP-MS-Part IX-Mass analyzers: Collision/reaction cell technology. Spectroscopy **17**, 42-48 (2002)

[112]   Tanner, S.D., Baranov, V.I., Bandura, D.R.: Reaction cells and collision cells for ICP-MS: a tutorial review. Spectrochim. Acta Part B **57**, 1361-1452 (2002)

[113]   Mazan, S., Gilon, N., Crétier, G., Rocca, J., Mermet, J.: Inorganic selenium speciation using HPLC-ICP-hexapole collision/reaction cell-MS. J. Anal. At. Spectrom. **17**, 366-370 (2002)

[114]   Iglesias, M., Gilon, N., Poussel, E., Mermet, J.-M.: Evaluation of an ICP-collision/reaction cell-MS system for the sensitive determination of spectrally interfered and non-interfered elements using the same gas conditions. J. Anal. At. Spectrom. **17**, 1240-1247 (2002)

[115]   Zhen, Y., Xu, N., Richardson, B., Becklin, R., Savage, J.R., Blake, K., Peltier, J.M.: Development of an LC-MALDI method for the analysis of protein complexes. J. Am. Soc. Mass Spectrom. **15**, 803-822 (2004)

[116]   Sandy, C.: Screen Foodstuffs for Pesticides and Other Organic Chemical Contaminants Using Full Scan GC/MS and MassHunter Quant Target Deconvolution, Agilent Technologies Publication, www.agilent.com/chem (2013)

[117]   Milne, G., Fales, H., Axenrod, T.: Identification of dangerous drugs by isobutane chemical ionization mass spectrometry. Anal. Chem. **43**, 1815-1820 (1971)

[118]   Sieck, L.W.: Determination of molecular weight distribution of aromatic components in petroleum products by chemical ionization mass spectrometry with chlorobenzene as reagent gas. Anal. Chem. **55**, 38-41 (1983)

[119]   Laramee, J., Arbogast, B., Deinzer, M.: Electron capture negative ion chemical ionization mass spectrometry of 1, 2, 3, 4-tetrachlorodibenzo-*p*-dioxin. Anal. Chem. **58**, 2907-2912 (1986)

[120]   Bartels, M.J.: Quantitation of the tetrachloroethylene metabolite *N*-acetyl-*S*-(trichlorovinyl) cysteine in rat urine via negative ion chemical ionization gas chromatography/tandem mass spectrometry. Biol. Mass Spectrom. **23**, 689-694 (1994)

[121]   van Duijn, E., Simmons, D.A., van den Heuvel, R.H., Bakkes, P.J., van Heerikhuizen, H., Heeren, R.M., Robinson, C.V., van der Vies, S.M., Heck, A.J.: Tandem mass spectrometry of intact GroEL-substrate complexes reveals substrate-specific conformational changes in the trans ring. J. Am. Chem. Soc. **128**, 4694-4702 (2006)

[122]   Chen, Y.-R., Tseng, M.-C., Chang, Y.-Z., Her, G.-R.: A low-flow CE/electrospray ionization MS interface for capillary zone electrophoresis, large-volume sample stacking, and micellar electrokinetic chromatography. Anal. Chem. **75**, 503-508 (2003)

[123]   Thurman, E., Ferrer, I., Barcelo, D.: Choosing between atmospheric pressure chemical ionization and electrospray ionization interfaces for the HPLC/MS analysis of pesticides. Anal. Chem. **73**, 5441-5449 (2001)

第*03*章

质量分析器

从历史的脉络来看，质量分析器（Mass Analyzer）的发展进程从 19 世纪初开始，当时物理学家 J. J. Thomson 以阴极射线管测量了电子质荷比（Mass-to-Charge Ratio，*m/z*），获得了 1906 年诺贝尔物理学奖。Thomson 在 1912 年设计了质谱仪的前身，得到首张抛物线状的质谱图，并且依此发现了氖同位素（Neon Isotope）。到了 1919 年，F. W. Aston 设计出第一台速度聚焦式质谱仪，并借此仪器发现了大量的同位素，也因此获得诺贝尔化学奖。之后，各种质量分析器陆续被研发出来。纵观整个发展历史，质量分析器有几个重要进程：1934 年 J. Mattauch 和 R. Herzog 发表了第一台双聚焦磁质谱仪（Magnetic Double-Focusing Mass Spectrometer）[1]，结合电场与磁场作用力来分析离子，提供了高灵敏度与高分辨率；1946 年 W. Stephens 等首次发表飞行时间（Time-of-Flight，TOF）质量分析器[2-4]，不需要依靠磁场作用力，而是以离子飞行时间来区分离子质量；1949 年 J. A. Hipple 等提出离子回旋共振（Ion Cyclotron Resonance）法，使得离子被束缚于固定的轨道中并以扫描磁场方式得到质谱图，虽然得到的质谱图分辨率并不高，但为后来的高分辨傅里叶变换离子回旋共振（Fourier Transform Ion Cyclotron Resonance，FT-ICR）质谱仪的发展奠定了基础[5]；1953 年 E. G. Johnson 与 A. O. Nier 发表反置双聚焦（Reverse Double Focusing）质量分析器，其具有分析特定离子动能的功能，扩展了质谱仪在研究气相离子化学反应中的应用；同年，W. Paul 提出了四极杆（Quadrupole）质量分析器与四极离子阱（Quadrupole Ion Trap）质量分析器，通过扫描直流与交流电场电压得到质谱图，W. Paul 也因此于 1989 年得到诺贝尔物理学奖；1974 年 M. B. Comisarow 与 A. G. Marshall 发展傅里叶变换离子回旋共振质量分析器[6]，开发了基于磁场的超高分辨质谱技术；R. A. Yost 与 C. G. Enke 于 1977 年提出三重四极杆质谱仪（Triple Quadrupole Mass Spectrometer）[7]，可以在空间上区分及选择特定离子,并得到特定扫描模式下的碎片离子(Fragment Ion)信息,此类仪器已广泛地用于药物、代谢物及食品安全分析中；G. L. Glish 和 D. E. Goeringer 于 1984 年设计出四极杆飞行时间质谱仪(Quadrupole/Time-of- Flight Mass Spectrometer)[8],目前被大量用于蛋白质分析；A. Makarov 于 2000 年提出一个新的轨道阱(Orbitrap)质量分析器[9],只需要提供直流电即可捕获离子,同时提供高分辨的质谱分析能力[10]。以时间为轴,将发展时间与发明者进行整理(图3-1),以方便读者了解其在历史上的先后顺序。质量分析器的性能与功能历经这一百多年的进步,已大幅提升成为最灵敏与精准的分析仪器,并广泛运用于诸多研究领域中。

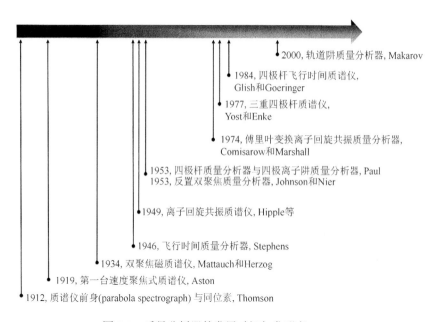

图 3-1　质量分析器的发展时间与发明者

　　每种质量分析器都具有不同的特性与功能,本章将重要的质量分析器分成磁场式与电场式两类依次介绍,以方便使用者根据使用需求做出选择。磁场式分析器有扇形磁场质量分析器与傅里叶变换离子回旋共振质量分析器,电场式分析器有飞行时间、四极杆、四极离子阱、轨道阱等质量分析器。

　　精密的质量分析器能够将两个质荷比十分相近的被分析物离子信号区分开来,这种能力称为质量分辨能力(Mass Resolving Power)或质量分辨率(Mass Resolution)。虽然有些文献给予上述两个名词稍微不同的定义,但本书并不做特别区分。

3.1 扇形磁场质量分析器

扇形磁场（Magnetic Sector）质量分析器是最早应用在有机质谱分析中的质量分析器，早期是以单一扇形磁场来分析离子质量，称为单聚焦（Single-Focusing）质谱仪，后来与静电场结合发展成双聚焦（Double-Focusing）仪器，可以达到比较高的质量分辨能力。由于质荷比不同的离子在磁场和电场的影响下会有不同的运动轨迹，本类型质量分析器即是借此原理来分析不同质量的离子。扇形磁场质量分析器稳定度高，适合定量分析，可进行高能量碰撞解离，但扫描速度稍慢，也较少与液相色谱联用。

3.1.1 磁场单聚焦质量分析器

图 3-2 为扇形磁场质量分析器的简图，离子源中产生的离子，经过加速后从入口狭缝（Slit）进入磁场区。不同质量（如 m_1、m_2）的离子会有不同的运动路径，只有特定质荷比的离子可以通过出口狭缝到达检测器。

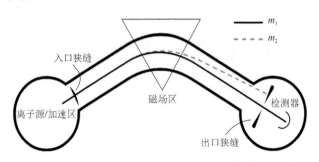

图 3-2 扇形磁场质量分析器简图

在磁场中，不同质量（m）和电荷（q）的离子，在加速电压 V_s 下，得到的动能（K）和速度（v）的关系为

$$K = \frac{mv^2}{2} = qV_s \tag{3-1}$$

当磁场（B）向量与离子运动方向垂直时，离子所受磁力（F_B）为

$$F_B = qvB \tag{3-2}$$

因为向心力等于磁力：

$$\frac{mv^2}{r} = qvB \tag{3-3}$$

离子会以半径 r 做圆弧运动，此圆弧半径与动量成正比：

$$r = \frac{mv}{qB} \tag{3-4}$$

因此磁场式分析器是一个动量选择器。离子的质荷比存在以下的关系式：

$$\frac{m}{q} = \frac{r^2 B^2}{2V_s} \tag{3-5}$$

也就是在固定的磁场强度及加速电压下，特定质荷比的离子经过磁场区时会以特定的半径转弯。因此离开磁场区时，仅特定质荷比的离子可以通过出口狭缝，到达检测器（图 3-2）。假设离子具有相同电荷和动能，磁场式仪器就是一个质量分析器，改变（扫描）磁场强度或加速电压便可以让不同质荷比的离子进入检测器。

借助加速电压 V_s 的改变来扫描质谱图虽然简单且扫描速度快，但是改变加速电压也会影响离子的传输、聚焦以及撞击检测器时的信号响应；扫描磁场的优点是可以在最佳的加速电压下，改变磁场得到整个质谱，但是要注意磁场的扫描速度有一定的限制。

根据方程式（3-5），降低加速电压 V_s 可以扩大扫描的质量范围，但是分辨率和灵敏度会随之下降。而固定 V_s，增加磁场强度也可使质量范围扩大，但超导磁铁虽然可以提供较大磁场，却并不适合做磁场扫描，所以扇形磁场质量分析器必须使用电磁铁。通常电磁铁可采用特定材质（如铁钴合金）的磁性核心，增加磁场强度来扩大质量范围。此外，增加扇形磁铁的半径也可以扩大质量范围，但是半径增加，相应地也使仪器尺寸变大。

如果相同质量和电荷的离子具有不同的动能，经过磁场区时会以不同的半径转弯，因此到达检测器时会分散在不同的位置（因为磁场也是动量选择器），导致质量分辨能力下降。由于单一磁场只能进行方向聚焦（Direction Focusing），为了提高质量分辨能力，可以结合静电场分析器，避免能量因素造成的分散（Dispersion）现象。

3.1.2　磁场双聚焦质量分析器

双聚焦仪器将电场与磁场相结合，达到方向与能量同时聚焦，电场作为动能选择器，可以与狭缝结合缩小离子束的动能分布，这些不同动能的离子在磁场的作用下能量聚焦（Energy Focusing），达到高质量分辨的目的。

1. 静电场（Electrostatic Field）分析器

电场式分析器是由两片圆弧形电极组成，离子在径向（Radial）电场（E）的作用下，其运动的轨迹和速度垂直于此电场。因为静电力（F_E）等于向心力

$$F_E = qE = \frac{mv^2}{r} \tag{3-6}$$

整理式（3-6）可得离子运动的曲率半径 r

$$r = \frac{mv^2}{qE}$$
(3-7)

由公式可知，离子运动的圆弧半径和动能成正比，因此电场是一个动能分析器，即不同动能的离子，在通过电场区时会分开而达到分离的目的。

2. 方向聚焦与能量聚焦

磁场或电场式质量分析器出口端的离子束分散程度越大，则质量分辨能力越差。不同动能的离子，通过电场或磁场时产生不同运动路径的现象，称为能量分散（Energy Dispersion）；离子进入电场或磁场时角度不同，也会造成离子束分散，称为角度分散（Angular Dispersion）。再者，进入分析器的离子有一定的空间分布而并非一个单点，使得检测到的信号宽度最小也只能是狭缝的宽度，所以分辨率与离子入出口狭缝宽度也有直接关系。但是降低狭缝的宽度，也会导致灵敏度下降，因此与离子的聚焦技术相结合才是同时提升分辨率与灵敏度的最佳方式。

离子进入磁场区时，会以特定半径做回旋运动，如果另一个离子以某一不同角度进入磁场区，也会以同一半径回旋运动，因此会在某一特定点与前一离子聚焦[图 3-3（a）]。所以选择适当角度和形状的扇形磁铁可以起到聚焦离子束的作用，避免角度分散，达到方向聚焦的目的。同样地，当离子进入圆弧形电极片组成的电场区时，相对靠近电场区外侧的离子运动轨迹较长，相对靠近电场区内侧的离子运动轨迹较短，如此也可使离子形成方向聚焦[图 3-3（b）]。

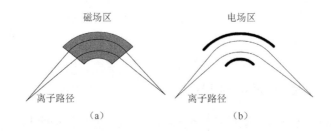

图 3-3　离子进入磁场区（a）、电场区（b）时，形成方向聚焦

虽然扇形电场（Electric Sector）和磁场式质量分析器会产生方向聚焦，却也会造成能量分散[11]。这种由离子不同动能造成的能量分散现象，可通过电场和磁场相结合形成的能量聚焦来抵消。例如，将能量分散程度相同的电场和磁场区适当排列，让磁场区抵消电场区产生的能量分散，就能达到方向与能量同时聚焦的目的[12]。因此，结合扇形磁场与电场的质量分析器的双聚焦质谱仪应运而生。

3.1.3   双聚焦质谱仪的串联质谱分析

由磁场（B）和电场（E）组成的质量分析器有两种形式，一种为电场在磁场前，此种形式较为常见，称为 EB 式（又称 Nier-Johnson 式），图 3-4 即为 Nier-Johnson 式设计；反之，则称为反置式（Reverse Geometry），又称 BE 式。亚稳（Metastable）离子或诱导碰撞解离的碎片离子可在仪器不同位置产生，但在分析器内所产生的碎片离子通常无法被检测到。然而在适当的实验条件下，可观察到在无场区（Field-Free Region）产生的碎片离子。第一无场区介于离子源和第一个分析器间，介于两分析器间的区域则称为第二无场区，以此类推。这个区域距离可从数厘米至 1 米，适合用于离子结构、反应机制、热力学及离子/分子反应等研究。更详细的串联质谱分析技术详见第 4 章。

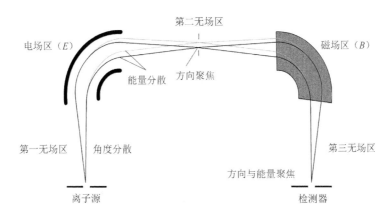

图 3-4   双聚焦的质量分析器（Nier-Johnson 式设计）

当 EB 仪器以一般扫描模式检测特定离子时，如果不考虑起始速度，所有离子在离子源出口端的动能相同。在第一无场区解离的碎片，速度约等于前体离子（Precursor Ion），所以两者动能不同，碎片离子会在扇形电场区与前体离子分离，所以在扇形电场之前形成的亚稳离子无法在一般谱图中观测到。但是在第二无场区（介于电场区和磁场区之间）形成的亚稳离子则可以被观察到：假设在扇形电场出口端质量为 m_1 的前体离子，其碎片离子质量虽然为 m_2，但是在谱图上实际出现的位置为 m^*，称为表观质量（Apparent Mass），三者之间的关系如下[13]：

$$m^* = \frac{m_1^2}{m_2} \tag{3-8}$$

前体离子在碎裂时所释放的动能会分散给碎片离子，导致碎片离子具有不同的动能，因此其波峰较宽。

1. BE 仪器 E 扫描分析产物离子及解离过程释放的动能

亚稳离子或碰撞解离产生的离子，也可以借助反置 BE 仪器利用质量分析离子动能（Mass Analyzed Ion Kinetic Energy，MIKE）的方法检测[13, 14]。离子在离子源出口端的动能如式（3-1）所示，如果此离子在 BE 之间的无场区碎裂，质量为 m_1 的前体离子产生质量为 m_2 的碎片，此碎片的速度与其前体离子相同，所以动能不同。因为扇形电场是动能分析器，当调整电场 E，则可以检测到碎片离子。如果 E_1 和 E_2 分别是检测到前体离子和碎片离子的电场电压，根据式（3-7）可得

$$\frac{E_2}{E_1} = \frac{m_2 v^2}{m_1 v^2} = \frac{m_2}{m_1} \tag{3-9}$$

知道 E_1、E_2 和 m_1，即可确定观察到的碎片离子的质量，此方法即为 MIKE。扇形磁场可先选择前体离子，之后再以电场进行扫描，得到碎片离子质谱图。前面假设碎片离子保有前体离子的速度，但离子在碎裂时，离子的部分内能会转换成动能。此动能释放（Kinetic Energy Release）会有一个分布范围，使得碎片离子有一定的动能分布，导致波峰变宽。测量波峰宽度，便可分析离子解离过程释放的动能。

2. 联动扫描（Linked Scan）

双扇形质量分析器分析碎裂离子时，可以利用联动扫描[15]方式，借助同时扫描 E 扇形区和 B 扇形区，以及固定其强度比值的方式，进行 MS/MS 实验。联动扫描可以分析在不同无场区解离的离子，表 3-1 列举的扫描模式与联动操作方式，适用于分析在第一无场区产生的碎裂离子。

表 3-1　电磁场质量分析器的联动扫描模式

扫描模式	操作方式	特性
产物离子扫描（Product Ion Scan）	固定 B/E 比值	前体离子分辨率差，产物离子分辨率高
前体离子扫描（Precursor Ion Scan）	固定 B^2/E 比值	前体离子分辨率高，产物离子分辨率差
中性丢失扫描（Neutral Loss Scan）	固定 $B^2(1-E)/E^2$ 比值	扫描方式复杂

3. 产物离子扫描（Product Ion Scan）

如果碎片离子在离子源与第一个质量分析器中间产生，其速度与前体离子相同。假设前体离子经扇形磁场聚焦，且让前驱物与碎片离子通过磁场区的磁场强度分别为 B_1 与 B_2，根据方程式（3-3），B_1 与 B_2 和离子质量成正比。同理，在扇

形电场中，可让前驱物和碎片离子通过的电场分别为 E_1 和 E_2，也和离子质量成正比，所以

$$\frac{B_1}{B_2} = \frac{E_1}{E_2} = \frac{m_1}{m_2} \tag{3-10}$$

也就是 B/E 比值是一固定值。测量时，首先以特定的聚焦条件测得前体离子，之后同时降低 B 与 E 的初始值，并维持固定的 B/E 值进行磁场与电场扫描，可聚焦并检测前体离子产生的碎片离子，这就是产物离子扫描，借此可获得前体离子的解离谱图。此 B/E 联动扫描技术可应用于 BE 式及 EB 式的仪器，比直接扫描电场获得的碎片离子质量分辨能力好。由于 B/E 扫描已经过滤掉大部分动能分散的离子，因此该扫描模式无法获得动能释放的信息。另外，由于借助气体碰撞解离时，离子的能量分散相对较高，通常为了维持灵敏度，会降低分辨能力。

4. 前体离子扫描（Precursor Ion Scan）

在第一个无场区产生的碎片离子与前体离子的速度相同（$v_1 = v_2$），动能不同。根据式（3-3）和式（3-6），检测此碎片离子的磁场（B_2）和电场（E_2）的条件为

$$qB_2 = \frac{m_2 v_2}{r} \text{ 和 } qE_2 = \frac{m_2 V_2^2}{r'} \tag{3-11}$$

其中，r 与 r' 分别是扇形磁场与电场区的半径。由此可得

$$\frac{B_2^2}{E_2} = \frac{m_2 r'}{qr^2} = km_2 \tag{3-12}$$

其中，$k = \frac{r'}{qr^2}$。因为 k 是一个常数，所以固定 $\frac{B^2}{E}$ 为一个定值时，同时扫描扇形磁场及电场，可以检测来自不同前体离子的同一特定碎片离子 m_2 的信号。由于不同前体离子与这些特定的磁场及电场组合有直接的关系，因此可以得到产生特定碎片的前体离子的质谱，此方法称为前体离子扫描。

5. 中性丢失扫描（Neutral Loss Scan）

离子的特定官能团如氨基或羟基，常常会解离产生中性的分子（NH_3 或 H_2O）。由于这些碎片不带电荷，所以无法检测，但是可以用中性丢失扫描的方式检测到这个解离过程。如果中性分子的质量为 m_n，前体离子的质量为 m_1，当检测到两者质量差的碎片离子质量 m_2 时，代表有中性丢失。中性丢失扫描的方式较前述两种扫描方式更为复杂，其公式如下：

$$\frac{B_2^2(1-E')}{E'^2} = \frac{2V_s m_n}{qr^2} = \text{常数} \quad \left(\text{其中，} E' = \frac{E_2}{E_1} = \frac{m_2}{m_1} = 1 - \frac{m_n}{m_1}\right) \tag{3-13}$$

利用上述公式进行扫描，所有在离子源和分析器间产生，与前体离子差 m_n 的碎片

离子，都可被聚焦而检测到，此方法可分析所有碎裂生成 m_n 的前体离子。

6. 三个以上的扇形场组成的质量分析器

进行 MS/MS 实验时，在两个扇形分析器之后再连接一个扇形电场，是一种较简单有效率的方式，例如，在 EB 质谱仪外加一个电场成为 EBE，EB 选择特定前体离子，第二个 E 分析裂解的碎片离子。此方法不须使用联动扫描即可完成串联质谱实验，其他如 BEB 的排列方式也是一种选择。

组合两个扇形电场与磁场，如 EBEB，以第一个 EB 选择前体离子，以第二个 EB 分析碎片，碰撞解离则是发生在两个 EB 组合之间。因为碎片离子的速度与前体离子相同，无法直接检测，所以必须以前体离子对应的 B/E 值，对第二个 EB 进行联动扫描。另一个方法是降低从第一个质谱仪（EB）出来的离子速度，进行低能量碰撞再加速离子，使所有离子动能相同，进而使第二个质谱仪（EB）以一般双聚焦方式进行分析获得谱图。然而，能量分散的程度加大，也使得分辨能力降低。

3.2 傅里叶变换离子回旋共振质量分析器

傅里叶变换离子回旋共振（Fourier Transform Ion Cyclotron Resonance，FT-ICR）质量分析器是目前分辨能力最高的质量分析器，适合准确质量的测定、多级质谱分析（MS″）和进行离子/分子反应等，但分辨能力越高，需要的信号检测时间越长，对真空度的要求也越高。

3.2.1 质量分析器

FT-ICR 的质量分析器是由捕获电极（Trapping Plate）、激发电极（Transmitter Plate）和检测电极（Receiver Plate）组成，其结构可以是立方体、圆柱体和长方体等。以立方体[16]型质量分析器为例（图 3-5），两片捕获电极必须与磁场方向垂直，两激发电极和两检测电极则与捕获电极垂直。质量分析的原理[17-19]包括：离子在均匀的磁场中做回旋运动，当离子回旋频率与激发电极发出的射频电场（Radio Frequency Electric Field）频率相当而产生共振时，离子运动半径会逐渐扩大到足以在两个平行的检测电极上产生像电荷（Image Charge）。此时关闭激发电极的无线电场，并记录像电荷形成时域（Time Domain）ICR 信号。使用傅里叶变换[20, 21]可将时域信号转换成频域（Frequency Domain）谱图，谱图中的频率为离子质量与电荷的函数，所以可以直接转换为质谱图。因为质量分析器本身就是检测器，因此不需要外加离子检测器。

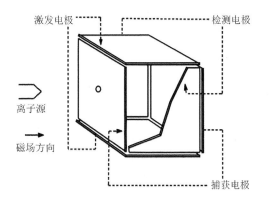

图 3-5　立方体型质量分析器

3.2.2　离子回旋运动

离子在均匀磁场中运动，其受力 F_B 为

$$F_B = ma = m\frac{\mathrm{d}v}{\mathrm{d}t} = qvB \qquad (3\text{-}14)$$

其中，F_B 为离子在磁场中所受的磁力；m 为离子质量；a 为角加速度（Angular Acceleration）；v 为离子速度；q 为离子所带的电荷量；B 为磁场强度（其中 F_B、a、v、B 为向量，参见图 3-6）。离子的运动会受到垂直磁力的影响，在垂直于磁场向量的平面以半径 r 做回旋运动。图 3-6 显示磁场（$\boldsymbol{B}$）方向为向内垂直于纸面（设为 z 轴），v 为运动方向，F_B 为受力方向时，离子回旋运动（Ion Cyclotron Motion）[18] 的情形。

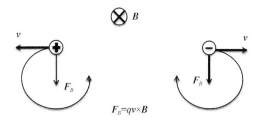

图 3-6　正、负离子在磁场（向下指向页面）作用下的回旋运动

因为角加速度为 $\left|\dfrac{\mathrm{d}v}{\mathrm{d}t}\right| = \dfrac{v^2}{r}$，由式（3-14）可得

$$\frac{mv^2}{r} = qvB \qquad (3\text{-}15)$$

因为角速度（Angular Velocity）为 $\omega_c = \dfrac{v}{r}$，因此式（3-15）变为 $m\omega_c = qB$，

或表示为

$$\omega_c = \frac{qB}{m} \tag{3-16}$$

从式（3-16），特定质荷比（$\frac{m}{q}$）的离子在固定的磁场下具有相同的回旋频率，且与离子速度无关，所以在固定的磁场强度下，检测离子的回旋频率便能决定离子的质荷比。此频率与离子速度无关，所以离子的动能分布不影响质量的测量，但回旋的半径与离子的动能有关。相较于扇形磁场质量分析器中离子动能分布会影响分辨率与灵敏度，FT-ICR 不受离子动能分布影响的特性也成为其具有高质量分辨能力的关键因素之一。离子的平均动能在没有电场等因素的影响下，与温度（T）的关系如下：

$$\frac{mv^2}{2} \approx k_B T \tag{3-17}$$

其中，k_B 为 Boltzmann 常量。因为 $r = \frac{mv}{qB}$，所以在室温且磁场强度为 3 T（30000 Gauss）下，质量为 100 u 的离子的回旋半径约为 0.08 mm；当离子被激发到较大半径时，也可以计算离子的速度和动能，例如，回旋半径为 1 cm、磁场强度为 3 T 的条件下，单一电荷质量为 100 u 的离子速度 $v = 2.97 \times 10^4$ m/s，则相对的动能为 434 eV[8]。

3.2.3　离子阱内实际的离子运动

假设在 z 轴方向施加一个静磁场，离子进行回旋运动，可有效地局限于 x 与 y 轴方向，但离子仍可以沿 z 轴离开离子阱（Ion Trap）。为预防此状况发生，须施加一个直流电压到两片捕获电极上。这时离子运动（Ion Motion）会受到磁场和电场（E）的影响：

$$F = ma = m\frac{dv}{dt} = qE + qv \times B \tag{3-18}$$

使得实际的运动变得复杂。在 z 轴电场的影响下，离子会在捕获电极间以固定频率来回振荡，其频率以 ω_z 表示。虽然施加此电场可以避免离子沿 z 轴方向逃离，但也产生了一个 xy 平面与磁场相反的电场分量。因为离子受到原磁力的影响在 xy 平面做回旋运动，这个电场分量会将离子向外推挤。此电力与磁力的结合，造成原来的回旋运动分成有效回旋运动（Reduced Cyclotron Motion）和磁电运动（Magnetron Motion）。磁电运动频率（ω_-）和有效回旋频率（ω_+）的和等于原来的回旋频率，其频率可从运动方程式[式（3-18）]的解求得：

$$\omega_{+} = \frac{\omega_{c}}{2} + \sqrt{\left(\frac{\omega_{c}}{2}\right)^{2} - \frac{\omega_{z}^{2}}{2}} \tag{3-19}$$

$$\omega_{-} = \frac{\omega_{c}}{2} - \sqrt{\left(\frac{\omega_{c}}{2}\right)^{2} - \frac{\omega_{z}^{2}}{2}} \tag{3-20}$$

离子在捕获电极间的来回振荡频率与磁电运动频率通常远小于有效回旋频率，仪器主要检测的是有效回旋频率。

3.2.4 离子激发与检测

离子在 ICR 离子阱内因起始动能非常小（$<1\,\mathrm{eV}$），回旋半径极小。同时，每一个离子回旋运动的"相"（Phase）是不一致的，也就是说离子做回旋运动的起始点不同，因此所有离子在两个检测电极板间即使可以诱发电荷，其净变化也可能相互抵消。这些离子的回旋半径太小，无法诱发可检测信号，为了检测离子，必须在一对与磁场平行的激发电极上施加一个射频（Radio Frequency，RF）。图 3-7（a）为正离子回旋运动的轨迹，当回旋频率与射频电场频率相同产生共振激发（Resonant Excitation）时，离子会以螺旋向外方式运动；反之，如果没有产生共振，离子不吸收能量，维持在分析器的中心。若连续施加无线电压，离子会维持螺旋向外的方式运动直到碰撞到激发或检测电极上变成中性分子，因此可以利用此性质排除特定质量的离子[22]。

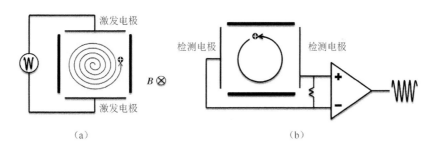

（a）   （b）

图 3-7　（a）施加 RF 于激发电极，使离子螺旋向外运动至靠近检测电极；

（b）以连接检测电极的电路检测离子信号

离子激发后，相同质荷比的离子会形成离子包（Ion Packet）进行相干（Coherent）的回旋运动[23]。如图 3-7（b）所示，此离子团靠近检测电极时，根据其正负电性，会在电极诱发一相反电荷，当离子团旋转至另一检测电极时，又在另一电极诱发电荷。由于两个电极由外接电路连接，形成的交互电流称为像电流[22]（Image Current）。因为此电流频率刚好反映离子回旋频率，分析此信号便可以测得离子的质量。此方法所检测的频率为有效回旋频率（ω_{+}），且信号强度与离子激发后的回旋半径和离子电荷呈线性关系。像电流检测为非破坏性的，所以检测完的离子仍留在分析器中。

3.2.5 离子检测的模式

许多形态的波形可用于激发离子到更大的回旋半径，检测时可分为宽频检测（Broadband Detection）和窄频检测/外差检测（Narrowband/Heterodyne Detection）。一般都是以检测宽频并涵盖所有离子的共振频率范围为主，窄频检测是要降低记录信号的位（bit）数，以增加信号检测时间，从而提高分辨能力。

1. 宽频检测

傅里叶变换离子回旋共振质量分析器可同时检测不同质量的离子。宽频检测时必须施加多种频率的激发电压，最常使用射频线性变频信号（RF Chirp）[24, 25]，如可使用频率加成器在 1 ms 内从 10 kHz 扫描至 1 MHz。在此频率范围内，不同质量的离子会被激发至更大的半径，形成不同频率的像电流，利用傅里叶变换可将时域信号转换成频域信号，再通过公式（$\omega = qB/m$）转换成质谱图。

2. 窄频检测

时域信号收集时间越长，则质量分辨能力越高（参见下节），当分析器内压力在 10^{-10} Torr①或更低时，像电流可持续数秒至几十秒。因此，取点的速度越快，越易达到计算机存储空间的上限而无法继续储存数据。假设取点的速度为 S，在时间 T_{detc} 内所需记录的数据点（Data Point）为 N，其关系为 $T_{detc} = N/S$。因为回旋频率与质荷比成反比，所以最低质量的离子决定了取点的速度。为了解决长时间检测时数据点不足的问题，需要使用窄频检测的方式，图 3-8 为窄频检测操作原理示意图。例如，使用 7 T 的 FT-ICR MS 进行实验，质荷比为 510 的离子的最高回旋频率约为 210 kHz。为了正确记录此信号，避免低估此频率，取点的速度（S）通常要高于此频率的 2 倍（420 kHz）；假设取点的速度为 500 kHz（代表每秒记录 500000 个数据点），如果内存的数据点（N）为 1 M（10^6），换算为可记录时间（T_{detc}）仅 2 s。如果将此频率（210 kHz）与另一固定参考频率 200 kHz 混合时，产生的频率差为 10 kHz，取点的速度为 20 kHz，可取点时间增为 50 s，分辨率则比 500 kHz 时提高了 25 倍。但是窄频检测频率范围变成 0～10 kHz，相当于离子质荷比为 510～535，也就是降低取点的速度，虽然此方法提高了分辨率，但也导致检测的质量范围缩小。

---

① 1 Torr=1 mmHg=1.33322×10^2 Pa

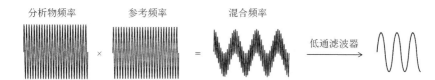

图 3-8　窄频检测，此方法是将检测到的 ICR 频率与另一固定频率混合（Multiply 或 Mix）得到两频率的和（Sum）与差（Difference），再利用低通滤波器（Low-Pass Filter）移除高频（和的部分）的信号

3.2.6　操作模式

FT-ICR 仪器操作时，是将每个步骤以单一事件（Event）处理，以执行各种质谱法的检测（如 MS/MS 或 MS^n）。例如，图 3-9 为 FT-ICR 执行串联质谱分析时的实验程序（Experimental Sequence），其中终止（Quench）是指以电极上的电压清空前次实验残留在分析器中的离子，这是捕捉离子式质量分析器（如 FT-ICR 及四极离子阱等）在操作上与其他类型质谱仪较为不同的步骤之一。离子化步骤则可在分析器中进行，或是由外部离子源进行后再将离子送入 ICR 离子阱分析。离子进入离子阱后进行离子选择，将不需要的离子排除，仅留下特定的离子进行后续的离子/分子反应或解离反应。待反应结束后，再将所有离子一起激发并检测，完成一个实验程序。

图 3-9　FT-ICR MS 实验程序图

3.2.7　质量分辨能力

FT-ICR 质量分辨能力与回旋频率的分辨能力有直接关系，根据式（3-16），可得以下相关式：

$$\frac{m}{\mathrm{d}m} = -\frac{\omega_{c}}{\mathrm{d}\omega_{c}} \tag{3-21}$$

从频域或质域（Mass Domain）的谱图可以观测到波峰的半高宽 $\Delta\omega_{50\%}$ 或 $\Delta m_{50\%}$，若分辨能力定义为 $\omega/\Delta\omega_{50\%}$ 或 $m/\Delta m_{50\%}$，由于 FT-ICR 质谱图的频率约为 qB/m，则质量分辨能力[26]可表示为

$$\frac{m}{\Delta m_{50\%}} = -\frac{qB}{m\Delta\omega_{50\%}} \tag{3-22}$$

由于时域信号维持越长，$\Delta\omega_{50\%}$ 会越小，所以质量分辨能力也越佳。而要维持时域信号，必须避免被激发的离子与气体分子碰撞而损失动能并导致减小回旋运动半径。即 ICR 内的气体压力高时，离子与气体分子碰撞频率上升，使得离子动能快速变小且回旋运动的相也变得不一致，导致信号快速消失。反之，在低压时，回旋运动半径变小的速度较慢，信号可以维持较长的时间。如果 T_{detc} 为时域信号的检测时间，τ 为信号阻尼（Damping）常数，此常数与气体压力及离子/分子反应速率有关。当 $T_{\text{detc}} \gg \tau$（高压极限）或 $\tau \gg T_{\text{detc}}$（低压极限）时，ICR 的质量分辨能力如表 3-2 所示。

表 3-2　ICR 的质量分辨能力在高低压力下的公式

压力	低压（$T_{\text{detc}} \ll \tau$）	高压（$T_{\text{detc}} \gg \tau$）
$\dfrac{m}{\Delta m_{50\%}}$	$\dfrac{1.247\times10^7\, zBT_{\text{detc}}}{m}$	$\dfrac{2.875\times10^7\, zB\tau}{m}$

注：z 为离子电荷数。

从表 3-2 中的公式可知，在高真空（低压）下，信号检测时间（T_{detc}）内的信号衰减可忽略，所以分辨能力可与信号检测时间成正比；但压力高时信号快速衰减，此时即使延长信号检测时间也只是收集到更多背景信号，此时分辨能力只与时域信号持续的时间（τ）成正比。从式中可知，磁场越大，分辨能力越好。

3.2.8　捕获电压影响下的质量检测极限

在捕获电压的影响下，从运动方程式的解可知，z 轴和 xy 平面的运动频率具有相关性。当 $\left(\dfrac{\omega_{\text{c}}}{2}\right)^2 = \dfrac{\omega_z^2}{2}$ 时，磁电运动频率和有效回旋频率相等，也就是 $\omega_+ = \omega_- = \omega_{\text{c}}/2 = qB/2m$，由此可以解出临界质量（Critical Mass）m_{critical}[27]：

$$m_{\text{critical}} = \frac{qB^2 d^2}{4V_{\text{trap}}\alpha} \tag{3-23}$$

其中，d 为捕获电极间的距离；α 为与离子阱的形状相关的常数；V_{trap} 为捕获电极的电压。当 $m/z > m_{\text{critical}}$ 时，磁场向心力已经无法克服电场产生向外的推力，离子会不断地回旋向外运动直到在阱中消失。此外，质量极限也与离子的数目及离子间的电荷排斥等因素有关，实际上质量极限往往比预测值低。

3.3 飞行时间质量分析器

飞行时间（Time-of-Flight，TOF）质量分析器是一种利用静电场加速离子后，以离子飞行速度差异来分析离子质荷比的仪器。此仪器构想最早由 W. E. Stephens 于 1946 年提出[2]。后来 W. C. Wiley 和 I. H. McLaren 于 1955 年发表第一台商用线性飞行时间质谱仪[4]。由于早期飞行时间质量分析器大多搭配电子轰击或化学电离源，所以离子产生时的动能及位置差异会造成飞行时间差，导致质量分辨能力与准确度（Accuracy）并不高。为了改善质谱分辨率，W. C. Wiley 与 I. H. McLaren 设计使用了延迟产生的高电压脉冲来加速离子，此设计一直沿用至今。飞行时间质量分析器另一个关键的改善是由 B. A. Mamyrin 于 1973 年提出的反射飞行时间质谱仪，在无场飞行区置入一个反射式静电场，使离子折返到另一个检测器，补偿离子的飞行时间差异，从而增加质量分辨能力。反射式静电场能让动能较高的离子穿透较深再折返，动能低的离子穿透较浅即折返，因而让离子飞行时间重新聚焦于检测器上。到了 20 世纪 80 年代，依赖于快速处理电子信号、脉冲高压、大量数据采集等相关技术的发展，飞行时间质量分析器能以高取样率记录质谱数据，并通过多次重复后累积得到高品质的质谱图。

飞行时间质量分析器常与脉冲激光源配合，如基质辅助激光解吸电离的发明，让具有脉冲特性的激光解吸电离非常适合与脉冲高压推动离子的飞行时间质谱仪搭配。而如今脉冲重复率（Pulse Repetition Rate）随着半导体激光的发展已达到数千赫兹（kHz），在如此高的脉冲重复率下，样品取样变快，信息量变大。若将所得质谱图做 N 次累积或平均，能使背景信号以 $\dfrac{1}{\sqrt{N}}$ 的幅度降低，但信号经 N 次平均后却维持不变，则可有效地提高信噪比（Signal-to-Noise Ratio，S/N）。由于脉冲重复率高，通常飞行时间质量分析器可于 1 s 内得到品质相当好的质谱图。而为了配合电喷雾等连续性离子源，正交加速飞行时间（Orthogonal Acceleration TOF，见 3.3.4 小节）质谱仪也被提出；此设计能有效地降低离子动能的差异度，提升飞行时间质谱仪的分辨率。

飞行时间质量分析器可分为线性式、反射式、正交式三种，下面会逐一详细介绍。不论是哪一种形式，其设计重点都在于如何在有限的飞行距离内，有效地解决离子产生时的位置、速度、方向角度等分散问题，得到最佳的质量分辨能力。

3.3.1 线性飞行时间质量分析器

图 3-10 是一个线性飞行时间（Linear TOF）质量分析器的示意图。带电离子

由脉冲式激光离子化产生，经由高压直流电场加速，让离子在无场飞行管中飞行后，抵达检测器得到离子信号。由能量守恒原理，电位能可转换为离子动能，所以

$$\frac{1}{2}mv^2 = qV_s = zeV_s \qquad (3\text{-}24)$$

其中，m 为离子质量；v 为离子速度；q 为总电荷；z 为电荷数；e 为单位电荷；V_s 为离子源处的加速电压。加速电压通常施加于加速板上，在图 3-10 中的加速电压为 20 kV。由式（3-24），离子的速度如下：

$$v = \sqrt{\frac{2zeV_s}{m}} \qquad (3\text{-}25)$$

若无场飞行管的距离（D）已知，则飞行时间（t）为

$$t = \frac{D}{v} \qquad (3\text{-}26)$$

将速度由式（3-25）代入式（3-26）得到质荷比关系

$$\frac{m}{z} = \frac{2eV_s}{D^2}t^2 \qquad (3\text{-}27)$$

由式（3-27）可知，分子量越大则离子飞行时间越长，且离子的质荷比与时间的平方成正比。理论上，飞行时间质量分析器的质量检测应无上限，但是实际上却因为大部分的检测器对于质量很大、速度很慢的离子灵敏度很低，所以还是有其适用的质量范围。文献中在离子源高电压加至 20～30 kV 条件下，只能检测到接近 1 MDa[281]的样品。

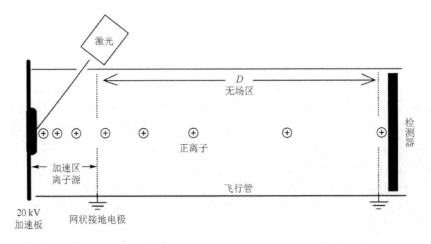

图 3-10　线性飞行时间质量分析器示意图。利用脉冲激光产生离子后，加上 20 kV 的高压让离子进入无场的飞行管内（距离 D），并陆续抵达离子检测器

在飞行时间质量分析器里，离子飞行时间是最重要的因素。离子总飞行时间可分成四个部分来探讨，即 t_{delay}：离子经激光离子化所需的时间；$t_{acceleration}$：离子经高压场加速后，通过加速区域的时间；t_{drift}：离子被高压加速后，从无场飞行区起点到离子检测器所花费的时间；$t_{detector}$：离子检测器的反应时间，通常约 $1 \sim 5$ 纳秒（ns）。图 3-10 中的加速区为 20 kV 的加速板与网状接地电极间的区域。这里需关注的时间项是 t_{drift}，由式（3-27），可以得到

$$t_{drift} = \sqrt{\frac{m}{2zeV_s}} D \qquad (3-28)$$

运用式（3-28）可以计算离子在无场区飞行的时间（t_{drift}）。若以 3000 V 的高压加于长 0.5 m 的飞行时间质量分析器的离子源上，质荷比为 500 的离子的飞行时间约 15 μs，而质荷比为 50 的离子飞行时间约为 4.6 μs。市售飞行时间质谱仪在 20 kV 高压下，数万分子量的离子可飞行数百微秒。

虽然 t_{drift} 是离子总飞行时间中的最主要项，但实际上仍需考量 t_{delay}、$t_{acceleration}$、$t_{detector}$ 三项的影响。综合离子的总飞行时间后，飞行时间与质荷比之间可用式（3-29）校正：

$$\sqrt{\frac{m}{z}} = At + B \qquad (3-29)$$

其中，A 为斜率；B 为截距。截距项可以修正仪器的系统偏差，使得时间与质荷比间的换算更精准。系统偏差包含许多部分，如离子飞行的初始点误差、信号线长短等。只要两个点的差距不要太大或太小，通常两点校正已经足够，但在高精准度实验上会以多点或多次方程式进行校正。实际应用中用已知质量的样品做时间校正，待分析物的质量需落在校正样品质量范围内，如此才能维持校正的质量准确度（Mass Accuracy）与精密度（Precision）。而质量校正可分为内部校正与外部校正：外部校正是运用实验中两个已知标准样品校正参数 A 与 B，但待测样品并没有与其一起在同一张质谱中进行采集；内部校正是标准样品与待测样品同时采集并记录于一张质谱图中。内部校正可以提供较高的质量准确度，但是必须寻找质量接近的标准样品。

飞行时间质量分析器的质量分辨能力可以用质域或时域特性来分析。因为质量与时间是平方关系，对式（3-27）微分可以得到 $\frac{m}{dm} = \frac{t}{2dt}$，于是飞行时间质量分辨能力可定义为 $R = \frac{m}{\Delta m} = \frac{t}{2\Delta t} \approx \frac{D}{2\Delta x}$。这里，$m$ 为离子质量；Δm 为质量的峰宽（50%）；Δt 为时间的峰宽（50%）；Δx 为离子包的扩散距离。

前面提到质量分辨能力受限于离子位置分散、速度分散、方向分散三因素的影响。早期的飞行时间分析器因为搭配电子轰击或化学电离离子源，离子包分布

太大会造成质量分辨能力不好[4]。离子包分布大是因为离子束面积大，所以具有相同质荷比的离子在形成时，其初始位置与速度分布不同（初始速度不同也意味着初始动能不同），这就是位置与速度分散的来源。至于方向分散，是由于离子束在离开离子源时具有扩散角，而真正分配到飞行轴的速度分量就会有差异。此外，仪器的电子信号分辨率、高压电源的稳定度、空间电荷影响与机械加工的误差等，都会影响线性飞行时间质量分析器的质量分辨能力与质量准确度。

要提高质量分辨能力，最有效的方法是减少Δt，另一种可能的方法是通过增加飞行管长度让离子飞行时间（t）变长，但由于检测器的面积是有限的，所以增加飞行管长度会因为离子扩散角的问题，使得能够撞击检测器区域的离子数变少，灵敏度变差。另外，离子飞得越远，碰撞到气体分子的概率越大，也造成离子损失越多，因此质量分析器内的压力必须维持在$10^{-6} \sim 10^{-7}$mbar[①]之间，使得分子的平均自由程（平均自由程的意义将在第6章介绍）达数米以上。实际上，让线性飞行时间质谱仪同时保持好的质量分辨能力与灵敏度的做法，是选用长度约$1 \sim 2$ m的飞行管，让质量分析器保持好的质量分辨能力，并使用20 kV以上的加速电压来维持灵敏度。以下介绍各种减少离子包Δt的方法。

3.3.2　线性飞行时间质量分析器质量分辨能力的提升

为了提升线性飞行时间质量分析器的质量分辨能力，降低相同质荷比的离子动能分布是一个重要的部分；离子动能分布也可以看成离子速度分布。针对气相（非电极表面上）产生的离子，1955年W. C. Wiley和I. H. McLaren提出了时间延迟聚焦（Time-Lag Focusing）搭配二段式加速区，有效地改善了离子速度分布的问题[4]。时间延迟聚焦法如图3-11所示，是在离子产生时保持离子源区在无场状态（没有电场梯度），并经过时间延迟后才施加脉冲电压引出离子。假设两个相同质荷比的离子于同一时间A在同一离子源内的位置产生，其初始速度分别为$+V_s$与$-V_s$（朝向检测器方向为+，朝向加速板为-），则当加速区处于无场状态下时（加速板与网状接地电极同为零电位），经过一段延迟时间B之后两离子将处于不同位置。在延迟时间B后开启加速电压，可以让靠近加速板的离子比远离加速板的离子获得较高动能，但同时靠近加速板的离子需要比远离加速板的离子飞行更长距离才能到达检测器。因此在适当的延迟时间下，可以补偿此两个离子的初始速度（或动能）差，使两个离子可在时间C时同时到达检测器位置，得到较佳的质量分辨能力。二段式加速区则是W. C. Wiley和I. H. McLaren将时间延迟聚焦法获得的离子再加入一高电压网状电极，造成一段延迟加速区与一段固定电场加速区，如此可以再提升质量分辨能力。相对于时间延迟聚焦式，不具备时间延迟功能的操作法称为连续式（Continuous）。

---

① 1 bar=10^5 Pa

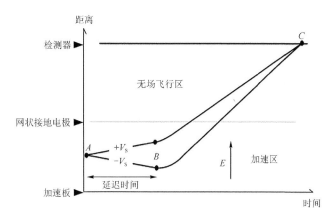

图 3-11　时间延迟聚焦法。离子在初始位置 A 具微小的动能分布，经过一段时间的延迟，离子在 B 处形成了较大的空间分布，延迟时间的选择能使特定质荷比的离子聚焦于检测器 C 处

　　在 LDI 及 MALDI 法上使用类似时间延迟聚焦的方法称为离子延迟提取（Delayed Extraction）法，如图 3-12 所示。与时间延迟聚焦法不同的是，离子延迟

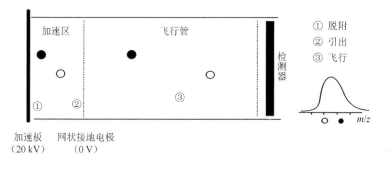

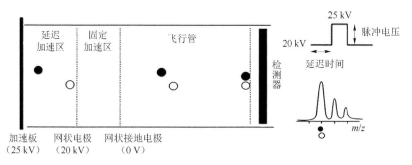

图 3-12　离子延迟提取法示意图。连续式高压推进方式是施加固定电位于加速板，所以离子产生时就会被加速进入分析器，但所得到的质谱信号较宽（如上右图）。离子延迟提取法则是在离子产生后经过一段时间，才以脉冲方式提供加速板（25 kV）与其前方电极（20 kV）的加速场，将离子推进至离子检测器（如下右图）。和连续式高压推进方式比较，相同离子的离子包可以明显变窄，提高了质量分辨能力

提取法的离子是从表面出发，所以初始速度只有远离加速板方向。但是，因为离子解吸附时也有初始速度差，所以在无场状态下经过一段时间后（通常为几纳秒到数微秒），速度快的离子会比速度慢的离子更远离加速板。此时若施加一个高压脉冲电场，同样因为位置差的关系，原本速度慢的离子比速度快的离子获得更高的动能。由于动能高的离子必须比动能低的离子飞行更长距离，所以适当延迟提取时间也可以修正该初始速度差造成的飞行时间差。此技术可使检测器测量的离子峰宽变窄，因而提高了线性飞行时间质量分析器的质量分辨能力。

实际上，质量分辨能力除了与离子的初始动能差有关外，许多其他因素也会对其造成影响，如样品基质、激光聚焦条件、脉冲宽度、激光打在样品的位置等。由于离子延迟提取法与质荷比相关，因此该方法需要针对不同质量的离子调整延迟时间与脉冲高压电压值，才能得到最佳的质量分辨能力。这也使得使用离子延迟提取法时，必须特别注意飞行时间校正。

3.3.3 反射飞行时间质量分析器

除了离子延迟提取法外，反射飞行时间（Reflectron TOF）质量分析器的发展更进一步地改善了离子能量聚焦问题，解决了线性飞行时间质量分析器分辨能力不足的缺点。目前市售的反射飞行时间质谱仪可以达到 5000～20000 的质量分辨能力，质量准确度可达 5～50 ppm。与线性飞行时间质量分析器不同的是，反射飞行时间质量分析器于飞行管中放置一组电场式反射器（Reflector，或称 Ion Mirror），并在离子反射路径上增加一个离子检测器来收集反射后的离子。此反射器能有效补偿具有不同动能的相同离子所产生的飞行时间差：动能高的离子穿透较深，比飞行速度较慢的离子花更多的时间折返至离子检测器。这使得初始速度不同的离子，能一起抵达离子检测器，因此提高了飞行时间质量分析器的分辨率。商用的飞行时间质谱仪大多同时具备线性与反射式分析器，相较于线性模式，反射模式虽然能提供较高分辨率，但离子在反射器中必须经过相当距离的折返飞行，容易造成离子的损失，导致灵敏度下降，此效应对大分子的影响尤其显著。图 3-13 是一个反射飞行时间质量分析器的示意图，由图可得到离子反射深度（d）为

$$d = \frac{K}{qE} = \frac{qV_s}{q\frac{V_R}{R_d}} = \frac{V_s R_d}{V_R} \tag{3-30}$$

其中，K 为离子动能；V_s 为离子产生处的电位；V_R 为反射场电位；R_d 为反射场的总距离。离子总飞行时间（t）为离子在无场飞行时间与离子在反射区的时间的和，即 $t = t_{l_1+l_2} + t_R$。l_1 与 l_2 为离子在无场飞行时的前进与折返距离，t_R 则为离子在反射器内的时间。其中反射区外的离子飞行时间 $t_{l_1+l_2} = (l_1 + l_2)/v_{ix}$，$v_{ix}$ 为离子沿 x 轴的

平均速度。而反射器内的离子飞行时间为 $t_R = \dfrac{2d}{\dfrac{v_{ix}}{2}} = \dfrac{4d}{v_{ix}}$。因此离子的总飞行时间

为 $t = \dfrac{l_1 + l_2 + 4d}{v_{ix}}$。将式（3-25）的离子初速度代入总飞行时间 t，可得

$$t^2 = \frac{m}{z} \frac{(l_1 + l_2 + 4d)^2}{2eV_s} \qquad (3\text{-}31)$$

具相同质量（m）的两个离子，若其中一个离子的动能为 K，另一个离子的动能为 K'，则可定义常数 c^2 为两个离子的动能比。

$$\frac{K'}{K} = c^2 \qquad (3\text{-}32)$$

这两个质荷比相同的离子因其离子动能不同，离子的总飞行时间可以表达为

$$t = t_{l_1+l_2} + t_R, \qquad t' = t'_{l_1+l_2} + t'_R = \frac{t_{l_1+l_2}}{c} + c t_R \qquad (3\text{-}33)$$

分析上式中离子的总飞行时间，相同质荷比但动能不同的 N 个离子，其飞行时间能够通过选择适当的参数（如反射区电场条件），使得动能不同的离子在反射式静电场中补偿飞行时间差。若 $c > 1$，则离子于反射器外飞行时间变短，但在反射器内的飞行时间变长。相反地，在 $c < 1$ 的条件下，离子于反射器外飞行时间变长，但在反射器内的飞行时间变短。因此在上式中，若 $t_R = t_{l_1+l_2}$，且当 $4d = l_1 + l_2$ 时，可以获得完美的动能聚焦条件。为了获得更好的动能聚焦效果，可以将反射器设计成二段式反射器。此设计可以有效减少反射器的尺寸，同时创造出两段电场梯度，有效得到更强的离子动能聚焦能力。但二段式反射器也会导致离子传输效率上的损失，使得能检测到的离子信号变小。

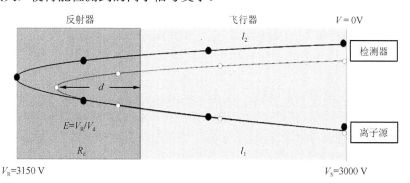

图 3-13　反射飞行时间质量分析器示意图。其中反射器的电场 $E = V_R/R_d$，V_R 为反射场电位，
　　　　　R_d 为反射场的总距离，d 为离子反射深度，l_1、l_2 为离子在无场飞行时的前进与折返距
　　　　　离。同一质荷比的离子，其动能不同，经由反射器的电场补偿后，其离子抵达检测器
　　　　　的时间相同，因此提高了质量分辨能力

3.3.4 正交加速飞行时间质量分析器

飞行时间质量分析器是通过测量离子的飞行时间而得到离子的速度并转换成离子的质荷比，因此其本质上需要一个时间的起点来计算离子的飞行时间。这种质量分析器最适合的离子源就是脉冲式激光，若要与连续式的离子源配合（如电喷雾离子源）就有困难，解决的方式是让连续式的离子源变成脉冲式。这种转换只要在离子的飞行途径中加入脉冲高电压，让离子有一个共同的起点一起飞行，如此不同质荷比的离子即能因飞行时间不同而区分开。如图 3-14 所示，一个正交加速飞行时间（Orthogonal Acceleration TOF）质量分析器可运用脉冲电压，让连续式的离子束经一狭缝进入飞行管中抵达检测器。通常脉冲电压的频率可达数千赫兹，工作周期（Duty Cycle）为 5%～50%。正交加速飞行时间质量分析器的优点是在飞行管方向（也就是正交于离子源出口方向）的离子初始速度差异小，因此质量分辨能力与准确度高，校正也容易。正交加速飞行时间质量分析器的缺点是：离子产生时若以静电场来聚焦，会造成离子在不同方向上的扩散，导致质量分辨能力下降，且会降低质谱仪的灵敏度。

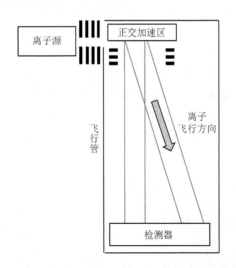

图 3-14 正交加速线性飞行时间质量分析器设计图。离子经电场透镜聚焦后，
通过平板电极上的脉冲电压加速后，进入无场飞行管抵达离子检测器

为了解决上述问题，可以引入四极离子传输管，以射频场聚焦离子束。图 3-15 中，射频离子传输管能通过在数个毫托（mTorr）的压力下工作有效降低离子动能，并聚焦离子束至几毫米（mm）的尺寸，因而大大地提升了飞行时间质量分析器的分辨率。

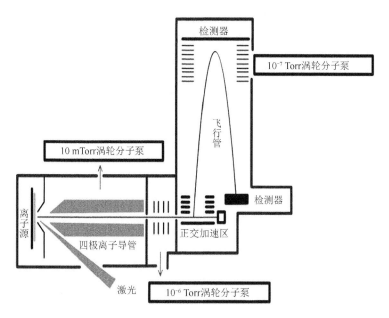

图 3-15 正交加速反射式飞行时间质量分析器。离子经由四极离子导管聚焦后，
进入无场飞行管，经由反射器偏转离子，抵达离子检测器

3.3.5 反射飞行时间质量分析器的源后衰变分析

在飞行时间质量分析器中，样品经由较高能量的激光离子化时，前体离子在离开离子源进入飞行管中的无场区后，其中有一部分离子（即亚稳离子，Metastable Ion）因本身内能过高而自发性裂解生成碎片离子，此现象称为源后衰变（Post-Source Decay）。在飞行时间质量分析器内，源后衰变所产生的裂解产物与前体离子有相同的飞行速度。由于两者质量不同，前体离子的动能（K_p）与碎片离子的动能（K_f）可表示为

$$K_p = \frac{m_p v_{ix}^2}{2}, \quad K_f = \frac{m_f v_{ix}^2}{2}, \quad K_f = K_p \frac{m_f}{m_p} \tag{3-34}$$

其中，m_p 为前体离子的质量；m_f 为碎片离子的质量，且前体离子与碎片离子具有相同的速度 v_{ix}。

在线性飞行时间质量分析器中，如图 3-16（a）显示，碎片离子与亚稳前体离子因具有相同的速度，两者会同时抵达飞行管末端的检测器，所以无法分辨前体离子和碎片离子的信号。为了观察源后衰变所产生的碎片离子进而解析化合物的结构，可以利用反射飞行时间质量分析器进行分析。如图 3-16（b）显示，前体离子和碎片离子速度相同但质量不同，以至于具有不同动能[式（3-34）]，而其动能

的差异可以通过反射电场解析。在反射器内，前体离子与碎片离子由于动能的差异进入反射场的深度不同。这使得碎片离子在反射场的飞行时间比前体离子的飞行时间短，并且两个飞行时间比与其质量比有关[式（3-35）]。

$$t_{Rp} = \frac{4d_p}{v_{ix}}, \quad t_{Rf} = \frac{4d_f}{v_{ix}} = t_{Rp}\left(\frac{m_f}{m_p}\right) \tag{3-35}$$

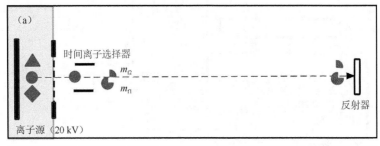

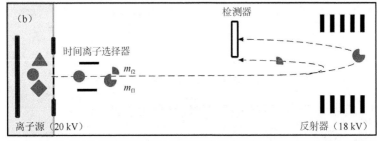

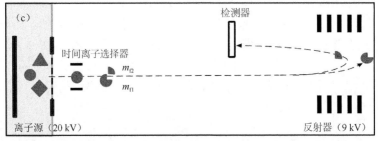

图 3-16　（a）线性飞行时间质量分析器，激光解吸电离时，前体离子与碎片离子抵达离子检测器的飞行时间相同。（b，c）不同反射电场下的反射式飞行时间质量分析器。前体离子与碎片离子于反射场内的飞行时间不同，因此可以利用此特性得到碎片离子质谱。但经过反射场后不同动能的离子聚焦位置不同，因此需分段获取不同反射电压下的谱图，重组出完整的碎片离子谱图

　　因此，在反射式飞行时间质量分析器中，亚稳态的离子于飞行途中裂解后，前体离子与碎片离子的飞行时间是不同的，所以前体离子和碎片离子仍然能在反射飞行时间质量分析器中被分辨。

　　然而，碎片离子动能分布过大，线性反射式电场无法一次聚焦质量分布范围大的离子，因此源后衰变技术必须分段扫描重组碎片离子质谱。技术操作如图 3-16（b）和（c）所示，定时离子选择器（Timed Ion Selector，TIS）借助电场偏转与前体离子速度不同的其他离子，选择欲分析的前体离子。由于产物离子的动能与前体离子的动能相差很大，必须借助调整反射场的电位，分段聚焦小范围质荷比内的碎片离子、采集质谱，而后重组成一张完整的碎片离子全谱图。若前体离子在进入 TIS 前即产生与前体离子速度相同的产物离子（m_{f1}, m_{f2}），它们仍能成功地通过 TIS 并被反射场分析。

　　由于亚稳离子仅占前体离子中的一小部分（约 1%），因此源后衰变模式的灵敏度极差。此外，谱图采取分段记录，而不同区段间的背景信号常不一致，这些因素都导致源后衰变模式具有分辨率较差、操作费时、需消耗较多样品以及质量校正不易等缺点。提升源后衰变所产生亚稳离子的效率可以在离子飞行途中加入碰撞气体，使离子解离的效率增加，进而得到较完整的碎片质谱信息。另外，使用飞行时间串联质谱仪（TOF/TOF MS）来完成源后衰变是一个更好的选择，飞行时间串联谱仪的原理将于第 4 章详细讨论。

3.4　四极杆与四极离子阱质量分析器

　　四极杆（Quadrupole）与四极离子阱（Quadrupole Ion Trap，QIT）都属于四极杆质量分析器。四极杆与四极离子阱质量分析器的原理，是让离子在特殊设计的质量分析器内随着交、直流电场运动。由于在特定的交、直流电场作用下离子运动轨迹与质荷比有关，所以不同质量的离子会在分析器内呈现不同的运动行为。如果电场的作用使得离子运动轨迹不稳定而撞击分析器的电极或偏离电场区，则该离子就不会稳定存在于四极杆与四极离子阱质量分析器内。反之，如果电场作用力能保持离子在分析器内呈稳定的运动轨迹，则该离子可以稳定存在于四极杆质量分析器内。在这个技术中，可以将有效电场对于离子质荷比的作用区分为稳定区与不稳定区：稳定区代表保持离子稳定存在于分析器的电场条件，不稳定区代表将离子排除于分析器外的电场条件。

　　四极杆与四极离子阱的基本理论架构是相同的，其差别是几何结构上二维与三维的差别。其几何形状是参照双曲面设计，在加入直流与交流电场后，离子的运动模式遵循马蒂厄方程（Mathieu Equation），依据马蒂厄方程可以得到离子运动的稳定区与不稳定区。当离子处在稳定区内，离子运动轨迹近似于简谐运动；若离子处在不稳定区内，离子运动轨迹会以指数增加或减少的形式离开平衡的场。

为了得到离子的质荷比，以二维的四极杆为例，只有单一质量的离子能稳定经过场，并经由质量扫描后，离子一个一个地进入稳定区，进而得到质谱图，此即质量选择稳定性（Mass-Selective Stability）模式。另外，以三维的四极离子阱为例，离子阱同时捕捉不同质量的离子，操作离子阱让离子一个一个依序经历不稳定点被排出，抵达离子检测器从而得到质谱图，此即质量选择不稳定性（Mass-Selective Instability）模式。

3.4.1 四极杆质量分析器的原理与操作模式

四极杆是由四根柱状（可为双曲线形、圆形或方形）电极组成，以两个电极为一组，分为 x 与 y 两组电极平行并对称于一中心轴排列。当 x 电极的交流电位为正（+）时，y 电极上的电位即为负（−），两者电位相位差为 $180°$，如图 3-17 所示。离子在四极杆中的运动遵守牛顿的 $F = ma$ 运动方程式，即力等于离子质量（m）乘以离子加速度（a）。由于离子在四极杆中所受的力是电场力（qE），结合牛顿运动方程式与电场力，可得 $F = ma = zeE$，这里 z 是离子的电荷数，$e = 1.6 \times 10^{-19}$ C（库仑）。离子在电场中运动，其电场需满足拉普拉斯方程（Laplace Equation）以形成稳定场，即 $\nabla^2 \phi_{x,y,z} = 0$，其中 $\phi_{x,y,z}$ 为任一位置的电位，而 $\nabla^2 = \dfrac{\partial^2}{\partial_{x^2}} + \dfrac{\partial^2}{\partial_{y^2}} + \dfrac{\partial^2}{\partial_{z^2}}$，如此离子才能在电场中平衡地向前推进。由于四极杆是二维场的形式，因此不需考虑 z 轴的运动方向，只需考虑 x 与 y 两个轴向的运动。满足拉普拉斯方程的电位 $\phi_{x,y}$ 解为双曲线形电位面：$\phi_{x,y} = \dfrac{\phi_0}{2r_0^2}(x^2 - y^2) + C$。其中，$\phi_0 = 2(U - V\cos\omega t)$，$V$ 为交流电场的零到峰值振幅，ω 为振荡频率，U 为直流电场，r_0 为中心轴至电极的距离，常数 C 为悬浮电位（Floated Potential）。若悬浮电位为接地，则可设为 0。已知 $E_{x,y} = -\nabla\phi_{x,y}$，其中 $\nabla = \dfrac{\partial}{\partial_x}\hat{i} + \dfrac{\partial}{\partial_y}\hat{j}$，因此将电位对 x 与 y 方向的空间做一次微分，即得到在 x 与 y 方向的线性回复力场，离子会在此力场下在 x 与 y 方向上做简谐振荡。若离子在 z 轴方向具有初始动能，则离子除了在 x 与 y 方向做简谐振荡外，会沿 z 轴前进。

若考虑离子所受的力，

$$F_x = m\frac{\mathrm{d}^2 x}{\mathrm{d}t^2} = -ze\frac{\phi_0 x}{r_0^2}, \quad F_y = m\frac{\mathrm{d}^2 y}{\mathrm{d}t^2} = -ze\frac{\phi_0 y}{r_0^2} \tag{3-36}$$

式（3-36）展开后，运动方程如下：

$$\frac{\mathrm{d}^2 x}{\mathrm{d}t^2} + \frac{2ze}{mr_0^2}(U - V\cos\omega t)x = 0 \tag{3-37}$$

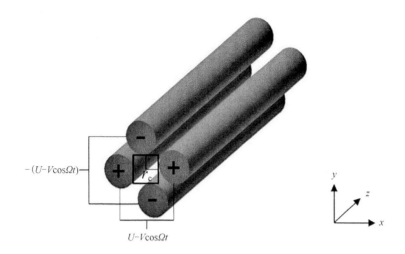

图 3-17　四极杆示意图及电场接线图。交流电场以反相的方式加于

两对电极（x 与 y）上，r_0 为中心轴至电极的距离

$$\frac{\mathrm{d}^2 y}{\mathrm{d}t^2} - \frac{2ze}{mr_0^2}(U - V\cos\omega t)y = 0 \qquad (3\text{-}38)$$

若令 $\xi = \dfrac{\omega t}{2}$，则离子运动方程可正则化（Canonicalization）为马蒂厄方程，式（3-37）与式（3-38）则可表示为下式：

$$\frac{\mathrm{d}^2 u}{\mathrm{d}\xi^2} + (a_u - 2q_u\cos 2\xi)u = 0 \qquad (3\text{-}39)$$

此式的数学形式为参量振荡（Parametric Oscillation），参量振荡为一种驱动式简谐振荡（Driven Harmonic Oscillation），可以借助调整参数改变系统的振荡频率。一个例子是，当小孩子玩荡秋千时，若站在地上的人周期性地施予力量给坐在秋千上的人（a_u 与 q_u 两个参数），则能改变秋千的振荡频率，如加快或变慢。因此可以通过改变 a_u 和 q_u 两个参数，来改变离子在四极杆中的运动频率与方式。在式（3-39）中，与直流电场有关的参数为 $a_u = a_x = -a_y = \dfrac{8zeU}{mr_0^2\omega^2}$，与交流电场有关的参数为 $q_u = q_x = -q_y = \dfrac{4zeV}{mr_0^2\omega^2}$。透过操控 a_u（通常是改变 U）与 q_u（通常是改变 V）两个参数，可决定离子在四极场中的运动模式。因此可将离子在 x 与 y 方向的稳定与不稳定边界在 a_u 与 q_u 坐标上呈现出来，并将两方向的图形重叠画出图 3-18。图中有重叠的部分即代表离子在 x 与 y 方向都有稳定的运动，称为稳定区。通常会选择在第一稳定区（a）内操作，而稳定区边界条件可由一个

整合 a_u 与 q_u 的复杂参数 β_u 来表达。此第一稳定区如图 3-18 的插图所示，而 β_x 与 β_y 各代表 x 与 y 方向的稳定边界条件。在第一稳定区的区间，离子稳定的条件为 $0 < \beta_x < 1$ 与 $0 < \beta_y < 1$。

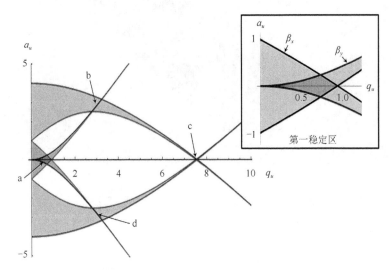

图 3-18　离子的稳定与不稳定区域：可区分为第一稳定区（a）、第二稳定区（b）、第三稳定区（c）及第四稳定区（d）四个区域，在这四个稳定区外，离子轨迹会于 x 轴或 y 轴不稳定。右上角的插图为离子的第一稳定区间（a）的放大图

通过离子在第一稳定区间做质量选择，适当的直流电场（U）与交流电场（V）的比值，即会决定选择的模式，如图 3-19 所示。图中的斜线称为操作线（Operation Line），代表在扫描质谱时同时改变 U 与 V，而斜率的选择则会决定操作线与稳定区的交会区。操作线的斜率越接近稳定区尖端，质量选择性越佳，但能通过的离子数量也会变少。这种操作模式称为质量选择稳定性（Mass-Selective Stability）模式。在第一稳定区顶点的 q_x 值为 0.706，所以 $0.706 = \dfrac{4zeV}{mr_0^2\omega^2}$。由此式可以得到最大的质荷比范围为 $\left(\dfrac{m}{ze}\right)_{max} = \dfrac{4V_{max}}{0.706r_0^2\omega^2}$。观察上式可知，若要增加四极杆质量分析器的质量检测上限，可以增加射频电压振幅、降低射频频率或降低四极杆电极间的距离。但是射频电压振幅太高会导致电极放电，破坏场的稳定条件，所以此方法限制较为严格。若选择缩短四极杆电极间的距离，在实际应用中也有限制，因为电极间的距离太近也容易造成电极间放电，破坏稳定场条件而无法让离子通过。若降低射频频率来增加质量分析器的质量检测上限，会因此牺牲质量分辨能力。所以设计四极杆质量分析器时需考量最合适的质量范围、质量分辨能力、信

号检测灵敏度等，并综合上述因素进行适当的取舍。目前商用的四极杆质量分析器因其射频频率大多在 1 MHz 以上，因此质量范围不会超过 m/z 4000，而质量分辨能力则大约是 1000。

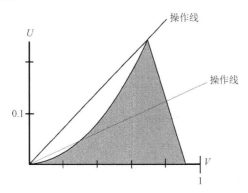

图 3-19　质量选择操作。依据直流电压（U）与交流电压（V）的斜率作出操作线（Operation Line），若斜率大，则与通过顶点的交会面积越小，质量分辨能力越高；反之，若斜率小，则与通过顶点的交会面积越大，此时允许离子通过的质量范围越大，质谱的分辨率越差

　　若将直流电场设为零，只保留交流电压（纯射频模式，RF Only Mode），此时四极杆即成为一个离子传输管（Ion Guide）。离子传输管的功能为一个高通滤波器，理论上，只要离子的质荷比高于设定值均会飞行通过四极杆，但实际上离子飞行的质荷比仍有其上限。这个质荷比上限取决于所加的交流电压与频率值，以及离子阱的势能阱深度[以电子伏特（eV）表示]。高质量的离子在四极杆中所感受到的等效势能阱深度不够，会导致聚焦效果变差而损失。同时，低质量的离子因为处于不稳定区而无法通过四极杆，造成离子的低质量截止（Low Mass Cut-Off，LMCO）效应。因此把四极杆当作离子传输管使用时，它的功能相当于一个带通滤波器（Band Pass Filter），即只有质荷比适中的离子才能稳定地通过四极杆。为了扩大传送的质量范围，可以设计六个电极或八个电极的柱棒组合，但这也会降低离子聚焦（Ion Focusing）的能力。

3.4.2　四极离子阱质量分析器的原理与操作模式

　　四极离子阱和四极杆最大的不同即在 z 轴加了一个束缚的场，因而形成了一个能捕获离子的三维电场。四极离子阱包含一个环形电极（Ring Electrode），以及一对上下对称的端帽电极（End Cap Electrode），如图 3-20 所示。这些电极的几何形状为双曲线，其几何形状可表示如下：

$$\frac{r^2}{r_0^2} - \frac{2z^2}{r_0^2} = 1 \quad （环形电极） \tag{3-40}$$

$$\frac{r^2}{2z_0^2} - \frac{z^2}{z_0^2} = -1 \text{（端帽电极）} \tag{3-41}$$

其中，r_0 为阱中心到环形电极的距离；z_0 为阱中心到端帽电极的距离。环形电极与端帽电极所呈现的双曲线，其渐近线（Asymptote）斜率为 $\pm\frac{1}{\sqrt{2}}$，角度为 35.264°，且 $r_0^2 = 2z_0^2$。

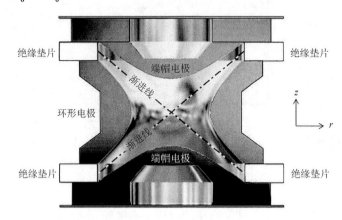

图 3-20 四极离子阱的几何结构及渐进线，r-z 平面坐标标示于右侧

在离子阱中，离子的运动方式与二维四极杆相同，均遵循马蒂厄方程。由于四极离子阱具有圆柱对称特性，所以可以简化为分析离子于 r-z 平面上的运动，其运动方程式可以表达如下：

$$\frac{\mathrm{d}^2 r}{\mathrm{d}t^2} - \frac{2ze}{m(r_0^2 + 2z_0^2)}(U - V\cos\omega t)r = 0 \tag{3-42}$$

$$\frac{\mathrm{d}^2 z}{\mathrm{d}t^2} - \frac{4ze}{m(r_0^2 + 2z_0^2)}(U - V\cos\omega t)z = 0 \tag{3-43}$$

若令 $\xi = \dfrac{\omega t}{2}$，写成正则形式的马蒂厄方程如下：

$$\frac{\mathrm{d}^2 u}{\mathrm{d}\xi^2} + (a_u - 2q_u\cos 2\xi)u = 0 \tag{3-44}$$

与直流电场有关的参数为 $a_u = a_z = -a_r = \dfrac{-16zeU}{m(r_0^2 + 2z_0^2)\omega^2}$，与交流电场有关的参数为 $q_u = q_z = -2q_r = \dfrac{8zeV}{m(r_0^2 + 2z_0^2)\omega^2}$。通过调节 a_u 与 q_u 两个参数，可决定离子在四极离子阱场中的运动模式。

采用 Floquet 和傅里叶级数（Fourier Series）或矩阵法解马蒂厄方程，并以 $e^{(\alpha + i\beta)}$ 的函数形式拆解，可以得到一个解析解[29]：

$$\beta_u^2 = a_u + \cfrac{q_u^2}{\left(\beta_u+2\right)^2 - a_u - \cfrac{q_u^2}{\left(\beta_u+6\right)^2 - a_u - \cdots}}$$

$$+ \cfrac{q_u^2}{\left(\beta_u-2\right)^2 - a_u - \cfrac{q_u^2}{\left(\beta_u-4\right)^2 - a_u - \cfrac{q_u^2}{\left(\beta_u-6\right)^2 - a_u}\cdots}} \qquad (3\text{-}45)$$

式（3-45）可以精确地描述离子在离子阱中的稳定区域。此解属于循环解，即 β_u 是同时出现在式（3-45）的左边与右边，可以利用数学计算软件（如 Mathematica），输入马蒂厄方程[式（3-44）]及参数 a_u 与 q_u，得到如图 3-21 所示的稳定区图。图 3-21 可以解释离子阱质量分析器的各种离子分析模式。

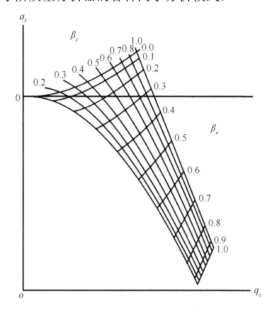

图 3-21　由式（3-45）可以求得离子的稳定区图，离子可以在 $0<\beta_r<1$ 与 $0<\beta_z<1$ 间稳定运动，若超出此区域，即 $\beta_r>1$、$\beta_r<0$、$\beta_z>1$、$\beta_z<0$ 等条件，离子会在 r 方向与 z 方向不稳定，因而无法被捕捉离开离子阱的空间，只有满足稳定条件的离子，才能稳定地运行于离子阱的空间中

当离子阱质量分析器要捕获所有离子时，经常会关闭直流电场而仅保留交流电场，使得 $a_z = 0$。而此状态下的稳定边界 β_z 与 $a_z = 0$ 的轴线交叉点为 $q_z = 0.908$，此数字是很重要的操作参数。也就是说，如果离子相对应的 q_z 值达到 0.908，离子就会被抛出离子阱区域。另一种状况是 q_z 值小于 0.908，但是非常接近该数值，

这种情况下离子的运动轨迹也会变得不稳定。因此目前离子阱质量分析器通常会选择较小的 q_z 值区间进行操作。要解析离子的运动，就必须回归到式（3-45）。但是式（3-45）为完整解，通常如果要得到近似解，可以考虑 $q_u < 0.4$。

当 q_u 值很小时（$q_u < 0.4$），近似解为

$$\beta_u = \sqrt{\left(a_u + \frac{q_u^2}{2}\right)} \tag{3-46}$$

此近似解在考虑离子的运动行为时是很有用处的，例如，要捕获（Trap）离子时，通常设定的 q_u 小于 0.4，因此式（3-46）的结果就可以用来计算实验所需使用的离子捕获条件，而不需使用式（3-45）的完整解。离子在离子阱中的运动频率（f）可再由 β_u 及射频频率 ω 决定：

$$f_{n,u} = (2n \pm \beta_u)\frac{\omega}{2}, \quad n = 0,1,2,\cdots \tag{3-47}$$

当 $n = 0$ 时，离子的基频（Fundamental Frequency）称为本征频率（Secular Frequency 或 Eigenfrequency）：

$$f_{0,u} = \frac{\beta_u \omega}{2} \tag{3-48}$$

在图 3-21 中，由稳定区得知，β_u 的最大值为 1，因此最大的本征频率为射频频率的一半。通过调控共振频率使其接近离子的本征频率，使离子产生共振，离子因此能获取较大的能量。另外，离子势能阱深度（Potential Well Depth）在 $q_u < 0.4$ 时可近似为

$$D_z = 2D_r \approx \frac{q_z v}{8} \tag{3-49}$$

其中，D_z 为离子在 z 轴受到的势能阱深度。如图 3-22（a）所示，这是离子在径向（r）与轴向（z）上的本征运动所受到的势能阱深度。若势能阱深度不够深，则离子无法被捕获，即离子在径向与轴向两轴不稳定。通常操作离子阱时会选择 q_z 在 0.2～0.4 的范围内，在此条件下，目标质量的离子捕获效率会因为势能阱深度够而提高，反之质量较小与较大的离子因阱深较浅，被捕捉的效率变差。离子阱能允许的最大离子容量（Ion Capacity）与离子电荷数和离子数目有关，但如果捕获的离子数目过多，会因为电荷排斥力的作用而影响离子的本征频率，造成质量分析时质谱信号偏移。因此，实际上离子阱会限制捕获离子的数量，这一点可由通过调控势能阱深度来达到。另外，当离子阱进行串联质谱分析时，会加入一共振场，使得离子获得外加的能量与气体碰撞，并因此让离子解离成更小的碎片离子；此时离子的动能也由势能阱深度决定。

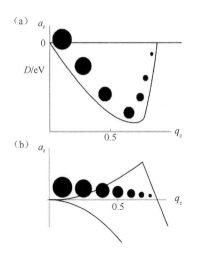

图 3-22　离子的稳定区与势能阱深度（D）的关系。图（a）中质量大小不同的离子其
受到的势能阱深度不同，图（b）表明不同质量的离子可以一起被局限于离子阱中

势能阱深度也决定了质荷比的上限，例如，调整频率与电压等设置，可以让离子阱同时捕获不同质量的离子，如图 3-22（b）所示。此时若要扫描质谱，则可运用 q_z 在 β_z =1 边界上的不稳定点（ q_z=0.908）。离子逼近此不稳定点时运动振幅会变大，并从两个端帽电极的方向离开稳定的束缚电场。一旦设定了捕获频率与电压等参数，其势能阱深度、q_z 等参数就已经确定，因此也决定了质量范围与质荷比的上限。当扫描质谱时，图 3-22（b）中较轻的离子因为先经过不稳定点 q_z = 0.908，离子会在轴向（z 方向）上不稳定而离开稳定场，造成离子的运动轨迹变大并进而沿 z 方向被抛出。较重的离子比较轻的离子晚抵达不稳定点，因而会在较晚的时候被抛出。实际扫描时最常用的方法如图 3-23 所示，在环形电极加入射频场（即交流电场），而上下端帽电极则同时接地。通过扫描环形电极的交流电场可使离子逼近不稳定区而离开离子阱飞往检测器，并得到离子的质荷比。这种操作方式又称为质量选择不稳定性（Mass-Selective Instability），是四极离子阱质量分析器最广为使用的操作模式。虽然四极离子阱的理论与实验早在 20 世纪 50 年代 W. Paul 就完成了，可是一直到 1985 年质量选择不稳定性才由 P. E. Kelley、G. C. Stafford、D. R. Stephens 三人共同提出来[30]。

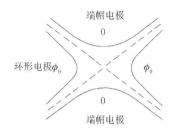

图 3-23　离子阱运行的模式，将环形电极加交流电压，两个端帽电极接地

3.4.3 四极离子阱实际操作上的考虑

在实际应用中将离子阱商业化需考虑三个因素，即高阶场的影响、缓冲气体的作用与共振激发。首先考量高阶场的影响，在使用离子阱质量分析器时，为了引入离子与抛出离子以检测离子的信号，必须在端帽电极或环形电极上开洞。因为孔洞造成双曲面几何形状上的变化，使得四极场发生变形（Distortion），所以离子所受到的电场是非理想的场，不再是一个单纯的双曲线所形成的四极（Quadrupole）场。这产生了高阶场的作用，如六极（Hexapole）与八极（Octopole）场等，这样的高阶场作用会影响离子扫描抛出时的分辨率与稳定度，甚至造成质谱信号的漂移（Shift）。这个信号漂移困扰了离子阱质谱仪专家多年，同时也造成离子阱质谱仪商业化的困难。如何改善这个问题呢？一种做法是伸长端帽距离离子阱（Stretched End Cap Distance Ion Trap），代表性的例子是商用的 LCQ 离子阱质谱仪，其将端帽电极到中心的距离增加 10.6%，造成高阶项次的改变。在这里四极项的作用约占 89.4%、八极项占 1.4%、十二极项占 0.6%等。如此一来，将这些高阶项的作用运用于离子阱质量分析器中，就能有效改善离子阱质量分析器的分辨率。调控高阶项的比例除了解决质谱信号漂移的问题，同时也可以维持质量分析器质量测量的准确度与稳定性。

另一个商业化仪器的改良重点是引入缓冲气体的作用。商用离子阱质谱仪在操作上都会加上氦气作为缓冲气体，气压约在 1 mTorr 数量级，这个作用能有效提升质谱的质量分辨能力。如图 3-24 所示，相对于没有缓冲气体的情况，加入缓冲气体后，离子阱分析质荷比为 80 的离子时质量分辨能力可以由 50 提高至 200，而对于质荷比为 520 的分子则可以从无法检测到信号提高至获得质量分辨能力为 1900 的清楚信号。

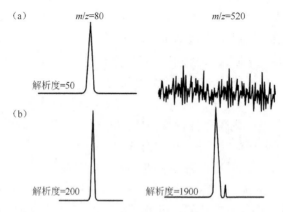

图 3-24　氦气缓冲气体的作用。（a）未加氦气前质荷比为 80 与质荷比为 520 的分子的质谱图；
（b）加入氦气后，质荷比为 80 与质荷比为 520 的分子的质量分辨能力显著提升

第三种改善离子阱缺点的做法是共振抛出。共振抛出是将离子阱质量分析器运行在较小的 q_z 值，如质荷比为 650 的分子在 $q_z = 0.9$ 时，其抛出电压为 7340 V。若将射频为 1 MHz 的离子阱加入微小的共振频率，如将 167 kHz 的交流电场施加到电极上共振激发离子，则 q_z 可由 0.9 减少一半至 0.45，因此质荷比范围可扩大至 1300。

接下来举一个质谱分析的例子，图 3-25（a）是一个典型的电子轰击电离与离子阱质量分析器结合的例子。当进行电子轰击电离时，离子阱的射频电压先打开约数毫秒。离子被离子阱捕获并冷却一段时间后，开始质量分析，如图 3-25（b）所示。在离子产生的时间内，离子的动能被缓冲气体碰撞后降低，所有离子均能被电场捕获，其稳定区的操作模式如图 3-26（a）所示。质量分析方式为扫描射频电压值，直到扫描电压达到终止电压值后结束。在这个过程中，离子因为经过不稳定区开始变得不稳定，因而沿轴向（z 方向）被抛出。此时较轻的离子先离开稳定场，由 z 轴抛出，抵达检测器而得到信号，如图 3-26（b）所示。这已经基本完成了一次质谱分析。得到质谱信号后，必须将射频电压归零，将所有残余的离子清空，等待下一次质谱分析。除了获得分子质量的信息外，四极离子阱质量分析器还可得到分子结构信息，即在离子阱内进行串联质谱分析。这部分内容将在第 4 章详细介绍。

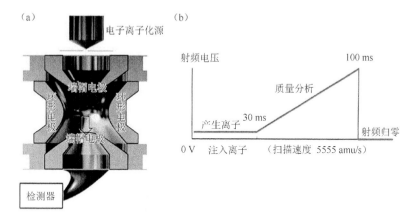

图 3-25　（a）典型的离子阱质量分析器，离子由电子轰击电离产生，当扫描质谱时，离子离开稳定区，抵达离子检测器。（b）分子被电离前，离子阱的射频电压先打开，电子轰击离子化时间约 30 ms，被电离的气相分子在这段时间内被场捕获，然后进行质量分析，此时射频电压开始提高直到扫描时间结束，整个过程约 100 ms，扫描速率可以依据扫描电压的起始值与终止值除以扫描时间来得到。最后将射频电压归零，清空所有残存在离子阱内的离子

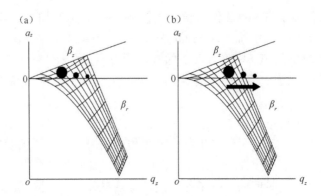

图 3-26 （a）不同质量的离子被捕获在稳定区内；（b）当开始进行质量分析时，较轻的离子在轴向（z 方向）上，因先遇到不稳定点，离子轨迹不稳定，所以离子沿轴向[z 方向，图 3-25（a）的箭头方向]离开，抵达检测器。较重的离子会较晚离开离子阱

3.4.4 二维线性离子阱质量分析器

三维离子阱的离子容量约为百万个离子，但实际上，为了得到适当的质谱分辨能力，通常会限制离子捕捉的数量。为了突破这个限制，在二维四极杆的轴向方向用电场把离子束缚起来，可将被捕获离子的数量提高至千万个。这不仅能维持二维线性离子阱（Linear Ion Trap，LIT）质量分析器的分辨能力，也使串联质谱的效率有效提高。如图 3-27 所示，J. C. Schwartz、M. W. Senko 和 J. E. Syka 于 2002 年提出径向开口的二维线性离子阱质量分析器设计[31]，这个质量分析器改善了三维离子阱捕获离子数量较少的问题。此仪器包含两个束缚区（图中 I 与III部分）以限制离子的流进与流出，以及中心的主要四极离子阱区（图中的 II 部分）。离子检测则是将离子由 II 段（图 3-27）电极上的狭长开口抛出，并在开口外设置检测器收集离子。该仪器质量分辨能力可以达到 2000～4000，离子扫描检测效率可达 50%，串联质谱功能可以提高至 4～5 次（MS^n，$n = 4$～5），但其缺点是无法与三重四极杆质量分析器相连。为了克服这个问题，J. W. Hager 基于三重四极杆质量分析器的工作原理，于同年提出了由轴向抛出的二维线性离子阱质量分析器[32]，其设计如图 3-28 所示。此仪器包含离子

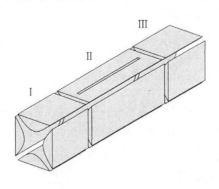

图 3-27 径向检测的线性离子阱质量分析器，I 侧与III侧也加入交流电场，维持 II 段电场的均匀性

传输管 Q_0，以及 Q_1、Q_2 及 Q_3 三个四极杆，其中 Q_2 为二维线性离子阱。

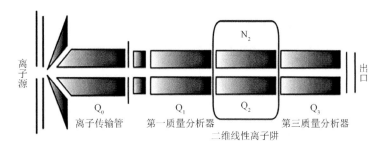

图 3-28　轴向检测的线性离子阱质量分析器

3.5　轨道阱质量分析器

　　轨道阱（Orbitrap）质量分析器利用直流电场将离子局限于离子阱中，并运用快速傅里叶变换（Fast Fourier Transform）技术将时域信号转换到频域，再经换算得到离子的质荷比信号[9]。轨道阱质量分析器与傅里叶变换离子回旋共振质量分析器都属于高分辨的质量分析器，因为离子被局限在固定的轨道内以高速（1 s 内可以飞行数十万千米）进行长时间的周期性运动，所以通过长时间检测技术可以得到高分辨率的质谱信号。轨道阱与傅里叶变换离子回旋共振质量分析器最大的不同是轨道阱所加的是直流电场，但傅里叶变换离子回旋共振质量分析器是使用有更好稳定度与质量分辨能力的强磁场作用力。但是稳定的磁场来源是必须维持在液态氦温度下（＜4 K）的超导磁铁，其价钱昂贵且维护成本极高，所以轨道阱以直流电场得到高分辨的质谱分析能力，在质谱学领域中是一个重大的突破。除非需要超高精密度的质谱分析，否则直流电场式的离子阱质量分析器会是维护成本上较佳的选择[33]。而且对大部分的蛋白质组的分析，轨道阱式离子阱的精密度与分辨率已经足够。

　　轨道阱的发展可追溯到 1923 年，当时 K. H. Kingdon 提出一条直线搭配一个封闭圆柱体的设计，探讨热灯丝周围的中性气体被电离成正离子的情形[34]。后来 R. D. Knight 提出一条直线搭配静电场离子阱的方式来捕获激光产生的等离子体，如 Be^+、C^+、Al^+、Fe^+ 和 Pb^+，发现在 100 ms 内可以捕捉到 2×10^8 个离子[35]。其离子阱的圆柱对称场可以表示为

$$\phi(r, z) = A\left(z^2 - \frac{r^2}{2} + B \ln[r] \right)$$　　　　（3-50）

其中，r 和 z 为坐标，而 $z=0$ 是对称场轴；A 与 B 为常数。在式（3-50）中，$(z^2-r^2/2)$ 形成双曲面，这就是四极（Quadrupole）势能场，而 $\ln(r)$ 项则形成线束缚场。

目前商用的轨道阱是在此架构下进一步改良的质量分析器。其最重要的改良是在 2000 年及 2003 年时，由 A. Makarov 提出的改良式静电场离子阱[9, 36]，其被正式定名为轨道阱质量分析器。该轨道阱的势能场可被描述成

$$\phi\left(r,z\right)=\frac{k}{2}\left(Z^2-\frac{r^2}{2}\right)+\frac{k}{2}\left(R_{\mathrm{m}}\right)^2\ln\left[\frac{r}{R_{\mathrm{m}}}\right]+C \tag{3-51}$$

其中，C 为常数；k 为场的曲率半径；R_{m} 为特性半径。此设计概念可用图 3-29 来描述，首项是四极势能场[图 3-29（a）]，第二项是对数形的柱状电容场[图 3-29（b）]。在式（3-51）中，场的曲率半径（k）联结了双曲面场与对数场两个参数。这两项势能场形成纺锤状的中心电极，再搭配围绕中心电极的左右两个外围电极，使得离子能在轨道阱里以环形轨道方式运动，因此这种质量分析器定名为轨道阱。离子于轨道阱内像行星（如地球）绕行恒星（如太阳）一样进行简谐运动（Harmonic Motion），其运动轨迹如图 3-29（c）图所示。这一简谐运动频率正比于 $\sqrt{\dfrac{q}{m}}$，因此通过测量离子的运动频率，可以得到离子的质荷比信息。

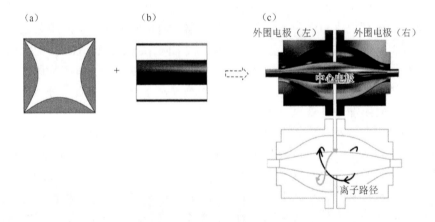

图 3-29　轨道阱的电极形状是四极对数场（Quadro-Logarithmic Field），以四极势能场结合对数柱型场形成束缚离子的场

离子简谐运动频率与质荷比的关系可进行如下证明。

由势能梯度与力的关系，在 z 轴可以得到

$$\frac{\partial\phi\left(r,z\right)}{\partial_z}=kz \tag{3-52}$$

由式（3-52）可以推导 z 轴电场与力的关系：

$$F_z = m\frac{d^2z}{dt^2} = -qkz \tag{3-53}$$

式（3-53）也可表达成

$$\frac{d^2z}{dt^2} = -\left(\frac{q}{m}k\right)z \tag{3-54}$$

这个方程式是简谐运动方程，代表沿 z 轴的简谐运动频率为 $\omega = \sqrt{\dfrac{q}{m}k}$ 。换言之，

离子不仅被轨道阱的场束缚住，而且运动模式是周期性的简谐运动。

另外，在式（3-51）中，圆柱坐标（r，φ，z）的 r 及 φ 运动方程可表示成下式：

$$\frac{d^2r}{dt^2} - r\left(\frac{d\varphi}{dt}\right)^2 = -\frac{q}{m}\frac{k}{2}\left[\frac{R_m^2}{r} - r\right] \tag{3-55}$$

$$\frac{d}{dt}\left(r^2\frac{d\varphi}{dt}\right) = 0 \tag{3-56}$$

由式（3-55）及式（3-56）可以观察到坐标（r，φ）与轴的运动无关，各自独立。
另外，r，φ，z 的电场（E_r, E_φ, E_z）可以写成下列式子：

$$qE_r = \frac{m}{2}\left(\frac{dr_0}{dt}\right)^2 \tag{3-57}$$

$$qE_\varphi = \frac{m}{2}\left(r_0\frac{d\varphi_0}{dt}\right)^2 \tag{3-58}$$

$$qE_z = \frac{m}{2}\left(\frac{dz_0}{dt}\right)^2 \tag{3-59}$$

因此，由式（3-59）可以得到离子沿 z 轴运动的解析解：

$$z(t) = z_0\cos\omega t + \sqrt{\left(\frac{2E_z}{k}\right)}\sin\omega t \tag{3-60}$$

其中，$\omega = \sqrt{\dfrac{q}{m}k}$ ，即离子在轨道阱中，沿 z 轴的简谐运动频率正比于 $\sqrt{\dfrac{q}{m}}$ 。

由式（3-57）与式（3-58），r 与 φ 方向的频率可推导得到

$$\omega_r = \omega\sqrt{\left(\frac{R_m}{R}\right)^2 - 2} \tag{3-61}$$

$$\omega_\varphi = \sqrt{\frac{\left(\dfrac{R_m}{R}\right)^2 - 1}{2}} \tag{3-62}$$

在 ω，ω_r，ω_φ 三个特征频率中，只有 ω 的频率（z 轴方向的运动）与离子的

质荷比（*m/q*）有关而与离子的动能和位置无关，因此可以作质量分析用。离子在阱内的简谐运动可由左右两个外围电极检测，再将像电荷的时间信号经由傅里叶变换后，得到高分辨率的完整质谱。

在了解轨道阱质量分析器的原理后，实际上如何引导离子进入轨道阱分析器是下一个关键的问题。图 3-30 是一台完整轨道阱质谱仪的仪器设计图。离子由离子源产生后，经由离子传输管传送到 C 型阱（C-Trap），并将离子有效注入轨道阱做质量分析。其中 C 型阱置于轨道阱分析器前，能有效地将离子聚焦至 1 mm 的洞内。这个设计一方面能增加离子传输效率以减少损失，同时因为入孔很小（约 1 mm），所以能让轨道阱分析器维持气压在 $10^{-10} \sim 10^{-9}$ Torr 之间。在这个压强范围内，离子的平均自由程约数十千米，因此离子能减少碰撞而维持在固定的轨道上。

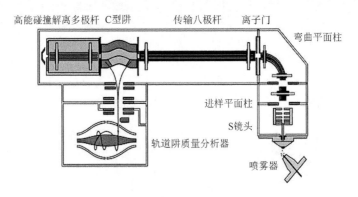

图 3-30　轨道阱质谱仪的仪器设计图
由 Thermo Fisher Scientific Inc. 提供

3.6　质量分析器的选择与应用

质量分析器所测量的对象是离子，但不同的质量分析器其解析离子的物理量是不同的，数据处理系统可运用数学运算将不同物理量换算为质量。傅里叶变换离子回旋共振、轨道阱、四极杆与四极离子阱质量分析器所测量的物理量是离子的质荷比（*m/z*），扇形电场所测量的是离子的能量电荷比（$mv^2/2z$），扇形磁场（Magnetic Sector）质谱仪测量的是离子的动量电荷比（*mv/z*），飞行时间质量分析器所测量的是离子的速度（*v*）。选择质量分析器时，除了要了解其工作原理外，还要考虑其他的参数，如质量分辨能力、准确度、精密度、质量范围、动态范围、检测速度、体积大小、操作界面、价格与维护成本等[37]。表 3-3 总结了本章中所述的质谱分析器的特性与功能。

表3-3 常见质量分析器性能比较表

质量分析器	飞行时间	扇形聚焦	四极杆	四极离子阱	傅里叶变换离子回旋共振	轨道阱
质量分辨能力（Mass Resolving Power）	$\sim 10^4$	$\sim 10^5$	$\sim 10^3$	$\sim 10^3$	$\sim 10^6$	$\sim 10^5$
质量精确度/ppm	5～50	1～5	100	50～100	1～5	2～5
质量范围（Mass Range）	$>10^5$	10^4	$>10^3$	$>10^3$	$>10^4$	~ 20000
串联质谱（MS/MS）功能	有	有	有	有	有	有
与离子源相容性（Compatibility with Ion Source）	脉冲与连续	连续	连续	脉冲与连续	脉冲与连续	脉冲与连续

　　实际上，没有理想的质量分析器可以适用于所有的应用课题，质量分析器的选择依据应用领域和仪器与性能而定。每台质谱仪都有其特性与限制，举例来说，四极离子阱质量分析器的优点是灵敏度高、体积小、串联质谱性能好，缺点是空间电荷限制离子捕获数目，因此动态范围不高。在应用上，四极离子阱质量分析器可与液相色谱与气相色谱联用，用来测定待分析物，也可以探讨气相离子的化学反应。相对而言，傅里叶变换离子回旋共振质量分析器的优点是具有最高的质量分辨能力、适合离子化学（Ion Chemistry）研究、可进行多次串联质谱分析、适合与脉冲式激光搭配、具有非破坏式离子检测与稳定的质量校正能力。其应用涵盖离子化学、高分辨基质辅助激光解吸电离与电喷雾电离质谱分析、激光解吸附材料与表面分析。傅里叶变换离子回旋共振质量分析器的缺点是动态范围有限、真空条件极高（这也限制了外加离子源的搭配选择）、空间电荷限制、高次谐波造成的假信号出现、诸多参数设定、只容许低能量的碰撞解离等。飞行时间质量分析器的特点是质量分析非常快速、非常适合脉冲式激光离子源、离子传输效率极高、源后衰变可得到串联质谱图、质量检测范围宽广，但若与连续式离子源搭配会有工作周期问题。

参 考 文 献

[1]　Johnson, E.G., Nier, A.O.: Angular aberrations in sector shaped electromagnetic lenses for focusing beams of charged particles. Phys. Rev. **91**, 10 (1953)

[2]　Wolff, M., Stephens, W.: A pulsed mass spectrometer with time dispersion. Rev. Sci. Instrum. **24**, 616-617 (1953)

[3]　Katzenstein, H.S., Friedland, S.S.: New time-of-flight mass spectrometer. Rev. Sci. Instrum. **26**, 324-327 (1955)

[4]　Wiley, W., McLaren, I.H.: Time-of-flight mass spectrometer with improved resolution. Rev. Sci. Instrum. **26**, 1150-1157 (1955)

[5]　Hipple, J., Sommer, H., Thomas, H.A.: A precise method of determining the Faraday by magnetic resonance. Phys. Rev. **76**, 1877 (1949)

[6]   Comisarow, M.B., Marshall, A.G.: Fourier transform ion cyclotron resonance spectroscopy. Chem. Phys. Lett. **25**, 282-283 (1974)

[7]   Yost, R., Enke, C.: Selected ion fragmentation with a tandem quadrupole mass spectrometer. J. Am. Chem. Soc. **100**, 2274-2275 (1978)

[8]   Glish, G.L., Goeringer, D.E.: A tandem quadrupole/time-of-flight instrument for mass spectrometry/mass spectrometry. Anal. Chem. **56**, 2291-2295 (1984)

[9]   Makarov, A.: Electrostatic axially harmonic orbital trapping: a high-performance technique of mass analysis. Anal. Chem. **72**, 1156-1162 (2000)

[10] Belov, M.E., Damoc, E., Denisov, E., Compton, P.D., Horning, S., Makarov, A.A., Kelleher, N.L.: From protein complexes to subunit backbone fragments: a multi-stage approach to native mass spectrometry. Anal. Chem. **85**, 11163-11173 (2013)

[11] Burgoyne, T.W., Hieftje, G.M.: An introduction to ion optics for the mass spectrograph. Mass Spectrom. Rev. **15**, 241-259 (1996)

[12] Hoffmann, E.d., Stroobant, V: Mass Spectrometry: Principles and Applications (3rd ed.). John Wiley & Sons, Ltd, Chichester (2007)

[13] Cooks, R.G.B., J. H.; Caprioli, R. M.; Lester, G. R: Metastable Ions. Elsevier, Amsterdam (1973)

[14] Watson, J.T.: Introduction to Mass Spectrometry (3rd ed.). Lippincott Williams & Wilkins, Philadelphia (1997)

[15] Weston, A.-F., Jennings, K.-R., Evans, S., Elliott, R.: The observation of metastable transitions in a double-focussing mass spectrometer using a linked scan of the accelerating and electric-sector voltages. Int J Mass Spectrom Ion Phys **20**, 317-327 (1976)

[16] Comisarow, M.B.: Cubic trapped-ion cell for ion cyclotron resonance. Int J Mass Spectrom Ion Phys **37**, 251-257 (1981)

[17] Guan, S., Marshall, A.G.: Ion traps for Fourier transform ion cyclotron resonance mass spectrometry: principles and design of geometric and electric configurations. Int. J. Mass Spectrom. Ion Process. **146**, 261-296 (1995)

[18] Marshal, A.G., Grosshans, P.B.: Fourier transform ion cyclotron resonance mass spectrometry: the teenage years. Anal. Chem. **63**, 215A-229A (1991)

[19] Marshall, A.G., Hendrickson, C.L., Jackson, G.S.: Fourier transform ion cyclotron resonance mass spectrometry: a primer. Mass Spectrom. Rev. **17**, 1-35 (1998)

[20] Guan, S., Marshall, A.G.: Stored waveform inverse Fourier transform (SWIFT) ion excitation in trapped-ion mass spectometry: Theory and applications. Int. J. Mass Spectrom. Ion Process. **157**, 5-37 (1996)

[21] Marshall, A.G., Wang, T.C.L., Ricca, T.L.: Tailored excitation for Fourier transform ion cyclotron mass spectrometry. J. Am. Chem. Soc. **107**, 7893-7897 (1985)

[22] Amster, I.J.: Fourier transform mass spectrometry. J. Mass Spectrom. **31**, 1325-1337 (1996)

[23] Schweikhard, L., Marshall, A.G.: Excitation modes for Fourier transform-ion cyclotron resonance mass spectrometry. J. Am. Soc. Mass Spectrom. **4**, 433-452 (1993)

[24] Comisarow, M.B., Marshall, A.G.: Frequency-sweep Fourier transform ion cyclotron resonance spectroscopy. Chem. Phys. Lett. **26**, 489-490 (1974)

[25] Marshall, A.G., Roe, D.C.: Theory of Fourier transform ion cyclotron resonance mass spectroscopy: Response to frequency-sweep excitation. J. Chem. Phys **73**, 1581-1590 (1980)

[26] Marshall, A.G.: Convolution Fourier transform ion cyclotron resonance spectroscopy. Chem. Phys. Lett. **63**, 515-518 (1979)

[27] Ledford Jr, E.B., Rempel, D.L., Gross, M.: Space charge effects in Fourier transform mass spectrometry. II. mass calibration. Anal. Chem. **56**, 2744-2748 (1984)

[28] Schriemer, D.C., Li, L.: Detection of high molecular weight narrow polydisperse polymers up to 1.5 million daltons by MALDI mass spectrometry. Anal. Chem. **68**, 2721-2725 (1996)

[29] March, R.E.: An introduction to quadrupole ion trap mass spectrometry. J. Mass Spectrom. **32**, 351-369 (1997)

[30] Stafford, G.C., Kelley, P.E., Stephens, D.R.: U.S. Patent No 4,540,884. (1985)

[31] Schwartz, J.C., Senko, M.W., Syka, J.E.: A two-dimensional quadrupole ion trap mass spectrometer. J. Am. Soc. Mass Spectrom. **13**, 659-669 (2002)

[32] Hager, J.W.: A new linear ion trap mass spectrometer. Rapid Commun. Mass Spectrom. **16**, 512-526 (2002)

[33] Köster, C.: Twin trap or hyphenation of a 3D Paul-and a Cassinian ion trap. J. Am. Soc. Mass Spectrom. **26**, 390-396 (2015)

[34] Kingdon, K.: A method for the neutralization of electron space charge by positive ionization at very low gas pressures. Phys. Rev. **21**, 408 (1923)

[35] Knight, R.: Storage of ions from laser-produced plasmas. Appl. Phys. Lett. **38**, 221-223 (1981)

[36] Hardman, M., Makarov, A.A.: Interfacing the orbitrap mass analyzer to an electrospray ion source. Anal. Chem. **75**, 1699-1705 (2003)

[37] McLuckey, S.A., Wells, J.M.: Mass analysis at the advent of the 21st century. Chem. Rev. **101**, 571-606 (2001)

第 *04* 章

串联质谱分析

串联质谱（Tandem Mass Spectrometry，MS/MS）分析通常是指由两个以上的质谱分析器借由空间上或时间上联结在一起所组成的分析方式，常以英文缩写 MS/MS 或 MS^n 表示。在常见的串联质谱技术中，第一个质量分析器的功能通常为选择与分离前体离子（Precursor Ion），而分离出的前体离子以自发性或通过某些激发方式进行碎裂，可产生产物离子（Product Ion）及中性碎片（Neutral Fragment）等前体离子的片段，如

$$m_{precursor}^+ \xrightarrow{\text{碎裂}} m_{product}^+ + m_{neutral}$$

前体离子碎裂后产生的离子群，则传送至串接的第二个质量分析器中进行分析，过程如图 4-1 所示。当 *m/z* 530 的前体离子在第一个质量分析器中被选定后，可借由离子活化（Ion Activation）方式裂解为 *m/z* 186、264 以及 376 等多个产物离子。这些产物离子的质荷比信号在第二个质量分析器中被扫描检测后，即可获得串联质谱图。

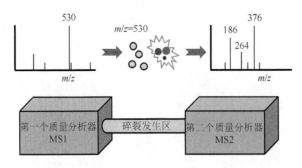

图 4-1　串联质谱原理示意图。前体离子 *m/z* 530 于第一个质量分析器中选择后进行碰撞碎裂，其产生的产物离子 *m/z* 186、264、376 等则由第二个质量分析器进行扫描分析

目前串联质谱技术有两大主流应用，其一为应用于蛋白质组学中以自下而上（Bottom-Up）的方式对酶水解后的多肽进行氨基酸的序列分析，目的是将待测的多肽分子由第一个质量分析器选定后（即前体离子），借由离子活化方式将其裂解，所产生的产物离子经由第二个质量分析器扫描检测后，可结合生物信息分析获得多肽分子中的氨基酸序列信息。以图 4-1 为例，m/z 530 为多肽分子的前体离子信号，而第二个质量分析器所获得的 m/z 186、264、376 等信号为多肽分子经裂解后的碎片产物离子（细节请参阅第 10 章）。串联质谱技术的另一主要应用在于对特定化合物进行定量分析，此方法是同时监控第一个与第二个质量分析器中的特定质荷比信号（即前体离子与产物离子的特征信号），以达到定量分析的目的。若以图 4-1 为例，定量结果是基于同时监控所要定量的前体离子信号（m/z 530），以及某一特定的产物离子信号（m/z 376）（请参阅第 8 章）。

在串联质谱法中，当分析物经由离子源进行离子化后（第一次产生的离子），经选择分离出来的前体离子可经由不同方法解离。例如，借由化学反应产生解离，或让前体离子与气体分子、光子、电子或离子等，经由各式交互作用或不同的反应机制产生解离。前体离子解离后产生产物离子又称碎片离子（Fragment Ion）。此产物离子为串联质谱中第二次产生的离子，且可经由第二个质量分析器进行分析。由于有两次离子产生过程，此分析所得的串联质谱称为 MS/MS 或简称 MS$^{2[1,2]}$。

串联质谱中可分析的次数并不受限为第二次产生的产物离子（即 MS^2），某些形式的串联质谱仪可选择 MS^2 谱图中的某个产物离子，将其选择与分离后再次进行裂解（此为第三次产生的离子）。由于此次解离碎片为前体离子碎片离子的产物离子，等同于串联进行两次 MS/MS，因此可称为 MS/MS/MS 或简称 MS^3。理论上由串联质谱进行选择与裂解分析的次数可达到 MS^n（n 为第 n 次产生的产物离子），但实际应用中需视仪器设计与其规格而有所不同，且必须考虑经过多次裂解后，产物离子在每次的选择与分离后，其数目会快速递减，造成信号过低而无法检测的限制。

分析物中因含有同位素而造成质荷比的信号分布现象，一般在未进行碎裂前的前体离子质谱图中，可见到各个离子的同位素分布信号（参见第 7 章）。然而这些同位素分布信号在串联质谱中却不一定会出现，其原因在于当前体离子在第一个质量分析器中被选定时，如仅选定其单一同位素信号峰而不包含其他同位素信号峰，在较窄的前体离子隔离区间（Isolation Window）进行离子活化裂解，其碎裂后所产生的产物离子质谱图中也仅含产物离子的单一同位素信号，而无法观察到该产物离子的同位素分布信号。

一般而言，串联质谱分析法有两种不同的串联方式：一种为连接两个实体的不同的质量分析器，作为空间上的串联方式，如图 4-1 所示；另一种则是在同一个离子储存装置内进行一系列的离子选择、裂解与质量分析步骤，因此可由单一质量分析器进行串联质谱分析。而依时间先后顺序进行不同分析步骤的方式，一般则称为时间上的串联。

4.1 空间串联质谱仪

空间串联质谱仪是借由两个实体上不同的质量分析器串接组成，以达到串联质谱分析的目的。在空间串联质谱技术的开发历史上有不同组成形式，如串接两个磁场质量分析器、两个四极杆质量分析器，或串联一个磁场与一个四极杆质量分析器的混合方式。这些不同串联方式间的差异，第一在于可提供高能量或低能量的离子解离，这将影响前体离子碎裂的效率，以及所获得的不同碎裂模式的产物离子；第二在于不同质量分析器所能提供的检测质量准确度不同。以两组双聚焦磁场电场分析器组合而成的串联质谱仪为例，其中一组双聚焦分析器是由一个磁场扇形分析器（B）连接一个电场扇形分析器（E）组成，另一组若是以相反顺序的组合，此串联质谱仪可以用 BEEB 表示其四个扇形分析器的串接顺序。此种串联组合的特色在于，对前体离子具有高精准的质量检测，且提供在碰撞室（Collision Cell）中的高能量撞击裂解模式。至于目前常用的空间串联质谱仪，以三重四极杆（Triple Quadrupole，QqQ）质谱仪与连接两个飞行时间串联质谱仪（Tandem Time-of-Flight，TOF/TOF）为主，前者可对前体离子提供低能量碰撞解离模式，而后者则为高能量碰撞解离模式，以下介绍这两种常用的空间串联质谱仪。对于对前体离子以高能量或低能量碰撞裂解的差异，将于 4.5 节中讨论。

4.1.1 三重四极杆质谱仪

目前最广泛使用的空间串联质谱仪，是由三重四极杆质量分析器组成（图 4-2）。其中第一与第三重四极杆质量分析器具有质量分析功能，以组合射频（Radio Frequency，RF）与直流（Direct Current，DC）电位的方式达到质量选择的目的。第二段四极杆作为碰撞室，仅以射频电位方式操作，不同质量的离子均能通过此区域，因此第二段四极杆具有离子聚焦的功能。由于第二段四极杆并无质量分析功能，三重四极杆质谱仪常以 QqQ 表示。

离子进行碰撞时的能量高低则是由离子源与第二段四极杆之间的电位调控，一般在三重四极杆质谱仪中的碰撞能量数量级大约在百电子伏特以内。虽然此能量小于以磁场分析器作为碰撞室的串联质谱仪（常为数千电子伏特），但由于三重四极杆的碰撞室中的气体压力（约 10^{-3} mbar）远高于磁场分析器的碰撞室中的气体压力（约 10^{-5} mbar），因此在三重四极杆中离子束与中性气体分子具有较高的碰撞次数。三重四极杆质谱仪用于定量分析具有较高的灵敏度，因此是目前空间串联质谱仪中最广泛使用的形式。

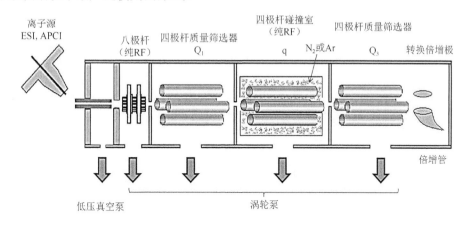

图 4-2　三重四极杆串联质谱仪组成示意图

4.1.2　以飞行时间串联质谱仪进行串联质谱分析

飞行时间串联质谱仪（Tandem Time-of-Flight，TOF/TOF）的设计是为了解决配备线性反射器的飞行时间(Time-of-Flight，TOF)质量分析器无法一次聚焦并分离在无场区中所产生的裂解离子。TOF/TOF 实质上串联两段飞行时间质量分析器，其中第一段具有离子源、加速区及一段较短的无电场飞行管，无场区中搭配有选择前体离子的定时离子选择器（Timed Ion Selector，TIS）及气体碰撞室，第二段则是具有较长的飞行管及反射式电场的飞行时间质谱仪。此类型仪器主要有两种不同的设计（图 4-3），基本上都是使前体离子在第一段无场区产生裂解，再以第二个离子加速电场加速。这相当于在原先裂解后碎片的动能上再加更高动能，使得原先裂解后的碎片能差相对变小，以利于在线性反射电场中聚焦，因而可以一次取得高解析的碎片离子谱图。

在 MALDI-TOF/TOF 中，可通过提高离子化（Ionization）激光的能量产生亚稳离子（Metastable Ion），但其效率仅占之前所有被电离的前体离子中的一小部分（约 1%），因此为了有效产生亚稳离子使其在进入第二个加速区前裂解，TOF/TOF 会在第一段无场区中加上一个碰撞室以提高前体的内能，使其有效转化为亚稳离子。在图 4-3（a）中，电离后的前体离子受 20 kV 电压加速进入前段无场飞行管，并经由 TIS 选择要分析的前体离子后，在进入碰撞室前利用一组减速电场，将离子能量减至 1～2 keV，使得碰撞后碎片离子间拥有较小的能量差（1～2 keV）。碎片离子离开碰撞室后进入 20 kV 加速场区，重新加速后再进入第二段线性反射场。由于碎片离子在此加速场区所提升的能量远大于原先碰撞后的能差分布，所以可被线性反射场聚焦，从而得高到解析串联质谱。然而此种设计受限于 1～2 keV 的碰撞能量。图 4-3（b）的设计，则是将前体离子以 8 keV 能量加速后引入碰撞室进行裂解，碎片离子经由提升室（Lift Cell）重新加速后提升动能至 15～23 keV，再进入第二段线性反射场聚焦后检测。这两种 TOF/TOF 设计除了可以一次获得串联质谱全谱图，也可借由改变前段加速场电压的方式调整碰撞能量，实现改变前体离子解离程度的优点。

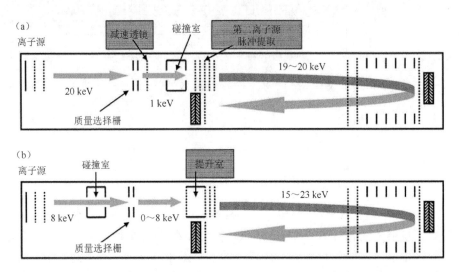

图 4-3　飞行时间串联质谱仪（TOF/TOF）示意图（摘自 Cotter, R.J., et al. 2007. Tandem time-of-flight（TOF/TOF) mass spectrometry and the curved-field reflectron. J. Chromatogr. B）

4.2　时间串联质谱仪

除了通过连接数个质量分析器实现空间上的串联外，串联质谱法也能在某些具离子储存功能的质量分析器上进行，其离子在不同时间点可分别进行前体离子选择后储存、离子活化（激发、解离）、产物离子分离、扫描后排出等模式，如离子阱（Ion Trap）或傅里叶变换离子回旋共振（Fourier Transform Ion Cyclotron Resonance，FT-ICR）分析器。换言之，前体离子在进入质量分析器后，可先被选择并储存在分析器中，之后经由离子活化解离后的产物离子则可直接进行质量扫描（MS^2），或是选择某一特定质荷比的产物离子进行储存后，再次将其以离子活化解离后扫描其二次产物离子的质量（MS^3）。因此，反复进行离子选择、储存与解离的步骤，即可在此类具有离子储存功能的串联质谱仪上得到不同阶段的 MS^n 结果。

目前具离子储存及活化解离功能的质谱仪，以配置傅里叶变换离子回旋共振分析器[注意：同为使用傅里叶变换作为信号来源的轨道阱（Orbitrap）分析器，其仅具有离子储存的功能，无离子活化解离的功能]与离子阱为主。在傅里叶变换离子回旋共振分析器中，分析物经由离子源电离为离子进入磁场后，即可在具有离子储存功能的质量分析器中依不同的事件序列（Event Sequence）进行串联质谱分析（参阅 3.2 节）。由于以傅里叶变换离子回旋共振分析器对离子进行质荷比检测时需在较高真空度的环境下操作，因此在离子活化解离方法的选择上较为受限。以离子阱分析器进行串联质谱分析时，非前体离子的其他离子先被排出离子阱，与此同时，前体离子借由施加于端帽电极的射频电压激发。前体离子与离子阱中的氦气缓冲气体分子碰撞后所产生的产物离子，则借由射频电压的扫描依序排出离子阱后，完成串联质谱分析（参阅 3.4 节）。

这两种分析器在进行串联质谱分析时最显著的差异在于：傅里叶变换离子回旋共振分析器能以非破坏性的方式检测在连续裂解过程中每一阶段所产生的产物离子；然而在离子阱分析器上，质荷比的检测扫描必须借由将离子由离子阱中排出至检测器的过程而获得信号。因此在离子阱分析器中，产物离子只能被检测一次，无法借由分离而保留至下一阶段再次裂解后检测次产物离子。也就是若要获得 MS^3 的串联质谱结果，在傅里叶变换离子回旋共振分析器中可依选择后储存、离子活化（激发、解离）、产物离子扫描（Product Ion Scan）后，由产物离子中再次选择所欲裂解的离子，重复三次后即可由 $MS\rightarrow MS^2\rightarrow MS^3$ 的过程依序得到 MS、MS^2 以及 MS^3 的谱图，而在离子阱分析器中仅能得到 MS^3 谱图。虽然理论上傅里叶变换离子回旋共振分析器可连续获得不同阶段的串联质谱，然而目前商业市场上的机型多半不具有此功能。

理论上要得到 MS^n 分析，实际上需借由串联 n 个质量分析器方可进行。但将多个分析器串联时，将大幅增加仪器的复杂度与制造成本，且离子需在分析器间传送，致使串联质谱的效率降低。因此在实际应用上，分析器的实体串联数目一般不会超过 4 个。在配置具有离子储存功能的串联质谱仪上，离子发生选择、储存、解离、扫描等过程，均是在同一质量分析器内进行。由于离子无须在不同分析器间进行传递，因此可大幅改善在实体上串接两个或两个以上质量分析器时，离子信号因传递丢失而造成信号衰减的问题。这种易于重复多次离子碎裂解离过程的特性，使得配置具有离子储存功能的串联质谱仪在 MS^n 的检测上具有优势。然而，如果在选择与储存前体离子后进行多次裂解过程（即 MS^n，$n>2$），所产生的离子碎片数目会大幅减少，而此离子信号的降低将导致串联质谱结果不佳并增加后续资料分析困难，因此目前具有实用价值的串联质谱大约到 MS^7 或 MS^8。

4.2.1　以三维离子阱质谱仪进行时间串联质谱分析

离子阱质谱仪本身就是一个质量分析器，也可用于时间串联质谱分析，目的是前体离子的选择隔离、活化碰撞碎裂与碎片离子的质量扫描等过程在同一空间（离子阱）中依时间顺序进行。离子阱质谱仪的基本原理请参阅第 3 章，本节仅介绍将离子阱分析器应用于串联质谱分析。

三维离子阱分析器主要由一个环形电极及一组前、后端帽电极组成，如图 3-20 所示。前、后端帽电极上各有一个小孔作为离子的进出通道。因为离子阱的串联质谱分析是在同一空间操作，所以图 4-4 以时间轴线来呈现以离子阱执行串联质谱扫描的程序。一个完整的串联质谱扫描循环包含预扫描及分析扫描，各扫描均含四个步骤：离子进样、选择隔离、活化碰撞碎裂与扫描推出检测。预扫描主要用以计算单位时间的离子流量，来推算分析扫描中合适的离子进样时间，以避免因离子进入过多导致电场屏蔽等的空间电荷效应（Space Charge Effect），进而影响分辨率及导致检测质量飘移等现象，此预扫描的程序称为自动增益控制（Auto Gain Control）。

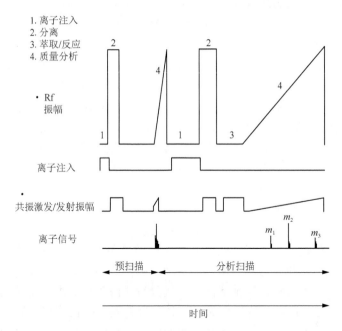

图 4-4　离子阱串联质谱全谱图扫描的时间程序图。分析扫描的第一步是离子进样，其时间长短根据预扫描的离子流量推算。第二步是选择隔离，共振排出其他离子后留下要分析的前体离子。第三步是活化碰撞碎裂，施加前体离子本征频率的交流电场于端帽电极以共振激发，使离子振荡加剧而碰撞氦气分子，动能转势能而碎裂。第四步是以质量选择不稳定性扫描（Mass-Selective Instability Scan）方式扫描射频电压，或以共振排斥（Resonant Ejection）的方式将碎片离子陆续排出

图 4-5 说明了以离子阱分析器进行串联质谱分析的程序。在选择与隔离前体离子时，先利用施加于端帽电极的宽带射频电场，将不需要的离子以共振方式抛出离子阱，留下待碎裂的前体离子于离子阱中。下一步进行碰撞解离，此时若将前体离子直接裂解，部分小碎片离子的 q_z 值会高于 0.908，无法稳定存在于离子阱中。为减少碎片离子的损失，考虑前体离子及碎片离子在离子阱中的稳定性[参考图 3-22（b）中的势能阱深度图]，可借由调整射频电压将前体离子 q_z 折中往左移，再施加射频共振电场激发前体离子裂解。串联质谱分析的最后步骤则是以扫描射频电压的方式，将碎片离子陆续移至 $q_z > 0.908$ 的不稳定区而排出离子阱后检测。

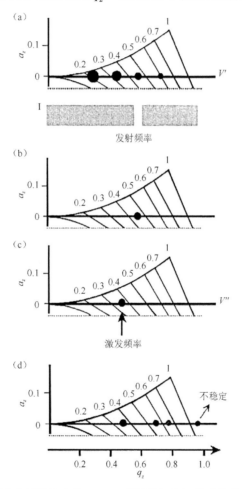

图 4-5　离子阱串联质谱分析操作步骤。（a）利用共振电场排除其他离子；（b）留下要分析的离子；（c）调整电压将离子移动到施加于端帽电极的共振活化频率；（d）碎裂后的离子扫描、排出、检测（摘自 Hoffman, E.d., et al. 2007. Mass Spectrometry: Principles and Applications）

若以产物离子扫描模式的 MS/MS 谱图来比较，离子阱质谱仪的灵敏度优于三重四极杆质谱仪。然而离子阱分析器受限于离子的低质量截止（Low Mass Cut-Off，LMCO）效应（参阅 3.4.1 节），碎裂后的低质量碎片离子（当 m/z 小于前体离子 m/z 的 1/3 以下）将无法稳定于离子阱内，使得串联质谱遗失部分结构信息。以图 4-6 举例说明离子阱与三重四极杆质谱仪的串联质谱图差异。三重四极杆质谱仪所得谱图中的 m/z 97、m/z 109 信号，在离子阱谱图中呈现较微弱的信号强度。

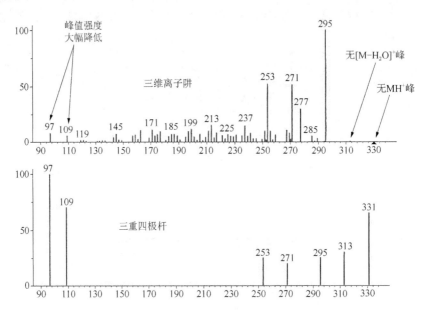

图 4-6　离子阱与三重四极杆质谱仪的串联质谱图在低质量区间的信号差异（摘自 J. Throck Watson, et al. 2007. Introduction to Mass Spectrometry: Instrumentation, Applications and Strategies for Data Interpretation）

对于在碰撞解离上的差异，前体离子在三重四极杆质谱仪的飞行过程中，离子可持续遭遇碰撞活化，也就是碎片离子产生后即可能遭遇碰撞活化而再次碎裂。然而在离子阱中，前体离子是被以本征频率相同的射频激发活化而产生碎裂，且解离后的碎片离子已冷却而无法再次裂解。图 4-7 的串联质谱图提供了三重四极杆质谱仪及离子阱质谱仪的碰撞解离特性的比较。在图 4-7（a）中，三重四极杆质谱仪中的多次碰撞碎裂过程，使其串联质谱图可提供较多的分子结构信息。图 4-7（c）则为离子阱碰撞解离后的串联质谱结果，可发现碎片离子信号明显减少，且前体离子脱水后的碎片为主要的碎裂离子，因此无法提供更进一步的分子结构信息。为提升离子阱碰撞解离的效率，可利用宽频活化（Broadband Activation）

功能，借由施予带宽涵盖前体离子及碎片离子的共振激发频率，使碎片离子形成后再度被激发活化，并进一步裂解，以获得较多的结构信息[图 4-7（b）]。

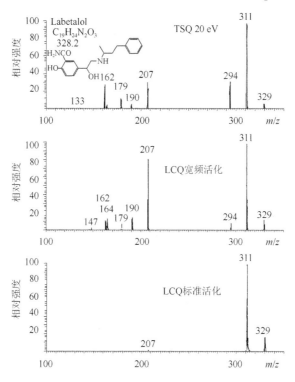

图 4-7 三重四极杆质谱仪及离子阱质谱仪的碎裂特性比较。（a）三重四极杆质谱仪，其多次碰撞碎裂的谱图提供较多的结构信息。（b）施加宽带共振激发频带后的碎裂谱图，明显增加具有结构信息的碎片。（c）离子阱碎裂谱图（摘自 Hoffman, E.d., et al. 2007. Mass Spectrometry: Principles and Applications）

4.2.2 以二维线性离子阱质谱仪进行时间串联质谱分析

目前，被广泛使用的离子阱仪器除了三维离子阱质谱仪以外，二维线性离子阱（Linear Ion Trap，LIT）也是近年来商业化仪器中常见的硬件结构。二维线性离子阱的串联质谱分析原理与三维离子阱相似，值得一提的是，以三截式设计的二维线性离子阱易于操作电子转移解离（Electron Transfer Dissociation，ETD）的串联质谱分析（原理参见 4.5.2 小节）。新一代的线性离子阱质谱仪是由两段相同的线性离子阱串联组成（图 4-8），前后两段离子阱的主要差异在于其在不同的气压环境下操作。3.4.2 小节中提过，必须将气体导入离子阱内，其目的在于借由碰撞冷却以提高离子捕捉效率，进而提升分辨率，而导入的气体也可作为前体离子碰撞解离的媒介。在单段式线性离子阱中，由于各项离子操作（离子捕捉、选择或隔离前体离子、碰撞裂解）及检测（质量扫描分析）在同一空间中进行，因此为兼顾各项操作的效率，需选择一个折中的优化气压（$2.0 \times 10^{-3} \sim 3.0 \times 10^{-3}$ Torr）。在此气压下，离子捕捉的效率约为 60%（即离子损失高达 40%）。因此两段式串接的线性离子阱（图 4-8）中间以一片具有直径 2.5 mm 小孔的隔板电极分隔前后两段离子阱内部空间的气压。前段线性离子阱在较高的气压环境（约 5.0×10^{-3} Torr）下操作，可用于捕捉离子、选择或隔离前体离子以及碰撞裂解离子。相较于单段式线性离子阱，较高的气压环境可有效改善离子捕捉效率至 90%以上，而捕捉效率越高，填满离子阱所需时间越短，因此可大幅缩短扫描循环时间，如配合超高效率的层析方法即可提升检测限。此外，若考虑维持相同的离子碎裂效率，在较高的气压中可减少碰撞活化所需时间至 67%，因此碰撞活化的时间可从 35 ms 缩短至 10 ms，因此也可改善扫描循环时间。当离子阱内压力从 2.5×10^{-3} Torr 提升到 5.0×10^{-3} Torr 时，离子碎裂效率也可从 68%提升至 80%以上，因此可提升 MS^n 的灵敏度。第二段线性离子阱则是在较低的气压（3.5×10^{-4} Torr）下操作，质量分析（前体-碎片离子扫描、共振推出至检测器）的过程在此段离子阱中进行，低压环境提供较快的扫描速度及较高的分辨率。在相同的扫描速度下，在气压小于 1×10^{-3} Torr 的离子阱环境下，信号峰宽从 0.7 u FWHM 降到 0.45 u FWHM，分辨率因而提升。综合以上所述，在维持相同分辨率的条件时，两段式二维线性离子阱的扫描速度约是单段式二维线性离子阱的 2 倍。除此之外，两段式离子阱的设计中，前后两段可同时进行不同的程序，也就是当后段离子阱扫描离子时，前段同时在准备下一个循环的前体离子捕捉、激发、碎裂，因此两段式二维线性离子阱可大幅缩短扫描循环所需的时间。

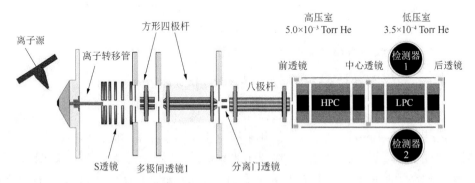

图 4-8　两段式二维线性离子阱质谱仪示意图（摘自 Pekar Second, T., et al. 2009. Dual-pressure linear ion trap mass spectrometer improving the analysis of complex protein mixtures. Anal. Chem.）

　　二维线性离子阱质谱仪除了具备时间串联质谱仪的特性外，现在也被广泛用于串接轨道阱高解析质量分析器。以轨道阱的观点来看，前段离子阱可作为脉冲离子源，而以质量分析器的观点来看，离子阱属于低解析质量分析器，因此通过与轨道阱串接，可得到碎片离子的高解析串联质谱。另外，利用轨道阱质谱仪的高能碰撞解离池（Higher-Energy Collisional Dissociation Cell，HCD Cell），可在同一部仪器中运行时间式多重串联质谱及空间式串联质谱的碰撞特性。二维线性离子阱与轨道阱高解析质谱仪的串联可同时取得 MS 高解析质谱及多重解离 MS^n 的结构信息。轨道阱高解析质谱仪请参阅 3.5 节介绍。

4.3　杂合质谱仪

　　在串联质谱仪中，如果不同种类的质量分析器串接，则称为杂合质谱仪（Hybrid Mass Spectrometer）。杂合的主要目的是撷取各式不同质量分析器的特点，经组合后可获得更佳的串联质谱分析结果。如同第 3 章所介绍，不同的质量分析器均有其不同特性，如可提供最大质量分辨能力、质量准确度、对离子扫描的速度，又如可以空间串联或时间串联方式与其他分析器连接等。

　　在这些常见的质量分析器中，除分辨离子的方式不同外，也可由不同的离子传输特性加以分类。当离子选择、裂解与碎片检测的过程发生在实体上不同的质量分析器时，且离子在分析器间以连续的离子束方式传递，可将其归类于"离子束"型分析器，如电场或磁场扇形检测器、飞行时间分析器、四极杆分析器。离子束型分析器的特点在于，不同阶段的质荷比扫描需在不同的分析器内进行，因此必须在空间上将数个质量分析器进行实体的串联。对于前体离子选择、裂解与碎片检测的过程发生在相同的质量分析器，且质荷比检测的过程是基于在一固定空间中离子运动的频率，此类型则称为"离子捕获"型分析器，如离子阱、傅里叶变换离子回旋共振分析器、轨道阱分析器。由于离子无须在不同的分析器间进行传输，因此离子捕获型分析器最显见的优势在于其具有较高的离子保存效率。另外，因为离子的激发、裂解过程均发生在同一空间内，因此其具有较长的反应时间，同时也对离子动能的改变影响较小。但较长的离子反应时间，也大幅增加离子捕获型分析器扫描检测时所需的时间。

　　不同质量分析器间另一明显的差异在于所提供的离子动能。一般来说，在扇形质量分析器（包括磁场式与电场式）与飞行时间分析器的质谱仪中，离子通常具有较高的离子动能（约 5～20 keV），而在四极杆与离子阱分析器中，则具有较低的离子动能（约< 50 eV）。由于在串联质谱的检测上，常以碰撞的方式达到裂

解分析物的目的，因此离子动能的高低将直接影响串联质谱的结果。当离子具有较高动能时，在碰撞过程中动能转移的时间较短（通常为微秒级），而较短的作用时间也意味着在裂解过程中，离子动能发生急剧变化，对于具有较低动能的离子碰撞，则不会有此内能急速变化的过程。因此由高能量或低能量离子裂解时所产生的串联质谱图将有显著差异，在分析物的结构分析上可提供不同的信息。

不同质量分析器所能提供的质量准确度（Mass Accuracy）与最大分辨能力（Resolving Power）也有所不同。一般来说，飞行时间、轨道阱与傅里叶变换离子回旋共振分析器可提供到 ppm 或亚 ppm 级的质量准确度，而四极杆或离子阱分析器则仅能提供 ppt 级的准确度。对于分析器的分辨能力，通常将分辨能力<1000时定义为低分辨能力分析器，而>10000 的则称为高分辨能力。需特别注意，分析器的分辨能力并非永远不变，也就是在高阶的串联质谱中（如 MS^2 或 MS^3 等），其分辨能力可能与 MS 的分辨能力不同。例如，在单一电场或磁场扇形分析器上，高动能离子经碰撞裂解后所释放的动能，将使碎片离子在分析器检测时具有较低的分辨能力。但是当将磁场/电场扇形分析器结合采用双聚焦模式检测时，可提升分析器对碎裂离子的分辨能力。虽然质量准确度与最大分辨能力通常是选择杂合质谱仪时首先要考虑的因素，然而不同分析器间的特性，如离子动能或扫描分析时间等因素，也需依实验需求一并考虑。

在杂合质谱仪发展的历史上，20 世纪 80 年代早期以串接离子束型分析器为主，目的在于其快速的 MS/MS 串联谱图可与色谱分离的速度相互匹配，同时达到样品分离与质量分析的检测结果，如四极杆飞行时间（Quadrupole/Time-of-Flight, QTOF）杂合质谱仪。到了 90 年代，由于离子捕获型分析器技术较为成熟，因此串联离子束与离子捕获型分析器的杂合质谱仪开始商业化，如电场/磁场扇形分析器与离子阱分析器的杂合组合（S/IT）。在同一时期，离子捕获与离子束型分析器的串接方式也出现在商业市场上，如离子阱/飞行时间（IT/TOF）杂合质谱仪。到了 2000 年左右，更成熟的离子捕获型分析器技术促使串联两种不同离子捕获型分析器的杂合质谱仪问世，如线性离子阱/轨道阱（LIT/Orbitrap）杂合质谱仪。以下将分别介绍几种常见且具有代表性的杂合质谱仪。

4.3.1　四极杆飞行时间杂合质谱仪

最早发展的杂合质谱仪是以串联两个离子束型分析器的方式组成，而此时所采用的质量分析器是以电场/磁场扇形分析器为主。但前体离子的高动能（keV 量级）导致较低的碰撞裂解效率，同时造成碎裂离子具有差异较大的动能分布，而为了将不同能量的碎裂离子聚焦，也增加了仪器设计上的困难[3]。为了避免扇形分析器的这一限制，开发了串联两个离子束型分析器的四极杆飞行时间（QTOF）杂合质谱仪[4,5]。因为 QTOF 结合四极杆分析器中具有较高的碰撞裂解效率的特点，以及飞行时间分析器具有高质荷比分辨率、非扫描式及高灵敏等优势，所以其很快就成为当时市场上杂合质谱仪的主流形式。

四极杆飞行时间杂合质谱仪的组成如图 4-9 所示。仪器包含两个串接的四极杆，以及后端串联的飞行时间质量分析器。前端串接的两组四极杆分析器，其功能与三重四极杆分析器的前端功能相似，目的是第一段四极杆可借由组合射频与直流电位变化达到前体离子的筛选，而第二段四极杆则以固定射频电位方式操作，可引导离子并作为碰撞裂解室用。前体离子在第二段四极杆中经由离子活化裂解后所产生的产物离子，则进入飞行时间质量分析器中完成 MS/MS 的串联质谱分析，而此模式与三重四极杆分析器中的产物离子扫描功能相同。QTOF 操作于 MS 模式时，其前端的四极杆分析器仅以射频电位模式操作，其功能为引导离子进入飞行时间质量分析器，所以可获得所有离子信号的质谱图。

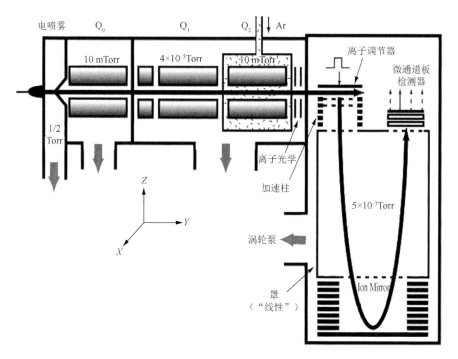

图 4-9 四极杆飞行时间杂合质谱仪示意图（摘自 Chernushevich I. V., et al. 2001. An introduction to quadrupole–time-of-flight mass spectrometry. J. Mass Spectrom.）

在串联组态上，四极杆飞行时间杂合质谱仪可视为正交加速飞行时间质谱仪前端插入一个具有质量选择功能的四极杆质量分析器及一个碰撞室；或视为将三重四极杆质谱仪的第三段低解析四极杆分析器置换成飞行时间质谱仪。以前者来看，脉冲式正交加速器提供连续式软性电离源衔接高解析飞行式质谱仪的机会，而借由插入的四极杆 Q 做前体离子选择，四极柱碰撞室 q 做碰撞解离，达到串联质谱分析的目的。以后者来看，三重四极杆质谱仪记录一张全谱图，以 Q₃ 四极杆扫描记录任何一个质荷比的工作周期（Duty Cycle）相当低，甚至可低于 0.1%。若改成非扫描式仪器则可改善离子利用率，提高灵敏度，此为 Q₃ 改成 TOF 的优势之一。此处定义工作周期为任一个质荷比的离子，其可被质量分析器观测的时间比率，常以百分比表示，此参数会影响灵敏度。以三重四极杆质谱仪为例，若在选择反应监测（Selected Reaction Monitoring，SRM）模式操作（参阅 4.4 节）时，当观测一组反应时，因为任何时刻均观测同一个质荷比，所以质谱仪对此质荷比的工作周期可达 100%。而在全谱图扫描或产物离子扫描模式操作，单一质荷比的工作周期会随扫描范围增加而减小。但以飞行时间质谱仪来记录全谱图，因为离子是同时间记录，所以其工作周期会高于扫描式仪器。这也是 QTOF 的产物离子扫描模式比三重四极杆质谱仪灵敏的原因。

　　然而 QTOF 的工作周期仍然不易达到 100%，原因如图 4-10 所示。当离子束从碰撞室离开进入飞行管的正交加速区后，在此处离子束会被脉冲式的加速场正交推出。为了避免谱图重叠，每一次的脉冲推出会等上一次推出的最慢离子抵达检测器后才会再推出下一次离子群。当每一次的脉冲时间间隔等于离子束里最慢离子充满 D 距离的时间时，脉冲器推出的离子束区段仅为图中 Δl 的空间分布，因此离子利用率为 $\Delta l/D$。另外，由于 Y 方向的动能相同，v_y 正比于 $1/\sqrt{m/z}$，当最慢离子布满 D 距离时，较轻的离子分布会超过 D。因此在经过相同时间后，任一质荷比离子在 Y 方向的移动距离 $L_{m/z}$ 正比于 $1/\sqrt{m/z}$。

$$V_y \times t = L，t 相同，L \propto V_y \propto 1/\sqrt{m/z}$$

$$\frac{D}{L_{m/z}} = \frac{\frac{1}{\sqrt{\frac{(m/z)_{max}}{z}}}}{\frac{1}{\sqrt{\frac{m}{z}}}} = \sqrt{\frac{m/z}{(m/z)_{max}}} \tag{4-1}$$

因此，仪器对任一质荷比离子，$V_y = const.$，$t \propto L$，其工作周期可表示如下：

$$\text{Duty Cycle}(m/z) = \Delta l/L_{m/z} = \frac{\Delta l}{D} \times \frac{D}{L_{m/z}} = \frac{\Delta l}{D}\sqrt{\frac{m/z}{(m/z)_{max}}} \tag{4-2}$$

　　如上述公式，m/z 越小，其工作周期越低。观测的 m/z 越靠近 $(m/z)_{max}$，其工作周期越大，因此分析的质量范围越小越好。大部分的正交加速设计的工作周期约为 5%～30%，取决于质荷比、质量区间、仪器硬件参数（Δl、D）。较新的仪器设计，多以设置具有离子堆积功能的装置（Ion Gate）或具有离子储存功能的线性离子阱来提高工作周期。因此与三重四极杆质谱仪相比，QTOF 的产物离子扫描模式结合了高解析及较高灵敏度（较高工作周期）的优点，因而被广泛用于蛋白质组定性分析上。

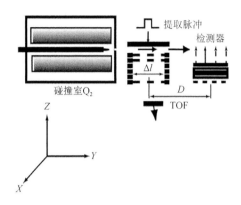

图 4-10　图解说明 QTOF 正交加速器的工作周期。D 为正交加速区中心点到检测器中心点的距离，Δl 为正交加速区的宽度

目前大多数商业机型的 QTOF 均设计将四极杆与飞行时间分析器由直线排列，转为正交直角方式排列，这种设计除了减少仪器本体所占空间，也可改善质量分辨能力以及离子扫描的工作周期（采用正交飞行时间分析器的优点，请参考 3.3.4 小节）。此外，相关的电子组件进步与计算机运算效能提升，使得精确的飞行时间分辨能力（即分辨率）以及高容量的数据处理均不再成为限制因素。四极杆飞行时间杂合质谱仪的另一特点，在于其可弹性地搭配基质辅助激光解吸电离或电喷雾电离，由于这两种离子化方法均适用于如蛋白质等生物分子，当配合 QTOF 的 MS 以及 MS/MS 串联质谱分析功能时，即可同时获得生物分子完整的分子量以及离子碎片的信息，因此近年来 QTOF 常被应用于蛋白质组学中对氨基酸序列进行鉴定分析。

4.3.2　线性离子阱/傅里叶变换离子回旋共振分析器杂合质谱仪与线性离子阱/轨道阱杂合质谱仪

近年来杂合质谱仪的一个新趋势是串联两个离子捕获型分析器，如以傅里叶变换离子回旋共振分析器取代飞行时间分析器，然而其代价是需要较长的检测时间。线性离子阱/傅里叶变换离子回旋共振分析器（LIT/FT-ICR）杂合质谱仪是此形式杂合质谱仪中最早进入商业市场的机型。此杂合质谱仪结合两种不同离子捕获型分析器的优点：线性离子阱较佳的离子碎裂效率，以及傅里叶变换离子回旋共振分析器较高的质量分辨能力与测量的准确度。此外，LIT/FT-ICR 的串联方式使离子活化与碎裂方法不再局限于碰撞诱导解离（Collision-Induced Dissociation，CID），其他种类的离子活化方法，如电子捕获解离或红外多光子解离，均可被应用于 LIT/FT-ICR 上。

目前串联两个离子捕获型分析器的杂合质谱仪的最新发展，是以轨道阱分析器取代傅里叶变换离子回旋共振分析器所组成的线性离子阱/轨道阱（LIT/Orbitrap）杂合质谱仪[6]，其组成方式如图 4-11 所示。在 LIT/Orbitrap 中离子于不同质量分析器间的传递方式，并非是连续性的离子束传递，而是先在线性离子阱中累积，再以离子包的方式传递到轨道阱分析器中，因此与 LIT/FT-ICR 相同处在于，离子阱与轨道阱分析器可同时进行质量扫描，可减少扫描周期所需时间，提升分析效率。须注意的是，仪器组成图中的 C 型阱并非质量分析器，其功能仅在于将离子包裹传递到轨道阱分析器。由于轨道阱与傅里叶变换离子回旋共振分析器均提供相近的质量分辨能力与质量准确度，采用轨道阱分析器的最大优势在于不需维护以低温冷却的超导电磁铁，同时仪器的体积也可减少。然而轨道阱分析器也有其缺点，其内部并无法进行任何离子活化裂解，因此无法在轨道阱分析器中进行 MS" 检测。

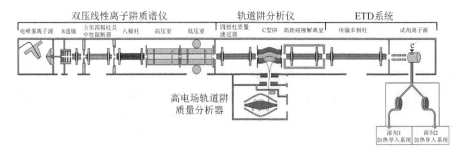

图 4-11　二维线性离子阱/轨道阱杂合质谱仪示意图（由 Thermo Fisher Scientific Inc.提供）

Orbitrap 与 ICR 的检测方式相似，都是记录像电流（Image Current），放大后经 FT 数据转换，因此灵敏度与信噪比相近，而比较重要的差异在于分辨率。对于 ICR，分辨能力反比于质荷比；对于 Orbitrap，基于静电场的本质，其分辨能力反比于质荷比的平方根，这使得 Orbitrap 的分辨能力随着质荷比增加而下降的幅度较 ICR 缓和。因此，从图 4-12 中大约在 m/z 300 处，高静电场型 Orbitrap 的分辨能力与 ICR 相交，小于 m/z 300 的范围，ICR 分辨能力较大；大于 m/z 300 的范围，在相同的检测时间下，ICR 分辨能力下降的幅度大于 Orbitrap。超过 m/z 4000 后，ICR 的分辨能力降到与标准型 Orbitrap 相同或更低。由此可知，ICR 在低质量区分辨能力相当高，然而 m/z 300~4000 却是蛋白质组最常用以检测多肽的范围，在这个范围内 Orbitrap 的分辨能力都大于 ICR，尤其是高质荷比区 Orbitrap 的分辨能力仍比 ICR 高，这使得 Orbitrap 成为分析蛋白质、多肽的主流仪器[7]。

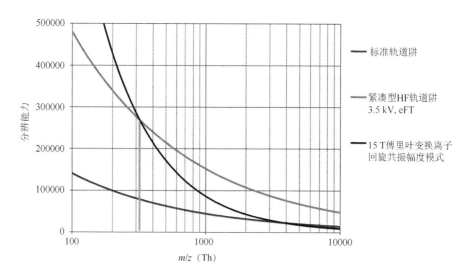

图 4-12　ICR 与 Orbitrap 的分辨能力与质量关系图。两种质量分析器分辨能力均随质荷比增加而下降，而 Orbitrap 衰退的幅度较 ICR 缓和，且分辨能力在较高质荷比的范围（$m/z >$ 4000）仍比 ICR 高（摘录自 Roman A. et al. 2013. Orbitrap Mass Spectrometry, Anal. Chem.）

4.3.3　四极杆/轨道阱杂合质谱仪

串联于 Orbitrap 前端的质量分析器除了离子阱外，另一种串联方式是采用四极杆质量分析器（图 4-13）。此种串联仅能执行类似 QqQ 或 QTOF 等空间串联的 MS/MS 分析，其主要利用设置于末端的高能碰撞解离（HCD）池执行 HCD 模式。除了硬件串联体积较小可为桌上型仪器外，四极杆可提供较窄的前体离子隔离宽度，且切换不同前体离子的速度相当快，因此可提供近乎实时的前体离子选择[8]。由于此类串联组合以扫描速度为要求，Orbitrap 操作分辨率较低，因此 1 s 可获取高达 15～20 张 HCD 串联质谱图。另外，对于已知目标物定量分析，可借由使用选择离子监测（Selected Ion Monitoring，SIM）模式隔离多重小范围离子于 C 型阱后再一次注入 Orbitrap 做高分辨率分析。此方式使用 C 型阱堆积离子以改善工作周期，可有效提升微量物质的信噪比，降低检测极限[9]。

最新的 Orbitrap 串联质谱仪甚至同时结合了四极杆质量分析器及二维线性离子阱成为三重串联质谱仪。除了分辨率、灵敏度与扫描速度增加以外，多元解离模式的 MS^n 分析为一大优点。尤其是 HCD 模式不再只能安排于 MS^n 的最后一次解离，以及经 HCD 解离后碎片可选择由高分辨率 Orbitrap 检测或在离子阱进行低分辨率快速扫描记录碎片离子。HCD 模式因无离子的低质量截止问题，对于 MS^n 过程中需要撷取低分子量碎片信息的应用相当有利。

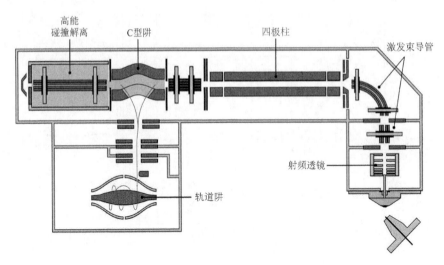

图 4-13　四极杆/轨道阱（Q/Orbitrap）杂合质谱仪示意图（由 Thermo Fisher Scientific Inc.提供）

4.3.4　其他形式的杂合质谱仪

1. 扇形/离子阱（S/IT）、四极杆/离子阱（Q/IT）杂合质谱仪以及四极杆/傅里叶变换离子回旋共振分析器（Q/FT-ICR）杂合质谱仪

虽然串接四极杆与离子阱分析器的杂合质谱仪早在 1984 年就有商业化的机型问世，但尝试以离子束型分析器作为第一阶段检测，并串联离子捕获型分析器于第二阶段所组成的杂合质谱仪的研究仍持续进行。当时 Cooks 实验室领导了此类型杂合质谱仪的开发，如扇形/离子阱（S/IT）杂合质谱仪[10]。S/IT 的优点在于对前体离子提供较高的分辨能力，因此可以有效地分辨同重离子（Isobaric Ions），同时也可减少由离子源所产生的背景或基质离子在离子阱分析器中所造成的空间电荷效应。然而扇形/离子阱杂合质谱仪的缺点在于，离子由扇形分析器离开要进入离子阱前，需将其动能由数千电子伏特（keV）降至电子伏特（eV）等级。当时扇形分析器逐渐被其他质量分析器取代，因此扇形/离子阱杂合质谱仪出现在商业市场上的时间很短暂。Cooks 实验室后续开发了四极杆/离子阱（Q/IT）杂合质谱仪，其第一阶段的分析器由使离子具有较低动能的四极杆取代，虽然改善了扇形分析器的缺点，然而四极杆分析器却无法提供相对应的质量分辨能力与质量准确度。

另一种结合离子束型与离子捕获型分析器的杂合质谱仪则是四极杆/傅里叶变换离子回旋共振分析器（Q/FT-ICR）。虽然傅里叶变换离子回旋共振分析器提供了远比离子阱分析器高的质量分辨能力与质量准确度，但在硬件上需低温冷却的超导电磁铁及非常高的真空度（约 10^{-8} Pa），均增加了仪器设计上的困难与复杂度。因此，虽然 Q/FT-ICR 的概念很早就被提出[11-13]，但当时因为受限于离子回旋共振分析器的磁场强度的不足，以及计算机设备不足以应付庞大的实验数据信息量，因此 Q/FT-ICR 迟至 2000 年左右才开始被大量应用。Q/FT-ICR 在设计上的一个重点是，可借由傅里叶变换离子回旋共振分析器记录谱图数据时有选择性地累积离子数目，来改善傅里叶变换离子回旋共振分析器的工作周期及其检测的动态范围。

2. 离子阱/飞行时间杂合质谱仪（IT/TOF）

此类型杂合质谱仪分别以离子捕获与离子束型分析器作为第一与第二个质量分析器，其优点在于结合离子阱可进行多次离子活化裂解（MS^n），以及飞行时间分析器的高质量分辨能力与高质量准确度的特性。虽然在最早开发此类型的杂合质谱仪时，离子阱仅有储存离子的功能[14]，但后续的改进使离子阱具有离子选择与扫描离子的功能[15]，更进一步的发展则是将离子选择与离子活化裂解的步骤在离子阱中完成，碎裂后的产物离子则由飞行时间分析器进行分析[16]。目前商业市场上有串联传统三维离子阱与飞行时间分析器的杂合质谱仪（IT/TOF）[17]、可串联液相色谱仪的机型[18]以及线性离子阱与飞行时间分析器的杂合质谱仪（LIT/TOF）[19, 20]。

4.4　串联质谱的扫描分析模式

四种不同的扫描模式常被应用在串联质谱仪上，本节以目前广泛使用的三重四极杆质谱仪为例，说明这四种不同扫描模式的工作原理，并以图 4-14 比较各种分析模式间的差异。

4.4.1　产物离子扫描

产物离子扫描（Product Ion Scan）模式为串联质谱法中最常使用的方法。当前体离子进入第一段四极杆分析器后，选择要分析的具有特定质荷比的前体离子，进入作为碰撞室的第二段四极杆后，与中性气体分子进行碰撞裂解反应，碎裂后的所有产物离子则送入第三重四极杆分析器中进行扫描检测。在碰撞室中常使用氦、氩或氙等中性惰性气体分子。因此在 QqQ 中，三重四极杆分析器分别用于选择前体离子、碰撞诱导解离以及产物离子扫描（图 4-14）。由于碰撞诱导解离后产生前体离子的碎片，因此该模式也可称为碎片离子扫描（Fragment Ion Scan）。

目前以串联质谱对蛋白质水解后多肽中氨基酸序列鉴定，就是采用产物离子扫描的模式（图 4-15）。当多肽分子进入第一个质量分析器后所进行的离子扫描，可获得不同前体离子的质荷比信号，此即一次质谱图。所选定的前体离子 [图 4-15（a）中的 *m/z* 772.913]及碰撞诱导解离后的产物离子，则经由第二个质量分析器进行产物离子扫描，即可获得前体离子的串联质谱图。以串联质谱法进行蛋白质体分析的细节，请详见第 10 章。

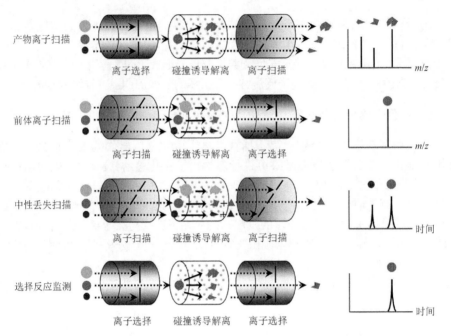

图 4-14　以三重四极杆质谱仪为例，比较串联质谱法中四种不同的检测模式：产物离子扫描、前体离子扫描、中性丢失扫描以及选择反应监测

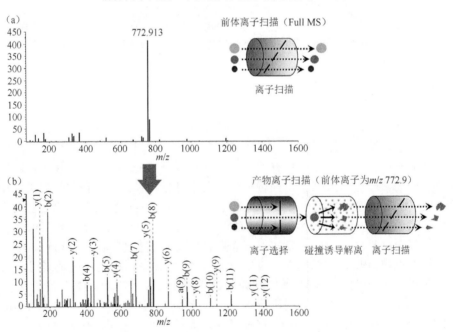

图 4-15　产物离子扫描模式应用于多肽中氨基酸序列鉴定示意图

4.4.2　前体离子扫描

在前体离子扫描（Precursor Ion Scan）的模式下，第二个质量分析器被设定为固定检测某一特定质荷比的产物离子，而由第一个质量分析器扫描并检测可经由碰撞诱导解离产生此特定产物离子的所有前体离子（图 4-14）。由扫描样品中所有可产生特定碎片产物离子的方式，可筛检具有相同子结构（Sub-Structure）的化合物，例如，第二个质量分析器设定在检测 m/z 77 $[C_6H_5]^+$ 时，当前体离子含有苯基结构时，均会被第一个分析器扫描而探测出。但需注意的是，某些不含苯基结构的前体离子也有可能经由碰撞诱导解离产生 m/z 77 的信号，因此在进行前体离子扫描时对结果分析须特别留意。目前前体离子扫描模式常应用于鉴定多肽上是否含有特定的蛋白质翻译后修饰（Post-Translational Modification，PTM），如磷酸化修饰或应用于寻找药物代谢物。

4.4.3　中性丢失扫描

中性丢失扫描（Neutral Loss Scan）与前体离子扫描模式相似，在选定某特定中性碎片的分子量后，在第一个与第二个质量分析器间，同时以扫描的方式检测所有因碰撞裂解而导致此中性碎片产生的前体离子与产物离子，所以其适用于检测分析物中是否含有某特定官能团或分子结构（图 4-14）。在实验操作上，串联质谱仪中两个质量分析器间以相差一固定质量（即中性碎片质量）进行同步扫描，而仅有在碰撞诱导解离过程中丢失此固定质量的离子方可被检测到。例如，当前体离子质量为 m 且目标官能团经碰撞后产生的中性碎片质量为 a 时，当前体离子经由第一个质量分析器扫描并依序进入碰撞室碎裂，此时如果产生的产物离子质量为（$m-a$），此产物离子即可于第二个质量分析器中被检测得知。因此中性丢失质谱图中显示所有能产生特定中性碎片的前体离子，也就是含有目标官能团的不同分子谱图。

4.4.4　选择反应监测

在选择反应监测（Selected Reaction Monitoring，SRM）模式下，串联质谱仪中两个质量分析器均被用于检测所选定的质量而非进行扫描。此模式与一般质谱中常见的选择离子监测模式相似，差别在于本模式以第一个质量分析器选择特定前体离子，经由碰撞诱导解离或碰撞活化反应（Collision-Activated Reaction，CAR）碎裂后，由第二个分析器监控特定的产物离子信号，通常是信号强度最高或包含有特征结构信息的产物离子（图 4-14）。由于此方法不使用扫描检测，可长时间检测固定质量的前体离子与产物离子信号，因此对目标分析物可进行高选择性与高灵敏度的检测。理论上，在串联质谱分析中，当离子传送距离增加或进行碰撞解离时均有损耗，造成分析物信号减弱，但由于选择反应监测模式在第二个分析器中只检测特定质荷比信号，此时产物离子中化学噪声减弱的程度大于离子信号衰减的程度，因此可增加产物离子的信噪比，提升定量分析的灵敏度。在实际应用上，选择反应监测模式可同时针对单一或多个分析物进行定性与定量分析，再借由设定不同的质荷比频道，可监测与定量由相同前体分子所产生的不同产物离子的质荷比信号（图 4-16），或可同时针对数个不同的前体分子，分别检测其产物离子的信号，此种应用方法称为多重反应监测（Multiple Reaction Monitoring，MRM）模式。多重反应监测模式是目前以串联质谱法进行定量分析时最常应用的方法，已被广泛应用于小分子（如药物、代谢产物）与大分子（如蛋白质）等的定性与定量分析。

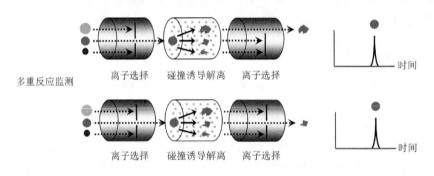

图 4-16　对单一分析物进行多重反应监测示意图

4.5　离子活化

　　产生离子碎裂的过程在串联质谱分析中极为重要。虽然有各种不同的离子活化（Ion Activation）方法，但基本原理大多是借由增加前体离子的内能以断裂化学键，同时产生产物离子或中性碎片分子，达到解离的目的。当离子从离子源端产生并进入质谱仪后，依据实验上其在离子源或在离子传输过程中稳定时间的长短可分为三种：稳定离子（Stable Ion）、不稳定离子（Unstable Ion）与亚稳离子（Metastable Ion）。一般来说，稳定离子在到达检测器时仍不会碎裂生成产物离子。不稳定离子是指离子稳定存活时间较短，在离子源内即产生碎裂的离子。亚稳离子的稳定存活时间介于前述两者之间，因此在串联质谱中，部分亚稳离子可在第一个质量分析器中被选择，但其所具备的能量可使其在到达第二个质量分析器前发生解离，产生产物离子，因此可获得离子结构上的信息而达到串联质谱的目的。

然而亚稳离子数目通常仅占所有电离离子的百分之一，因此如果能够让稳定离子借由碰撞活化方式使其内能增加而诱导裂解，即可提升所产生的产物离子的数目，将有助于鉴定前体离子的分子结构。因此不同的离子活化方法，其主要目的在于改善前体离子的碎裂效率与增加产物离子的数量，而不同解离方式也能提供各种分子结构上的信息，有助于分析前体离子的分子结构，进而扩大串联质谱技术的应用层面。

不同离子活化方法间的差异在于：能量如何传递到前体离子上？有多少能量被传递到前体离子上？所传递的能量如何分布在这一被活化的前体离子上进而导致化学键的断裂？这些因素都会影响产物离子生成的过程，如化学键断裂的效率或发生位置的选择性、产物离子生成的再现性等，因此不同的离子活化方法对于所获得的串联质谱结果具有决定性的影响。本节将先讨论目前三种最常使用的离子活化方法：①碰撞诱导解离，又称碰撞活化解离（Collision-Activated Dissociation，CAD）；②电子捕获解离（Electron Capture Dissociation，ECD）；③电子转移解离。本节末将介绍其他不同类型的离子活化方法，虽然它们在目前的串联质谱方法中应用性较低，但在串联质谱技术发展上均有其重要性。

4.5.1　碰撞诱导解离

有许多不同的方法可借由碰撞的方式将离子活化，最常见的方法是将以低能量或高能量加速过的前体离子送进碰撞室与中性气体分子碰撞。在以实体方式串接两个不同的质量分析器的串联质谱仪上，此碰撞室常设置于两个质量分析器间。碰撞室为一个小的空腔，具有小孔供离子进入与离开空腔，空腔内部则会注入适量的惰性气体，可与射入离子进行碰撞以诱导其裂解反应。而在同一个离子储存装置内进行一系列的离子选择、裂解与质量分析步骤的串联质谱仪中，惰性气体通常被直接引入质量分析器，借以引发碰撞活化裂解，进而直接进行离子碎片的扫描分析，如离子回旋共振分析器或离子阱均可视为此类型的串联质谱仪。

碰撞诱导解离（Collision-Induced Dissociation，CID）过程包括两个连续步骤：首先是快速移动的离子与目标分子（通常为惰性气体）间的碰撞，离子本身有部分移动动能在 $10^{-16} \sim 10^{-14}$ s 间被转移为其内能，进而使得离子达到振动激发态；第二个步骤则是振动激发态离子进行自解离的过程，自解离的反应速率可由准平衡理论（Quasi-Equilibrium Theory）说明。在准平衡理论中，决定离子发生裂解的速率是由内能重新分布到这一离子上所有振动、转动等状态上，且此能量必须足以让离子达到过渡态进而引发离子的解离。根据此理论，位于振动激发态的离子解离概率与碰撞后的碎片离子产率相关。在准平衡过程中，反应的中间步骤均非常接近反应最终平衡的状态，因此可以假设当离子解离时所需时间较离子激发时所需时间长，且与激发态时离子内能重新分布在不同状态下的过程相比，离子解离的速度相对较慢，所需时间较长。此外，准平衡理论也提到，当一个离子内含有 N 个非线性组合原子时，其具有（$3N-6$）个振动模式，当离子在激发态达到内平衡时，其内能会以相同的概率分布在这些不同的振动模式上。因此，离子的质量越大，代表其拥有的振动模式越多，而每一个振动模式所分配到的内能较低，也因此降低碰撞裂解的效率。

由前述的准平衡理论可知，离子发生碰撞诱导裂解的过程，包含了在不同振动模式下的能量重新分布，而解离发生的速率较此能量重新分布过程慢，因此离子发生裂解的途径与离子接受的碰撞能量大小有关，但与离子如何接受碰撞能量而活化的过程无关。当碰撞活化能量均匀分布于离子内不同的振动模式时，离子会倾向在键最弱处产生裂解，因此由较多原子所组成的分子需要更高的能量与更长的作用时间以进行裂解。准平衡过程也同时说明了不同的离子活化方法都以增加能量传递的方式进行。

因为碰撞能量的不同，碰撞诱导裂解法常被区分为低能碰撞与高能碰撞两种不同类型。一般来说，碰撞能量在 100 eV 以下的称为低能碰撞，常见于配置四极杆、离子阱或离子回旋共振分析器的质谱仪上。而高能碰撞，其能量可达数千电子伏特，最常见于采用磁场电场分析器或飞行时间分析器的质谱仪上。

除了加速场支配碰撞动能外，另一个因素是能量转移效率。碰撞导致裂解过程中的最大能量转移可用完全非弹性碰撞（Completely Inelastic Collision）来解释。在完全非弹性碰撞中，两物体碰撞后合为一体，共同以质心速度 v_2 前进，碰撞后系统损失的动能转换为内能，并遵守以下两个守恒定律。

动能守恒：

$$E_1 = \frac{1}{2} m_1 v_1^2 = \frac{1}{2}(m_1 + m_n)v_2^2 + E_{in} \tag{4-3}$$

其中，E_1 为前体离子动能；m_1 为前体离子质量；v_1 为前体离子速度；m_n 为中性气体分子质量；v_2 为碰撞合为一体后的质心速度；E_{in} 为转移的内能。

动量守恒：

$$m_1 v_1 = (m_1 + m_n)v_2 \tag{4-4}$$

由式（4-4）推得

$$v_2 = \frac{m_1}{m_1 + m_n} v_1$$

由式（4-3）得

$$E_{in} = \frac{1}{2} m_1 v_1^2 - \frac{1}{2}(m_1 + m_n)v_2^2 = \frac{1}{2}\left(\frac{m_1 \cdot m_n}{m_1 + m_n}\right)v_1^2 = \frac{1}{2} m_1 v_1^2 \cdot \left(\frac{m_n}{m_1 + m_n}\right)$$

因此推得

$$E_{in} = E_1 \left(\frac{m_n}{m_1 + m_n} \right) \qquad (4\text{-}5)$$

从式（4-5）可知，若使用氩气为碰撞气体，其转移的内能 E_{in} 会比使用氦气大。一般在四极杆仪器中，因初始动能仅数十电子伏特，为提高碰撞效率，会以氩气为碰撞气体。相反，高初始动能仪器，如磁场式或飞行式质谱仪，为避免碎裂太过剧烈，可使用氦气为碰撞气体。磁场式仪器因对碰撞后散射角度较为敏感，一般建议用氦气，而飞行式仪器则可使用氦气、空气或氩气调整碰撞效率。以下将分别比较高能与低能碰撞解离间的差异。

1. 高能碰撞诱导解离

高能碰撞诱导解离发生在具有高移动动能的离子与标靶分子间的撞击时，撞击后离子的部分移动动能转移为离子内能后，即诱导高能量的碰撞裂解，因此常见于配置磁场、电场分析器或飞行时间分析器等的串联质谱仪上。高能量撞击发生在两个质量分析器间的碰撞室内，待测分子经离子化后的离子经由电场加速后进入碰撞室，而碰撞裂解所需的中性气体分子则是与离子行进方向呈直角的方向被引入碰撞室内，中性气体分子可由真空泵抽出碰撞室，以避免降低质谱仪内真空度。

在高能碰撞诱导解离时最常被用作标靶的惰性气体为氦，其优势在于当离子与氦原子碰撞后所产生的前体离子电荷中和现象较不明显，且较不会影响产物离子生成后进入第二个质量分析器内的焦点位置。然而，使用氦作为碰撞气体的缺点在于其转换离子移动动能为离子内能的效率不佳，进而影响产物离子的生成效率。使用较重的碰撞气体，如氩或氙，则能有效地提升产物离子生成的效率。

在高能碰撞诱导解离中，离子被激发的过程是由电子转移的方式进行，当离子与中性碰撞分子间因碰撞相互作用的时间与离子内电子激发的时间相当时，发生于离子内由移动动能转换为离子内能具有最优化的效率[21]。例如一个质量约 1000 Da 且具有 8 kV 能量的离子，与标靶分子碰撞时约需 10^{-15} s，与离子内电子进行激发时所需时间相当。因此，碰撞后能量可以转换并重新分布于离子内不同的振动态下，进而导致化学键的断裂。

2. 低能碰撞诱导解离

低能碰撞诱导解离常应用于使用三重四极杆、离子阱或离子回旋共振分析器的串联质谱仪上。在三重四极杆质谱仪中，作为碰撞室的第二段四极杆仅以射频模式（RF Mode）运作，因此可引导碰撞后分散的离子，再送入第三重四极杆进行质量分析。虽然低能碰撞诱导解离发生于具有较低移动动能的离子上，但离子在作为碰撞室的第二段四极杆内被引导往第三重四极杆移动，此时有机会发生多次碰撞，因此即便是低能量碰撞也能产生相当不错的解离效率。在碰撞诱导解离的气体的使用上，低能碰撞诱导解离通常使用较重的惰性气体，如氩、氙或氮等，均着眼于较重的气体在碰撞过程中可传递较多的能量到离子上，因此能有效提升碰撞解离效率。

3. 碰撞诱导解离的反应机制

以中性气体分子对前体离子进行碰撞诱导解离是串联质谱中最常见的裂解方法，其反应机制可表示为

$$m_p^{n+} + N \longrightarrow m_f^{n+} + m_n + N$$

其中，m_p^{n+} 为带电荷 $n+$ 的前体离子；m_f^{n+} 为带电荷 $n+$ 的产物离子；N 为中性碰撞分子；m_n 为中性碎裂分子。另一种常见的解离机制则是以前体离子（m_p^+）与具有化学活性的分子（m_r）进行碰撞裂解。由于碰撞过程中可能诱导结合反应，可形成较前体离子质量大的带电产物离子（m_{p+r}^+）：

$$m_p^+ + m_r \longrightarrow m_{p+r}^+$$

上述两种碰撞解离机制，在前体离子为负离子的情况下也会发生。

由于当带电离子经过碰撞反应后，常伴随着电荷分布改变，因此前体离子上的电荷，在与中性分子进行碰撞诱导解离的过程中，电荷可能会完全转移到中性的碰撞分子上，而产生电荷交换（Charge Exchange）现象[22]：

$$m_p^{\bullet+} + N \longrightarrow m_p + N^{\bullet+}$$

如果前体离子上的电荷仅有部分转移至中性碰撞分子上，则称为部分电荷转移（Partial Charge Transfer）过程[23]：

$$m_p^{2+} + N \longrightarrow m_p^{\bullet+} + N^{\bullet+}$$

在高能量碰撞裂解的过程中也可能发生电离：

$$m_p + N \longrightarrow m_p^{\bullet+} + N + e^-$$

电荷剥离（Charge Stripping）：

$$m_p^{\bullet+} + N \longrightarrow m_p^{2+} + N + e^-$$

或电荷反转（Charge Inversion）：

$$m_p^- + N \longrightarrow m_p^+ + N + 2e^-$$

4.5.2 电子捕获解离与电子转移解离

由于近年来对生物分子研究的重视，质谱技术已大量应用于蛋白质组学中，

尤其是对蛋白质或多肽分子的分析。在应用质谱技术于蛋白质分子的研究上，离子活化的方法目前以低能碰撞诱导解离为主流。然而多肽分子与中性气体分子撞击后，化学键断裂的位置通常位于多肽主链上的酰胺键（Amide Bond），进而形成 b 与 y 离子（参见第 10 章图 10-1）。碰撞诱导解离对于长度较短（通常由少于 20 个氨基酸组成），以及带有较少电荷（通常少于 3+）的多肽，具有相当好的裂解效率，在串联质谱法与生物信息分析的配合下，可以提供多肽的氨基酸序列，或是其所带有的翻译后修饰等信息。然而，部分结构上较不稳定的翻译后修饰，如磷酸化或糖基化修饰等，在碰撞诱导解离过程中极易断裂，造成不易判定翻译后修饰位于多肽上的氨基酸位置。在 McLafferty 提出电子捕获解离的方法后[24, 25]，对于分子量较大或具有不稳定翻译后修饰的多肽样品，其可通过电子捕获过程获得额外的电子，具有奇数电子的离子可经由分子内的重组，进而引发多肽主链上 N—C$_\alpha$ 键的断裂，所产生的离子为 c 与 z 离子（参见第 10 章图 10-1），而不稳定的翻译后修饰在此过程中可被保留于产物离子上，可进一步提供多肽分子结构的信息。因此除了传统的碰撞诱导解离外，电子捕获解离与电子转移解离因裂解能量较低，能保留更多分析物上的结构信息，而在蛋白质组学的研究上扮演越来越重要的角色。

1. 电子捕获解离（Electron Capture Dissociation，ECD）

电子捕获解离常被应用在带多电荷的正离子的活化与解离上，其作用机制在于正离子与阴极发射出的低能量电子束（通常小于 0.2 eV）间产生交互作用，多电荷的正离子可通过捕获电子，降低其所带正电荷数并产生自由基正离子进而诱导解离。此外，由阴极发射的低能量电子束需具备适当的截面积，以有效地与正离子发生交互作用，从而达到离子活化的目的。当多电荷的正离子因捕获电子而活化，导致其内能增加进而发生离子解离时，由于此活化的过程非常快速，以致当化学键解离发生时，离子内增加的内能尚未转换为化学键中不同的振动模式。因此在电子捕获解离中，可观察到直接的化学键断裂，而不会因离子内能增加后伴随能量重新随机分布于不同化学键上，进而导致较为复杂的化学键断裂模式，因此由电子捕获解离所产生的碎片离子模式较为单纯。电子捕获解离特别适用于分子量较大的离子，在经由低能量的电子束照射后，可直接引发离子解离，而不是像碰撞诱导解离，因离子内能增加伴随能量重新分布到为数众多的振动模式上，而导致复杂的裂解途径。

上述的离子活化过程可说明，在电子捕获解离中，离子中键裂解位置不一定发生在最弱的化学键上，而倾向发生在离子中带正电荷且捕获电子的位置，且此过程通常由含奇电子数的阳离子参与。因此，电子捕获解离与其他离子活化法最大的区别在于，其裂解途径是经由自由基离子化学反应控制。对比于碰撞诱导解离使用中性碰撞分子与离子碰撞，电子捕获解离使用电子束照射离子，而电子束直径远小于中性碰撞分子，因此在照射的过程中仅有部分离子能被实时地激发，所以电子捕获解离的整体裂解效率较碰撞诱导解离低，且需较长的交互作用时间以进行离子活化与解离。

在应用质谱技术于蛋白质分子的研究上，虽然电子捕获解离相较于低能碰撞诱导解离，在对于分子量较大或具有不稳定翻译后修饰的多肽分子分析上具有优势，然而待分析的多肽前体离子在进行电子捕获解离时必须位于具有高密度的热电子的环境中，但热电子无法在三维四极杆离子阱、线性离子阱或四极杆飞行时间分析器中维持稳定，因此电子捕获解离仅能在傅里叶变换离子回旋共振分析器内进行，这一特性大幅限制了电子捕获解离的应用性。

2. 电子转移解离（Electron Transfer Dissociation，ETD）

在电子转移解离过程中，带多电荷的正离子（如蛋白质或多肽分子）可借由气态时离子与离子间化学反应后所转移的电子，达到裂解的目的。因此相较于电子捕获解离过程，电子转移解离过程是通过自由基阴离子（Radical Anions）而非自由电子的方式完成[26]：

$$[M+nH]^{n+} + A^{\cdot-} \longrightarrow [M+nH]^{(n-1)+\cdot} + A \longrightarrow 碎片$$

其中，$A^{\cdot-}$ 为阴离子自由基，带负电的蒽离子（Anthracene Anion）与偶氮苯离子（Azobenzene Anion）最常被应用于电子转移解离过程。由于电子转移解离过程是通过自由基阴离子而非自由电子的方式完成，因此其可应用在大部分的质量分析器上，如采用四极杆或离子阱分析器的串联质谱仪，因此电子转移解离过程应用层面较为广泛[27]。

尽管电子转移解离的反应不会受到多肽长度、氨基酸组成或翻译后修饰的影响，但前体离子上的电荷价数却是影响电子转移解离效率的关键因素。对于具有高价电荷数（≥3）的前体阳离子，电子转移解离的效率较高，可产生一系列 c 与 z 离子（图 4-17）。例如，当前体离子为带三价电荷的正离子时，电子转移解离后引发电荷还原，进而产生具有二价电荷的产物正离子，这种具有较低电荷数的产物离子称为电子转移离子或电荷还原离子（Charge Reduced Ion）。然而当前体离子为带二价电荷的正离子时，经电子转移解离后产生带有一价电荷的产物正离子，其中存在非共价性键的分子内作用力，使得 c 与 z 产物离子无法分离，因而降低了裂解效率。

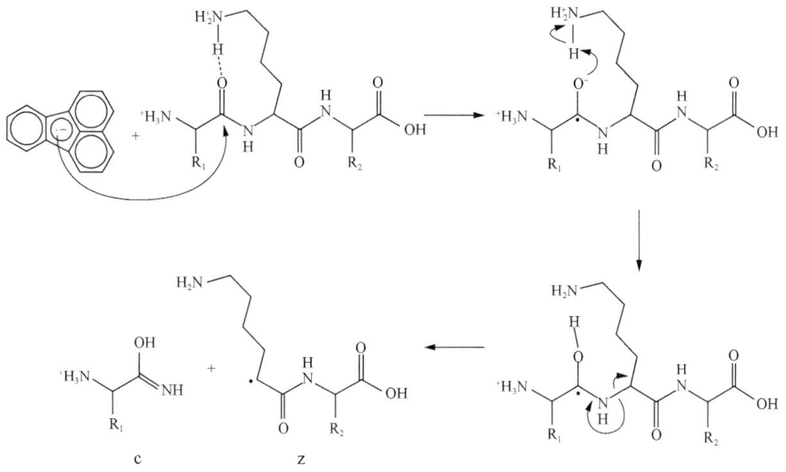

图 4-17　电子转移解离发生于具有高价电荷数的多肽阳离子中的
反应机制，所产生的多肽碎片以 c 与 z 离子为主

4.5.3　特殊类型的离子活化过程

在碰撞诱导解离中，离子碎裂的程度与能量传递于被碰撞离子上的分布相关。因此，当分子量较大的前体离子发生碰撞裂解时，由碰撞传递的能量会散布在为数较多的化学键上，导致键裂解的反应速率下降。此外，由于必须在碰撞室中导入惰性气体，这将造成质谱仪中真空度下降。为应对此限制，在串联质谱技术发展的历史过程中，除前述目前常用的 CID/ECD/ETD 外，也有多种不同类型的离子活化方法被发展出来，如由碰撞所发生的表面诱导解离（Surface-Induced Dissociation，SID），由激光束引发的光解离（Photodissociation）或红外多光子解离（Infrared Multiphoton Dissociation，IRMPD）。除表面诱导解离外，其余的离子活化方法均可应用在具有离子储存功能的质量分析器上，如离子阱与离子回旋共振分析器。由于离子在这些分析器中的滞留时间较长，因此有较长的交互作用时间可让光子或电子激发离子，使离子被激发至激发态进而诱导离子解离。本小节将讨论三种较具代表性的离子活化方法：表面诱导解离、光解离以及红外多光子解离。

1. 表面诱导解离（Surface-Induced Dissociation，SID）

当离子裂解过程发生在离子与一固态表面碰撞，而非与碰撞室内的惰性气体分子作用时，称为表面诱导解离。在实际操作上，前体离子以大约 45°入射角与金属表面碰撞，而碰撞时的能量可转移为离子的内能进而造成离子解离。表面诱导解离具有高解离效率的特点，即便碰撞能量较低也能造成离子内能大幅提升而达到解离的目的。此外，相对于离子与中性气体间的碰撞，离子与固态表面碰撞时，其离子内能增加具有相对较窄的能量分布，因此能产生具有特定性质的碎片离子，有助于分析待测离子的结构。总的来说，在表面诱导解离中所产生的产物离子种类，与前体离子碰撞前的移动动能以及发生碰撞的固态表面性质相关。

离子撞击固态表面后，除前体离子发生解离外，也伴随其他副反应发生。例如，当碰撞能量较低时（小于 100 eV），离子与金属表面有可能形成新的反应产物，然而当碰撞能量高达数百电子伏特时，金属表面因撞击溅射飞出的金属原子，可能影响前体离子的裂解过程，而产生不同的离子碎片分布模式。此外，与碰撞诱导解离相比，前体离子与金属表面直接的碰撞，具有更高的碰撞能量传递效率，而传递至前体离子上的能量可高达约 100 eV。表面诱导解离的另一个特色在于，当碰撞的固态表面为非金属材质时，离子碰撞碎裂后所产生的电荷将累积在非金属材质表面，而有排斥离子的现象，并进而影响离子解离。碰撞的固态表面为金属材质时，离子的放电（失去电荷）现象与离子解离为互相竞争的两个机制，目的是离子的放电现象将降低离子裂解的效率，并导致较少的产物离子生成，进而降低检测灵敏度。因此较佳的碰撞表面是采用一涂敷非导电或非金属材质的金属，如使用具有接口单层烷基硫醇修饰的金作为碰撞表面。由于此方法不需引入碰撞气体进入质谱仪内，采用此裂解方法的仪器可降低对维持高真空度泵的需求，同时降低仪器的制造成本。

2. 光解离（Photodissociation）

当前体离子被可见光或紫外光光子照射时，离子吸收光子能量而引发离子内的电子激发，并进而导致离子解离。此过程的发生需符合以下条件：①离子上需具有发色团，且此发色团能吸收入射光子波长的能量；②入射光子的能量必须足以断裂化学键，即能量至少为紫外光波长；③入射光的强度必须足够使离子与光子间有快速的交互作用而引发解离。光解离法常被应用在具有离子储存功能的串联质谱仪上，因为入射光可直接对局限离子的空间进行照射，可大幅提升引发光解离的效率。在单一光子的能量不足以引发光解离的情况下，离子吸收一个光子的能量达到激发态后，可再吸收第二个光子的能量使光解离发生，此现象称为多光子吸收解离。相较于分子在溶液中吸收光子的过程，当溶液中的分子因吸收光子的能量而处于激发态时，其与溶剂分子间的交互作用将导致能量释放，而非分子解离。然而在光解离过程中，气态离子通过吸收光子能量达到激发态时，不会因释放现象有能量的耗损，所以可进行多光子吸收解离。

当可见光或紫外光激发离子中的电子，如未能经由内转换（Internal Conversion）过程将电子能阶跃迁能量转换为离子内振动动能时，此光子的吸收将不会导致光解离。因此，在光解离法的作用机制中，离子的内能在吸收一个或多个光子后增加，这些能量被积蓄在离子内不同的振动态上，且在能量累积足够后引发离子解离而产生气态碎片。光解离法的作用机制与碰撞诱导解离过程相似，离子内能均在活化的过程中缓慢增加，同时能量也重新分布在离子内不同的振动态上，直到累积至足够能量后诱导解离反应。与其他离子活化方法相比，选择性裂解为光解离法的最大优势。因为光解离反应只发生在能吸收入射辐射波长的离子，且由于离子碎裂所需能量必须由入射光提供，这将导致离子内能的分布较窄，因此具有较佳的碎裂选择性。在仪器设计上，可将激光透过分析器上的窗口直接进入分析器内照射，以达到激发离子、诱导裂解的目的。

3. 红外多光子解离（Infrared Multiphoton Dissociation，IRMPD）

在早期发展光解离时，入射光源以紫外光与可见光激光为主，但近年来将红外光激光应用于光解离有增加的趋势。相对于紫外光激光，红外光激光的能量较低，因此对一个由吸收紫外光光子的能量所能诱导的离子解离，必须吸收多个红外光光子的能量才能达到相同的离子活化过程，所导致的结果就是红外光激光对离子解离具有较差的选择性。红外多光子解离是通过捕捉多个红外光光子进行离子活化，通常使用能量 25～50 W 且波长为 10.6 μm 的连续性二氧化碳激光。离子所获得的能量多少与激光交互作用的时间有关，一般为 10～300 ms。相较于常用的碰撞诱导解离，由于红外多光子解离无须与气体分子碰撞实现激发与活化离子，因此常被应用在傅里叶变换离子回旋共振分析器上。

参 考 文 献

[1]　McLafferty, F.W.: Tandem Mass Spectrometry. John Wiley & Sons Inc., New York (1983)

[2]　Busch, K.L., Glish, G.L., McLuckey, S.A.: Mass Spectrometry/Mass Spectrometry: Techniques and Applications of Tandem Mass Spectrometry. VCH, New York (1988)

[3]　Cooks, R.G., Beynon, J.H., Caprioli, R.M., Lester, G.R.: Metastable Ions. Elsevier, Amsterdam (1973)

[4]　Glish, G.L., Goeringer, D.E.: A tandem quadrupole/time-of-flight instrument for mass spectrometry/mass spectrometry. Anal. Chem. **56**, 2291-2295 (1984)

[5]　Glish, G.L., Mcluckey, S.A., Mckown, H.S.: Improved performance of a tandem quadrupole/time-of-flight mass spectrometer. Anal Instrum **16**, 191-206 (1987)

[6]　Makarov, A., Denisov, E., Kholomeev, A., Baischun, W., Lange, O., Strupat, K., Horning, S.: Performance evaluation of a hybrid linear ion trap/orbitrap mass spectrometer. Anal. Chem. **78**, 2113-2120 (2006)

[7]　Scigelova, M., Hornshaw, M., Giannakopulos, A., Makarov, A.: Fourier transform mass spectrometry. Mol. Cell. Proteomics **10**, M111. 009431 (2011)

[8]　Scheltema, R.A., Hauschild, J.-P., Lange, O., Hornburg, D., Denisov, E., Damoc, E., Kuehn, A., Makarov, A., Mann, M.: The Q exactive HF, a benchtop mass spectrometer with a pre-filter, high-performance quadrupole and an ultra-high-field orbitrap analyzer. Mol. Cell. Proteomics **13**, 3698-3708 (2014)

[9]   Michalski, A., Damoc, E., Hauschild, J.-P., Lange, O., Wieghaus, A., Makarov, A., Nagaraj, N., Cox, J., Mann, M., Horning, S.: Mass spectrometry-based proteomics using Q Exactive, a high-performance benchtop quadrupole Orbitrap mass spectrometer. Mol. Cell. Proteomics **10**, M111. 011015 (2011)

[10] Schwartz, J.C., Kaiser, R.E., Cooks, R.G., Savickas, P.J.: A sector/ion trap hybrid mass spectrometer of BE/trap configuration. Int. J. Mass Spectrom. Ion Process. **98**, 209-224 (1990)

[11] Hunt, D.F., Shabanowitz, J., Yates, J.R., Mciver, R.T., Hunter, R.L., Syka, J.E.P., Amy, J.: Tandem quadrupole Fourier-transform mass-spectrometry of oligopeptides. Anal. Chem. **57**, 2728-2733 (1985)

[12] Mciver, R.T., Hunter, R.L., Bowers, W.D.: Coupling a quadrupole mass spectrometer and a Fourier transform mass spectrometer. Int. J. Mass Spectrom. Ion Process. **64**, 67-77 (1985)

[13] Hunt, D.F., Shabanowitz, J., Yates, J.R., Zhu, N.Z., Russell, D.H., Castro, M.E.: Tandem quadrupole Fourier-transform mass spectrometry of oligopeptides and small proteins. Proc. Natl. Acad. Sci. U. S. A. **84**, 620-623 (1987)

[14] Michael, S.M., Chien, M., Lubman, D.M.: An Ion Trap Storage Time-of-Flight Mass-Spectrometer. Rev. Sci. Instrum. **63**, 4277-4284 (1992)

[15] Fountain, S.T., Lee, H.W., Lubman, D.M.: Mass-selective analysis of ions in time-of-flight mass spectrometry using an ion-trap storage device. Rapid Commun. Mass Spectrom. **8**, 487-494 (1994)

[16] Gabryelski, W., Li, L.: Photo-induced dissociation of electrospray generated ions in an ion trap/time-of-flight mass spectrometer. Rev. Sci. Instrum. **70**, 4192-4199 (1999)

[17] Martin, R.L., Brancia, F.L.: Analysis of high mass peptides using a novel matrix-assisted laser desorption/ionisation quadrupole ion trap time-of-flight mass spectrometer. Rapid Commun. Mass Spectrom. **17**, 1358-1365 (2003)

[18] Bereszczak, J.Z., Brancia, F.L., Quijano, F.A.R., Goux, W.J.: Relative quantification of Tau-related peptides using guanidino-labeling derivatization (GLaD) with online-LC on a hybrid ion trap (IT) time-of-flight (ToF) mass spectrometer. J. Am. Soc. Mass Spectrom. **18**, 201-207 (2007)

[19] Hashimoto, Y., Hasegawa, H., Waki, I.: Dual linear ion trap/orthogonal acceleration time-of-flight mass spectrometer with improved precursor ion selectivity. Rapid Commun. Mass Spectrom. **19**, 1485-1491 (2005)

[20] Hashimoto, Y., Waki, I., Yoshinari, K., Shishika, T., Terui, Y.: Orthogonal trap time-of-flight mass spectrometer using a collisional damping chamber. Rapid Commun. Mass Spectrom. **19**, 221-226 (2005)

[21] Beynon, J.H., Boyd, R.K., Brenton, A.G.: Charge permutation reactions. Adv. Mass Spectrom. **10**, 437-469 (1986)

[22] Duffendack, O.S., Gran, W.H.: Regularity along a series in the variation of the action cross section with energy discrepancy in impacts of the second kind. Phys. Rev. **51**, 0804-0809 (1937)

[23] Mathur, B.P., Burgess, E.M., Bostwick, D.E., Moran, T.F.: Doubly charged ion mass spectra. 2—aromatic hydrocarbons. Org. Mass Spectrom. **16**, 92-98 (1981)

[24] Zubarev, R.A., Kelleher, N.L., McLafferty, F.W.: Electron capture dissociation of multiply charged protein cations. A nonergodic process. J. Am. Chem. Soc. **120**, 3265-3266 (1998)

[25] McLafferty, F.W., Horn, D.M., Breuker, K., Ge, Y., Lewis, M.A., Cerda, B., Zubarev, R.A., Carpenter, B.K.: Electron capture dissociation of gaseous multiply charged ions by Fourier-transform ion cyclotron resonance. J. Am. Soc. Mass Spectrom. **12**, 245-249 (2001)

[26] McLuckey, S.A., Stephenson, J.L.: Ion ion chemistry of high-mass multiply charged ions. Mass Spectrom. Rev. **17**, 369-407 (1998)

[27] Syka, J.E.P., Coon, J.J., Schroeder, M.J., Shabanowitz, J., Hunt, D.F.: Peptide and protein sequence analysis by electron transfer dissociation mass spectrometry. Proc. Natl. Acad. Sci. U. S. A. **101**, 9528-9533 (2004)

第 **05** 章

质谱与分离技术联用

色谱是一种利用分析物在流动相（Mobile Phase）与固定相（Stationary Phase）两种不互溶相之间的选择性分布的物理性分离方法。色谱过程则是分析物在固定相与流动相间不断地进行吸附与解吸附。流动相可以是气体（气相色谱）也可以是液体（液相色谱或毛细管电泳），而固定相可以是液体也可以是固体。样品分离则是依靠不同分析物在固定相/流动相间的不同分配系数，分配系数差别越大，不同分析物分离度越高。复杂样品的分析则需结合色谱分离技术与质谱技术。出现的第一种色谱-质谱联用技术为气相色谱-质谱（Gas Chromatography Mass Spectrometry，GC-MS）技术。大气压电离的发展也带动了液相色谱-质谱（Liquid Chromatography Mass Spectrometry，LC-MS）与毛细管电泳-质谱（Capillary Electrophoresis Mass Spectrometry，CE-MS）技术的发展。不管在气相色谱-质谱、液相色谱-质谱还是毛细管电泳-质谱中，其色谱分离与质谱检测的接口都是影响分析成效的关键。因此本章对这三种主要的色谱-质谱联用技术做概略性介绍。

5.1 质谱与分离技术的结合

复杂样品可利用柱色谱技术分离，而分析物在色谱分离中的峰面积与保留时间可分别作为定量与定性依据。若进一步搭配质谱仪，则可获得分析物分子量与该分析物碎片离子而得到灵敏与准确的定量与定性信息。因此色谱-质谱技术已成为复杂样品分析中主要的方法。

然而在目前广为使用的质谱电离技术如电喷雾电离中，其质谱信号常会受到不同样品间的基质效应（Matrix Effect，ME）[1]而造成检测灵敏度降低与定量不准确。基质效应可能来自于样品本身的内源抑制物（Endogenous Suppressors），如盐类、脂质、多肽、代谢物等。另一种基质是在样品前处理过程中被添加或是受到污染的外源抑制物（Exogenous Suppressors），如有机酸、缓冲盐、塑化剂、聚合物等。在电喷雾中，基质效应可从液相与气相分别解释。在液相时，基质会与分析物竞争喷雾液滴表面的有限电荷而使得分析物不易带电荷；基质有可能会改变溶液的黏度，从而造成喷雾液滴的表面张力增强而不易形成气相；盐类基质可能会与分析物产生固态颗粒[2]。在气相中，带电荷的气相分析物可能会与其他物质产生电性中和或电荷转移而丧失可检测性[3]。

除了利用样品前处理，如液–固萃取或液–液萃取以去除特定基质而有效降低基质效应外，也须依赖色谱柱分离以避免太多分析物在同一时间流出而造成分析物之间的相互抑制。以图 5-1 为例，将 1-萘磺酸（1-naphthalenesulfonic acid，[M−H]−，m/z 207.01）添加入血浆样品，经过液–液（水相–氯仿/甲醇相）萃取后取其氯仿层分析，若利用泵流速推动 2 μL 样品而不经过液相色谱柱分析，则 1-萘磺酸的信号微弱，其峰面积仅约 3.6×10^4，此时在质谱图中可以发现有许多高含量分析物与 1-萘磺酸同时流出[图 5-1（a）]。同样的样品体积经过液相色谱柱分离后，可以发现 1-萘磺酸的信号强度明显提升，其色谱峰面积增加为约 6.7×10^6 [图 5-1（b）]。从色谱峰的质谱图中可以发现，并未有其他物质与 1-萘磺酸共同流出，因此大幅降低了分析物间的相互抑制效应，使得信号提升约 185 倍。

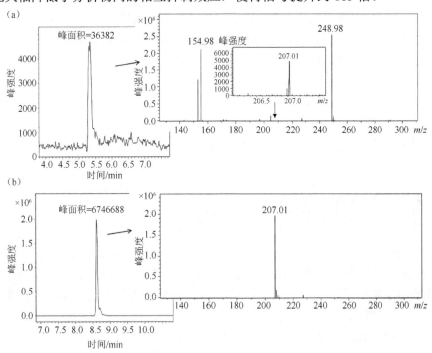

图 5-1　利用液-液萃取血浆中 1-萘磺酸并进行流动注入质谱（a）与液相色谱质谱（b）分析

　　虽然不同电离法对于基质效应的敏感度大不相同，如气相色谱-质谱技术中的电子电离法信号不受基质效应的影响[4]，但若不同的分析物在气相色谱同时流出，则会造成质谱图的复杂化而导致定性上的困难。因此在气相色谱-电子电离法质谱技术中，柱分离理论塔板数的提升，有助于峰变高且窄，从而增加检测灵敏度。而色谱分离度的提升有助于避免不同分析物共同流出，从而进一步提高定性（避免电子电离化质谱图复杂化）与定量（避免不同分子但具有相近分子量或相近质量碎片离子出现）准确度。上述改善柱分离效率所带来的优点也同样适用于液相色谱和毛细管电泳与大气压电离法质谱技术联用，但除此之外，色谱柱分离效率的提升也有助于在大气压电离法质谱中降低基质效应（分析物共同流出的互相抑制），从而提升灵敏度。

5.2　柱分离效率与塔板高度

　　色谱的基本原理就像萃取，其最大的不同在于色谱方法是利用流动相不停地经过滞留在色谱柱中的固定相。在色谱中，一般会使用两种参数来衡量柱分离效率，一种是峰与峰间的分离度，两个波峰离得越远，分离度越高。另一种是测量峰的宽度，峰宽度越小，分离效率越好。一个完整的色谱峰会倾向于高斯分布形状，峰底宽为 4 个标准偏差值（4σ），峰一半高度时的宽度（半高峰宽）为 2.35 个标准偏差值（2.35σ）。此色谱峰的高斯分布标准偏差值主要来自于峰增宽效应，因此若考虑分析物为经过空柱管且无固定相存在时，扩散效应（高浓度往低浓度扩散）为唯一影响峰增宽效应的因子，则其 σ 为 $\sqrt{2Dt}$，其中 D 为扩散系数。除了塔板高度（Plate Height）可以表示柱效率外，也常用理论塔板数 N 表示。而其柱长度（L）、板高（H）、峰底宽（w）与理论塔板数关系如下：

$$N = \frac{L}{H} = \frac{L^2}{\sigma^2} = \frac{L^2}{\left(\dfrac{w}{4}\right)^2} = \frac{16L^2}{w^2} \tag{5-1}$$

若将柱长度与峰宽度以色谱峰流出的时间（t_r）与半高峰宽（$w_{1/2}$）表示，则可进一步得

$$N = \frac{16t_r^2}{w^2} = \left(\frac{t_r^2}{\sigma^2}\right) = \frac{5.55t_r^2}{w_{1/2}^2} \tag{5-2}$$

以理论塔板数计算 A 与 B 两峰的分离度（Resolution）时，可以下列式子表示：

$$\text{Resolution} = \frac{\sqrt{N}}{4}\left(\frac{\alpha-1}{\alpha}\right)\left(\frac{k'_B}{1+k'_{av}}\right) \tag{5-3}$$

其中，k'_B 为 B 峰的容量因子；$k'_{av} = (k'_A + k'_B)/2$。

由上述公式可知，N 与 L 成正比，分离度与 $\sqrt{N}$ 成正比，因此当柱长度为原柱 2 倍时，其理论塔板数将变为 2 倍，分离度将改善 $\sqrt{2}$ 倍。当分析物保留时间固定时，峰宽度越小，其信号高度越高，理论塔板数越高。当理论塔板数固定时，分析物保留时间越长，其峰宽度越宽，虽然其检测面积不变，但是可预期的是其信号高度将降低。

1. 塔板高度公式

使用空柱管而无固定相存在时，峰增宽效应主要来自于扩散作用。然而若进一步评估当混合分析物在固定相颗粒填充的色谱柱内做分离时，则需考虑固定相颗粒所带来的增宽效应，因此可以用下列范第姆特方程（van Deemter Equation）来描述其他影响板高的因素：

$$H = A + B/u + Cu \tag{5-4}$$

在填充固定相颗粒的色谱柱中，塔板高度会受到 A（多重路径，Multiple Path）[图 5-2（a）]、B/u（纵向扩散，Longitudinal Diffusion）[图 5-2（b）]与 Cu（质量传递，Mass Transfer）[图 5-2（c）]的影响。其中多重路径与固定相颗粒大小与均匀度有关而与流动相流速无关。而当流动相流速越高时，纵向扩散效应越小，但质量传递效应越高。因此理论塔板高度与流速的关系如图 5-2（d）所示，最佳流动相流速出现在纵向扩散与质量传递曲线的交叉处，此时可获得最小塔板高度。

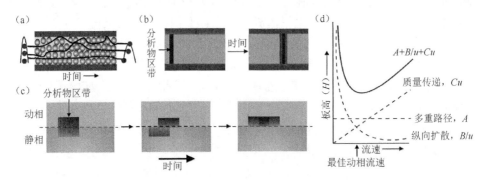

图 5-2　多重路径（a）、纵向扩散（b）与质量传递（c）的示意图；
（d）A、B/u 与 Cu 在不同流速下对于塔板高度的影响示意图

2. 多重路径（A）

在填充固定相颗粒的色谱柱内，分析物在柱中会随机选择不同长度的流通路径。因此，同一时间进入色谱柱的分析物，也会因为行进的路径不同，而导致在不同时间到达检测器端，进而导致色谱峰变宽，并与流速大小无关。填充颗粒越小，或是填充均匀性越佳时，不同路径的程序差距就会越小，因此可以有效降低

峰增宽效应。若使用开管式色谱柱，则此项因素可以忽略。

3. 纵向扩散（B/u）

分析物由高浓度的峰区带中心逐渐往两侧低浓度区域扩散时，会产生峰的增宽效应。流动相流速越高，分析物停留在柱中的时间越短，纵向扩散效应越小。柱温度提高，则会导致扩散系数增加，从而使纵向扩散效应明显。

4. 质量传递（Cu）

不同分析物在色谱柱进行分离时，主要是依靠不同分析物在流动相与固定相两者间的不同作用力达成。在此过程中，各种分析物区带会不断传递至固定相，再回到流动相，在此种动态平衡中，若同一种分析物区带中的大部分物质已传递回流动相，而有剩余分析物仍留在固定相而延迟回到流动相时，就会造成同一种分析物区带不断增宽。当流动相流速越高时，此种峰增宽效应越明显。增加柱温度以提高分析物在固定相和流动相的扩散系数与减少固定相厚度，都可以减少分析物进出流动相与固定相所需的时间，从而降低质量传递效应所导致的波峰增宽。

对于填充式色谱柱，多重路径、质量传递与纵向扩散效应都会存在，然而当固定相颗粒较小时，多重路径与质量传递效应都会减少而增加分离效率。若使用空毛细管柱且管壁涂布固定相层时，就不需考虑多重路径所带来的影响。因此开管柱的理论塔板数通常会高于填充柱。

5.3 气相色谱-质谱

气相色谱的检测器种类众多并具有不同的检测选择性。常见检测器包含火焰离子化检测器（Flame Ionization Detector，FID）、氮磷检测器（Nitrogen Phosphorus Detector，NPD）、火焰光度检测器（Flame Photometric Detector，FPD）、电子捕获检测器（Electron Capture Detector，ECD）、热导检测器（Thermal Conductive Detector，TCD）、光电离检测器（Photoionization Detector，PID）与质谱仪。将高分离效率的毛细管气相色谱与高灵敏度和高定性能力的质谱仪联用已成为现在分离与鉴定的主流方法之一，并常应用于环境分析、植物代谢物分析[5]、农药检测[6]、脂肪酸[7]与有机酸检测等。质谱仪需在真空下操作，而毛细管气相色谱末端的气体流量小，使得与质谱仪联用时依然可以维持质谱仪的高真空状态。

在气相色谱-质谱（Gas Chromatography Mass Spectrometry，GC-MS）法中，挥发性样品或气态样品借由样品注射针穿透橡胶隔垫（Septum）而被注入样品加热区，样品在此区会快速气化，并经由载气（Carrier Gas）推动而进入气相色谱柱，不同分析物在柱中因作用力不同而被分离，最终到达检测器端被检测分析。整个分析过程中，色谱柱需置于加热箱以维持样品分析物在整个分离过程中均为气态。气相色谱接至质谱离子源的路径中，通常会使气相色谱柱通过可加热的玻璃管，以确保柱内的化合物到离子源时均为气态。因此气相色谱仪基本组件包含载气钢瓶、样品注射区、色谱柱、柱箱、仪器控制面板与质谱检测器（图5-3）。气相色谱-质谱仪的离子化方法可参考电子电离法（2.1节）与化学电离法（2.2节）。

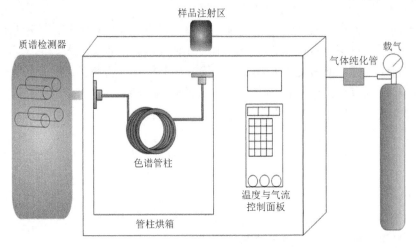

样品注射区
质谱检测器
载气
气体纯化管
色谱管柱
温度与气流
控制面板
管柱烘箱

图 5-3　气相色谱质谱仪示意图

气相色谱柱可分为大口径填充柱与小口径毛细管柱。色谱柱又可分气-液分配色谱与气-固吸附色谱两大类。在气-液分配色谱中，固定相为非挥发性液体且被涂布在柱内壁或填充式柱内的填充颗粒上，而不同分析物因为对流动/固定相不同的分配系数而分离。在气-固吸附色谱中，分析物被直接吸附在固相颗粒上的固定相，不同分析物的分离来自于分析物与固定相之间吸附力的差异性。

在色谱柱中，若考虑同内径与同长度的填充式与开管式柱时，开管式柱因无填充固定相颗粒，因此无多重路径效应。此外，由于开管柱的背压（Back Pressure：与流动相前进方向相反的压力）较低，因此压降较小，可使用较长的柱（10~100 m）。若再缩小开管柱到熔融石英开口式毛细管柱时，其毛细管内径可降至 0.1~0.75 mm，所以可进一步降低质量传递效应。因此开口式毛细管柱拥有比填充柱更高的柱效率，但其样品承载量较填充柱小。此外，毛细管外层会涂布一层深棕色的聚酰亚胺（Polyimide），使数十米长的毛细管柱可环绕成圈形放入柱箱。

通常沸点低的分析物在低温下才能获得较好的分离度，而沸点高的分析物在高温下分辨率较好，因此，柱温通常使用程序升温的方式，使得所有分析物在适当分离时间内都尽可能被分离以获得良好分离度。

气相色谱-质谱法中的载气会影响柱分离效率与检测器的灵敏度。氦气与氢气可达最大理论塔板数的气体流速较氮气高，且不易因提高流速而显著影响理论塔板数。因为氦气与氢气的扩散速度较氮气快，因此使用氦气与氢气有利于降低质量传递效应而得到较高的理论塔板数，然而氢气有其安全性考虑，因此在气相色谱-质谱仪中几乎都是使用氦气为载气。

若过多样品进入色谱柱中而超过柱本身的样品承载量，将会严重降低分离度。由于目前大部分气相色谱都采用开口式毛细管色谱柱进行分离，其毛细管样品承载量远比填充柱低，因此样品须采取分流进样方式以获得较高的分离度与柱效率。相对地，不分流进样适合微量样品分析；然而不分流进样的进样时间较长，易造成色谱峰宽度相当大（至少超过 1 min），因此常用溶剂捕获（Solvent Trapping）与冷却捕获（Cold Trapping）方式改善其分离效率。

5.3.1　谱图数据库鉴定

由于气相色谱-质谱的发展已久，且电子电离法在特定条件（70 eV，离子源温度 150～250℃，压力为 10^{-4} Pa）下产生的碎片离子谱图重现性高，因此已有商业化分析物质谱图数据库，如 NIST/EPA/NIH 与 Wiley/NBS 可供比对。目前数据库已含数十万张分析物谱图，并包含药物、毒物、农药、污染物、脂类或代谢物等主要种类。在谱图数据库比对上，会针对该离子的碎片质量与其相对强度做数据库的比对，比对相似性越高则越可信。此外，谱图数据库鉴定也可辅以其他比对条件，如该张谱图在整个图库中出现的独特程度，以提高鉴别成功率。然而对于数据库尚无建构谱图的未知化合物，因其结构与其他分子相似，谱图比对时仍可能误判，所以谱图数据库比对时，须人工解析其谱图鉴定结果的正确性。此外，若该质谱图为两种分析物以上的混合谱图，且其所有离子碎片都被选入做谱图搜寻，则数据库比对通常无法成功。但若此共同流出的两种化合物，其色谱峰可被部分分离，则可借助描绘碎片离子的色谱峰判断哪些碎片离子属于同一个分析物峰，这样可以提高数据库比对的成功率。因此良好的分离效率将有助于提高分子的鉴定准确性。

5.3.2　快速气相色谱-质谱仪

然而，当主要考量分析的高通量时，也可以选用较窄且短（2～5 m × 50 μm i.d.）的毛细管柱，再以较高气压流速（8～10 bar）推动并进行快速温度梯度，这种快速气相色谱-质谱仪能使原本数十分钟的色谱分离时间大幅缩短到数分钟内，此时的色谱峰的半高峰宽度约为 1～3 s 以内。因此快速气相色谱-质谱仪通常连接飞行时间质谱仪，在数秒内产生足够的扫描次数以描绘出较完整的色谱峰[8]。

5.3.3 二维气相色谱-质谱仪

当样品过于复杂而无法被分离解析时，容易造成谱图比对误判。为了提高分离解析能力，在原本的气相色谱管后端再接上另一支气相色谱柱，以达到二维分离。二维分离的色谱柱，其固定相材质的分离机制差异性越大，越能造成较佳的二维分离效果。全二维色谱是所有的一维色谱峰都会进入第二维做快速分离，而其中第一维与第二维中间的调制器可以利用加热冷却或阀切换方式。加热冷却方式是利用在第一维的分离维度中约固定每隔数秒（可视第二维设定分离时间而定），就有一段峰区段被送入调节器中。此峰分析物在调制器中会先被瞬间冷却聚焦并浓缩，然后再被快速加热脱附以进入第二维柱中分离。一般而言，一维的分析物峰通常在 10 s 以内，因此当进入第二维分离时，第二维整体分离时间会缩短在 3～4 s 内，产生的第二维峰宽度约只有 0.1～0.4 s。因此质谱仪需要扫描速度至少 50 Hz 以上才能获得至少 5 个质谱信号点，这样才能维持较对称的高斯分布峰以利于定量。因此二维气相色谱技术的质谱仪通常需搭配扫描速度快的飞行时间分析器（图 5-4）。二维气相色谱-质谱技术有优越的分离与定性信息，因此极适合应用在代谢组的研究领域。例如，已有利用二维气相色谱-质谱应用于脂肪酸的代谢组研究报道，经喂食高脂肪和胆固醇食物的小鼠若再饮用含微量砷的水，其检测出的短链、中长链脂肪酸与具有抗发炎性的甘氨酸在肝脏组织中会大幅降低。因此可以推导出微量砷对于脂肪肝患者可能带来脂肪代谢异常与肝脏发炎[9]。然

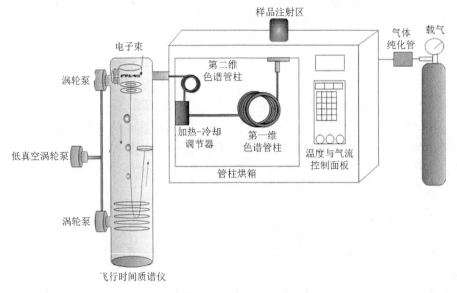

图 5-4　二维气相色谱-飞行时间质谱仪

而目前气相色谱-质谱仪的人体代谢物谱图数据库仍然无法满足气相色谱-质谱仪可测出的丰富分子数目，以及因色谱峰重叠所造成的无法定性问题，因此仍无法获得所有代谢物的分布情况。即便如此，二维气相色谱-质谱技术仍是目前代谢体分析中对于代谢物的定性与相对定量上相当准确与快速的方式[10]。

5.4　液相色谱-质谱

　　若分析物本身因高沸点、高极性、热不稳定性与高分子量而无法经由加热形成气态，就无法使用气相色谱-质谱技术测定。然而只要分析物可溶于液相样品，就可以利用以液体为流动相的液相色谱技术分离，并可在柱末端直接检测或回收。在液相色谱-质谱（Liquid Chromatography Mass Spectrometry，LC-MS）仪中，由于分析物从色谱柱末端流出时，会伴随着大量的液体，因此需连接大气压力法的离子化接口，如电喷雾（2.6 节）与大气压化学电离法或大气压光致电离法（2.5 节）。其中电喷雾可以使大部分分析物有效带电荷，因此成为液相色谱-质谱仪中使用最广的电离法界面。电喷雾离子源中的雾化气体与加热气流也须适当提升以改善大流速下的样品雾化效率。在分析级的液相色谱-质谱仪中，大都使用内径 2.1 mm 或 1 mm 的色谱柱，其流动相流速分别为约 200～300 μL/min 与 50～75 μL/min。然而当优先考虑样品回收时，可使用样品承载量较高的内径 4.6 mm 的色谱柱并搭配流动相流速 1 mL/min。高流速一端可进行回收，低流速一端进入质谱仪却不损失原本检测灵敏度，这不仅可以减少雾化气体的损耗量，有时还可因雾化效率的改善而提升检测灵敏度。

　　在液相色谱-质谱中，色谱柱的材质选取与其流动相选择将会影响分离效能与后端质谱的灵敏度。色谱柱通常使用不锈钢材质或塑料材质，其长度为 5～30 cm，而内径约为 1～5 mm。色谱柱会因样品或流动相中的污染颗粒而堵塞，或是吸附了样品中无法被洗脱出的分析物而减低其柱分离效能，因此通常在色谱柱前端加装短的保护柱（Guard Column）以延长色谱柱的使用寿命。若固定相使用未经修饰的氧化硅颗粒或修饰其他高极性物质，如氨基（Amino）或氰基（Cyano），则均称为正相色谱（Normal Phase Chromatography）。正相色谱法适合分析极性较强的分析物，在分析物洗脱上可以通过调配极性差异大的两种流动相溶液（如水与乙腈）比例而得到适当极性的单一流动相溶液以进行等度洗脱（Isocratic Elution）。在复杂样品中，若要获得更佳的分离度，可以使用极性差异大的两种流动相溶液（如水与乙腈）搭配，并以低极性到高极性的溶液混合方式梯度洗脱（Gradient Elution）色谱柱。若固定相为经过十八烷基（Octadecyl）、辛基（Octyl）或苯基

（Phenyl）修饰的柱，则称为反相色谱（Reverse Phase Chromatography）。反相色谱适合分析低极性的分析物。在分析物洗脱时可选用适当极性的单一流动相溶液进行等度洗脱，而更广为使用的是从高极性到低极性的梯度洗脱以获得复杂样品的较佳分离度。

由于液相色谱-质谱法中的电喷雾界面极适合分析极性小分子、多肽与蛋白质大分子，因此液相色谱-质谱法也成为代谢组与蛋白质组的主要分析方法。而代谢组与蛋白质组对于提高分离效率与检测灵敏度的研究需求也进一步带动液相色谱-质谱相关技术的发展，如超高效液相色谱（Ultra-High Performance Liquid Chromatography，UPLC）-质谱法与纳升级流速液相色谱（NanoFlow LC）-质谱法。

5.4.1 超高效液相色谱-质谱仪

目前分析级的液相色谱管柱较常使用的多孔性固定相颗粒粒径为 5 μm。然而当使用固定相颗粒粒径降至 3 μm 与 1.7 μm 以下时，由于多重路径效应降低且分析物在固定相的质量传递速度更快，因此可有效提升管柱分离效率。使用固定相颗粒越小，其管压力越高，因此使用颗粒粒径在 2 μm 以下（亚 2 μm）时就需要能输出 400 bar 以上的超高压液相泵以推动适当的流动相流速。这种可用于亚 2 μm 色谱柱的系统称为超高效液相色谱，由于颗粒越小时其柱塔板高度越不易随管柱流速提升而增加，因此可以使用较高流速使分离时间缩短到数分钟内完成且不损失其分离效能。超高效液相色谱已成为高通量分析的主流之一，尤其是已有许多研究突显出其在代谢组学领域的成效。然而在超高效液相色谱法中，其色谱峰底宽约在数秒内，因此在质谱方法设定上，须适当调整扫描速度以期获得足够质谱图数，从而完整描绘色谱峰[11]。

5.4.2 纳升级流速液相色谱-质谱仪

具备高灵敏特性的纳升级流速液相色谱-质谱仪已成为近年来对于微量且复杂蛋白质样品的主要分析方法。其高灵敏度的特性为利用较小内径的毛细管柱以提高柱内信号峰浓度，并搭配高检测灵敏度的纳升电喷雾。利用缩小内径的柱以提升信号峰最高浓度（ C_{max} ），可由下列式子说明：

$$C_{max} = \frac{mN^{1/2}}{(2\pi)^{1/2} V_0 (1+k)} \tag{5-5}$$

其中，m 为样品注入绝对量；N 为理论塔板数；V_0 为管死体积或柱空体积；k 为保留因子。式（5-5）说明了柱内样品峰最高浓度与样品注入量、柱理论塔板数平方根成正比，而与柱死体积（Dead Volume）、保留因子成反比。其中，柱死体积代表液体在色谱柱中所含的体积，也就是柱体积扣除色谱颗粒所占的体积后所剩的实际液体体积。粗估的柱死体积可以经由以下算式得出：

$$V_0 \approx 0.5Ld_c^2 \qquad (5\text{-}6)$$

其中，死体积 V_0 的单位为毫升（mL）；柱长度 L 的单位为厘米（cm）；柱内径 d_c 的单位为厘米（cm）。因此降低柱内径可以得到较低的死体积。当注入相同样品量时，不同管径大小的样品峰最高浓度比值为此两根柱内径（Inner Diameter，ID）平方比值的倒数[如（式 5-7）]：

$$\frac{C_{\max 1}}{C_{\max 2}} \propto \frac{\mathrm{ID}_2^2}{\mathrm{ID}_1^2} \qquad (5\text{-}7)$$

例如，若原本使用内径 2.1 mm 的色谱柱分析样品，当转换至使用内径 75 μm 毛细管柱且注入相同样品浓度时，理论上样品峰浓度将会增加至约 784 倍。因此使用毛细管色谱柱对于电喷雾质谱仪（浓度灵敏检测器）的信号提升将非常显著。

　　然而由 5.2 节范第姆特方程得知，色谱柱都将有一个最佳线性流速以达到较佳理论塔板数 N，因此当使用同材质但较小管径的色谱柱时，体积流速（μL/min）也须以该内径的平方比值降低以造成一样的线性流速，从而达到相近的分离效率。例如，半径 2.1 mm 的管柱约需 200 μL/min 流速以达到较佳的理论塔板数，若使用 75 μm 毛细管柱，则其体积流速需降至约 255 nL/mL 以维持同样的线性流速。

　　此外，使用毛细管柱需进一步考虑减少理想注射体积与样品承载量。理想的样品注射体积和样品承载量需以柱内径比值的平方反比下降，否则将会降低柱的分离效率。例如，2.1 mm 内径的较佳注射体积约为 19 μL。对 75 μm 内径毛细管色谱管柱而言，其理想注射体积将会缩减至约 24 nL，而这种注射体积则需更细微的注射器，因此不易实现。目前普遍的做法是，利用柱前端在线预浓缩方式，将微升级的样品体积浓缩在色谱柱的最前端以缩小样品体积。另一方面，由于样品承载量减少，超载的样品量容易造成柱的分离效率降低。为了解决此问题，可以在色谱分离柱的前端加入一个捕集柱（Trap Column），捕集柱的功能包含了样品预浓缩与去除过多的样品量。

　　为了搭配前端毛细管色谱柱的纳升级流速，在纳升级流速下产生相当稳定电喷雾的纳升电喷雾接口就成为纳升级流速液相色谱-质谱法中的最佳离子化方法。这种纳升级流速液相色谱-质谱法由于提高了柱中的样品峰浓度（因此可降低样品使用量），且连接具有高质谱进样效率与抗盐性的纳升电喷雾接口，因此已成为目前最灵敏的液相色谱-质谱方法。在纳升级流速液相色谱-质谱仪的构建上，可以使用一个六通阀连接捕集柱与分离柱（图 5-5）。对反相色谱而言，样品进样预浓缩时，捕集柱（C_{18} 柱）与分离柱（C_{18} 柱）为分离状态，而微升流速泵会以微升流速推动高水相流动相，将样品环（Sample Loop）中的样品推向捕集柱进行样品预浓缩。与此同时，大部分样品中的盐类也可以在此被去除。预浓缩进样约数分钟后，六通阀再度转换，使得捕集柱与分离柱为连接状态，纳升流速泵会以纳升流速推动梯度式流动相以洗脱捕集柱的样品进入分离柱做样品分离与质谱检测。

目前的商业化纳升级流速液相泵可以随着柱背压的浮动而调整输出压力，产生相当稳定的纳升级流速以大幅提升分离与质谱信号重现性，因此已被大量应用在微量与高复杂度的蛋白质组分析中。

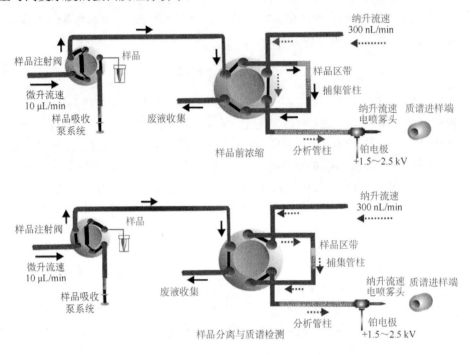

图 5-5　纳升级流速液相色谱-质谱结构图

5.5　毛细管电泳-质谱

毛细管电泳-质谱（Capillary Electrophoresis Mass Spectrometry，CE-MS）拥有比纳升流速液相色谱更好的灵敏度与分离效率，因此也常被应用在生物医学、临床诊断、植物代谢物分析、环境分析与食品分析等领域。毛细管电泳-质谱具有不同分离模式以达到不同的分离要求与效能，目前主要可分为：①毛细管区带电泳（Capillary Zone Electrophoresis，CZE）；②胶束电动毛细管色谱（Micellar Electrokinetic Capillary Chromatography，MEKC）；③毛细管凝胶电泳（Capillary Gel Electrophoresis，CGE）；④毛细管等电聚焦（Capillary Isoelectric Focusing，CIEF）；⑤毛细管等速电泳（Capillary Isotachophoresis，CITP）；⑥毛细管电色谱（Capillary Electrochromatography，CEC）。毛细管区带电泳-质谱法的操作方式相对简易，因此最被广为使用。然而毛细管区带电泳无法分离电中性分子，因此添加移动固定相的胶束电动毛细管色谱与固定固定相的毛细管电色谱，因为可有效分离带电荷与电中性物质而被大量推广应用。

　　虽然毛细管电泳的各种分离模式都可以连接质谱仪，然而因为电喷雾易受盐类与表面活性剂的干扰，因此毛细管电泳所用的电解质须改用挥发性盐类（如醋酸铵）以减少盐类对质谱信号的抑制。毛细管电泳连接质谱仪，首先须考虑如何在毛细管出口端维持毛细管电泳的电流通路而又可进行电喷雾。毛细管电泳的电渗流（Electroosmotic Flow，EOF）流速约为每分钟数十到数百纳升，因此衍生出了可搭配电渗流速且具备不同灵敏度、抗盐性与耐用性的毛细管电泳-质谱接口。这些接口可依照添加鞘流溶液与导电方式分为鞘流（Sheath Flow）、低流速鞘流（Low Sheath Flow）、液体接合（Liquid Junction）与无鞘流界面（Sheathless Interface）（图 5-6），而其整体的毛细管电泳-质谱仪结构如图 5-7 所示。

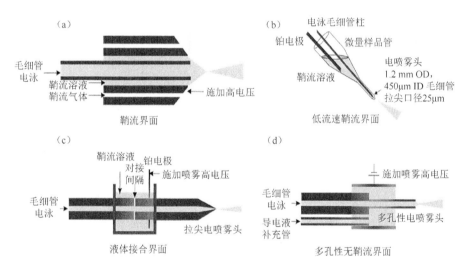

图 5-6　主要毛细管电泳连接接口
（a）鞘流接口；（b）低流速鞘流接口；（c）液体接合接口；（d）多孔性无鞘流接口

　　鞘流接口由 R. D. Smith 于 1988 年设计[12][图 5-6（a）]. 毛细管末梢以施加电压的同轴不锈钢毛细管环绕，由有机溶剂、水、酸（或碱）组成的鞘流溶液（Sheath Liquid）不断地补充填满毛细管与不锈钢管的剩余空间。不锈钢管外则有雾化气体以辅助喷雾溶液的汽化。鞘流溶液可作为不锈钢管与毛细管末端流出的缓冲溶液的导电媒介，也因含有机相，因此可有效降低喷雾溶液的表面张力而使电喷雾更加稳定。鞘流溶液可视实验条件调整内含的酸（或碱）含量以增加分析物的检测灵敏度。由于鞘流溶液可大幅修饰电泳毛细管柱出口端的喷雾溶液组成，因此在毛细管电泳缓冲溶液上的选择较无限制，也提升了毛细管电泳-质谱仪的应用范围。然而在此界面中，通常使用未缩小口径的电喷雾针（375 μm o.d. × 50 μm i.d.），为达到这种尺寸的电喷雾最佳喷雾流速，需补充μL/min 级以上的鞘流溶液。这对于每分钟只有数十到数百纳升流速的毛细管电泳而言，在电喷雾端因为样品与大量鞘流溶液的混合而造成严重的样品稀释。

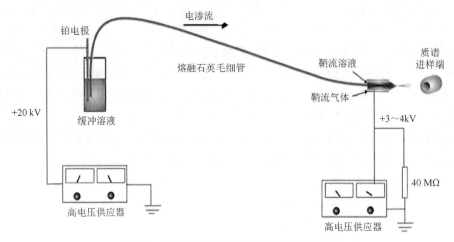

图 5-7　毛细管电泳鞘流接口质谱仪结构图

　　为了降低大量鞘流溶液的样品稀释效应而又保留鞘流溶液接口的优点，衍生出低流速鞘流电喷雾接口。这种低流速鞘流接口在设计上将毛细管（450 μm i.d. × 1.2 mm o.d.）拉尖到约 25 μm 的口径当作电喷雾针并插入一个微量离心管（鞘流溶液槽）底部，再把拉尖的电泳毛细管柱插入电喷雾头中[图 5-6（b）]。由于接口的喷雾流速约为 400 nL/min，高于 25 μm 口径的喷雾头应有的喷雾最佳流速（约 200 nL/min），因此其喷雾信号的强度为浓度敏感（Concentration-Sensitive）[13]。与传统的鞘流接口电喷雾流速（2～4 μL/min）相比，低流速鞘流接口具有较低的样品稀释倍数。

　　另一种可降低鞘流溶液使用量又可维持通电的接口为液体接合接口[图 5-6（c）]。将毛细管电泳管出口端插入装有缓冲溶液的溶液槽，而缓冲溶液槽的另一端插入电喷雾针。在两管衔接处须保持微小间距，使得鞘流溶液槽中施加的高电压可以顺利地与分离毛细管柱和电喷雾针分别形成分离与电喷雾电流通路。然而此间距大小会影响部分的样品流失，同时也导致峰谱带的增宽效应，造成分离度与灵敏度下降，因此通常此间距越小越好。这种液体接合接口设计降低了鞘流接口所带来的严重样品稀释效应，且避免了电喷雾针对导电涂布层的需求。在此接口中，考虑毛细管电泳流速与最佳喷雾流速匹配的条件下，电喷雾针口径需适当缩小到 20 μm 以下，才能获得较稳定且灵敏的电喷雾信号。

　　避免鞘流溶液的使用就可以解决样品在质谱喷雾端的稀释问题，因此无鞘流接口就成为毛细管电泳-质谱中最为灵敏的接口。在无鞘流界面中，由于不使用鞘流溶液，考虑毛细管电泳流速与最佳喷雾流速匹配的条件下，电喷雾针口径也需至少缩小到 20 μm 以下，才能获得较稳定且灵敏的电喷雾信号。由于缺乏鞘流溶液的导电行为，因此须在拉尖喷雾针头上进行金属化或导电胶涂布。然而由于电喷雾溶液缺乏鞘流溶液的修饰，因此在缓冲溶液的使用上通常须使用浓度较低的挥发性盐类。值得注意的是，导电涂布层虽然方便，但其涂布稳定性仍会影响电喷雾针的寿命。另一种近年来被成功商业化的多孔性无鞘流接口[14][图 5-6（d）]为利用氢氟酸蚀刻已烧除聚酰亚胺的毛细管壁，待侵蚀到石英管壁只剩些微厚度时，石英管壁具有电流通透性，因此可以在此薄管壁区域给予导电液与高电压，使形成分离与喷雾电通路。

5.5.1　毛细管电泳与电渗流

相对于传统的平板电泳，使用小管径的毛细管进行电泳会产生较小的焦耳热，且散热更快，因此可以使用更高电场而在数分钟至数十分钟内得到高分离效率的结果。毛细管通常选用内径 25～75 μm 的管柱。熔融石英毛细管的管内壁为硅羟基（Si—OH）材质，在 pH 2～3 时，就会有部分硅羟基开始解离为 SiO⁻，使得管柱内壁产生负电荷。为了中和内壁的负电荷，管内壁表面负电荷与正电荷间建立电双层（Electrical Double Layer），使管内壁周围达到电中和（图 5-8）。当施加外部电场于毛细管时，正离子往阴极移动，负离子往阳极移动。在管中心层，正离子与负离子的数量相等，因此正负离子带动水分子分别移往阳极与阴极的力量相等。在紧密层中，由于正离子与内壁的 SiO⁻ 有较强静电作用力，因此正离子将不会移动。在扩散层中，由于此处的正离子数量大于负离子数量，因此此处水合正离子带动溶液往阴极的力量大于水合负离子带动溶液往阳极的力量。上述总和造成管柱内的整体溶液流向阴极，这种依靠毛细管内壁周围的扩散层水合离子推动整体溶液的现象称为电渗（Electroosmosis）。因为电渗现象是在毛细管内壁周围产生，所以可在管内造成相当均匀且像塞子状（Plug-Like）的电渗流。电渗流的大小可由下式表示：

$$u_{\text{eof}} = \frac{\varepsilon \varsigma}{\eta} E \qquad (5-8)$$

$$\mu_{\text{eof}} = \frac{\varepsilon \varsigma}{\eta} \qquad (5-9)$$

其中，u_{eof} 为电渗流速度（m/s）；ε 为介电常数；ς 为 zeta 电位；η 为溶液黏度 [kg/(m·s)]；E 为电场强度（kV/m）；μ_{eof} 为电渗淌度（Electroosmotic Mobility）[m²/(V·s)]。

电渗流与 Zeta 电位、电场强度及介电常数成正比，而与溶液黏度成反比。其中，Zeta 电位为滑动面时的电位，且主要由毛细管表面电荷决定，因为表面 Si—OH 的解离程度取决于溶液 pH 值，因此表面电荷量受到 pH 值的控制，使得电渗流大小可随 pH 值的不同而变化。例如，碱性溶液环境的电渗流大于酸性溶液环境的电渗流，而在极酸性的环境中，因为管柱内壁的 Si—OH 完全不解离，此时电渗流可趋近于零。此外，因为扩散层越窄，Zeta 电位越低，因此当缓冲溶液离子强度升高时，其电渗流流速下降。

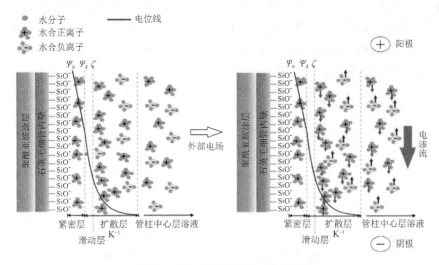

图 5-8　毛细管壁电双层与其电渗流

　　然而在压力推动的液相色谱中，推动压力会受到液体与固体（柱内壁表面与色谱颗粒）接触面的摩擦影响而下降，因此造成中间流速较快而接近管壁流速较慢的抛物线性流速分布的层流（Laminar Flow）。在色谱峰增宽效应上，电渗流推动的色谱峰比层流推动的色谱峰窄，因此毛细管电泳被视为比液相色谱具有更高的分离效率。

　　离子在电泳管中的实际移动速度，除了正负离子本身在电场作用下的离子电泳速度（Electrophoretic Velocity，u_{ep}），还需加上电渗流作用所产生的溶液流动速度（u_{eof}）。若电渗流为往阴极前进，此时正离子属于同向迁移，因此本身的电泳速度为 $+u_{ep}$；负离子的电泳迁移为往阳极前进，则属于逆向迁移，因此本身的电泳速度表示为 $-u_{ep}$。

　　因此在毛细管电泳分离时，分析物实际的测量迁移速度（Measured Velocity，u_{mes}）（m/s）可由下式表示：

$$u_{mes} = u_{eof} \pm u_{ep} = \left(\mu_{eof} \pm \mu_{ep}\right) E \qquad (5\text{-}10)$$

其中，u_{ep} 为离子电泳速度（m/s）；$+u_{ep}$ 为正离子；$-u_{ep}$ 为负离子；E 为电场强度（kV/m）。因此在毛细管电泳分离中，若在阴极放置检测器，会先观察到正离子，电中性分子次之（迁移速度等同于电渗流），最后为负离子。若进一步考虑离子大小，正离子越小则 u_{mes} 越大，而负离子越小则 u_{mes} 越小。因此须注意，若负离子的逆向电泳速度大于电渗流，则负离子将会在阳极流出而无法在阴极被检测到。

由于毛细管电泳的内径小，其分离样品体积在纳升级。因此常用的样品注入方式有电动进样（Electrokinetic Injection）与流体力学进样（Hydrodynamic Injection）。电动进样法为将高电压端（进样端）的毛细管缓冲溶液槽取出后置入样品槽中，并施加高电压于样品溶液槽，样品离子会经由本身的电泳淌度（μ_{ep}）与电渗淌度（μ_{eof}）驱动而进入毛细管中。电动进样时间通常为数秒。然而样品中不同离子会因为本身不同的淌度而导致进样量的个别差异。压力进样法为将进样端的毛细管放置在密闭式的样品槽中，并施以 Δp 的压强于样品槽的液面，此压强会将样品溶液注入至毛细管中。重力注入法是将毛细管进样端从缓冲溶液槽取出后，放入样品槽中，并将样品槽提高到相较于毛细管检测端 ΔH 的高度。样品溶液将因为虹吸作用而进入毛细管中。

5.5.2　临床应用

毛细管电泳-质谱已被逐渐应用于疾病生物标志物的寻找与验证。在寻找代谢物生物标志物的应用方面，毛细电泳-质谱方法已成功应用于许多疾病，其中包含肝癌[15]与阿尔茨海默病[16]的血清代谢物生物标志物的寻找。在多肽生物标志物的开发与应用上，已有研究分析大量糖尿病与肾脏病患者尿液样品并成功找出一组具有高度鉴别性的糖尿病肾病变的多肽标志物，且已应用在大规模糖尿病患者的验证中[17]。也有相关研究在患者胆汁中成功寻找出多肽标志物以专一性区辨出恶性胆道疾病[18]。然而毛细管电泳-质谱在操作上，管电流易受到样品盐类与缓冲溶液的影响而可能产生气泡，从而导致断电；大量样品分析也可能导致部分样品吸附于毛细管壁而影响分离重现性。另一方面，为了达到高灵敏度，无鞘流接口似乎已成衔接设计上的主要潮流。然而在众多无鞘流接口设计上，电喷雾针的不易堵塞或导电涂布层的稳定性，均可影响毛细管电泳-质谱是否可以成为常规使用的技术并应用于实际样品分析。近年来，已有商业化毛细管电泳-质谱仪问世，而其能成功商业化的关键为采用稳定性高且不易堵塞的无鞘流式多孔性纳米电喷雾头设计[图 5-6（d）]。因此当毛细管电泳分离与纳喷雾稳定性高度提升且可完全自动化时，将有助于将此项技术推广到实际样品的应用层面。

5.6　离子淌度质谱

离子淌度是近几年来逐渐被加装于质谱仪的一种气相电泳分离技术。离子淌度为离子在施加电场和惰性气体所形成的屏障腔体内进行迁移。在离子迁移过程中，离子所带电荷数越多、分子量越小以及结构越密集，则其穿越屏障的能力越大，因此其迁移速度越快。相较之下，分子量较大或结构较松散的离子，因具有较大碰撞截面积，所以与惰性气体的碰撞次数较多而导致迁移速度比分子量小或结构紧密的离子慢。因此离子会在迁移过程中因不同价态、离子大小与结构不同而造成分离。离子淌度通常安装于质谱仪内部并置于分析器前端，并需依据所搭配的质谱仪的条件而设计，不像其他色谱分离方式可以方便拆卸并可连接其他质谱仪。由于离子淌度依照离子所带电荷数、大小以及结构而分离，因此可以在同一张质谱信号图中，进一步区分出生物分子的种类，如脂质、多肽与碳水化合物[19]或手性异构体的分离[20]。因此，液相色谱-离子淌度质谱（Ion Mobility Mass Spectrometry，IM-MS）/质谱可达到四个分离维度。

5.7 色谱-质谱数据采集模式

色谱-质谱图可在不同时间显示所测得的离子信号，因此也可称为离子色谱图（Ion Chromatogram）。若将每一张质谱图中的所有质谱信号加总，则称为总离子色谱图（Total Ion Chromatogram，TIC）。另一种常用的基峰色谱图（Base Peak Chromatogram，BPC）则可描绘每张谱图中以最高质谱信号（基峰）为主的信号强度。若要进一步描绘出谱图中的某一特定质量的色谱峰，则可以使用重建离子色谱图（Reconstructed Ion Chromatogram，RIC）或提取离子色谱图（Extracted Ion Chromatogram，EIC）。RIC 与 EIC 都适合从质谱图（选定前驱物离子质量）与串联质谱图中（选定产物离子质量）描绘出该分析物色谱峰的流出时间与信号强度，因此极适合在复杂样品信号中找出待测分析物的信息。

在色谱-质谱法中，可以在不同的色谱时间区段使质谱仪设定全扫描（Full Scan）模式、选择离子监测（Selected Ion Monitoring，SIM）、产物离子扫描（Product Ion Scan）、选择反应监测（Selected Reaction Monitoring，SRM，或称多重反应监测，Multiple Reaction Monitoring，MRM）、前体离子扫描（Precursor Ion Scan）与中性丢失扫描（Neutral Loss Scan）（参阅 4.4 节）。全扫描模式可以设定所需的质量检测范围。选择离子监测、产物离子扫描与选择反应监测模式只适合用于检测已知检测物的信号。产物离子扫描与选择反应监测则因选定前体离子并检测该前体离子的特定碎片离子，可以提高检测信号专一性而改善分析物灵敏度。产物离子扫描与选择反应监测的最大不同点在于产物离子扫描的二次离子扫描为一段可以涵盖所有或部分产物离子碎片的质量范围，而选择反应监测的二次离子检测为固定监测一个或数个产物离子质量。目前在蛋白质或小分子复杂样品中，若要尽可能获得样品中所有离子的一次离子信号与其二次碎片离子信号，则可以使用一次扫描后再挑选谱图中的许多前体离子信号分别进行串联质谱分析（MS/MS）并以产物离子扫描模式扫描。这种数据依赖采集（Data-Dependent Acquisition，DDA）可以在复杂样品中获得大量离子信号，因此已被大量应用于蛋白质组分析与代谢组分析。图 5-9 为利用纳升级流速液相色谱-质谱/质谱以 DDA 分析复杂蛋白质酶解样品的结果。TIC[图 5-9（a）]中充满着无法解析的总离子色谱峰，意味着此样品的色谱信号相当丰富。但可利用 BPC[图 5-9（b）]产生的基峰色谱峰以方便判断在个别时间点的主要质谱信号。进一步利用 EIC 则可以从复杂信号中明确描绘出特定质谱信号，如 *m/z* 754.43 的色谱峰在许多时间点都会出现，而 *m/z*

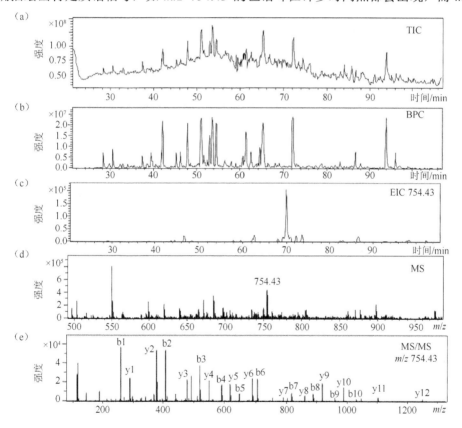

图 5-9　利用纳升级流速液相色谱-质谱分析尿道组织蛋白质的酶解

多肽混合物结果。此样品为经过 iTRAQ 反应并为 24 个分馏样品之一

（a）总离子色谱图；（b）基峰色谱图；（c）754.43 *m/z* 的萃取离子色谱图；（d）在 70 min 时的质谱图；

（e）位于 70 min 时的 754.43 的产物离子谱图，并经蛋白质数据库比对可得此段序列

DFLAGGIAAAVSK 与对应蛋白质 ADP/ATP 移位酶 1（Musculus）

754.43 在 70 min 时有最强信号[图 5-9（c）]。若进一步看此色谱峰的质谱图，可以发现在 70 min 时除了 m/z 754.43 的信号以外，尚有许多其他质谱信号[图 5-9（d）]。而 m/z 754.43 所产生的产物离子谱图[图 5-9（e）]也可以手动或自动方式转入蛋白质数据库比对以得到该多肽的序列与其所属的蛋白质。

DDA 或 SRM 的质谱信号采集模式较易使色谱-质谱受限于质谱本身扫描速度而不易进行全面性检测，且可能无法产生足够的谱图数以构成可供定量的分析物色谱峰。非数据依赖采集（Data-Independent Acquisition，DIA，或称 SWATH）[21] 为将连续区段式的固定质量范围前体离子同时送入碰撞室以执行碎裂离子碰撞，并扫描其产生的所有碎裂离子，再搭配已建好的样品碎片离子与色谱时间数据库搜寻。这种新发展的扫描方式将有效提升分析物检测数量与增加色谱峰谱图数，并也逐渐应用于蛋白质与小分子的鉴定与定量。

参 考 文 献

[1]   Trufelli, H., Palma, P., Famiglini, G., Cappiello, A.: An overview of matrix effects in liquid chromatography–mass spectrometry. Mass Spectrom. Rev. **30**, 491-509 (2011)

[2]   King, R., Bonfiglio, R., Fernandez-Metzler, C., Miller-Stein, C., Olah, T.: Mechanistic investigation of ionization suppression in electrospray ionization. J. Am. Soc. Mass Spectrom. **11**, 942-950 (2000)

[3]   Cole, R.B.: Some tenets pertaining to electrospray ionization mass spectrometry. J. Mass Spectrom. **35**, 763-772 (2000)

[4]   Flender, C., Leonhard, P., Wolf, C., Fritzsche, M., Karas, M.: Analysis of boronic acids by nano liquid chromatography - direct electron ionization mass spectrometry. Anal. Chem. **82**, 4194-4200 (2010)

[5]   Jorge, T.F., Rodrigues, J.A., Caldana, C., Schmidt, R., van Dongen, J.T., Thomas-Oates, J., António, C.: Mass spectrometry-based plant metabolomics: Metabolite responses to abiotic stress. Mass Spectrom. Rev. (2015)

[6]   Alder, L., Greulich, K., Kempe, G., Vieth, B.: Residue analysis of 500 high priority pesticides: Better by GC–MS or LC–MS/MS? Mass Spectrom. Rev. **25**, 838-865 (2006)

[7]   Christie, W.W.: Gas chromatography-mass spectrometry methods for structural analysis of fatty acids. Lipids **33**, 343-353 (1998)

[8]   Maštovská, K., Lehotay, S.J.: Practical approaches to fast gas chromatography–mass spectrometry. J. Chromatogr. A **1000**, 153-180 (2003)

[9]   Shi, X., Wei, X., Koo, I., Schmidt, R.H., Yin, X., Kim, S.H., Vaughn, A., McClain, C.J., Arteel, G.E., Zhang, X.: Metabolomic analysis of the effects of chronic arsenic exposure in a mouse model of diet-induced fatty liver disease. J. Proteome Res. **13**, 547-554 (2013)

[10]   Tranchida, P.Q., Franchina, F.A., Dugo, P., Mondello, L.: Comprehensive two-dimensional gas chromatography-mass spectrometry: Recent evolution and current trends. Mass Spectrom. Rev. (2014) doi: 10.1002/mas.21443.

[11]   Rodriguez-Aller, M., Gurny, R., Veuthey, J.-L., Guillarme, D.: Coupling ultra high-pressure liquid chromatography with mass spectrometry: constraints and possible applications. J. Chromatogr. A **1292**, 2-18 (2013)

[12]   Smith, R., Udseth, H.: Capillary zone electrophoresis-MS. Nature **331**, 639-640 (1988)

[13]   Chen, Y.-R., Tseng, M.-C., Chang, Y.-Z., Her, G.-R.: A low-flow CE/electrospray ionization MS interface for capillary zone electrophoresis, large-volume sample stacking, and micellar electrokinetic chromatography. Anal. Chem. **75**, 503-508 (2003)

[14]   Zhong, X., Zhang, Z., Jiang, S., Li, L.: Recent advances in coupling capillary electrophoresis-based separation techniques to ESI and MALDI-MS. Electrophoresis **35**, 1214-1225 (2014)

[15] Zeng, J., Yin, P., Tan, Y., Dong, L., Hu, C., Huang, Q., Lu, X., Wang, H., Xu, G.: Metabolomics study of hepatocellular carcinoma: discovery and validation of serum potential biomarkers by using capillary electrophoresis-mass spectrometry. J. Proteome Res. **13**, 3420-3431 (2014)

[16] González-Domínguez, R., García, A., García-Barrera, T., Barbas, C., Gómez-Ariza, J.L.: Metabolomic profiling of serum in the progression of Alzheimer's disease by capillary electrophoresis–mass spectrometry. Electrophoresis **35**, 3321-3330 (2014)

[17] Rossing, K., Mischak, H., Dakna, M., Zürbig, P., Novak, J., Julian, B.A., Good, D.M., Coon, J.J., Tarnow, L., Rossing, P.: Urinary proteomics in diabetes and CKD. J. Am. Soc. Nephrol. **19**, 1283-1290 (2008)

[18] Lankisch, T.O., Metzger, J., Negm, A.A., Voßkuhl, K., Schiffer, E., Siwy, J., Weismüller, T.J., Schneider, A.S., Thedieck, K., Baumeister, R.: Bile proteomic profiles differentiate cholangiocarcinoma from primary sclerosing cholangitis and choledocholithiasis. Hepatology **53**, 875-884 (2011)

[19] Fenn, L.S., Kliman, M., Mahsut, A., Zhao, S.R., McLean, J.A.: Characterizing ion mobility-mass spectrometry conformation space for the analysis of complex biological samples. Anal. Bioanal. Chem. **394**, 235-244 (2009)

[20] Kanu, A.B., Dwivedi, P., Tam, M., Matz, L., Hill, H.H.: Ion mobility–mass spectrometry. J. Mass Spectrom. **43**, 1-22 (2008)

[21] Schubert, O.T., Gillet, L.C., Collins, B.C., Navarro, P., Rosenberger, G., Wolski, W.E., Lam, H., Amodei, D., Mallick, P., MacLean, B.: Building high-quality assay libraries for targeted analysis of SWATH MS data. Nat. Protoc. **10**, 426-441 (2015)

第 *06* 章

真空、检测与控制系统

本章综合讨论质谱仪的主要硬件设备以及控制软件的基本构架。主要硬件设备从真空（Vacuum）系统开始，依其基本原理、应用细节及设计考量，来说明真空对于质谱技术的重要性。真空技术涵盖广泛的知识，其原理可由理想气体方程式出发，并与化学动力学的气体分子动力学紧密连接[1]，内容包含气体分子在空间内的体积、运动速度、碰撞频率（Collision Frequency）等。本章将对影响质谱仪运作最重要的真空原理做阐述。另外，本章也介绍目前商业质谱仪最常搭配的离子检测器，内容包含各检测器的运作原理、工作条件以及与各种质量分析器搭配时的考量等。最后，仪器控制系统一节将总结质谱仪各元件间的软、硬件整合。该部分包含质谱仪控制软件的基本构架与整合概念，并对实验操作的设计与执行做整体介绍。

6.1 真空系统

广义的真空，泛指一个没有物体在其中的空间，或者该种状态。而在质谱技术中，真空则指一腔体内的气体被抽离至低于外界压力的状态。在此状态下，离子与腔体内气体的碰撞概率下降，使得离子在质谱仪内被分析的过程中受到的干扰减低，以增加质量解析时的灵敏度与准确度。因此，真空是当前质谱仪运作的必要条件之一，也是操作质谱仪前首先要准备的工作。

6.1.1 真空基本原理

现今所有的质量分析器都需要在真空环境下才可运作。要把气体排出质谱仪，一定是因为大量气体分子的存在会影响质谱仪内执行的分析工作。而气体分子所影响的层面，可分为物理反应与化学反应两种，且物理和化学反应均会对要分析的离子甚至是质谱仪元件造成干扰。所以建构一个真空系统是要确保质量分析工作可以在一个单纯、少有外物干扰的环境下完成。

气体分子干扰质谱仪运作的最直接物理反应是对于离子飞行路径的影响，以及大量气体对于高电压元件造成的破坏。例如，在质谱仪内气体分子与待测离子的碰撞，会造成离子飞行行为的改变，甚至因为气体阻力太大或气流方向影响，离子无法遵循电场方向行进至检测器，因而降低灵敏度。不适当的气压也会让气体分子在高电场的环境下被电离，引发电极间的剧烈放电；剧烈放电瞬间所产生的强大电流可对电极及离子检测器造成永久伤害。相对地，气体分子与离子碰撞也可能引发化学反应，导致离子变质而失去原有特性，甚至失去电荷。这是因为带电粒子的反应性高（也可说稳定性低），所以离子与大量氧气或水分子碰撞引发剧烈化学反应，很容易使得离子被氧化或分解。

然而，现今的真空抽气技术仍无法做到将任何一个容器内部的气体分子完全排出，也就是说不管真空度多高，真空腔体内部还是有残存的气体分子。追求不必要的低压，除了必须付出代价购买更昂贵的抽气设备之外，还必须占用更多的空间与消耗更多的电力。因此，建构真空系统不是要将腔体内所有的气体分子完完全全地清空，而是要减低气体分子的密度至不会影响分析工作为止。

真空度大致可以分为五个范围，依腔体内的气压高低来定义[2]。真空度越高，代表气体压力越低。压力常用的单位有帕斯卡（Pascal）、巴（Bar）、毫巴（mbar）、托（Torr）等（1 mbar = 0.01 Pa = 0.75 Torr）。商业仪器最常使用的单位是 SI 制的mbar，但美国生产的仪器通常会使用 Torr。由于真空度的分类没有很严谨的定义，所以在归类真空度时，mbar 与 Torr 之间的换算在低压时通常可以忽略：

一大气压（One Atmosphere）	1013 mbar（760 Torr）
低真空（Low Vacuum）	1013～30 mbar（760～25 Torr）
中度真空（Medium Vacuum）	30～10^{-3} mbar（25～10^{-3} Torr）
高真空（High Vacuum）	10^{-3}～10^{-9} mbar（10^{-3}～10^{-9} Torr）
超高真空（Ultrahigh Vacuum）	10^{-9}～10^{-12} mbar（10^{-9}～10^{-12} Torr）
极高真空（Extremely High Vacuum）	< 10^{-12} mbar（< 10^{-12} Torr）

依照气体分子动力学的概念，可以估算出任一压力下，单位体积内的气体分子数目，也就是分子密度。以标准环境温度与压力（Standard Ambient Temperature and Pressure，SATP）状态为例，也就是 25℃，一大气压下，1 mol 的空气分子体积约为 24.5 L。由此可换算气体密度为每升的体积内有多达 2.46×10^{22} 个分子。气体分子动力学中更常用来讨论碰撞现象的单位是每立方厘米的数量密度，在此例中则可得到 2.46×10^{19} /cm^3。而即便是将腔体内的压力抽到超高真空状态，如 1 ×

10^{-9} mbar，气体数量密度仍有 $2.46 \times 10^7 / cm^3$。只是因为这些气体分子都非常小，所以气体分子间相互碰撞的概率远低于分子与腔体的碰撞。同理，离子在超高真空下被气体分子碰撞干扰的概率也可以大大降低。

决定质谱仪的最终工作压力（或真空度）的原则，就是必须估计出什么样的真空环境不会对测量造成明显的影响。举例来说，如果离子必须要飞行一段距离才能完成被分析的过程，但又不希望在飞行过程中受到干扰或阻碍，则合适的真空度就是要让离子在飞过该段距离前都不会碰撞到任何气体分子。要完成这个估计，就必须先了解基本的气体分子运动特性。依照定义，分子量为 m 的理想气体分子动能为 $\frac{3}{2}kT = \frac{1}{2}mv^2$，其中 k 为玻尔兹曼常量（1.38×10^{-23} J/K），T 为热力学温度（K）。则该分子的均方根速度（Root-Mean-Square Velocity）为

$$v_{rms} = \sqrt{\frac{3kT}{m}} \tag{6-1}$$

考虑分子的能量及温度分布，借由麦克斯韦-玻尔兹曼分布（Maxwell-Boltzmann Distribution）方程式可得分子的平均速度（$\bar{v}$，Mean Velocity）为

$$\bar{v} = \sqrt{\frac{8kT}{\pi m}} \tag{6-2}$$

在压力高的状态下，气体分子间的相互碰撞变得重要，所以两个移动中的分子间的相对运动，须以平均相对速度（$\overline{v_R}$，Mean Relative Velocity）来看，其关系为 $\overline{v_R} = \sqrt{2}v$。如图 6-1 所示，在假设直径为 d 的相同球形气体分子相互碰撞的前提下，任一分子的碰撞截面积为 πd^2，即长形虚线区域的切面。这是因为所有分子直径都是 d，所以只要任意两个分子的中心距离小于 d 都会相互撞击，例如，图左侧的两个虚线分子会撞击到中间的分子。在此条件下，气体分子的碰撞频率（Z）为

$$Z = \sqrt{2}v\pi d^2 D = \overline{v_R}\pi d^2 D \tag{6-3}$$

其中，D 为气体密度，也就是理想气体方程式（$pV = nRT$）中的 n/V；$\overline{v_R}\pi d^2$ 为每秒分子所扫掠过的体积。Z 的单位为赫兹（Hz），也就是每秒发生碰撞的次数。由此可得每两次碰撞之间所走过的平均距离为 $\lambda = \frac{\bar{v}}{z}$，而 λ 则称为该真空环境下的分子平均自由程（Mean Free Path）。将 D 以理想气体方程式取代后，可以推导出平均自由程的通式：

$$\lambda = \frac{kT}{\sqrt{2}p\pi d^2} \tag{6-4}$$

因此，温度越高或者压力越低，平均自由程越大。

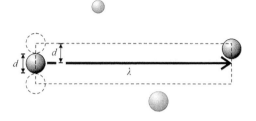

图 6-1 分子碰撞截面积与平均自由程

依照平均自由程的定义，气体分子飞行 λ 距离所扫过的空间内只容许在尽头出现另一个气体分子（图 6-1），由此可以反过来计算符合该 λ 条件的真空度。因为其扫掠的体积是气体分子碰撞截面积乘上扫掠距离，也就是 $\pi d^2 \lambda$，所以该环境下的相对气体密度 D 就是 $1/(\pi d^2 \lambda)$，由 D 可以再借由理想气体方程式推算 p。假如一离子在飞行时间质谱仪内必须扫掠过 1 m 的距离才能由离子源到达检测器，也就是说设定 $\lambda = 1\,\mathrm{m}$。以一般空气分子的大小约 3×10^{-10} m 来推算，其分子碰撞截面积约是 $\pi \times (3 \times 10^{-10})^2 \,\mathrm{m}^2$，使得最终 $1/(\pi d^2 \lambda)$ 的计算结果是每升体积内有 3.5×10^{15} 个分子，相当于 1.1×10^{-4} mbar。也就是说，一台长度 1 m 的飞行时间质谱仪必须维持 10^{-4} mbar 以下的压力。商业飞行时间质谱仪的压力通常低于 10^{-6} mbar，一方面可更确保离子不被分子碰撞，另一方面则是考察其使用的离子检测器必须维持在此压力下工作（见 6.2.2 小节）。相对来说，商业离子阱质谱仪常用的检测器就可以在较低的真空环境下工作，所以这种质谱仪的压力维持在 10^{-5} mbar 即可。

6.1.2 常用的抽气设备

达到真空状态的基本概念就是引导气体分子流向抽气设备，让抽气设备可以将气体排出腔体外。腔体中的气体越少，每个分子的运动路径就会越单纯，因此气体流动的现象与当时的气体压力有关。气体的流动现象由高压至低压可简单分为黏滞流动（Viscous Flow）、过渡流动（Transition Flow）及分子流动（Molecular Flow）三种基本模式[2, 3]，如图 6-2 所示。这三种流动状态可以依照当时状态下的平均自由程与真空设备内部尺寸的比例来区分：（a）黏滞流动发生于一大气压至低真空环境，此时粒子的平均自由程远小于腔体的尺寸，所以一旦在抽气口产生压力差，腔体内的气体会相互挤压并朝低压区移动。（b）过渡流动发生在 0.1 mbar 左右的中度真空环境下，此时气体平均自由程很接近仪器尺寸，所以气体的流动除了与压力差有关之外，也与腔体的形状及尺寸有关。（c）分子流动发生在高真空环境下，此时气体的平均自由程大于仪器的尺寸，因此气体分子的运动可以看成气体分子在腔体内部自由运动，而此时要有效率地抽气就必须搭配口径大的抽气口或通道。

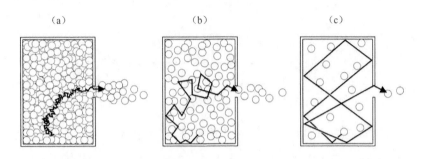

图 6-2　气体分子流动的三种模式
(a) 黏滞流动；(b) 过渡流动；(c) 分子流动

依照以上气体运动模式，各种真空抽气装置（通常指俗称的泵）应运而生，且可依其工作压力范围分类，然后依照所设定的真空度来相互搭配。大多数质谱仪都必须串联低真空及高真空两种泵，而且开启时必须循序启动。以下依照三种真空范围依序列出常用的抽气装置。

1. 粗抽泵（Roughing Pump）：适用于 $1000 \sim 10^{-3}$ mbar

机械泵（Mechanical Pump）、隔膜泵（Diaphragm Pump）及涡卷式泵（Scroll Pump）都属于粗抽泵，也有人称作前级泵（Fore Pump）。这类泵是以机械元件的旋转或鼓动来压缩自真空腔体端流入泵内的空气，并配合排气装置将此压缩空气排至大气端。大部分此类泵的元件需要机油润滑，所以也需要经常性地保养。此类泵通常运作时也会产生噪声与高温。

2. 高真空泵（High Vacuum Pump）：适用于 $10^{-4} \sim 10^{-9}$ mbar

涡轮分子泵（Turbomolecular Pump）、扩散泵（Diffusion Pump）及低温泵（Cryopump）都属于高真空泵。涡轮分子泵的主结构是高速旋转的涡轮叶片组，气体分子在进入涡轮区时会被叶片带往泵底部的排气通道。扩散泵则是以其底部高温蒸发高分子量油分子，让油分子上升至泵顶端的回流挡板后被冷却并引导下降回泵底部。在此循环过程中，下降的油分子带动气体分子至泵底部的排气口。因为此类泵的排气能力无法抵抗大气回流，所以以上两种泵都必须在排气口后连接一个粗抽泵。而低温泵则是以极低温（低于液态氮温度）的挡板吸附空气分子，使腔体内压力降低，有些甚至可以低至超高真空范围。这类泵在挡板回温后则会重新释放出气体，所以在实验时必须注意维持挡板低温。低温泵也无法在腔体压力过高时工作。

3. 超高真空泵（Ultrahigh Vacuum Pump）：适用于 $10^{-4} \sim 10^{-11}$ mbar

低温泵与离子泵（Ion Pump）都可以将腔体内压力降到超高真空的范围，所以可归为超高真空泵。与低温泵不同的是，离子泵利用高电压将气体分子电离后，再将其吸附在电极板上以降低压力。相较于涡轮分子泵，离子泵虽然工作的真空度范围更广，但是其缺点是泵体积为同等级涡轮分子泵的数倍。此压力范围也可以串联二涡轮分子泵或二扩散泵，或者在涡轮分子泵后再串联一个扩散泵等组合达成。

举例来说，若要维持一真空腔体的真空度在 10^{-9} mbar，则可以选择在真空腔体端到大气端依序装置一个涡轮分子泵与一个机械泵。必须注意的是，每一个泵所负责的压力范围都有严格的规定；在不适当的高压下开启高真空泵会使泵无法启动甚至损坏。正确的真空抽气步骤为先导通主腔体与泵间所有阀门，开启粗抽泵至接近其极限压力（如 10^{-2} mbar 以下）时，再开启高真空泵，而且每一阶段的启动时机必须视腔体压力而定。而腔体内压力的下降速率除了与泵的规格有关外，也与腔体大小、物体表面吸附物、气体自然溢散和真空封盖或管线的密合度等相关。一般仪器的设计考虑的是搭配一组恰好可以维持所需真空度的抽气设备以降低成本。除了部分高解析质谱仪外，高真空环境已经可以满足大部分的质谱仪需求。

6.1.3 真空压力计

质谱仪内的压力必须随时监测以保护精密元件，而其监测范围大约是由一大气压至 1×10^{-8} mbar 左右。在这么广的压力范围内，真空压力计大约可以分为工作压力范围为 10^{-3} mbar 以上的低真空压力计，以及工作压力范围为 10^{-3} mbar 以下的高真空压力计。真空压力计（Vacuum Pressure Gauges）有许多种类，包含传统的机械式压力计（Manometer），如水银压力计、隔膜式真空计（Diaphragm Gauge），还有利用薄膜因压力位移而使得两金属片间距改变的电容式压力计（Capacitance Manometer）等等。但是，传统真空压力计很少在质谱仪上使用，所以在此不一一赘述。现今质谱仪内常用的低真空压力计为热导真空计，高真空压力计则为电离真空计。以下就针对这两种真空压力计做介绍。

1. 热传导真空计（Thermal Conductivity Gauges）

顾名思义，热传导真空计的工作原理与热的传导有关。在这种真空计的内部，会有一通以电流的加热线，再测量加热线或是周边物体的温度或物体特性变化来测量气体压力。热传导真空计的最佳工作范围是 $10 \sim 10^{-3}$ mbar，因为在这个范围内，热经由气体传导的效率变化最高，最利于观察。常见的热传导真空计有热电偶真空计（Thermocouple Gauge）、皮拉尼真空计（Pirani Gauge）、对流真空计（Convection Gauge）等。热电偶真空计是用热电偶去测量一金属加热线圈上的温度来换算压力，如图 6-3（a）所示。因为气体压力越高，热灯丝的温度也因气体对流的关系而降低，借此换算出压力。皮拉尼真空计则是利用惠斯通电桥（Wheatstone Bridge）的原理，将电桥上的一个电阻用真空内的灯丝取代；因为真空压力高低会使得灯丝的发热程度改变，进而影响灯丝的电阻，所以可以用此电路精准测量整体电路上的电流变化来换算压力值。这类真空计的缺点是对于不同的背景气体，会有不同的校正参数。因为大部分市售真空计都是针对氮气来校正，所以该校正参数不可以直接套用于不同气体成分的压力计算。

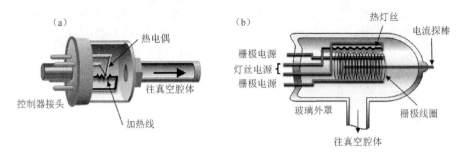

图 6-3　常见的低真空与高真空压力计
（a）热电偶真空计；（b）电离真空计

2. 电离真空计（Ionization Gauges）

电离真空计是利用电离气体分子所产生的电流换算为压力。电离真空计又分为热阴极及冷阴极电离真空计，其阴极的作用就是用来产生离子化气体分子的电子。热阴极用的是一个通过高电流的热灯丝（Filament）产生电子，并让电子在一栅极（Grid）线圈周围围绕飞行，如图 6-3（b）所示。当气体分子撞击到这些热电子时会被离子化产生离子，此离子被加速到一个置于栅极中心或附近的电流探棒收集，再依所收集到的电流大小换算真空压力。典型的热阴极真空计有 B-A 真空计（Bayard-Alpert Gauge）及裸离子规（Nude Ion Gauge）。另外，冷阴极真空计用的是高电压（低电流）产生电子，并以一强力磁铁让电子在真空计内部旋转以增加作用时间与空间去离子化气体分子，再将离子化后的离子用探棒收集后换算为真空压力。由于离子化真空计配有一热灯丝或者高电压电极，在压力很高的状态下工作将会烧毁灯丝或者让高电压电极持续不正常放电而损坏，所以此类真空计的工作压力通常在 10^{-3} mbar 以下。而冷阴极压力计可线性测量的最低工作压力大约在 10^{-6} mbar，热阴极真空计则在 10^{-10} mbar 左右。质谱仪本身也可以当作电离真空压力计的离子收集器，其概念就是把热阴极或冷阴极当作电子电离

（Electron Ionization，见第 2 章）的离子源，将离子导入质谱仪后再分析离子电流。这类真空计称为残留气体分析仪（Residual Gas Analyzer），其可测量的最高真空度可达 10^{-11} mbar。

6.2　离子检测器

当离子通过质量分析器后，所有的离子都需要经过检测器将离子转换成电信号才能被记录分析。离子检测器通常需要具有灵敏度高及反应时间快的特性，好的检测器更需具备放大倍率高、噪声低、动态范围宽、信号稳定、寿命长以及保存容易等特点。依据检测器的特性与应用，其可以大致分为无增益式与增益式离子检测器两种。而这里所指的增益，是指检测器本身的增益，而不是放大电路的增益。

6.2.1　无增益式离子检测器

无增益式离子检测器本身不放大离子信号，它只作为收集离子电流或感应离子电荷的简单装置。此类检测器的检测原理只与电荷数 z 有关（非 m/z），对质量没有选择性，也不会因为增益值变动造成定量上的误差。此类检测器虽然不如增益式离子检测器灵敏，但其灵敏度可在搭配后端信号放大电路后大幅增加，也可在特定仪器上借由傅里叶变换式分析器做多次测量达到单一电荷检测极限。使用无增益式离子检测器的仪器包含傅里叶变换离子回旋共振（FT-ICR）质谱仪、轨道阱（Orbitrap）质谱仪及电荷检测质谱仪（Charge Detection Mass Spectrometer）。

无增益式离子检测器的结构主要是由检测离子的电极以及在后端的信号放大电路构成。一般用来检测离子的电极称做法拉第电极，而此电极依其形状又常被称为法拉第板或法拉第杯（Faraday Plate/Cup）。法拉第杯通常直接放置在离子路径上收集离子，而法拉第板则可直接收集离子或安装于离子路径旁感应离子信号[4]。如图 6-4（a）所示，直接收集离子的法拉第杯常将杯内制成斜面，或于外部设置一网状电极，用于抑制离子撞击金属表面后所产生的二次电子与离子飞离检测器而造成的量测误差。这种检测器可直接连接安培计，再由电流量推算出每秒有多少离子进入检测器。假设每个离子只带有一个电荷，因其电量是 1.6×10^{-19} C，则离子数目可以由安培计所读到的电量除上此数值来估计。举例来说，若安培计量测到 1×10^{-9} A 的电量，代表每秒有 $1 \times 10^{-9} / 1.6 \times 10^{-19} = 6.25 \times 10^9$ 个离子被检测到。目前市售的安培计可以测量的最低极限大约在 1×10^{-15} A，相当于最低可检测 10^4 个离子。如果将电流信号改为电位测量，则可在法拉第电极与接地端之间将电位计与高阻值的电阻并联。依关系式 $V = IR$，由电位计量测电流在电阻中产生的压降，也可计算出离子数目。若是 1×10^{-9} A 的电流经过 10 MΩ 的电阻，其产生的电压为 0.01 V，此电压值高于信号撷取装置的噪声值而被记录下来。但当离子数目很少时，信号强度减弱使得噪声的干扰变得严重。法拉第电极的优点是构造简单，可形成数组阵列检测器（Array Detector）。

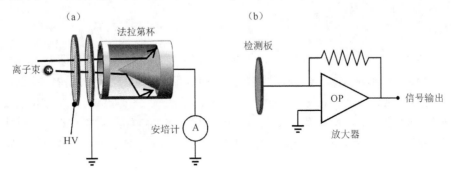

图 6-4　常用的无增益式离子检测器

(a) 法拉第杯；(b) 电荷检测器

无增益式离子检测器在接收到离子后，可用不同的原理将信号放大再做记录。目前最常用的方法是搭配反应速度快的放大电路，构成电荷检测器。另一种方法则是冷却检测板后再检测离子造成的热能变化，称为低温检测器。以下针对这两种信号处理方式做介绍。

1. 电荷检测器（Charge Detector）

当用法拉第电极直接收集离子时，离子的电荷会直接流入放大电路。若以非接触方式检测离子，则离子靠近法拉第电极时会在放大电路产生相对应的感应电流。电荷检测器是以法拉第电极后端的转阻放大器（Transimpedance Amplifier）将电流转换为电压，并放大信号。如果放大后的信号电压高于噪声，则此信号可被辨认并记录。噪声中最主要的一项是热噪声，热噪声所产生的等效输入电压可由功率频谱密度计算：

$$\overline{V_N^2} = 4kTR \tag{6-5}$$

其中，k 为玻尔兹曼常量；T 为电阻的热力学温度；R 为电阻。若要转换成均方根电压则要带入频宽（Δf，Bandwidth），则 $V_N = \sqrt{4kTR\Delta f}$。减低噪声必须提高测量时间，或是增加测量次数（$N$），而减低的数量级为 $\sqrt{N}$。举例来说，重复测量 4 次可降低噪声为原来的 1/2，测量 25 次可降低至原来的 1/5。

利用感应原理所设计的电荷检测器称为感应电荷检测器（Induction Charge Detector）或像电流检测器（Image Current Detector），常用于傅里叶变换质谱法

(Fourier- Transform Mass Spectrometry，FTMS)。这类检测器通常是由真空腔体内的金属圆管或电极平板作为检测板，并连接真空腔体外的放大器[5-7]，如图 6-4（b）所示。测量时，离子束通过金属圆管或检测板产生周期性的感应电流信号，这些少量离子所产生的微小电流由运算放大器（Operation Amplifier）放大，成为可以被测量的电压信号。放大器内部包含低噪声结型场效应晶体管（Junction Field Effect Transistor，JFET），其闸极（Gate）如水龙头的开关控制 N 型的结型场效应晶体管的空乏区大小，借以决定由源极（Source）流至漏极（Drain）的电流大小。感应电极板连接至闸极，也就是以闸极控制放大离子电流信号后产生的电压大小。一般测量周期运动的离子会采用运算放大器构成差分放大器，利用共模抑制比（Common-mode Rejection Ratio）可以减去同相位的干扰信号，放大相位差 180°的感应电流信号以增加信噪比。以 FTMS 为例，电荷检测器收集离子移动产生的时域信号，再以傅里叶变换为频域信号，最后计算出质荷比。例如，FT-ICR 的信号是离子回旋运动产生的感应电流（I_s）均方根数值：

$$I_s(\text{rms}) = \frac{Nq^2rB}{\sqrt{2}md} \tag{6-6}$$

其中，N 为离子数目；q 为电荷电量；m 为离子质量；B 为磁场强度；r 为回旋半径；d 为检测器两电极板间距离[8]。因为回旋频率是 $\omega_c = qB/m$，所以上式可改为

$$I_s(\text{rms}) = \left(\frac{Nqr}{\sqrt{2}d}\right)\omega_c \tag{6-7}$$

感应电流输入放大器后，转换成电压 $V_S = I_S(R_b \parallel X_C)$，$X_C$ 为放大电路上电流为对抗电容产生的电抗，R_b 为放大器输入端的电阻，$\parallel$ 表示并联。

由于 $|X_C| = 1/(\omega_c C)$，C 是放大器输入端的总电容值，所以当 $R_b \gg X_C$ 时，$(R_b \parallel X_C) \gg X_C$，则可得到电压值为

$$V_S = \frac{Nqr}{\sqrt{2}dC} \tag{6-8}$$

因为电路本身产生的噪声来源是以接面场效晶体管的等效噪声 V_N 为主，信噪比可改写成

$$\frac{V_S^2}{V_N^2} = \left(\frac{3N^2q^2r^2}{16d^2kT\Delta f}\right) \times \left(\frac{g_m}{C_{FET}}\right) \times \frac{1}{C_{FET} + \left(1 + \dfrac{C_t}{C_{FET}}\right)^2} \tag{6-9}$$

其中，g_m 为结型场效应晶体管的转移电导；C_{FET} 为结型场效应晶体管的电容；C_t 为电极板的电容与电线产生寄生电容的总和；Δf 为测量的频宽。这类检测器的特点是检测行为是一种非破坏性的过程，也就是同一离子可以被多次检测，或者检测完成后可以暂时保存下来进行后续的实验。由于非破坏性的检测是以感应方式

检测离子信号，不像离子直接撞击检测板时可以直接反映出实际电荷量，所以需由已知电量的离子做强度校正。

另一种感应电荷检测器是在此构架上再加上积分电路，让积分后的电荷信号强度能够反映出实际粒子所带的电荷量。因此，若以此检测器搭配质谱仪，由质谱仪得知质荷比后再乘上由电荷检测器所估计出的电荷数，就可以得到质量数。其原理是利用已知电荷在金属圆管或检测板上，会为已知电容量的电容充电产生电压，而充入的电荷等于电容乘以测量到的电压（$Q = CV$）。例如，使用 1 pF 电容器来收集离子信号时，要累积达 10 mV 的电压需要 62500 个电子，即$(1 \times 10^{-12}$ F $\times 10^{-2}$ V$) / (1.6 \times 10^{-19}$ C$)$。若此信号经由电流放大后的电压为 3 V，则得到换算参数为 20 electrons/mV。此检测器的优点是可以测量带电粒子的电荷数，不像一般检测器搭配质量分析器时只能提供质荷比（m/z），但缺点是信号放大后的电路回复时间长，较易造成相近信号干扰，也容易产生噪声。

2. 低温检测器（Cryogenic Detector）

此类型检测器的测量原理是检测高动能的带电粒子在撞击检测器时所产生的热能[9, 10]。由于每一粒子所产生的热能变化非常微小，要提高灵敏度必须尽量减少环境温度的影响。因此，此类检测器必须在极低温度下工作，通常会以液态氦将温度冷却到接近绝对零度。在一般情形下，热噪声来自温度的提高，但在接近绝对零度时热噪声被降低，检测器的灵敏度也因而得以提高。此时只要有极低的能量释放，就能越过半导体的能隙（Energy Gap），产生电信号。因为此检测原理是能量的释放，且与动能有关，但和质量无直接关系，因此计算分子量的方法与飞行时间质谱相似，在测量大分子量的样品方面是非常有力的工具。但由于必须使用液态氦，因此操作与维护较不方便，且占用空间较大。

6.2.2 增益式离子检测器

增益式离子检测器是使用最广泛的离子检测器类别，因为其增益值可使得质谱仪的灵敏度远远高于无增益式离子检测器，甚至可达到单离子检测。增益式离子检测器的离子信号放大过程通常是借由高电压差引发离子或电子的连续撞击，以增加二次电子的数量，所以此类检测器对于工作环境的要求非常严格。若在不适当的工作环境（如过高的压力或电压）下运作，会快速减损检测器寿命。增益式离子检测器的增益值定义为 Gain(D) = I_{OUT} / I_{IN}，其中 I_{IN} 为检测器末端的输出电流，而 I_{IN} 则为离子入射进检测器的电流。增益式检测器的增益值通常为 $10^4 \sim 10^9$。

1. 电子倍增器（Electron Multiplier）

电子倍增器的原理是让离子撞击到容易释放出二次电子的材质表面，二次电子经由重复撞击相同材质连续放大二次电子数目后，再记录二次电子数量来达到检测目的[11, 12]。由于每个电子碰撞材质表面可产生数个二次电子，所以经过多次撞击后，可以让一个入射离子产生数百万个以上的二次电子，达到放大离子信号的效果。但此类检测器较不适合精确定量，因为离子撞击表面产生二次电子的数目不固定，而是呈现泊松分布（Poisson Distribution）；假设泊松分布的 N 是 3，表示每次离子撞击表面所产生的二次电子数目可能是 1～6，只是统计后出现 3 个二次电子的概率最高。另外，检测器所施加的高电压会使得暗电流（Dark Current）升高，造成二次电子计算上的偏差，这也是此类检测器较不适合定量的原因。但电子倍增器除了有灵敏度高的优点之外，它相对于稍后即将介绍的微通道板则有较长的生命周期，可保存在大气下。

电子倍增器依据其结构可分为不连续式（Discrete）与连续式（Continuous）两种。不连续式电子倍增器由相互交错的电极构成，各电极间以电阻连接并施加高压电，则每层电极间可因分压而对电子产生加速的效果。一般第一片电极加上 $-1500 \sim -3000$ V 的电压，由于带正电粒子被负电压吸引而撞击第一片电极产生二次电子，该二次电子即被第二片电极板的电位加速撞向其表面产生更多的二次电子。以此类推，最后产生的电子流被收集器或阳极收集后，再经由电阻转换成电压信号。这类电子倍增器因为每个电极都是独立的，且电极板的面积较大，因此具有较高的动态范围、较长的生命期及较高的放大倍率。

通道电子倍增器（Channel Electron Multiplier，CEM，也常称为 Channeltron®）是一种连续式电子倍增器，是利用玻璃管制作成漏斗状结构，在玻璃表面涂布易释出二次电子的涂层。在漏斗状结构的最前端施以负高压电，而尾端外侧接地，依本身涂层的电阻自然产生电位差来加速电子，如图 6-5（a）所示。当离子撞进漏斗状结构内壁最前端，产生的二次电子会被加速往内部撞击，二次电子不断在内部撞击产生更大量的电子束，最后由漏斗状结构的尾部输出到收集器产生信号。这类检测器的优点是体积可变得很小，适用于有空间限制的分析器。它也可在较高压力下（约 1×10^{-2} mbar 以下）操作。但这类检测器的缺点是二次电子产生在同一电极结构中，因为检测器总面积有限，易造成二次电子饱和，使得高放大倍率端无法呈现线性放大，降低测量的动态范围。

总的来说，电子倍增器的响应时间（Response Time）约为 20 ns，造成无法测量下一个离子的时间（Dead Time）约 25 ns。若以计数模式（Counting Mode）操作，则大约每秒能计数的离子数为 5×10^5。此响应时间相对于微通道板长，再加上接收离子的开口直径较小且检测面与离子路径并非垂直，对于离子飞行时间与距离的定义不够精准，所以不适合作为飞行时间质量分析器的检测器，但常作为离子阱分析器的检测器。

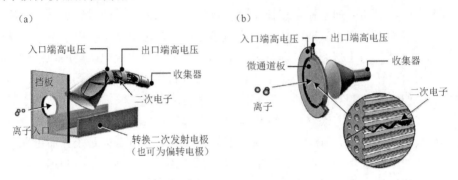

图 6-5　常用的两种增益式离子检测器

(a) 电子倍增器；(b) 微通道板

2. 微通道板（Microchannel Plate，MCP）

微通道板可归纳为连续式电子倍增器的一种，只是它将每个微小化的连续式电子倍增器做成数组形态，并集中在一只半导体圆盘上，如图 6-5（b）所示[13, 14]。由于其圆盘表面与离子飞行路径垂直，且电流信号的时间半高宽通常小于 2 纳秒（ns），其时间与离子飞行距离的定义非常精准，所以它是飞行时间质谱仪上最常用的检测器。微通道板上每个信道的直径大约是 $10\sim20$ μm，通道相对于圆盘表面约呈 8°，以确保让垂直入射的离子可撞入通道表面产生二次电子。每一通道管长与直径的比例在 $40\sim100$ 之间，此比例决定增益值的大小。微通道板也具有极高的空间分辨率，其定义为每个通道中心对周围通道之间的距离；如通道直径为 12 μm 的微通道板，每通道之间相隔 3 μm，则其空间分辨率为 15 μm。

操作微通道板的方式可以是单片或多片相叠的方式，一般是施以负高压于微通道板一面，另一面接地。每片微通道板能承受的电压差为 1000 V，若超过此电压，则微通道板将被烧毁。因此堆叠多片微通道板时，可依片数多少利用电阻分压，使得输入的高压电被分压成适当的电压平均分配于微通道板之间。每一片微通道板的总电阻约为 10^9 Ω，操作时的电流量约为 400 μA。微通道板最常见的结构为二片堆叠式（Chevron，即二片板通道角度呈 V 字形排列），另外也有三片堆叠式（Z-stack，即三片板通道角度呈 Z 字形排列）。二片堆叠式的一种操作方式是施加 -2200 V 于第一片，-1200 V 于第二片与第一片之间，而第二片的输出面则施加 -200 V，收集电子流信号的收集器则是 0 V。当离子撞击进入微通道板中，其效果类似连续式电子倍增器，二次电子反复撞击通道内部表面产生大量二次电子。这些大量的二次电子在通过第一片板后，会被分配到第二片微通道板的不同通道上，二次电子再次在不同信道内被放大，最终输出大量电子流被收集器收集，产生短脉冲信号。一般二片堆叠式的最高增益值为 1×10^7。假设入射离子产生信号的半高宽是 2 ns，检测器的增益值是 1×10^7，则一个离子可产生 1×10^7 个电子，相当于电流为 $(10^7 \times 1.6 \times 10^{-19}) / (2 \times 10^{-9}) = 8 \times 10^{-4}$ A。一般信号撷取装置的输入阻抗是 50 Ω，因此所检测到的信号强度为 40 mV（因为 $V = IR$）。由于噪声的强度为 $V_N = \sqrt{4kRT\Delta f}$，当温度是 298 K，电路上的频宽是 500 MHz 时，噪声的均方根强度为 20 μV。因此，此例中的一个离子可产生信噪比为 2000 的信号。这类检测器的优点是检测面积较大、增益值高、反应速度快，甚至可搭配荧光屏或数组式收集信号电极变成离子图像检测器。其缺点则是易受湿度的影响，保存不易，且需在高真空度下工作（$< 1 \times 10^{-6}$ mbar）。

3. 闪烁检测器（Scintillation Detector）

闪烁检测器也称达利检测器（Daly Detector），其原理也是离子转换二次电子，但是所产生的二次电子数目没有被放大，而是直接加速撞击高效率的荧光屏后发光，然后光子再由极为灵敏的光电倍增管检测并放大成电子信号[15]。达利检测器由一个施加负高电压的表面镀铝金属转换二次发射电极（Conversion Dynode），通常为 $-25 \sim -30$ kV，以及放置在此转换电极前方的荧光屏构成，离子飞行轴则通过这两个组件间的空间。该荧光屏通常被固定于一个真空窗口，并镀上数埃（Å）厚度的铝，使得荧光屏表面呈现零电位且不透光。当正离子进入检测区域时，转换二次发射电极上的电位会吸引其高速撞击电极表面产生二次电子，而转换二次发射电极上的高电压则又加速二次电子飞向荧光屏，使电子以高速穿透铝层并撞击荧光屏发光。真空窗口外则放置光电倍增管，用以检测荧光屏上的光点，但不会受到真空内部散射光的干扰。光电倍增管的结构与不连续式电子倍增器的结构是相似的，即光子射入光电倍增管中，因光电效应使得电极表面的电子被入射光激发出来。电子流经过多次电极间的反复放大而增加，并被转成电压。达利检测器的增益比是所有检测器中最高的，转换电极上的极高负电压使得产生二次电子的效率远高于其他增益式检测器。除此之外，光电倍增管本身也具备高增益比，使得此检测器的总增益比可达 10^9。但是，达利检测器的使用限制与缺点也很多，如由于粒子转换路径与过程复杂（离子→电子→光子→电子），所以信号响应时间长；且达利检测器只适用于正离子，无法检测负离子。另外，高偏压电极通常需要在 10^{-8} mbar 的高真空下工作，加上体积较大，所以其真空抽气设备相对其他检测器而言较复杂。

目前商业质谱仪常以转换二次发射电极搭配增益式离子检测器使用，以增加仪器灵敏度。这样的设计与达利检测器类似，且转换二次发射电极不仅能因为入射离子撞击而产生二次电子，也可产生二次正离子与负离子。转换二次发射电极通常由金属板做成，且表面镀上一层容易产生二次电子的材质。当离子撞击此转换电极时会产生二次电子，以及许多质量不超过 200 amu 的二次正离子与二次负离子。这种构造的检测器一般常与离子阱分析器搭配，当转换二次发射电极施加正电压（+15 kV）时，入射负离子会被吸引撞击转换二次发射电极表面并释出二次正离子；反之，施加负电压（−15 kV）时，入射正离子会被吸引撞击转换二次发射电极表面并释出二次负离子与二次电子。这些二次带电粒子被加速前往电子倍增器检测，且由于这些粒子相对于原先入射离子的质量更轻，更容易产二次电子。这种方法除了对分子量较小的分子有用外，对于测量质量较大的离子效果更佳。

6.3 仪器控制系统

仪器控制系统就像是整个质谱仪的大脑，整合所有硬件设备的运行，并让用户通过软件来进行分析工作。当然，要舍弃软件仅用人工控制也可以让仪器运行，只不过实验的效率低，且容易产生人为误差。在质谱仪内，从进样、引导、分析、检测到记录，往往仅花费数微秒；因为计算机对于各种硬件参数的掌握比人精准快速，所以自动化仪器除了让实验的执行更有效率之外，也肩负着提高实验的稳定度、可靠度与数据重现性的任务。质谱仪最主要的仪器控制系统包含电源控制、同步与时序控制以及数据采集三大部分，这三大部分的整合则是通过控制软件来达成。因此，一台质谱仪的运行可以由控制软件来描述。以飞行时间质谱仪为例，其结构可以用图 6-6 表示。但因为电源控制与同步控制等过程牵涉许多硬件的整合，所以除了数据采集系统可直接对应到数据采集卡之外，图 6-6 并未将另外两大系统特别标示出来。

控制软件可以在各种不同的计算机操作系统下开发。以最常见的 Windows 操作系统为例，较为重要的程序语言包括 C#、VC++（MFC）、VB 等。VB、C#是较为人性化且可快速完成的高阶程序语言，但是相对地牺牲了控制的灵活度。而VC++则适合开发程序严谨且执行速度快的程序，也是目前适合质谱仪控制软件使用的语言。除了上述的程序语言外，LabView 也是常见且属于可快速建构简单硬件控制接口的程序语言，但是其限制也多，所以一般只在实验室开发阶段使用。

在操作系统下以程序语言建构控制接口时，通常会把商业化模块设备借由厂商提供的应用程序接口（Application Programming Interface，API）来搭配软件开发，使其能与硬件进行沟通，包括基础沟通函数、数学函数、数据结构、数据类型等基本沟通功能。跨操作系统平台间的开发因为包含了不同系统之间所需要的资源交换，所以使用包含了各平台应用程序接口的软件开发工具包（Software Development Kit，SDK）。而针对自行开发或使用标准通用串行传输（Universal Asynchronous Receiver/Transmitter，UART）接口的装置（RS232、RS485、GPIB/IEEE-488），多为以下达指令形式作为沟通的主从结构。其中除了 RS232 外，都可以支持串联多机设备。USB 也可用于指令传输，但是其结构不如其他接口单纯，所以目前此类作法还不多见。但是若要传输大量数据，如质谱信号，就必须采用带宽较高的 USB、LAN 接口，或使用计算机内部的接口如 PCI、PCIe 等。

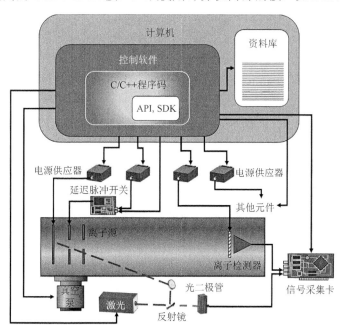

图 6-6　飞行时间质谱仪的仪器控制概念图。仪器控制的核心为计算机内的控制软件，而每一个硬件组件的工作则通过软件与各组件之间的指令来沟通。图中的连接线代表指令或数据的传送。实际仪器控制包含数十种组件，本图无法一一列举

　　仪器各部分的整合除了要单独控制各项硬件（如电源供应器、泵、阀门、移动平台等）之外，更需协调出各硬件间的动作顺序，也就是时序控制。这就像乐团的指挥一样，要精准控制每一项乐器的开始与结束时间，不能有任何乐器的动作超前、落后或冲突。在图 6-6 的软件程序代码内部常利用互斥（Mutually Exclusive）机制来减少连续动作时的冲突，或以多线（Multithreading）结构在同一时间内进行多个工作，增加程序的功能，进而减少作业时间。

　　当仪器控制与时序都整合完成之后，最后将信号采集系统所收集到的数据系

统地储存至数据库，如图 6-6 中计算机内的数据库。数据库会有条件地将数据逻辑化，使每一组数据都有相对应的存放位置，以方便提取或运算。例如常用的 Excel 就是数据库的形式，其中包含了许多数学函数可供计算，但实际的数据库可管理的数据量远大于 Excel 可承受的范围。常见的数据库有 Microsoft SQL Server、Oracle、MySQL、MariaDB、Percona Server 等。数据库使用结构化查询语言（Structured Query Language，SQL），也称 SQL 语言。控制软件将多组质谱数据存放在数据库中，并将每一组数据都赋予一个标识符（Identity），通过标识符来检索数据将更加快速。数据库建立之后，可以使用函数功能取得某一兴趣区段的数值来计算，这个功能在成像质谱实验中格外重要。

在具备了以上的仪器控制软件之后，就可以依序控制整台质谱仪的每一个动作。以下就针对上述电源控制系统、同步与时序控制系统、数据采集系统三个相互独立，但各自遵循计算机软件指令的基本结构做更详尽的介绍。

6.3.1　电源控制系统

电源是驱动所有电子设备与动力装置所需的能量。质谱仪所需的电源由市电引进仪器内部，经适当的变压与整流后供给各种设备，包含电源供应器、计算机、泵、真空计、检测器等。电源供应器主要分为两种，一种称为线性电源（Linear Power Supply），另一种称为交换式电源（Switching Power Supply）[16]。线性电源供应器主要是利用两个不同线圈的线圈数比例不同，将市电升压或降压，再整流成直流电。其主要优点是具有低噪声与低干扰特性，但是能量损耗高，因此若要输出较大功率，线圈体积与质量会过大而不便。交换式电源供应器具有高转换效率和较不占空间的优点，因此常用于小体积但需大功率的设备。其利用一次侧线圈（Primary Coil）及快速开关搭配二次侧线圈（Secondary Coil）上的电感进行电压转换。快速开关高速开闭的动作会造成高压电噪声，因此噪声必须借由高通或低通滤波方法除去。

质谱仪内实际控制离子的电极通常都负责施加直流或高频电场。这些电力通常都是由电源供应器模块产生，而这些电源供应器的控制必须以计算机通过数字/模拟转换器（Digital-to-Analogue Converter，DAC）来下达指令。若要产生直流电场，通常只需要提供极小的电流（低 μA 级）给电极即可，所以即使电压需求很高，电源供应器的功率通常不高。高频电场则完全不同，因为电线、电极与接口设备会自然产生电容与电感效应，所以要让电极准确地快速充放电至所需的电压，其阻抗通常比直流电路大得多，所产生的瞬间电流也可以高至数十安培。所以高频电路需要很好地散热与绝缘，否则很容易在长时间使用后造成仪器过热或者接点烧毁。

另外，启动检测器工作也需要高电压电源，甚至所收集到的离子信号也是电的形式。而目前所有测量信号的方法都是将带电粒子、光子经检测器转变成模拟信号，但是模拟信号需经模拟/数字转换器（Analogue-to-Digital Converter，ADC）变成数字信号才可以进行运算与储存。转换后的二位数字数据经由现场可编程门阵列（Field Programmable Gate Array，FPGA）内的电路（即韧体），通过与外部的数字传输端口（Input/Output，或称 I/O）传送到计算机。经过数字传输端口硬件的驱动程序，计算机内部操作系统再将数字数据经由计算以质谱图的形态呈现。

6.3.2　同步与时序控制系统

目前大部分质谱仪都需要在高真空下操作，而商用质谱仪整合性都很高，只要按下电源开关就会自动启动。一旦计算机检测到真空系统就绪后，就会启动其他必要的电子设备。此阶段程序工作速度不快，通常由微控制器（Microcontroller Unit，MCU）整合大部分的工作。微控制器就像小型计算机，具有中央处理器（CPU）、随机存取内存（RAM）、只读存储器（ROM）、数字传输端口及模拟/数字或数字/模拟转换器等，其运算的方法与计算机一样，是由软件控制时序。因此，时序的执行可为单工式，即同一时间内仅能执行一个动作，例如，计算机通过 USB 开启控制电路（如 MOSFET）组成的大电流开关启动前级泵（如机械泵）；压力值由真空压力计检测后，判断是否到达开启后级泵（如涡轮泵）的门槛值；启动后级泵到真空度达到操作范围后，启动质谱仪内的高电压电极等。诸如此类的机器运行过程均由 MCU 做安全监控，一旦检测到漏气或高压放电即执行自动关机程序做安全保护。

不同质谱仪有不同的同步工作状态。以搭配基质辅助激光解吸电离的飞行时间质谱仪为例（图 6-7），用户在软件接口按下按钮，通过电缆线传送信号[通常为 5 V 的晶体管-晶体管逻辑（Transistor-Transistor Logic，TTL）信号]指示激光器出光。激光器接收信号后，经过一段反应时间后出光，并由激光分光镜分出部分光源由光电二极管（Photodiode）接收以产生触发信号。此触发信号被送至信号采集卡（也就是 ADC 或者是示波器），并以此作为飞行时间质谱仪的测量时间原点，如图 6-7 上标示的 A 时间。此时若有离子延迟提取（Delayed Extraction）的动作，则由软件通过串行传输设定，触发高压脉冲产生器，使加速电场在延迟脉冲时间后产生电位梯度，让离子向检测器移动。此时的时间原点就会是高压脉冲实际产生的时间，也就是图上标示的 B 点，而 B 与 A 之间的时间差就是延迟提取的时间。其他由外部导引离子进入的分析器（如离子阱、傅里叶变换质谱仪等），由于常搭配使用连续式离子产生法（如 ESI、EI、CI 等），大都由外部电极板控制电压作为离子流的开关，同时也以此定义离子收集的时间区间。商业离子阱质谱仪通常都具有离子数量控制功能，通过开启电极的时间与检测到的总离子强度，计算离子单位时间内进入分析器的数量，再依此决定下一次的开启时间。当离子进入分析器后，质量分析是由扫描离子阱的电压或频率来完成。此时，计算机会事先设定延迟时间，当分析器开始扫描电压或频率时，会同时发出触发信号驱动 ADC 开始记录离子信号，或者依实验需求来设定数据采集的时间与范围。

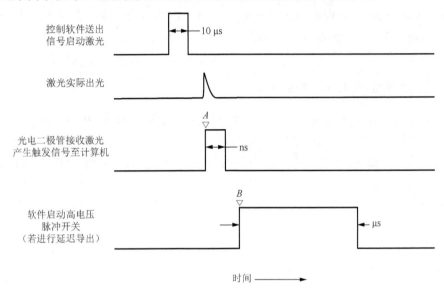

图 6-7　MALDI-TOF 质谱仪的同步与时序控制

6.3.3　数据采集系统

如前所述，由检测器测得的模拟电流信号通常会再加上转阻放大器转换成电压信号。放大器增益值的定义是 Gain $(A) = V_{OUT}/ I_{IN}$[注意：此增益值与检测器增益值 Gain (D)不同]，且大部分放大器在很广的带宽范围内增益值是定值，这样可使放大器增益值不会随带宽改变而变动，避免离子信号放大失真。由放大器产生的电压仍属于模拟信号，所以在储存至计算机之前，会再进一步将模拟信号经 ADC 转为数字信号。ADC 通常整合在数字逻辑电路中，如有高速需求，会单独使用较高速的 ADC。不同 ADC 的选用是依其转换分辨率与转换时间速度而定。分辨率是依 ADC 缓存器所具有的位数决定，高位的 ADC 具有较高的分辨率，即 ADC 所能分辨的最小模拟电压值较精准。若输入的电压差异小于所能分辨的最小值，就无法分辨电压的不同。每个公司制造的 ADC 转换器具有不同的操作电压，如操作电压是 10 V，ADC 12 bit，则分辨率为$10/2^{12} = 2.44 \, mV$；若操作电压为 5 V，8 bits，分辨率则为$5/2^8 = 19.53 \, mV$。适当的分辨率转换器对实验极为重要，太低的分辨率会检测不到系统电压的变化。

检测离子信号强度还有计数与模拟（Analogue）两种模式。计数模式通常是用时间数字转换器（Time-to-Digital Converter）将时间离散化，每一个时间单位称为箱位（bin）。因为 bin 的时间长短是可以设定的，若指定一个 bin 为 5 ns，则 1024 bin 代表可以记录 5.12 μs。在每个 bin 中检测到大于阈值的信号就计数一次，但如果同时间有两个离子产生的信号大于阈值也只计数一次。此方法可减少噪声的干扰，产生的数据量较小，但检测大量离子时信号强度会失真。模拟模式是由 ADC 检测到的信号强度如实呈现，若反复检测就持续叠加。这样大量离子的信号可以真实反映出来，但噪声相对高，且数据量较大，占内存空间。

　　另外，数据采集系统的速度也是极为重要的细节。数据捕获设备必须能够以非常快的速度记录每一个瞬间的离子信号。例如，一个质谱峰通常要有十个以上的数据点才能确保所记录的峰形不失真，而一个质谱峰通常都在微秒之间就出现并结束，所以数据采集系统的取样率（Sampling Rate，Sa/s）就决定了质谱图的质量。另外，ADC 的转换时间与质谱仪的运行速度有关，这是因为在数据转换的过程中不能再接收下一张质谱图的信号，所以转换时间越短，仪器的运行速度就越快。转换的过程分为取样、保持、量化与编码。保持电路是模拟信号进入 ADC 时稳定信号所用，通常是以增加电容的方式来维持电压。量化与编码是将信号转换成数字信号，再送至数字逻辑电路处理。数字逻辑电路则是利用电路规划出加、减法器与积分器等，处理由 ADC 输入的数字编码。电路运算时间可以由芯片上提供的频率来决定。现行电路均可以同时快速处理大量输入的数字信号，将数字信号放置于内存中的指定地址，再由软件将内存中指定地址的数据传回计算机中处理，最后才将数字数据以质谱图形态显示在图形接口上。由于计算机内部程序语言与服务器间的数据往返时间间隔通常是 1 毫秒（ms）以上，为缩短采集数据的时间，当图形接口显示上一组数据时，软件会同时以背景执行的方法将数据由内存上传回计算机中，完成数据采集的完整流程。

参 考 文 献

[1]　Paul, U.: Nachweis der Sonnenorientierung bei nächtlich ziehenden Vögeln. Behaviour **6**, 1-7 (1954)

[2]　Moore, J.H., Davis, C.C., Coplan, M.A.: Building Scientific Apparatus : A Practical Guide to Design and Construction, Westview Press, Boulder, Colo. and Cambridge, Mass. (2002)

[3]　苏青森：真空技术，东华书局，台北 (2000)

[4]　Imrie, D., Pentney, J., Cottrell, J.: A Faraday cup detector for high-mass ions in matrix-assisted laser desorption/ionization time-of-flight mass spectrometry. Rapid Commun. Mass Spectrom. **9**, 1293-1296 (1995)

[5]　Gamero-Castaño, M.: Induction charge detector with multiple sensing stages. Rev. Sci. Instrum. **78**, 043301 (2007)

[6]　Mathur, R., Knepper, R.W., O'Connor, P.B.: A low-noise, wideband preamplifier for a Fourier-transform ion cyclotron resonance mass spectrometer. J. Am. Soc. Mass Spectrom. **18**, 2233-2241 (2007)

[7]　Peng, W.P., Lin, H.C., Chu, M.L., Chang, H.C., Lin, H.H., Yu, A.L., Chen, C.H.: Charge monitoring cell mass spectrometry. Anal. Chem. **80**, 2524-2530 (2008)

[8]　Shockley, W.: Currents to conductors induced by a moving point charge. J. Appl. Phys. **9**, 635-636 (1938)

[9] Hilton, G., Martinis, J.M., Wollman, D., Irwin, K., Dulcie, L., Gerber, D., Gillevet, P.M., Twerenbold, D.: Impact energy measurement in time-of-flight mass spectrometry with cryogenic microcalorimeters. Nature **391**, 672-675 (1998)

[10] Aksenov, A.A., Bier, M.E.: The analysis of polystyrene and polystyrene aggregates into the mega Dalton mass range by cryodetection MALDI TOF MS. J. Am. Soc. Mass Spectrom. **19**, 219-230 (2008)

[11] Farnsworth, P.T.: Electron Multiplier. Television Lab Inc., San Francisco. (1934)

[12] Allen, J.S.: The detection of single positive ions, electrons and photons by a secondary electron multiplier. Phys. Rev. **55**, 966 (1939)

[13] Wiza, J.L.: Microchannel plate detectors. Nucl. Instrum. Meth. **162**, 587-601 (1979)

[14] Guilhaus, M.: Special feature: Tutorial. Principles and instrumentation in time‐of‐flight mass spectrometry. Physical and instrumental concepts. J. Mass Spectrom. **30**, 1519-1532 (1995)

[15] Daly, N.: Scintillation type mass spectrometer ion detector. Rev. Sci. Instrum. **31**, 264-267 (1960)

[16] Horowitz, P., Hill, W., Hayes, T.C.: The Art of Electronics (2nd ed.). Cambridge University Press, Cambridge, England (1989)

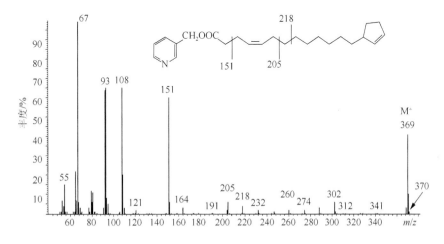

第07章

质谱数据解析

本章首先介绍质谱数据解读的重要基本概念，包含质谱图、质量的定义、同位素含量与分布、质量分辨能力（Mass Resolving Power）对谱图/质量准确度的影响；再介绍几个重要的应用领域，包括电子电离（Electron Ionization，EI）法谱图解析、软电离法谱图解析等；最后将简单说明利用计算机辅助质谱图解析的技术与方法。

7.1　质谱数据介绍

一张典型的电子电离法质谱图如图 7-1 所示，X 轴代表质荷比（Mass-to-Charge

图 7-1　典型的电子电离法质谱图（摘自 AOCS Lipid Library http://lipidlibrary.aocs.org）

Ratio，*m/z*），*Y* 轴表示这些离子峰的相对强度（Relative Intensity）或以离子数目呈现。以一般有机小分子电子电离或化学电离（Chemical Ionization，CI）谱图而言，一张谱图通常包含分析物的分子质量与其结构碎片质量信息。由图 7-1 可以观察到 $C_{24}H_{35}NO_2$ 的完整分子离子（Molecular Ion）质量峰（*m/z* 369 $[C_{24}H_{35}NO_2]^+$），与其他的碎片离子峰（*m/z* 67、93、108、151、205、218 等）。在一张质谱图中，信号强度最强的峰被称作基峰（Base Peak，一般会将其相对强度定为100%），本图中的基峰为 *m/z* 67（$[C_5H_7]^+$）的峰。特定质荷比的离子被检测后，其所呈现的原始离子峰如图 7-2（a）所示，其称作轮廓谱图（Profile Spectrum），其离子含量正比于曲线下的面积；用此离子峰的重心点（Centroid）来表示的质荷比与信号强度所绘制的图，称作柱状图（Bar Graph Spectrum），如图 7-2（b）所示。

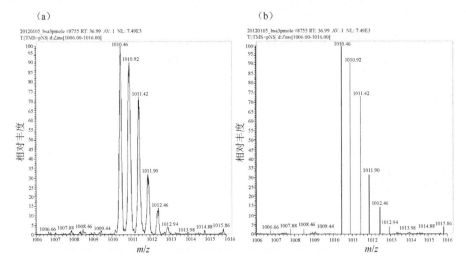

图 7-2　（a）轮廓图与（b）柱状图

7.1.1　整数质量、精确质量、单一同位素质量

在质谱图中可得到的质量信息与谱图所呈现的质量有关。由于碳原子的质量被定为整数值 12.00000 amu，而其他原子的质量都是非整数值（表 7-1），所以绝大多数分子的质量也都是非整数值。例如，^1H、^{16}O 与 ^{14}N 的精确质量（Exact Mass）分别约为 1.00783 amu、15.99491 amu 与 14.00307 amu，所以图 7-1 中分子 $C_{24}H_{35}NO_2$ 的质量应为 369.26694 amu，但是质谱仪的质量分辨率及质量准确度（Mass Accuracy）会影响谱图所呈现的质量信息。在图 7-1 所呈现的质谱图中，因为低分辨质谱仪所提供的质量分辨率与精密度（Precision）不足以提供非整数的精确质量信息，所以观测到的质量通常为整数质量（Nominal Mass）。若提高质谱仪质量分辨率，则所观测到的离子峰可提供非整数质量的信息，图 7-2 所呈现的

谱图就是较高分辨质谱的例子之一，由谱图可以判断离子质量准确度是小数点后第二位。一般而言，质量分辨率一万以上的质谱仪，可以提供小数点后四位的质量，这种质量信息称做准确质量（Accurate Mass）。准确质量常可以提供元素组成的信息，例如 369.2268 amu 的元素组成极可能是 $C_{24}H_{35}NO_2$。元素组成的信息对于化合物的鉴定有很大的帮助。

表 7-1　（a）常见元素与其同位素的精确质量信息；（b）元素与其同位素在自然界的相对含量信息；（c）相对于该元素最强同位素峰的强度百分比

原子	（a）精确质量/amu	（b）存在的各同位素的相对含量百分比/%	（c）相对于该元素最强同位素峰的强度百分比/%
^{1}H	1.007825017	99.985000000	100
^{2}H	2.013999939	0.015000000	0.01500225
^{12}C	12.000000000	98.900001526	100
^{13}C	13.003350258	1.100000024	1.112234587
^{14}N	14.003069878	99.640000000	100
^{15}N	15.000109673	0.360000000	0.361300682
^{16}O	15.994910240	99.760000000	100
^{17}O	16.999130249	0.040000000	0.040096231
^{18}O	17.999160767	0.200000000	0.200481155
^{31}P	30.973760605	100.000000000	100
^{32}S	31.972070694	95.000000000	100
^{33}S	32.971458435	0.760000000	0.800000000
^{34}S	33.967861176	4.220000000	4.442105263
^{36}S	35.967090607	0.020000000	0.021052632
^{35}Cl	34.968849182	75.770000000	100
^{37}Cl	36.999988556	24.230000000	31.97835555
^{79}Br	78.918334961	50.690000000	100
^{81}Br	80.916290283	49.310000000	97.27756954

图 7-1 的离子峰群可以观测到 m/z 369 及 m/z 370 两个离子峰，m/z 369 是一个单一同位素峰，m/z 370 则不是一个单一同位素峰。依照定义，当组成一个分子的原子都是自然界中含量最高的同位素时，其所拥有的质量称做单一同位素质量（Monoisotopic Mass）。m/z 369 中 24 个碳均为 ^{12}C、35 个氢均为 ^{1}H、2 个氧均为 ^{16}O、一个氮为 ^{14}N，所以是一个单一同位素峰。m/z 370 的 24 个碳中有一个碳原子是 ^{13}C，因为并非所有元素都只含有一种同位素，所以它不是一个单一同位素峰。但必须注意的是，对于有机小分子而言，质谱图中所显示的最强离子峰通常都是单一同位素质量，但是当分子质量越来越高时，所有元素只含一种同位素的概率会下降（如某分子含有 1000 个碳，而这 1000 个碳均为 ^{12}C 的概率是很小的），因此单一同位素质量信号的相对强度会随着分子量增高而下降，甚至无法在谱图中观测到。

7.1.2 同位素含量与分布、平均质量

绝大部分的元素在自然界中同时包含同位素（具有相同质子数但不同中子数），如碳原子具有 ^{12}C（98.9%）、^{13}C（1.10%）与极微量的 ^{14}C 三种同位素，氢原子则具有 ^{1}H（氢，H，99.985%）、^{2}H（氘，D，0.015%）、^{3}H（氚，T）三种同位素。这些同位素的存在，在质谱图中会呈现同位素离子团簇（Isotopic Ion Cluster），形成具有专一性质的同位素含量与分布，含有重要的元素组成信息。如图 7-2 所示，该谱图所呈现的峰 m/z 1010.46～1012.94 属于同一化合物的同位素团簇。有机化合物通常由碳（C）、氢（H）、氮（N）、氧（O）、硫（S）、磷（P）与卤族等元素组成，表 7-1（a）列出一些常见元素与其同位素的精确原子质量信息，（b）列出这些元素与其同位素在自然界的相对含量信息，（c）则列出相对于该元素最强同位素峰的强度百分比。依此表可计算出相关化合物的同位素相对峰强度，其相对应的简化公式如下[1]（M 代表其单一同位素质量，并将峰强度定为 100）：

$$[M+1] 相对峰强度 = (C原子的数目 \times 1.11) + (H原子的数目 \times 0.015)$$
$$+ (N原子的数目 \times 0.36) + (O原子的数目 \times 0.04)$$
$$+ (S原子的数目 \times 0.8) \tag{7-1}$$

$$[M+2] 相对峰强度 = \left[C原子的数目 \times (C原子的数目 - 1) \times 0.0062 \right]$$
$$+ (O原子的数目 \times 0.2)$$
$$+ (S原子的数目 \times 4.44) \tag{7-2}$$

依据上述原理推算，因为 $^{13}C/^{12}C$ 的相对强度约为 1.1%，相较于其他常见的元素 $^{2}H/^{1}H = 0.015\%$ 与 $^{17}O/^{16}O = 0.04\%$ 而言，大部分[$M+1$]的信号强度来源为 ^{13}C，因此也可以利用[$M+1$]/[M]的相对信号强度来粗估化合物中碳原子的数量。此外，随着化合物中原子数目的增加与分子量的增大，单一同位素质量的峰强度会降低，相对于此，[$M+1$]、[$M+2$]与[$M+3$]等峰强度则逐渐升高。以图 7-3 为例，针对图中聚苯乙烯（Polystyrene）在 $n = 10$ 的情况下，单一同位素质量峰为信号最强的峰（最大丰度质量峰，Most Abundant Mass Peak）；但若 n 增加到 100，单一同位素质量峰则几乎观测不到，信号最强的峰则变成[$M+10$]的峰。

另外值得一提的是，如果化合物中有氯（Cl）或溴（Br）原子，则[$M+2$]的相对峰强度会相对明显，此现象是由于 ^{37}Cl 的自然含量为 ^{35}Cl 的 32.5%，而 ^{81}Br 的自然含量为 ^{79}Br 的 98.0%；如果化合物中有两个氯或溴原子存在，除[$M+2$]峰外，[$M+4$]峰也会明显存在。这些信息对于化合物的定性研究有极大的帮助，因为除了分子离子的质荷比提供分子量信息外（如有高分辨质谱仪可获知准确分子量），其同位素分子离子峰的含量与分布也提供了该化合物分子的元素组成信息。

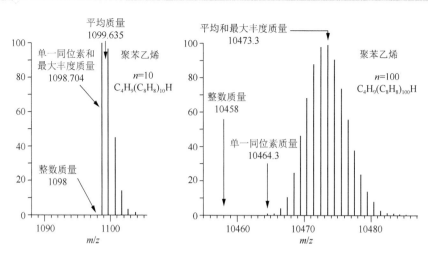

图 7-3 聚苯乙烯在不同链长下的质谱图

例如，$C_6H_{10}NO$ 与 $C_3H_6Cl_2$ 这两个化合物的整数质量均为 112[M]，但其质荷比 113[$M+1$]与 114[$M+2$]的峰强度相对于 112 这根基峰，则分别为 7.0%、0.4%与 3.3%、64.8%，由图 7-4 可明显看出，这两种化合物的同位素含量与分布有极大差

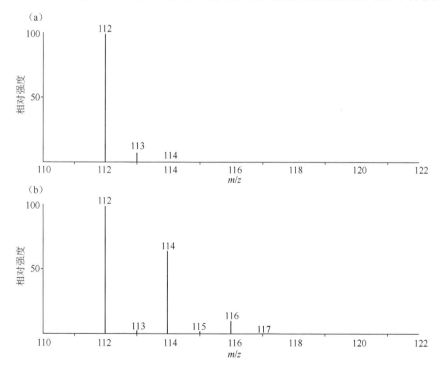

图 7-4 不同化合物的同位素含量差异示意图

（a）$C_6H_{10}NO$；（b）$C_3H_6Cl_2$

异，在图（a）中 $C_6H_{10}NO$ 的元素组成仅含碳、氢、氮、氧，而图（b）$C_3H_6Cl_2$ 中则含有卤族元素中的氯，可以明显看出，氯元素的存在造成[M+2]与[M+4]峰增强。所以除了准确分子量测定之外，如能获取同位素含量与分布的信息，即使只有低分辨的质谱图，也能对化合物元素组成的鉴定有极大的帮助，特别是对于含有卤素或金属元素的化合物。

此外，在网络上已有不少软件[2]以数学方式根据化合物的元素组成，进行同位素分布的理论推算，如前所述，质谱图中所观测的质量并非由平均原子量（各同位素含量的加权平均值）所计算的平均质量（Average Mass）。但是对于分子量为数万的大分子（如蛋白质分子），当质量分辨率不足以观测到同位素团簇时，离子峰的顶点和平均质量（分子量）的差距不大。因此大分子分析，常以所观测的离子峰顶点和预测分子量的差距来判断定性的可靠性。

7.1.3 质量分辨率对谱图/质量准确度的影响

对单一峰而言，质量分辨率被定义为 $M/\Delta m_{10\%}$ 或 $M/\Delta m_{50\%}$，即所检测到的质量（M）除以峰宽。$\Delta m_{10\%}$ 定义为峰高为 10% 时该峰的宽度；$\Delta m_{50\%}$ 定义为一半峰高时该峰的宽度，称为半高宽（Full Width at Half Maximum，FWHM）[3]。其关系可由图 7-5 表示，在图（a）中定义为 $M/\Delta m_{10\%}$，计算出其质量分辨率约为 500；在图（b）中定义为 $M/\Delta m_{50\%}$ 的情况下，其质量分辨率则约为 1040。由此可以推知，采用不同峰宽的情况下，$M/\Delta m_{50\%}$ 所得的质量分辨率数值相较于 $M/\Delta m_{10\%}$ 为两倍左右。而质量准确度的定义为实验测量质量（Experimentally Measured Mass Value，$M_{experimental}$）与理论计算质量（Theoretically Calculated Mass Value，$M_{theoretical}$）的质量误差（Mass Error），常用的表达方式为 Mass Error/$M_{theoretical}$，即将此差值除以真实理论质量，此值通常会乘以 10^6，以 ppm 形式表达[3]。

此外，高分辨质谱分析对于提供分子质量与结构碎片分子质量准确度也相当重要，以图 7-6 为例，在质量分辨率为 2000 的情况下，甲苯（Toluene）与二甲苯（Xylene）的混合物仅可以测出一个峰，其质荷比为

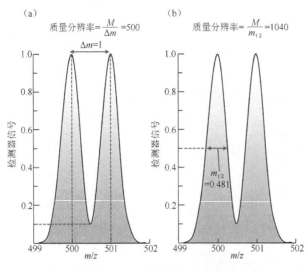

图 7-5 质量分辨能力示意图

92.1；待质量分辨率升高至 10000，则可测出这一峰的质荷比为 92.061；若将质量分辨率提高至 50000 以上，则可检测出两个质谱峰，其质荷比分别为 92.0581（来自于二甲苯的碎片离子质量$[M-CH_3]^{+\bullet}$、$^{13}CC_6H_7^+$）与 92.0626（来自于甲苯的分子质量$[C_7H_8^{+\bullet}]$）。另外值得一提的是，提高分辨率，不仅可以提高质量准确度（搭配适当的校正），同时也可降低在该质荷比区间因混有其他物质而导致误判的风险。以图 7-7 为例，

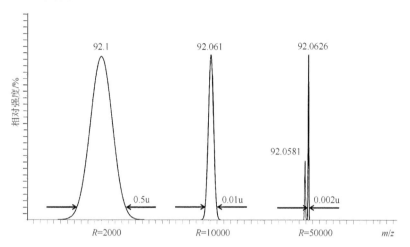

图 7-6　甲苯与二甲苯混合物在 m/z 92 附近的电子电离法谱图

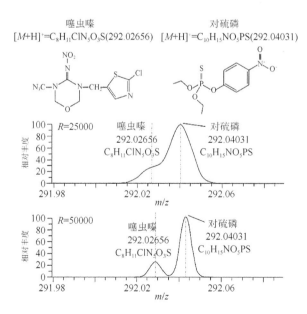

图 7-7　在不同分辨率设定下正确（下图）与错误（上图）的两种杀虫剂分子量测量

（由 Thermo Fisher Scientific Inc.提供）

噻虫嗪（Thiamethoxam）与对硫磷（Parathion）的分子离子（$[M+H]^+$）的质量分别为 m/z 292.02656 与 292.04031。在质量分辨率为 25000 的情况下，无法将两者完全辨析，谱图显示为一非对称（Non-Symmetry）的峰；而若将质量分辨率提升至 50000，则谱图中可以明确观测到两个化合物。

7.2 电子轰击电离谱图解析

电子轰击电离使分析物吸收能量后，因其化学结构不同，裂解为独特的碎片离子，所以电子轰击电离常运用于低极性有机小分子的鉴定分析。第 2 章与第 4 章已经提到数种化合物的碎裂理论模式、亚稳离子（Metastable Ion）、低质量碎片与中性丢失（Neutral Loss）等概念，这些基本原理对于分子结构判定或定性研究都有很大的帮助，特别是用于得到化合物的分子质量信息、元素组成、官能团或其他结构信息。

7.2.1 电子轰击电离谱图简介

电子轰击电离因其电离过程相当剧烈，常得到大量的碎片离子，导致所产生的谱图中，完整的分子离子未必是一张谱图中明显的峰或甚至无法被检测。但如果能够辨识出该分析物的分子离子峰，则其包含了许多信息，首先是分子量、同位素含量与分布信息，可由此推算其元素组成，其次是分子离子峰与其他碎片离子的相对强度，可估计化合物中碳氢不饱和的比例[4]。

除了以上介绍的完整分子离子峰外，由电子轰击电离产生的碎片离子或某些特定离子的出现可以导出化学结构信息，通常可以利用峰间的质荷比差值去决定相对应的中性丢失分子式进而协助导出碎片离子的结构。例如，一系列差值为 14 Da [—CH$_2$] 的离子团簇（Ion Cluster）在谱图中出现，显示该化合物包含碳氢链；如果差值是 28 Da（丢失乙烯）的碎片离子经常出现，代表此化合物含有饱和碳氢环；若在谱图中常被观察到的是质荷比为 77 的离子（$[C_6H_5]^+$Phenylinm）与其乙炔中性丢失的碎片 m/z 51，则此化合物中有苯环；再如，出现差值为 17 Da（丢失 OH）的碎片离子，表示此化合物中可能有醇类官能团。

以图 7-8 的电子轰击电离谱图为例，可看出其可能的分子整数质量为 112，同时该信号峰也是本谱图的基峰；其 M+1 信号强度相对于基峰强度为 7.2%，而 M+2 的 114 相对于基峰强度约为 33.3%，由 7.1.1 小节的介绍可以推测本化合物中有六个碳原子与一个氯原子；另一 m/z 77 的碎片离子（强度 45.2%）则显示本化合物带有苯环；综合上述信息，可以判断该化合物为氯苯（Chlorobenzene）。以图 7-9 的电子轰击电离谱图为例，可看出本谱图的基峰 *m/z* 59 为丁基的碎片离子；而其分子整数质量为 102，谱图显示强度仅为基峰的 7.1%；*m/z* 29 为主要碎片离子 [CH$_3$CH$_2$]$^+$；虽然其完整分子离子峰的信号相当弱，但依旧能够依碎片离子所提供的信息推测该化合物为乙基异丁基醚（Ethyl Isobutyl Ether）。

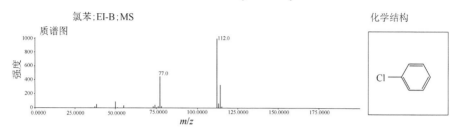

图 7-8　氯苯的电子轰击电离谱图（摘自 Mass Bank, http://www.massbank.jp/index.html）

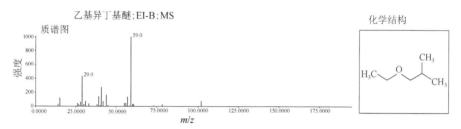

图 7-9　乙基异丁基醚的电子轰击电离谱图（摘自 MassBank, http://www.massbank.jp/index.html）

诸如此类的规则，在许多有机光谱学的参考书籍中有所描述[4, 5]；在电子轰击电离谱图解读中，可以参考 McLafferty 所撰述的专著 *Interpretation of Mass Spectra*，其不仅对于电子轰击电离谱图的判读有详尽的介绍，内容中的许多规则也可以同时运用在电喷雾电离（Electrospray Ionization, ESI）法的串联质谱（Tandem Mass Spectrometry，MS/MS）资料分析中。

此外，若有一有机小分子需要利用质谱分析确认其组成，通常的做法是先查询是否有该化合物相关或类似的谱图存在于谱图数据库中（如美国国家标准技术研究所 NIST[6]或 WILEY[7, 8]），若能在数据库中找到吻合的谱图，便能快速得知该化合物的信息。

7.2.2　氮规则与不饱和键数量规则

在电子轰击电离谱图的解读上有许多规则可提供帮助与参考，在此介绍两个常用的规则。首先是氮规则（Nitrogen Rule），如果电离方式是电子轰击电离，所产生的分子离子为 M$^{+\cdot}$（奇数电子），其规则如下：针对仅含碳、氢、氮、氧、硫、磷元素的有机分子，假如该化合物具有零或偶数个氮原子，则其分子离子质量是偶数；相反，假如一个化合物含有奇数个氮原子，则其分子离子质量是奇数。此规则同时也适用于分子的碎片离子。例如，$C_7H_5N_3O_6$ 的分子量为 227，为奇数，该化合物含有三个氮原子，也为奇数；而 $C_8H_{10}N_4O_2$ 的分子量为 194，为偶数，其中含有四个氮原子，也为偶数。氮规则基于虽然氮原子本身具有偶数质量（14 Da），但却具有奇数价电子（5），与其他组成有机化合物的常见元素中，具有奇数价的原子具有奇数质量，具有偶数价的原子具有偶数质量的情形不同。

其次是环加双键当量（Ring plus Double Bond Equivalents）规则，其概念基于有机化学中借以判定化合物的不饱和度（Degree of Unsaturation），通常用于协助绘制其化学结构；该规则为，假如一个化合物的元素组成已知，则以质谱进行环与不饱和键数量测定可由一简单的公式求得，环与不饱和键数量(Rings + Double Bonds，R + DB)$= x - y/2 + z/2 + 1$，其中 x 为第 14 族元素的数量总数（碳、硅等），y 为氢与卤族元素的个数，z 为第 15 族元素的数量总数（氮、磷等），第 16 族元素（氧、硫等）则无须考虑。例如，$C_5H_9N_1O_1$ 的环与不饱和键数量为：R + DB $= 5 - 9/2 + 1/2 + 1 = 2$，显示该化合物具两个环或不饱和键。

7.2.3 谱图解读的简易指导原则

搜集化合物的背景资料，如样品来源、推测的种类性质、热稳定度或其他光谱信息等，对以系统化的方式来进行谱图解读有极大的帮助。同时可将已知的结构信息加以整合，尝试推定未知化合物的部分结构，为质谱图解读作基础。以下列出几个谱图解读的简易指导原则供参考：

（1）识别出分子离子质量。依此可以推断分子组成。如果电子轰击电离谱图无法识别出分子离子峰质量，则可以搭配软电离法协助分析。

（2）分子质量与主要碎片分子量差值必须对应到合理的化学分子组成（中性丢失）。

（3）由计算与实验所得谱图的同位素含量与分布必须吻合依分子式（Molecular Formula）推测所得的元素组成。

（4）推导出的分子式必须符合氮规则。

（5）依环加不饱和键数量规则确认所推断的分子式正确性，同时推导出可能的结构。

（6）尝试理解碎裂规则，依其推测可能的断裂模式与主要碎片离子。

（7）搭配其他分析技术，如准确分子量测定、串联质谱分析、光谱分析等协助确认分子特性与结构。

7.3　软电离法谱图解析

自 20 世纪 90 年代开始，生物大分子的质谱分析大多由基质辅助激光解吸电离（Matrix-Assisted Laser Desorption/Ionization，MALDI）与电喷雾电离两种软电离技术所得，其原理、特点在第 2 章已有论述，其最主要优点在于能够提供生物大分子的完整分子离子峰，且具备不错的灵敏度，如搭配飞行时间或轨道阱等质量分析器，也可以提供高解析质谱分析。

本节将针对软电离法介绍两种得到完整分子质量的方法，第一种方式是以谱图中一系列带多电荷的峰进行去卷积（Deconvolution）计算获得分子质量；第二种方式是使用较高质量分辨率的质谱仪得到同位素信号峰，并利用同位素信号峰推算其所带的电荷数目，进而求取其分子质量。

此外，软电离技术包含 ESI、大气压化学电离（Atmospheric Pressure Chemical Ionization，APCI）或 MALDI 等，与分子离子带有奇数电子数（M$^{+\bullet}$）的电子轰击电离不同的是，大多产生带有偶数电子的分子离子（如 M+H$^+$），本节将简单介绍其串联质谱图。另外，生物分子数据解读除了分子量测定外，另一主要应用在于进行蛋白质或肽的氨基酸测序，由此达到蛋白质鉴定的目的。利用质谱技术进行肽的氨基酸测序，是目前蛋白组学研究最重要的工具之一，此部分将在第 10 章中介绍。

7.3.1　带多电荷谱图分析

电喷雾电离所产生的离子在正离子模式下大多为带有一个或多个质子（H$^+$）的质子化分子离子（Protonated Molecular Ion，如[M + H$^+$]），负离子模式下则为丢失质子。此外，在正离子模式下产生的离子也偶尔出现带有钠离子（Na$^+$）或正电离子的加合物（Adduct），形成[M + Na]$^+$ 或[M + cation]$^+$ 型的离子；在负离子模式下产生的离子则可能为带有甲酸盐（HCOO$^-$）或负电离子的加合物，形成[M + HCOO]$^-$ 或[M + anion]$^-$ 型的离子。

在图 7-10 所示的质谱图中，分子量为 1800 Da 的化合物带一质子酸（H$^+$），其质荷比为

$$\frac{m}{z} = \frac{1800 + 1.008 \times 1}{1} \approx 1801(z = 1)$$

如带有两个质子酸（H$^+$），则其质荷比为

$$\frac{m}{z} = \frac{1800 + 1.008 \times 2}{2} \approx 901(z = 2)$$

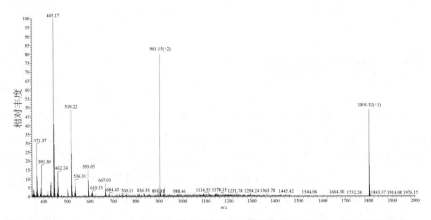

图 7-10　分子量为 1800 Da 的化合物在 ESI 谱图中带一价与二价电荷的信号

如 2.6 节所述，生物大分子（如蛋白质、肽等）样品如在酸性溶液中分析，经电喷雾电离会形成带有多个正电荷的气态蛋白质离子，其优点在于这些具有多电荷离子的质荷比范围，可以利用四极杆、离子阱等传统质量分析器在检测。质荷比计算式为

$$\frac{m}{z} = \frac{M+n}{n} \tag{7-3}$$

（将氢离子质量简化为 1 Da 的情况下）

所以其分子质量可由下式计算：

$$M = \left(\frac{m}{z} \times n\right) - n \tag{7-4}$$

其中，M 为分子质量；m/z 为谱图显示质荷比的值；n 为该分子所带质子个数。

一张典型的溶菌酶（Lysozyme）蛋白质 ESI 谱图如图 7-11 所示，图中一系列峰 m/z 1101.5、1193.1、1301.4、1431.6、1590.6、1789.2、2044.6 代表其带不同数目质子酸（H^+）的蛋白质分子。虽然该图标示了相对应的价态（Charge），但实际情况下原始数据（Raw Data）所得谱图仅有峰的质荷比而无各峰对应离子的电荷数。要由此谱图求取溶菌酶分子量，首先必须确认特定峰的价态。首先假设具有 m/z 的特定离子峰 m_n，其带 n 个质子，则质荷比为

$$m_n = \frac{\text{mass}}{\text{charge}} = \frac{M+n(1.008)}{n} = \frac{M}{n} + 1.008$$

移项后得

$$m_n - 1.008 = \frac{M}{n}$$

其邻近下一个分子量较小的峰应为 $n+1$ 价态离子，其质荷比为

$$m_{n+1} = \frac{\text{mass}}{\text{charge}} = \frac{M+(n+1)(1.008)}{n+1} = \frac{M}{n+1} + 1.008$$

移项后得

$$m_{n+1} - 1.008 = \frac{M}{n+1}$$

此联立方程式具有两未知数，且 n 必为整数，将两者相除：

$$\frac{m_n - 1.008}{m_{n+1} - 1.008} = \frac{\frac{M}{n}}{\frac{M}{n+1}} = \frac{n+1}{n}$$

其价态：

$$n = \frac{m_{n+1} - 1.008}{m_n - m_{n+1}}$$

一旦计算出价态 n，则可以分子量计算式[式（7-4）]获得蛋白质分子量。以图 7-11 溶菌酶电喷雾谱图为例，可以先假设基峰 m/z 1431.6 为带有 n 价的离子峰，而其邻近质荷比较小的 m/z 1301.4 为 $n+1$ 价的离子峰，依此可以设得下列的联立方程式：

$$\begin{cases} 1431.6 = \dfrac{M+n}{n} \\ 1301.4 = \dfrac{M+n+1}{n+1} \end{cases}$$

求解可得 n 的整数值为 10，再推得 M 约为 14306.0 Da。图中的每一组峰都可以套用此方法计算出蛋白质的分子质量，但其先决条件是必须求取各个峰离子的价态。不同峰计算出的值可能因为其质荷比的测量而有些差异，所以可以利用取平均值的方式减小测量上所产生的误差。利用此方法自一包峰谱峰群回推得单一完整分子峰值的操作称为价态去卷积（Charge Deconvolution）。

　　除以上述方式求得蛋白质分子量外，高解析质谱图对大分子质量的判定也可由其同位素谱峰间的差距计算出该分子峰的离子电荷数，进而获得其分子质量。图 7-12 为一胰蛋白酶水解肽片段的完整电喷雾质谱图，而其下（a）、（b）、（c）则分别为图 7-12 中谱峰群 a、b、c 的局部放大图。谱峰群 a 由带单一正电荷的肽产生，谱峰群中有 m/z 1615.79、1616.80、1617.80 等数值连续相差约 1.0 的三个谱峰，这些峰是由自然界中同位素分布造成的。若针对谱峰群 b 来看，则可以观察到其由带两个正电荷的肽产生，其相对应的 m/z 值应为（M+2）/2，所以谱图显现 m/z 808.41、808.91、809.41、809.92、810.42 等数值连续相差 0.5 的五个信号峰。针对谱峰群 c 而言，则观察到其由带三个正电荷的肽产生，其相对应的 m/z 值应为（M+3）/3，所以谱图显现 m/z 539.28、539.61、539.95、540.28、540.62

等数值连续相差约 0.33 的五个信号峰。由这个现象可以推论出该信号峰的离子价态，因为以同位素的存在而言，单一价态的同位素含量与分布最小差值应为 1 Da，即一个中子的质量，如在谱图中有观察到在 m/z 1 的区间内含有多根信号峰的现象，则可判定该信号峰为带多价离子的分子峰，其电荷数为 1/间隔大小，以谱峰群 c 为例，其差值为 0.33，则可判断其价态为 3。

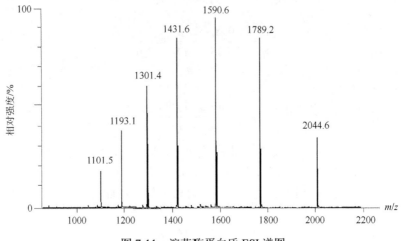

图 7-11　溶菌酶蛋白质 ESI 谱图

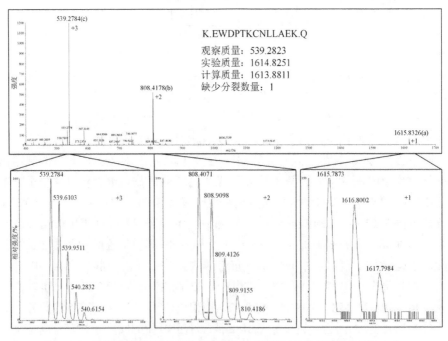

图 7-12　胰蛋白酶水解肽片段的完整 ESI 质谱图与局部放大图（a～c）

以同位素谱峰间的差距推算出离子电荷数，进而获得其分子质量的方式，一般较适用于分子量不是太大的蛋白质或肽，因为质量分析器必须具备足够的分辨率来判断其价态。倘若分子量太大，且其所带离子价态够多，可以利用价态去卷积计算谱图电荷分布（Charge Distribution）推算出分子质量。

7.3.2　软电离电喷雾电离的串联质谱分析谱图

软电离技术包含 ESI、APCI 或 MALDI 等，大多产生带有偶数电子的分子质量峰（如 M+H$^+$），这些分子一般相较电子轰击电离所产生的自由基阳离子（Radical Cation）稳定，且其所产出质谱图的基峰大多为完整分子离子峰，从解读的角度来看，谱图也比较单纯。如需获得该化合物的结构或碎片分子信息，则必须利用碰撞诱导解离（Collision-Induced Dissociation，CID）过程或电子捕获解离（Electron Capture Dissociation，ECD）与电子转移解离（Electron Transfer Dissociation，ETD）过程进行串联质谱分析或多重碰撞解离质谱分析。

近年来，不管是生化大分子还是小分子领域，都大量使用 ESI 质谱技术，其优势在于可以获得完整分子质量，若能搭配串联质谱分析，更可以借由碎片分子量同时得到分析物的结构信息。可惜的是，串联质谱图并不如电子轰击电离谱图一般具有高重现性，特别是在跨越不同质谱平台的时候。再者，若使用不同的碰撞能量，其串联质谱图将更难以相互对应。此外，相较于电子轰击电离谱图，串联质谱图产生较少的碎片离子。虽然如此，如能搭配高质量解析能力的质量分析器（如 Orbitrap、TOF 等），分子离子与碎片离子的准确质量信息的确对于分析物鉴定与定性研究有极大帮助。

以磷酰胆碱（Phosphocholine）为例，在碰撞能量极低的情况下[图 7-13（a）]，主要观测到的信号峰为其完整分子离子峰（m/z 184.075 [C$_5$H$_{15}$NO$_4$P]$^+$），而其他的碎片离子峰强度均很低。而若将碰撞能量增高至 5～60 V[图 7-13（b）]，依旧能观察到其完整分子质量峰 m/z 184.0738，同时可以观测到其主要碎片分子分别为 125.0010 [C$_2$H$_6$NO$_4$P]$^+$、98.9852 [C$_4$H$_4$O$_4$P]$^+$ 与 86.0970 [C$_5$H$_{12}$N]$^+$ 等。

（a）　磷酰胆碱;LC-ESI-QTOF;MS2;MERGED;M+

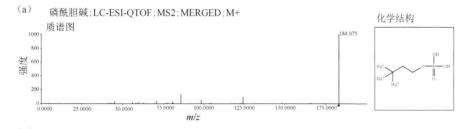

（b）　磷酰胆碱；LC-ESI-QTOF；MS2；CE:Ramp 5-60 V；[M]+

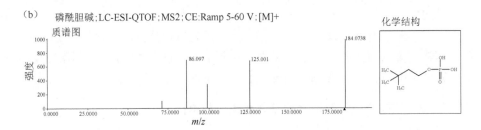

图 7-13　磷酰胆碱的 ESI 串联质谱图

（摘自 MassBank http://www.massbank.jp/index.html）

（a）碰撞能量；0 V；（b）碰撞能量 5～60 V

7.4　计算机辅助质谱图解析

对有机小分子而言，电子电离谱图提供了大量的碎片信息以供指纹比对，著名的商业数据库有 NIST/EPA/NIH Mass Spectral Library[9]、Wiley Registry of Mass Spectral Data[7]。NIST 质谱数据库（第 11 版）的资料内容显示，传统的电子轰击电离谱图有超过 20 万个化合物，而 Wiley Registry 数据库（第 9 版）有将近 60 万个化合物。相较而言，NIST 数据库中串联质谱图数量只有大约 4000 个化合物，而 Wiley Registry 串联质谱数据库也仅有 1200 个化合物。除了这些商业数据库外，另有些公开发布的数据库：METLIN 包含超过一万个代谢物的高解析串联谱图资料；MassBank 则包含大约 4000 个化合物的三万张谱图。其他可供免费使用的还有 Mass Spectrometry Database Committee 的 Mass spectra of drugs and metabolites[10]与 NIST Chemistry WebBook[11]等。在代谢物分析领域的质谱数据库中，所提供的资料大多包括化合物质量、分子式与结构。比较著名的小分子代谢物资料库包括 METLIN、HMDB、KEGG、Fiehn Metabolite GC/MS Library、MassBank 等。

在质谱技术日益精进、推陈出新的情况下，质量分析器的分析速度与谱图（MS 与 MS/MS Spectra）的产出使得越来越多的质谱资料必须在短时间内加以分析。除此之外，在肽串联质谱图的解读上，各种人工判读或许会有不一致的情况，所以运用计算机辅助质谱图解析可以提供一个标准，借以整合资料结果呈现的一致性。

化学领域常用的 ChemDraw，可以计算化合物与其特定结构碎片的分子量。Thermo 公司的 Mass Frontier 软件设计用以辅助串联质谱图的判读，在提供一特定分子结构的前提下，Mass Frontier 可以预测该化合物的离子碎片模式与机制（Fragmentation Pattern & Pathway）；其基本功能包含：预测碎片离子、分子碎裂谱图数据库与数据库管理、结构分析编辑、同位素含量与分布计算等功能。MathSpec 则是以谱图比对的算法，与数据库进行比对以找出对应的化合物。ACD/MS Workbook Suite 则提供了一个质谱资料判读工具，内容包含质谱资料处理（LC/UV/MS 与 GC/MS）、化合物鉴定、结构分析等功能。值得一提的是，近年来逐渐受到重视的无靶标（Non-Targeted）分析，在上述数种计算机辅助质谱图分析软件的辅助下，也提供了一些可运用的方案。

在蛋白质分子量计算上，各家仪器厂商均提供相对应的软件用以计算去卷积或是分子价态的确认。对蛋白质鉴定的信息比对软件而言，最常用的有 Matrix 公司的 MASCOT[12, 13]，包含了 Peptide Mass Fingerprint、Sequence Query、MS/MS Ions Search 等不同算法的鉴定方式。另一种也被广泛使用的肽串联质谱图解读分析工具为 SEQUEST[14]，其主要以比对质谱数据与数据库序列资料相关性（Correlation）的方式求取氨基酸序列。此部分将在 10.1 节中有更详尽的介绍。

参 考 文 献

[1] Sparkman, O.D.: The Role of Isotope Peak Intensities Obtained Using MS in Determining an Elemental Composition. Separation science 'MS solutions' #5 (2010)

[2] Mass Spec Calculator Pro™ (MSC) http://www.sisweb.com/software/csw/mscalc.htm

[3] Marshall, A.G., Hendrickson, C.L., Shi, S.D.-H.: Peer reviewed: scaling MS plateaus with high-resolution FT-ICRMS. Anal. Chem. **74**, 252 A-259 A (2002)

[4] McLafferty, F.W.T., F: Interpretation of Mass Spectra (4th ed.). University Science Books, California (1993)

[5] Silverstein, R.M.W., F. X.; Kiemle, D.: Spectrometric Identification of Organic Compounds (7th ed.). Wiley, U.S.A. (2005)

[6] National Institute of Standards and Technology (NIST) http://www.nist.gov/mml/csd/ informatics_research/webbook_chemident.cfm

[7] Wiley Registry of Mass Spectral Data http://www.wileyregistry.com/

[8] Wiley Registry™ of Mass Spectral Data, 10th Edition, and Other Specialty Wiley Mass Spectral Libraries http://www.sisweb.com/software/ms/wiley.htm

[9] NIST/EPA/NIH Mass Spectral Library http://www.nist.gov/srd/nist1a.cfm

[10] Mass spectra of drugs and metabolites http://www.ualberta.ca/~giones/mslib.htm

[11] NIST Chemistry WebBook http://webbook.nist.gov/chemistry/

[12] Matrix Science http://www.matrixscience.com/

[13] Perkins, D.N., Pappin, D.J., Creasy, D.M., Cottrell, J.S.: Probability‐based protein identification by searching sequence databases using mass spectrometry data. Electrophoresis **20**, 3551-3567 (1999)

[14] Yates III, J.R., Eng, J.K., McCormack, A.L., Schieltz, D.: Method to correlate tandem mass spectra of modified peptides to amino acid sequences in the protein database. Anal. Chem. **67**, 1426-1436 (1995)

第 *08* 章

定 量 分 析

　　质谱（Mass Spectrometry）除了可通过测量被分析物（Analyte）的分子离子
（Molecular Ion）或裂解离子的质荷比（Mass-to-Charge Ratio，m/z）得到定性信息，
也可通过测量离子信号强度作为定量的依据。质谱作为分离方法的检测器时，相
比于使用一般传统光学或离子检测器，可得到更高的专一性（Specificity）、灵敏
度（Sensitivity）以及分析通量（Analytical Throughput）。在专一性上，质谱具有
限定特定质荷比获取分析物信号的能力，可在收集分析物信号时减少基质
（Matrix）所造成的化学噪声干扰。当质荷比及分离方法不足以区分各分析物时，
可利用各分析物在质谱内所产生的一个或多个独特质荷比的碎片信号进行定量及
定性检测。若进一步使用串联质谱仪则可限定特定质荷比下所产生的裂解离子进
行更高专一性的定量分析。在灵敏度上，现今质谱在离子产生、离子传输、分析
器以及信号处理元件上的改进，使得某些质谱设计的检测限（Limit of Detection，
LOD）已可达到 Zeptomole（10^{-21} mol）的级别。质谱法的高专一性及高灵敏度的
特性使得此技术可针对复杂样品中含量极低的分子进行准确且可靠的定量分析。
在分析通量上，由于质谱本身也可看成一种分离技术，且可快速获得质谱图或是
特定质荷比的信号，色谱法与质谱法联用可获得比单纯使用色谱法更快速且可靠
的分析效能。这是由于质谱分离质荷比的方法比色谱法的分离正交性（Separation
Orthogonality）高，当通过色谱法无法完全分开的分子进入到质谱时，可利用分
子离子或裂解碎片的质荷比将不同的分子所产生的信号加以区别，如此在色谱上
共流出（Coeluting）的分子仍可进行高专一性的定量检测，因此色谱-质谱联用不
需要像传统色谱法使用光学检测拉长色谱时间使样品内各化合物完全分离后，再
对各分子的色谱峰进行定量分析。此外，质谱也可使用与目标分析物结构相同的
非放射性同位素（Non-Radioactive Isotope）作为内标物，或是使用结构相同但质

量不同的同位素化学衍生标定物进行相对或绝对定量分析。质谱定量分析的专一性、灵敏度以及准确度会依仪器设计、方法以及定量所依据的离子信号有很大的不同。本章将对质谱在定量分析上的概念、常使用的定量法以及须注意的事项进行介绍与讨论。

8.1 定量专一性

定量分析的专一性取决于选择具有代表分子含量的信号进行分析。在质谱分析中，当待测样品中仅有一种分子可在质谱中离子化时，则可直接使用此分子在质谱中所产生的所有的信号进行定量分析。而当样品中有数个分子同时被离子化时，可以选择各个分子在质谱内所产生的一个或数个特征质荷比的信号进行定量分析。因此，选择适合的分析物所产生的离子信号进行分析是决定质谱定量专一性的重要参数。以电子电离为例，选择高质荷比的特征离子（Characteristic Ion）具有较好的专一性，这是由于电子电离化产生小质荷比的分子碎片的概率比大质荷比的高。如图 8-1 所示，Steven J. Lehotay 等统计了电子电离图谱数据库内 29000个图谱的质荷比分布，越大质荷比的信号越不容易出现在数据库内，其出现的概率会以每增加 100 Th 而下降为不到原来的 1/10[1]。

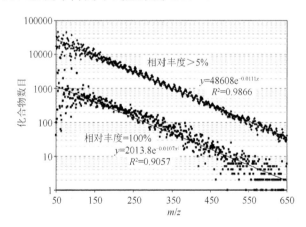

图 8-1 NIST '98电子电离图谱数据库中化合物数量与相对强度最高或相对强度大于5%以上的离子质荷比的关系图（摘自 Lehotay, S.J., et al. 2008. Identification and confirmation of chemical residues in food by chromatography-mass spectrometry and other techniques. Trends. Analyt. Chem.）

除选择特征离子外，质谱的分辨率与准确度也与检测的专一性有很大的关系。这两个因子决定了质谱在进行定量时针对特定分析物收集用以定量的信号要使用多宽的质荷比范围。要得到准确的定量结果，选择定量的质荷比范围必须比质荷比信号宽度加上其浮动程度大，这样才不会在质谱的质荷比产生扰动时造成定量信号的不稳定。分辨率以及质量准确度越高的质谱可以使用越窄的质荷比范围收集分析物的信号进行定量分析，以降低样品中相似质荷比的基质信号干扰。反之，以分辨率以及质量准确度低的质谱仪进行定量分析时，必须使用较宽的质荷比范围，如此便降低了检测的专一性。对低分辨质谱而言，质量准确度大约在±0.25 Th，半高宽大约也是 0.25 Th，所以必须使用分析物质荷比±0.5 Th 的范围内所得到的信号进行定量（质荷比选择宽度 1 Th）。以色谱-质谱联用分析植物激素茉莉酸（Jasmonate）为例进行介绍，如图8-2 所示。

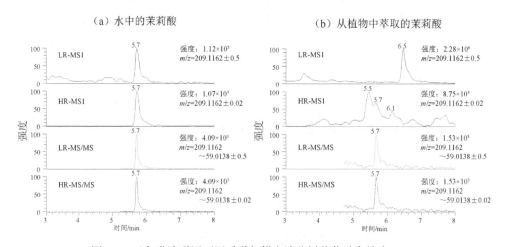

图 8-2　以色谱法联用不同质谱扫描方法分析茉莉酸在纯水（a）
以及植物萃取物（b）中所得的质谱色谱图

使用低分辨质谱检测茉莉酸分子离子 209 Th 的信号时，质荷比选择宽度设定为 1 Th。当分析茉莉酸溶在纯水的标准品时，色谱保留时间约为 5.7 min。若分析植物萃取物内的茉莉酸，不仅观察不到与标准品相同的保留时间内茉莉酸的信号，也可发现色谱的基线明显比溶在纯水中的茉莉酸标准品所产生的信号高，主要原因为基质所产生的化学噪声遮蔽了目标物的信号，在这个例子中还可以在 6.5 min 时观察到其他相同质荷比化合物所产生的色谱峰。若使用的是高分辨质谱仪检测茉莉酸分子离子 209.1162 Th 的信号，质荷比选择宽度为 0.02 Th。以此收集的信号进行定量分析时，离子色谱图中基线明显比使用低分辨质谱低，并可以发现原先在低分辨色谱-质谱看到的保留时间为 6.5 min 的信号可被较窄的质荷比选择宽度排除[图 8-2（b）]。虽然质量选择准确度提高，但仍然可观察到除茉莉酸信号外仍有其他化合物在很接近的保留时间下一起被检测到。除了提升分辨率增加专一性之外，使用串联质谱法也是提升定量专一性的重要方法。以相同例子进行比较，若使用串联质谱法并针对茉莉酸的特征裂解离子进行检测，可以看到质谱很专一地检测出茉莉酸的信号。此外选择多级串联质谱法进行定量也可大幅提升专一性。在此需要注意的是，通过降低质谱选择前驱物离子以及产物离子的选择宽度，或是增加串联质谱分析的数目的方法，会因质量分析器的不同而导致不同程度的定量信号降低。虽然某些方法会造成信号降低，若背景干扰降低程度较信号更多时，总体分析灵敏度还可提升。另外，电离方法的选择也是提高专一性的方法，若电离法仅偏向易电离分析物时，则分析物的信号受到干扰的概率会减少。以分析带有卤素元素的小分子为例，由于此类分子有高电子亲和力，可有效地在电子电离法中被电离，因此背景基质或干扰分子较不易被电离，所以检测及定量的专一性可以有效提升。除了使用的质谱法与专一性有关，样品前处理以及所使用与质谱联用的分离方法也十分重要。前处理可利用对分析物有选择性的萃取法（如液-液萃取、固相萃取或微波萃取等方法）、初步分离、沉淀法或是配合特定的电离法将样品进行衍生化（Derivatization），使其可被选择性地电离。

8.2 灵敏度、检测限与校准曲线

灵敏度是质谱区别浓度或是含量差异的能力，灵敏度与背景噪声的强度有关，背景噪声越高则测量的信号扰动越高，因此越难区分出微小浓度所产生信号的改变，在质谱中建议的单位为 C/μg（每微克的样品在质谱中所产生电子信号）；灵敏度也可以用校准曲线（Calibration Curve）的斜率来定义。要注意的是，检测限的定义与灵敏度不同，为可使用最小的样品量使得观察到的信号可与背景噪声信号产生显著的差异，一般定义为信噪比（Signal-to-Noise Ratio，S/N）大于 3。由于质谱定量特定分子时通常仅选择一个或数个可产生较高信号的特征离子，因此检测限并不一定表示样品可以产生出足以鉴定此分析物的图谱。要提升样品进入质谱的信号以降低检测限，可使用更高效率并产生较少裂解离子的电离法（如电喷雾电离）、更高效率的离子传输元件、更高工作周期（Duty Cycle）的质量分析模式以及增加质谱收集离子的时间等等。由检测限的定义可以知道，其除了与信号高低有关外，还与噪声高低有关，因此要提升检测限，除了要能够让样品产生够高的信号，还需要降低噪声，噪声的降低则如 8.1 节所述，可使用增加检测专一性的方法来实现。

在定量分析上，除了要专一地检测到分析物的信号外，分析物所产生的信号是否在仪器的动态范围（Dynamic Range）内也是十分重要的，动态范围的定义为信号与含量成正比的范围，这样才能利用校准曲线准确地确定分析物的含量。因此从一个分析方法所建立的含量与信号的关系可了解一个定量方法的整体效能，如图 8-3 所示。

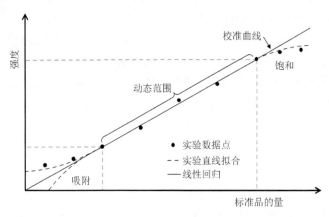

图 8-3　以不同浓度（或量）的标准品进行分析并对所获得的信号作图所建立的校准曲线

当分析物的含量过低时，其浓度通常不与其所产生的信号呈线性关系，浓度过低的样品很可能会因回收率低或噪声干扰等问题，导致观察到的信号比预期的线性信号低。另一种状况则是当低浓度样品受到样品基质干扰时，导致观察到的信号比预期的线性还高。最低可产生线性信号的分析物浓度或质量称作定量限（Limit of Quantitation，LOQ），一般用 S/N > 10 以上的信号的浓度或质量来定义这个数值。LOQ 比 LOD 高，这是由于 LOQ 不但需要能够观察到信号，且信号还要能够不受到背景噪声扰动的影响。动态范围的最高的分析物含量范围称作线性限（Limit of Linearity，LOL）。当分析物所产生的信号超过 LOL 时，则所观察到的信号将会比预期是线性关系所产生的信号低。在质谱中的可能原因主要为，检测器因过多离子同时到达而无法产生相对应数量的二次电子，如此便低估了原有的离子数量。对以单位时间可多次扫描计数离子出现频率为检测方法的检测器而言，离子太多会导致同一扫描内两个相同质量离子同时到达检测器而计数器仅当成一个离子记录下来，这就造成低估了单位时间内所产生的离子信号。

8.3　使用质谱进行定量分析的方法

8.3.1　外标法

外标法是指使用不同浓度的分析物标准品得到不同分析物信号后进行校准曲线绘制,再使用校准曲线所得到的分析物浓度与信号的回归线计算样品中分析物的浓度。进行外标法时需要注意的是校准曲线与样品的基质有很大的关系,如图 8-4 所示。

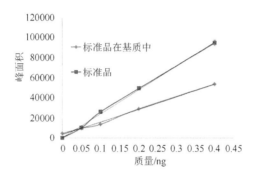

图 8-4　将茉莉酸以纯水或植物样品基质所配制出的校准曲线

分析物标准品配制在纯溶剂中得到的灵敏度与配制在真实样品基质中有所不同,此时标准品配在纯溶剂中的校准曲线将无法定量真实样品。因此要使用外标法得到准确的定量结果,必须将不同浓度的标准品配制在接近于样品基质的溶液中,以建立校准曲线(基质匹配外标法)。要注意的是,基质溶液必须不能含有分析物,因此并不是每种分析法都适合进行外标定量法。以定量血清中前列腺癌症标记蛋白(PSA)为例,由于正常的男性血清仍可能存在少量的 PSA 蛋白,因此女性的血清因不含有这个蛋白而被选作定量 PSA 的配制标准品的基质溶液。校准曲线在制作时需要由足够数量的标准品浓度对信号所得到的数据点组成,尤其在动态范围内至少要有 4~5 个不同浓度的数据点。建立好之后需以不同于校准曲线制备标准品来源的标准品来确认校准曲线的适用性,其浓度最好是校准曲线的中间点。由于质谱仪有可能受到样品的污染而导致灵敏度下降,因此必须定期以标准品核查。

8.3.2　标准加入法

外标法需具有可代表样品基质的溶液以进行校准曲线绘制,当无法得到可代表样品基质的溶液时，可以利用标准加入法（Standard Addition Method）进行定量分析。标准加入法为直接加入不同量的分析物标准品到样品中并建立校准曲线。标准加入法所建立的校准曲线由于直接是在样品中建立，因此校准曲线的斜率与真实样品最相近，标准加入法所建立的校准曲线其外延至样品含量的轴为负值的浓度即为样品内分析物的真实浓度，如图 8-5 所示。此方法必须将样品分成多个等份并加入不同量的标准品进行校准曲线绘制，由于每个样品均须制作校准曲线，因此样品需要较多且分析时间也相对较长。

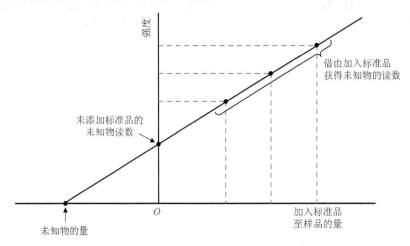

图 8-5　利用标准加入法所建立计算样品中待分析物的含量

8.3.3　同位素内标法

在内标定量法中，所使用的内标物的物理化学特性与待分析物分子越接近则可得出越准确的定量结果，主要原因是其回收率、灵敏度以及受到基质干扰的影响会越相似。因此可通过比较已知浓度的内标物与样品分析物的信号消除掉基质效应所产生的定量误差。质谱进行同位素内标法最大的好处是可以使用与待分析物结构完全相同的稳定同位素标准品进行分析，由于其与待分析物除分子量外物理化学特性完全相同，可以有效消除分析过程所产生的误差，并可在质谱分析时因其与待分析物质量的差异，将标准品与待分析物所得到的信号分离，而不会造成互相干扰的问题。在样品前处理以及分析的过程中就先加入同位素内标物，可消除样品在处理以及分析时回收率、基质效应以及质谱分析时因离子化或是电子元件不稳定所造成的定量误差。另外，若待分析物可以取得不同种类的同位素标记的标准品，可以在取样以及各个样品前处理的过程中加入不同的同位素标准品。下面以分析工厂排放的二噁英为例进行介绍，如图 8-6 所示。

由于欲检测的二噁英可取得结构相同但不同同位素标记的标准品，因此可在各分析步骤中加入同位素标准品，除了可得到准确的样品浓度信息外，还可知道整个分析过程中的取样效率以及前处理的样品回收率[2]。

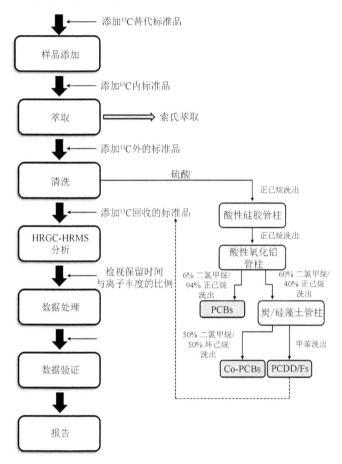

图 8-6　分析工厂排放气体中二噁英的流程[2]（摘自 Hsu, M.S., et al. 2009. Establishing an advanced technique to analyze ultra trace dioxin pollutants from an integrated steel plant. China Steel Tech. Rep.）

8.3.4　同位素标定定量法

当无法取得分析物的同位素标准品时，可以利用结构相同但同位素组成不同的衍生化试剂分别针对样品分子与标准品进行反应。以气相色谱-质谱法分析氨基酸为例，由于氨基酸极性高，必须使用衍生化试剂将其修饰成沸点较低、比较容易汽化的分子；若衍生化试剂具有两种同位素组成时则可分别将样品内的氨基酸以较轻同位素的试剂进行衍生化，而标准品则以较重同位素的试剂进行衍生化，如图 8-7 所示。

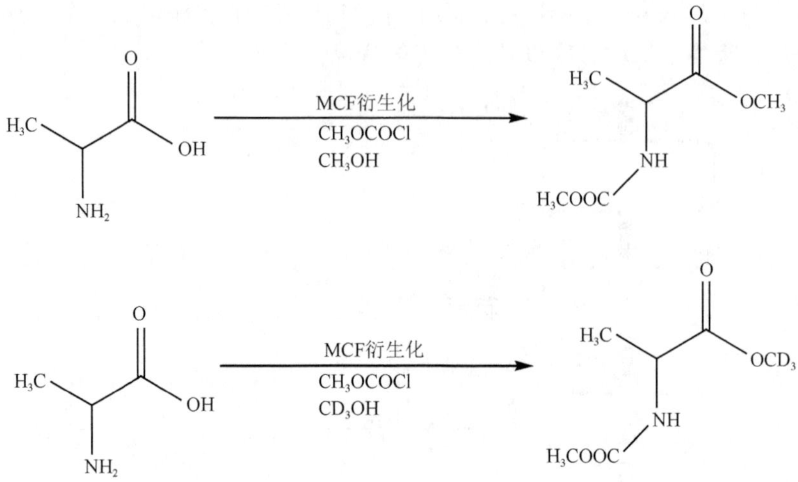

图 8-7　使用氯甲酸甲酯（MCF）对氨基酸进行同位素差异性衍生化

使用氯甲酸甲酯进行氨基酸衍生化，反应时加入的 CH_3OCOCl 及 CH_3OH 会分别反应到氨基酸上的羧基以及氨基上，若样品反应使用一般 CH_3OH 进行衍生化而标准品使用 CD_3OH 进行衍生化时，将衍生化后的标准品加入样品溶液中则可以进行如前所述的同位素内标定量[3]。

同位素标定定量法也可进行样品间的相对定量，这在蛋白质组学的分析上十分常见。此方法在蛋白质的定量上主要分为质量差异标记以及同整质量标记（Isobaric Tag）两种方法，质量差异标记将两蛋白质样品以化学、酶水解或是代谢法分别标定上不同同位素的衍生化分子或是元素，再利用质谱分别针对不同同位素标记后的分子量进行区分并定量。图 8-8 为使用同位素编码亲和标签（Isotope-Coded Affinity Tag，ICAT）进行蛋白质相对定量的示意图[4]。

在此方法中，两种细胞萃取出的蛋白质被标示不同同位素组成但结构相同的化学标记，水解之后再利用 Avidin 将标记上的多肽纯化出来并进行质谱分析。经过串联质谱分析可鉴定多肽的序列以及所对应的蛋白质种类，在一级质谱上观察到每个多肽受到轻重同位素标记产生固定质量差距的信号对，此信号对可用来得到相同蛋白在不同细胞状态的相对表达量（Relative Expression）。

同整质量标记定量法利用同整质量的试剂分子将分析物衍生标记后进行定量分析。在此要特别说明的是，同整质量目前尚未有明确的中文翻译，在质谱学中所代表的意义为相同整数质量（Nominal Mass）但精确质量（Exact Mass）不尽然相同的分子或离子。在同整质量标记法中，仍使用结构相同但同位素组成不同的衍生化试剂针对不同样品内的分析物进行标记反应。与其他同位素定量法不同的是，针对要比较的样品所使用不同同位素组成的衍生化试剂，其分子量必须相同

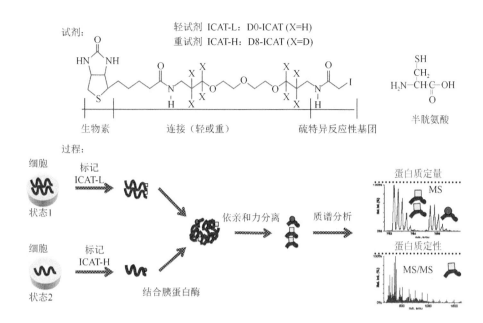

图 8-8　使用同位素编码亲和标签对蛋白质样品进行质量差异同位素标记并进行定性与定量分析[4]（摘自 Gygi, S. P., et al. 1999. Quantitative analysis of complex protein mixtures using isotope-coded affinity tags. Nat. Biotechnol.）

或十分接近。相同的分析物分子经不同同位素组成的同整质量试剂标定后，其标定后的分子量也必须为同整质量。标记后的分析物其同位素组成差异则需经串联质谱显现。此方法最常被用来进行蛋白质或多肽的定量分析。图 8-9 所示为定量蛋白质组学常使用的相对和绝对定量的同整质量标记（Isobaric Tag for Relative and Absolute Quantitation，iTRAQ）试剂的分子结构，此分子的结构在羧基旁的 C—C 键位置容易受气体碰撞而裂解，裂解位置前后的结构分别称作报告基团（Reporter Group）以及平衡基团（Balance Group）[5]。报告基团有四种质量，由不同种同位素取代造成，平衡基团主要是用作平衡报告基团所产生的质量差异，使得同整质量标记的质量维持在固定的质量 145 amu。以最小的报告基团分子量 114 amu 为例，此基团中仅一个 ^{12}C 元素被置换成重同位素 ^{13}C 而使得分子量为 114 amu，为了让整体的同整质量标记的区域分子量维持在 145 amu，平衡基团的 C 和 O 则必须全被置换成重同位素使得分子量为 31 amu。对最大的报告基团 117 而言，有三个 ^{12}C 元素被置换成 ^{13}C 且其中一个 ^{14}N 被置换成 ^{15}N 使其分子量为 117，因此，平衡基团不须任何元素被同位素置换（分子量为 28 amu）其整体分子量即为 145 amu。如图 8-9 所示，当从不同细胞而来的蛋白质水解多肽被标记四种的 iTRAQ 试剂时，分子量均多了 145 amu，当相同的多肽被质谱仪选择进行质谱分析时，可以观察到多肽标记的报告基团信号裂解出来，其信号强度代表此多肽以及所对应的蛋白质在四种细胞状态下的相对含量。此定量法的设计的好处在于分子离子信号可在混合欲比较的样品后增加，并且可以一次比较多于两组的样品，这种多组定量（Multiplex Quantitation）的能力可大幅降低分析的时间。

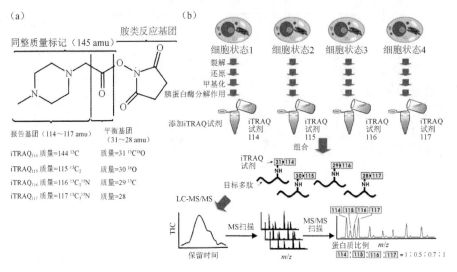

图 8-9 使用相对和绝对定量的同整质量标记的标记分子结构（a）以及对蛋白质定量的分析流程（b）[5]（摘自 Ross, P. L. et al. 2004. Multiplexed protein quantitation in Saccharomyces cerevisiae using amine-reactive isobaric tagging reagents. Mol. Cell. Proteomics.）

8.4 分离与质谱技术的结合对定量分析的重要性及注意事项

分离与质谱技术的结合除可提升质谱解析不同分子的能力外，大多状况下还可提升整体分析效能。相较于直接使用质谱分析，分离与质谱分析技术的联用可降低在分析复杂样品时单位时间进入到质谱的分子复杂度，因而减低电离过程中样品基质与目标分析物相互抑制或是质荷比相同而无法在质谱区分的问题。某些分离技术甚至具有样品前浓缩的特性，可大幅提升分析物进入质谱时的浓度，以进一步提升检测的灵敏度以及检测限。质谱可以与常用的色谱方法甚至毛细管电泳法进行在线联用，成为质谱进样系统的一部分，除了上述优点之外，分离方法可以帮助分离质量相同甚至结构相近的分子，这样可以增加定量专一性以及准确度，还可以利用分析物的分子量或碎片质量以及保留或迁移时间确认待分析物的检测信号。

当结合分离方法与质谱进行定量分析时，有几点必须要注意，第一，质谱的扫描速度是否够快，使得每个色谱峰有足够多的数据点从而可以计算出正确的面积，如图 8-10 所示，当质谱扫描速度过慢时，记录一个色谱峰的取样点数就会不够，就会造成色谱面积被低估。要得到合理的定量结果，每个质谱色谱峰必须由十个以上的数据点组成。虽然质谱的扫描速度因电子组件的改良提升许多，近年来分离方法的效率也有很大的改进，对色谱法而言，传统的高效液相色谱（High Performance Liquid Chromatography，HPLC）峰宽在数十秒以上，但超高效液相色谱（Ultra-High Performance Liquid Chromatography，UPLC）峰宽较窄。若质谱扫描到同个离子信号的循环时间（Cycle Time）过长，造成色谱数据点数不足，这常见于扫描速度过慢的质谱仪或质谱被设定成一次必须进行许多种不同的扫描事件（Scan Event）。

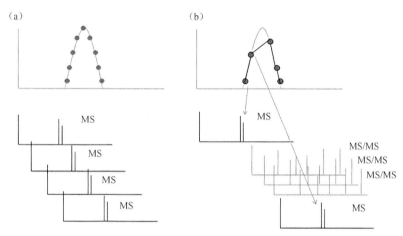

图 8-10　不同取点速度对于色谱面积计算的影响

(a) 1 个离子色谱峰由 9 个数据点组成；（b）1 个离子色谱峰由 5 个数据点组成

另外，质谱信号或图谱的前处理也影响定量的准确度，图 8-11 为使用一次质谱分析质量差异性以及串联质谱分析同整质量标记所进行的相对定量的结果，此分析样品为两个相同的蛋白质样品进行相对定量，理论的蛋白质相对浓度值应是 1.0。不论是一次还是串联质谱定量法，若能经过合适的信号以及图谱前处理，则定量的准确度就可大幅提升，在此例子中，因为所使用的软件可以有效移除掉背景噪声，通过适当的图谱平滑算法可以使得定量的误差大幅下降，这在微量分析下影响更显著[6]。

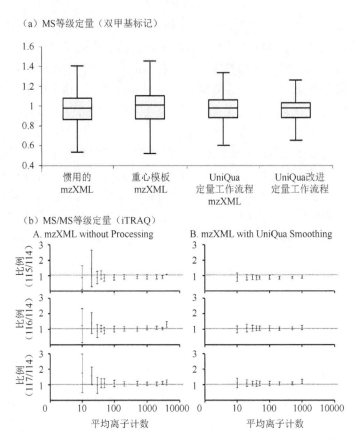

（a）MS等级定量（双甲基标记）

（b）MS/MS等级定量（iTRAQ）

图 8-11　利用质谱信号处理软件（UniQua）处理色谱-质谱分析质量差异（a）或同整质量标记（b）所得到的相对定量的结果[6]（摘自 Chang, W.H., et al., 2013. UniQua: A Universal Signal Processor for MS-Based Qualitative and Quantitative Proteomics Applications. Anal. Chem.）

参 考 文 献

[1] Lehotay, S.J., Mastovska, K., Amirav, A., Fialkov, A.B., Martos, P.A., de Kok, A., Fernández-Alba, A.R.: Identification and confirmation of chemical residues in food by chromatography-mass spectrometry and other techniques. Trends. Analyt. Chem. **27**, 1070-1090 (2008)

[2] Hsu, M.-S., Lin, C.-H.: Establishing an advanced technique to analyze ultra trace dioxin pollutants from an integrated steel plant. China Steel Tech. Rep. 59-62 (2009)

[3] Kvitvang, H.F., Andreassen, T., Adam, T., Villas-Bôas, S.G., Bruheim, P.: Highly sensitive GC/MS/MS method for quantitation of amino and nonamino organic acids. Anal. Chem. **83**, 2705-2711 (2011)

[4] Gygi, S.P., Rist, B., Gerber, S.A., Turecek, F., Gelb, M.H., Aebersold, R.: Quantitative analysis of complex protein mixtures using isotope-coded affinity tags. Nat. Biotechnol. **17**, 994-999 (1999)

[5] Ross, P.L., Huang, Y.N., Marchese, J.N., Williamson, B., Parker, K., Hattan, S., Khainovski, N., Pillai, S., Dey, S., Daniels, S.: Multiplexed protein quantitation in Saccharomyces cerevisiae using amine-reactive isobaric tagging reagents. Mol. Cell. Proteomics **3**, 1154-1169 (2004)

[6] Chang, W.-H., Lee, C.-Y., Lin, C.-Y., Chen, W.-Y., Chen, M.-C., Tzou, W.-S., Chen, Y.-R.: UniQua: a universal signal processor for MS-based qualitative and quantitative proteomics applications. Anal. Chem. **85**, 890-897 (2012)

第二部分
质谱分析技术应用

第09章

食品安全分析

　　民以食为天，人类一切活动的能量皆来自于食物，因此人们每天需要摄取五谷杂粮等不同种类的食物。近年来从三聚氰胺（Melamine）事件开始，爆发一连串食品中含违法添加物的事件，引起民众对有关食品安全议题的重视。除食品中含有毒物质及违法添加物外，由于基因工程的进步，为增加产量所开发的转基因食品（Genetically Modified Food）也日益增多，但人们对于转基因食品对人体的伤害仍存有很大不确定性，因此对所吃食物是否为转基因食品有所疑问。有鉴于此，鉴定食品是否为转基因食物，以及食品中是否含有微量有毒物质与添加剂的检测，成为分析学家的一个重要课题。质谱分析技术因具有高灵敏的检测特性，被广泛应用于食品分析中。本章除将针对质谱技术用于食品中有毒物质与转基因食品的检测进行介绍外，也将介绍近年来所开发的常压敞开式离子化质谱（Ambient Ionization Mass Spectrometry）技术在快速筛检食品中有害物质方面的应用。

9.1　质谱应用于食品中有毒物质的分析

　　近年来，因为食品中毒与食物中含违禁添加物事件时有发生，所以针对食物中所含的有毒物质与违法添加物进行有效且快速的筛检，对于评估食品安全是一项相当重要的工作。对于食品中微量有害成分的检测，不仅能保障食品的食用安全，更能用于厘清食品食用后造成健康损害的原因。但食品中有毒成分含量低，因此不易检测。

9.1.1 食品中有毒物质的检测方法

针对食品中有毒物质或违法添加物的分析，早期主要是以薄层色谱法（Thin-Layer Chromatography，TLC）进行分析，此方法的优点为操作简单，但是灵敏度不佳，且分析时易受到基质中其他化合物的干扰，造成分析上的误差，无法准确分析复杂基质中所含的微量有毒化合物。免疫分析法（Immunoassay）与酶联免疫吸附分析法（Enzyme-Linked Immunosorbent Assay，ELISA），也曾因为选择性高，被应用于食品中微量毒素的检测。使用免疫分析法进行检测，通常针对具有某单一特定结构或官能团的化合物进行筛检，其优点为分析快速，因此适合高通量（High-Throughput）检测。但采用免疫分析法时，样品中基质会与免疫试剂之间产生交叉反应（Cross-Reactivity）而产生误差，导致假阳性（False Positive）或假阴性（False Negative）分析结果。由于上述几种分析方法并无法有效检测复杂食品基质中的微量毒素，因此现今针对食品中微量成分的检测，是以色谱技术作为主要方法，如气相色谱（Gas Chromatography，GC）与高效液相色谱（High Performance Liquid Chromatography，HPLC）。一般气相色谱用于食品分析时，主要应用于中低极性且具挥发性或半挥发性的化合物分析，所使用的检测器为火焰离子化检测器（Flame Ionization Detector，FID）或电子捕获检测器（Electron Capture Detector，ECD）。使用火焰离子化检测器分析，虽然操作较简便，但因其选择性较差，所以无法针对复杂样品中微量成分进行有效分析。电子捕获检测器虽然对于含卤素化合物具有高灵敏度的特性，但并不是对每种化合物均有高灵敏度，且该检测器具有放射性电离源，因此需有相关许可才能使用。因此，近年来气相色谱-质谱（Gas Chromatography Mass Spectrometry，GC-MS）或气相色谱-串联质谱（Gas Chromatography Tandem Mass Spectrometry，GC-MS/MS），已逐渐取代气相色谱用于复杂基质中微量物质的分析。固相微萃取（Solid Phase Microextraction，SPME）结合气相色谱-质谱，已被应用于复方中药制剂中所含微量十九种有机氯农药（Organochlorine Pesticides）的检测[1]。此方法对复方中药制剂残留有机氯农药的检测限（Limit of Detection，LOD）达到十亿分之一（Parts Per Billion，ppb，ng/mL 或 ng/g）量级。但气相色谱或气相色谱-质谱分析具有极性、不易挥发化合物时，大都需要经过衍生化（Derivatization）的步骤，如酯化（Esterfication）反应、酰化（Acylation）反应或硅烷化（Silylation）反应等[2]，以降低分析物的极性并增加挥发性与稳定性，提高分析物检测的灵敏度与分辨率。然而衍生化反应通常需要使用昂贵的衍生化试剂，反应费时且会造成分析物的损失，所以当分析中含有高极性、不易挥发的化合物时，通常用高效液相色谱进行分析，其最主要的优点为不需要经过衍生化步骤，即可进行微量毒素的分离。

采用液相色谱分析时，检测方法大多以紫外-可见光检测器（UV-Vis Detector）

与荧光检测器（Fluorescence Detector）为主。紫外-可见光检测器的主要缺点为选择性较差，所以样品基质中其他物质容易对检测造成干扰，造成灵敏度降低。虽然荧光检测器的选择性较紫外-可见光检测器佳，但是以荧光检测器分析时，如果分析物不具有荧光性质，需进行衍生化使分析物发射荧光，但多出的这一步骤会造成时间与金钱的浪费。近年来，液相色谱-质谱（Liquid Chromatography Mass Spectrometry，LC-MS）或液相色谱-串联质谱（Liquid Chromatography Tandem Mass Spectrometry，LC-MS/MS），逐渐被应用于食品中微量有毒化合物的分析。其主要原因为液相色谱法分析高极性化合物时，不需经由任何衍生化的步骤即可直接进行分析，可节省衍生化步骤所需的时间、人力与花费，避免因为衍生化步骤所造成的误差。此外，加上质谱技术具有高灵敏度与高选择性，因此目前液相色谱-质谱法已被广泛应用于食品分析，特别是在快速检测食品中所含微量有毒物质的应用上。在台湾食品药物管理局公告的检验方法中，目前也有多项检测项目是采用液相色谱-串联质谱为仪器检测方法，如食品中四环素类（Tetracycline）、氯霉素（Chloramphenicol）等抗生素，以及真菌毒素（Mycotoxin）的检验，甚至最近几年受到社会关注的三聚氰胺、增塑剂（Plasticizer）、瘦肉精等的检测，也是采用液相色谱-串联质谱仪进行分析，所得到的检测限均在数 ng/g 至数十 ng/g 之间。

9.1.2　质谱检测技术

质谱技术是一种具有高灵敏度及高选择性的检测技术，是微量分析的重要工具之一，质谱技术结合气相色谱法或液相色谱法，目前已被广泛应用于未知混合物的鉴定与复杂基质中微量成分的定性与定量分析。色谱-质谱技术除了以传统色谱法依据保留时间（Retention Time）来判断分析物之外，还可提供不同保留时间的质谱图，进一步帮助分析物确认。目前常用于食品分析的质谱检测技术为串联质谱（Tandem Mass Spectrometry，MS/MS），以及近来逐渐受到重视的高分辨质谱（High Resolution Mass Spectrometry，HRMS）。选择反应监测（Selected Reaction Monitoring，SRM）模式[3]为目前最常被应用于分析食品中特定已知分析物的串联质谱技术，主要原因为使用选择反应监测模式进行检测时，可提高分析的信噪比（Signal-to-Noise Ratio，S/N）[4]，以增加选择性与降低检测限，达到复杂基质中微量成分检测的目的。

现今针对食品内残留药物分析，大多以欧盟委员会 2002/657/EC 规范为主要依循的原则，该规范主要提供不同分析方法对残留物检测的检验标准。质谱技术用于残留物检测时，该规范规定，在任何一种扫描模式下，作为定性或定量离子（Quantitation Ion）的相对强度必须大于 10%。针对定性的确认则是以离子比率（Ion Ratio）作主要的规范，即以质谱分析目标物扫描时所设定两个监测离子的相对比例，需落在可接受的范围内。该规范也针对不同质谱技术的分析结果，确定不同离子相对比例的最大允许误差（Tolerance），如表 9-1 所示。除离子相对比例外，2002/657/EC 对于不同质谱检测技术分析食品中药物残留所设鉴定点数（Identification Points，IPs）的规定如表 9-2 所示。针对 96/23/EC 所列 A 族化合物，即如类固醇（Steroid）与 β-激动剂（β-Agonist）等未经核准使用对生物体合成代谢有影响的物质，用质谱技术进行分析时最少需要 4 个鉴定点数，而针对所列 B 族化合物，如磺胺类（Sulfonamide）等动物用药与有机氯等化合物等环境污染物等，则至少需要 3 个鉴定点数。表 9-3 所列为目前常见色谱-质谱技术用于分析单一化合物时所获得的鉴定点数。

表 9-1　欧盟 2002/657/EC 规范对于质谱分析时离子相对比例最大允许误差的规定

与基峰的相对强度/%	GC-EI-MS (Relative)	GC-CI-MS，GC-MS^n LC-MS，LC-MS^n (Relative)
> 50%	± 10%	± 20%
20%～50%	± 15%	± 25%
10%～20%	± 20%	± 30%
≤10%	± 50%	± 50%

表 9-2　欧盟 2002/657/EC 规范对于不同质谱技术所得鉴定点数的规定

质谱技术	每一离子鉴定点数
低分辨质谱（Low Resolution Mass Spectrometry，LRMS）	1.0
低分辨串联质谱前体离子（LRMS^n Precursor Ion）	1.0
低分辨串联质谱产物离子（LRMS^n Transition Products）	1.5
高分辨质谱	2.0
高分辨串联质谱前体离子（HRMS^n Precursor Ion）	2.0
高分辨串联质谱产物离子（HRMS^n Transition Products）	2.5

表 9-3　欧盟 2002/657/EC 规范对于不同色谱-质谱技术所得鉴定点数的范例

色谱-质谱技术	检测离子数目	鉴定点数
GC-MS（EI 或 CI）	N	n
GC-MS（EI 与 CI）	2（EI）＋2（CI）	4
LC-MS	N	N
GC-MS/MS	1 前体离子 ＋2 产物离子	4
LC-MS/MS	1 前体离子 ＋2 产物离子	4
GC-MS/MS	2 前体离子及其 1 产物离子	5
LC-MS/MS	2 前体离子及其 1 产物离子	5
LC-MS/MS/MS	1 前体离子 ＋1 产物离子 ＋2 孙产物离子[*]	5.5
HRMS	N 个分析物离子	$2n$

　* 文件中原文为 Granddaughters，现今多数学者建议文献应避免使用含性别歧视的字眼，所以在此将其意译为孙产物离子

目前常用于食品中微量成分定量分析的串联质谱仪为三重四极杆质谱仪（Triple Quadrupole Mass Spectrometer），所使用的扫描模式为选择反应监测模式。分析时在第一段质量分析器（Mass Analyzer）中选择分析物离子为前体离子（Precursor Ion），经过碰撞产生该离子断裂碎片后，在第三段质量分析器选择信号最强的碎片离子为定量离子，次强的碎片离子为定性离子（Confirming Ion），此检测方法符合欧盟 2002/657/EC 规范中对于不同质谱检测技术分析食品中药物残留所设鉴定点数规定（4 个鉴定点数）。也就是说，无论是以气相色谱串联质谱法还是液相色谱串联质谱法进行食品中残留有害物质的检测，采用选择反应监测模式并选择两产物离子进行监测，均可符合欧盟 2002/657/EC 规范。图 9-1 为以电喷雾电离（Electrospray Ionization，ESI）正离子模式结合三重四极杆质谱技术分析赭曲毒素 A（Ochratoxin A）标准品所得到的产物离子质谱图，在第一段质量分析器选择赭曲毒素 A 的质子化分子（Protonated Molecule，$[M+H]^+$）为前体离子，在适当的碰撞能量与碰撞气体压力下进行碰撞诱导解离（Collision-Induced Dissociation，CID），并以第三段质量分析器扫描该质子化分子的所有碎片离子。

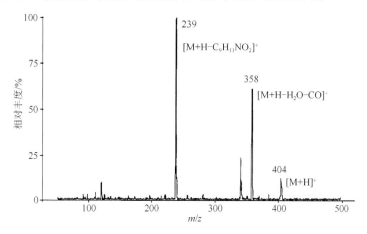

图 9-1　电喷雾电离正离子模式分析 1 μg/mL 赭曲毒素 A 标准品所得产物离子质谱图

由图 9-1 可得知，赭曲毒素 A 的质子化分子为 m/z 404 与其特征断裂碎片离子 m/z 239（$[M+H-C_9H_{11}NO_2]^+$）和 m/z 358（$[M+H-H_2O-CO]^+$）。因此以选择反应监测模式分析赭曲毒素 A，主要是以 m/z 404→239 为定量离子转换（Quantitation Ion Transition）进行设定，而定性离子转换（Confirming Ion Transition）则是设定为 m/z 404→358。台湾食品药物管理局公告的液相色谱-串联质谱检验方法中，也是采用选择反应监测模式扫描两个离子转换作为检测方法。例如，食品中动物用药残留量检验方法——四环素类抗生素的检验方法中，以液相色谱-串联质谱分析食品中所含四环素抗生素的定量离子转换设定为 m/z 445→410，定性离子转换设

定为 m/z 445→427。以三重四极杆质谱仪进行选择反应监测模式的扫描速度快，因此也常应用于复杂基质中所含多重残留药物检测，特别是该检测方法若与超高效液相色谱（Ultra-High Performance Liquid Chromatography，UPLC）结合，更可在短时间内分析多种类的分析物。台湾食品药物管理局于 2013 年年底所公告的食品中残留农药检验方法——多重残留分析方法（五）中，同时以气相色谱-串联质谱法与超高效液相色谱-串联质谱法检测谷类及蔬果类等草本食品中多种残留农药。其中以液相色谱-串联质谱法正离子模式可测得丁酮威（Butocarboxim）等 146 种残留农药，负离子模式可测得 2,4-D 等 5 种残留农药；气相色谱-串联质谱法可测得滴滴涕（DDT）等 163 种残留农药。该方法可于半小时内分析食品中所含 314 种残留农药，方法定量限均可达到数十 ng/g 量级。液相色谱-质谱法除了广泛应用于食品中已知微量分析物检测之外，结合统计学中多变量分析（Multivariate Analysis），也可应用于不同来源或种类食品的辨别。Zhao 等学者采用超高效液相色谱结合二极管阵列检测器（Diode Array Detector，DAD）串接质谱检测器（UPLC-DAD-MS）分析 15 种不同市售普洱茶、绿茶与白茶[5]，研究结果除了可通过分析结果中的保留时间、紫外光谱图与质谱图鉴定出上述 15 种茶叶中所含如儿茶素等 68 种酚类化合物（Phenolic Compounds），该文献作者进一步将所有分析结果以多变量分析中主成分分析（Principal Component Analysis，PCA）进行统计分析，通过主成分分析结果可有效辨别三种不同的茶种。

另一逐渐被广泛应用于食品检测的质谱技术为高分辨质谱法，根据欧盟 2002/657/EC 规范，质量分辨率（Mass Resolution）大于 10000 的质谱仪为高分辨质谱仪。目前常用于食品分析的高分辨质谱仪有飞行时间（Time-of-Flight，TOF）质谱仪与轨道阱（Orbitrap）质谱仪。高分辨质谱法由于具有较高的质量分辨率，因此可准确地测得分析物的分子量，进而得到分析物的元素组成，以及可在复杂基质背景中针对微量成分进行筛选与鉴定，因此高分辨质谱法可应用于食品中无靶标（Non-Targeted）分析，如食品中所含非法规规定添加物、未知成分及有毒物质的检测[6]。Mwatseteza 等学者开发以固相微萃取法结合气相色谱-飞行时间质谱技术鉴定烹煮后藜豆（Velvet Bean）中所含挥发性成分，此方法可成功鉴定出 26 种烷基苯（Alkyl Benzenes）与多环类（Polycyclic）化合物[7]。Ates 等学者以液相色谱高分辨轨道阱质谱技术鉴定玉米、小麦与动物饲料中所含真菌与植物代谢物，通过高分辨质谱仪测得分析物的准确质量可推得代谢物的化学式，进一步再通过高分辨质谱技术分析所测得代谢物的产物离子，整个分析时间不到 20 min 即可鉴定出玉米、小麦与动物饲料中所含的 15 种真菌及植物代谢物[8]。Garrett 等学者利用直接进样电喷雾电离质谱(Direct-Infusion Electrospray Ionization-Mass Spectrometry)，以四极杆飞行时间（Quadrupole/Time-of-Flight，QTOF）及傅里叶变换离子回旋共振（Fourier Transform Ion Cyclotron Resonance，FT-ICR）两种高分辨质谱仪，分析高价且高质量的阿拉比卡咖啡（Arabica Coffee）与较低价的罗布斯塔咖啡（Robusta Coffee）中所含极性化合物，通过偏最小二乘法（Partial Least Square Method，PLS）分析所得质谱分析数据中前 30 强信号[9]。该研究结果除了可通过高分辨质谱技术结合统计分析区分出这两种不同品种的咖啡外，更通过傅里叶变换离子回旋共振质谱法鉴定出阿拉比卡咖啡中所含 22 种化合物及罗布斯塔咖啡中所含 20 种组成物。然而阿拉比卡咖啡价格会因为栽种地区不同而有所不同，如牙买加蓝山地区所生产的阿拉比卡咖啡因为风味独特且产量少成为世界上最有名的蓝山咖啡，也因此造成许多厂商以其他地区所产的咖啡混充真正的蓝山咖啡贩卖。为鉴定出不同来源的阿拉比卡咖啡，Garrett 等学者以电喷雾电离法负离子模式-傅里叶变换离子回旋共振质谱法分析不同地区所栽种阿拉比卡咖啡豆的甲醇萃取物[10]，可测得阿拉比卡咖啡豆中 20 种代谢物，并通过主成分分析法对所得到数据进行统计分析，更可鉴定出不同地区与不同品种阿拉比卡咖啡豆。除咖啡外，茶叶的价格也会因为种类不同或产地不同而有所不同，为了鉴别不同茶叶的产地，Fraser 等学者以超高效液相色谱-轨道阱质谱法（UPLC-Orbitrap）分析 88 种不同地区所产的红茶、绿茶与乌龙茶[11]，再通过多变量分析法针对质谱分析结果进行评估。该学者所开发的方法除了可分辨出不同茶种外，更可以区分同一茶种的不同产地所产的绿茶，以及不同地区所生产的红茶。该研究更归纳出可供鉴别不同地区所生产红茶的关键成分（Key Components）。

除针对食品基质中所含微量未知化合物的鉴定分析外，高分辨质谱技术也被广泛应用于不同食品中所含多种残留药物或毒素的研究。Zhang 等学者开发气相色谱-质谱法以快速筛检监测蔬菜中多种杀虫剂残留[12]。检测方法为利用溶剂萃取结合固相萃取，对于蔬菜中多种杀虫剂进行萃取与净化，最后利用 GC-MS 法对萃取液进行检测。所开发方法利用数据库搜寻（Library Search），可成功检测蔬菜中 187 种不同种类的杀虫剂，方法检测限均在数 ng/g 量级。Chang 等学者开发一系列超高效液相色谱-四极杆轨道阱质谱技术分析方法，对不同食品基质中所含残留农药、真菌毒素、染料等微量物质进行检测[13-16]。所开发方法可在 14 min 内测得蔬果中 166 种残留微量杀虫剂，检测限可达到数μg/kg 量级。针对奶类制品中所含 58 种真菌毒素与汽水饮料（Soft Drink）中所含 43 种抗氧化剂、防腐剂与甜味剂（Sweetener），利用所开发方法也均可在 15 min 内完成定量检测，检测浓度均可达到μg/kg 等级，甚至更低。液相色谱-轨道阱质谱技术也曾被开发用于茶汤中氨基酸的分析，所开发方法可在 35 min 成功测得茶汤中所含茶氨酸（Theanine）等 22 种游离氨基酸，方法检测线性范围介于 100～10000 ng/mL 之间。该研究应用所开发方法分析不同地区茶叶中的游离氨基酸，并利用所测得氨基酸含量评估茶叶产地来源。台湾食品药物管理局于 2014 年所公告的食用油中铜叶绿素主要成分 Cu-Pyropheophytin A 的检验方法中，以石油醚萃取食用油中所含铜叶绿素，再以固相萃取净化后，以分辨率 70000 的液相色谱-高分辨质谱仪进行检测，所使用的离子化方法为大气压化学电离（Atmospheric Pressure Chemical Ionization，APCI）负离子模式，扫描模式为产物离子扫描（Product Ion Scan）模式。在准确质量误差小于 5 ppm 的仪器状态下，选择 m/z 874.4749 为 Cu-Pyropheophytin A 的前体离子，若产物离子为 m/z 522.1486、550.1799 与 594.1697 且相对离子强度符合表 9-1 的规定，则表示该食用油样品中含有违法添加的铜叶绿素成分。

9.1.3　各种样品前处理技术结合质谱技术在食品有毒物质检测中的应用

质谱分析常因样品基质复杂而造成离子增强（Ion Enhancement）或离子抑制（Ion Suppression）等基质效应（Matrix Effect，ME）产生，进而导致分析产生假阳性或假阴性结果，尤其是以电喷雾质谱法分析时，基质效应的影响尤其严重。为有效解决基质效应所造成的分析误判，须在质谱分析前通过样品前处理（Sample Preparation）将样品中所含干扰物去除。样品前处理是一个完整分析流程中最耗时也是影响分析结果的最重要的环节，特别是针对如食品等复杂基质样品中所含微量成分的分析。样品前处理步骤所花费的时间通常占整体分析时间的 60% 以上，由此可知该步骤的重要性[17]。样品前处理的主要目的在于去除样品基质的干扰，以及分析物的预浓缩。食品检测常因样品基质复杂，加上分析物含量很少，所以必须经过样品前处理步骤才能有效分析食品中所含微量成分。

目前常见于食品检测的样品前处理技术有液-液萃取（Liquid-Liquid Extraction，LLE）与固相萃取（Solid Phase Extraction，SPE）。液-液萃取法由于操作简单，因此一直以来广泛应用于食品中不同分析物的萃取。Fuh 等开发多重步骤液-液萃取用于肉品中磺胺类抗生素的萃取与净化，通过不同溶剂的萃取除去肉类样品基质中所含的干扰物，最后利用液相色谱-质谱仪进行检测，利用此方法分析肉类中磺胺剂的检测限可低于 10 μg/kg[18]。台湾食品药物管理局所颁布的食品中残留农药检验方法——多重残留分析方法（四）中，也使用多种不同溶剂对于不同农产品样品萃取多种不同的残留农药，由此可见，目前液-液萃取法仍为检验单位所采用，但是萃取步骤常需使用如丙酮、乙酸乙酯、己烷等大量有毒的有机溶剂，且须经多步纯化与浓缩程序，需花费相当多的时间与人力，而在纯化及浓缩的过程中，会造成样品的流失，导致回收率及准确度变差，上述几点是液-液萃取法的缺点。另一种目前常用于食品分析的样品前处理技术为固相萃取技术，该技术是通过目标分析物与固相萃取吸附剂（Sorbent）的吸附能力不同而加以分离，并可同时达到净化、萃取、浓缩与自动化等目的，也因具有众多优点，固相萃取在不同基质中微量物质萃取中的应用已相当普遍。台湾食品药物管理局所公告食品中乙型受体素类多重残留分析检验方法与食品中三聚氰胺的检验方法，均是利用固相萃取技术作为样品前处理方法。虽然固相萃取技术具有相当多的优点，但仍有需要特殊萃取装置、萃取管柱花费高、需花费时间进行吹干浓缩等缺点，因此也不适用于快速筛检食品中毒素的分析。

近年来由于环保意识高涨，绿色化学（Green Chemistry）逐渐受到化学家的重视，所以开发环保且无害的萃取方法成为目前分析化学家最重要的课题，因此多种无溶剂或少量溶剂使用的样品前处理技术被开发出来，并且应用在复杂食品中微量成分的萃取方面，如固相微萃取法、超临界流体萃取法（Supercritical Fluid Extraction，SFE）、分散液-液微萃取法（Dispersive Liquid-Liquid Microextraction，DLLME）等样品前处理技术。固相微萃取法于 1990 年由加拿大 Waterloo 大学 Pawliszyn 教授实验室设计，是一种无溶剂（Solvent-Free）萃取法[19]。该萃取技术的萃取步骤十分简便，仅需将固相微萃取装置以直接浸入（Immersion）萃取或顶空（Headspace）萃取方式，待分析物在涂覆纤维与样品间达到分配平衡后，即完成吸附步骤。再以气相色谱仪的高温注射口进行热脱附，以气相色谱仪进行分离检测，或使用溶剂或流动相于溶剂脱附室（Solvent Desorption Chamber）进行脱附，接着以高效液相色谱仪进行分离检测。固相微萃取技术整合采样、萃取、浓缩以及样品注入于一个步骤，解决目前萃取使用有机溶剂的问题，同时避免多步骤萃取所造成的分析物流失。固相微萃取过程中除了不需使用有机溶剂外，涂覆纤维可重复使用，更可减少经济成本。此外，其也因萃取自动化而大大减低人为误差。固相微萃取技术因为浓缩效率高，故具有更高的灵敏度，因此近年来广受分析化学家的重视，并被广泛应用于环境、药物、食品、生物等复杂基质样品的分析研究上。直接浸入式固相微萃取技术结合气相色谱-串联质谱法已被用于油炸食品中所含微量致癌物丙烯酰胺（Acrylamide）的检测[20]。此开发方法采用商业化 Carbowax/Divinylbenzene（CW/DVB）的涂覆纤维，以直接浸入萃取方式萃取后，以气相色谱仪进行热脱附并分离，最后以串联质谱法的选择反应监测模式进行检测。此开发方法对油炸食品中丙烯酰胺的检测线性范围在 1～1000 ng/g 之间，并成功测得市售薯条与洋芋片中的微量丙烯酰胺，浓度分别为 1.2 ng/g 与 2.2 ng/g。顶空固相微萃取技术结合气相色谱-质谱法可针对市售酱油中所含微量氯丙醇进行检测[21]。此开发的顶空固相微萃取-气相色谱-质谱法可测得酱油中 1,3-二氯-2-丙醇与 3-氯-1,2-丙二醇两种氯丙醇，线性范围在 1.36～13200 ng/mL 之间。

超临界流体萃取法为另一种无溶剂萃取法，主要是通过超临界流体具有类似液体的溶解能力以及气体的扩散性，对基质中分析物进行萃取。由于具有气体扩散性，因此超临界流体萃取速度远比液体快且有效。而超临界流体的溶解能力会随温度、压力和密度不同而有所不同，故通过改变超临界流体的压力、温度或者密度，可有效控制与提升其萃取效率，所以超临界流体萃取技术已广泛使用在复杂基质的萃取中。超临界流体萃取同步衍生化结合气相色谱-质谱法的分析方法，可针对虾肉中所含微量氯霉素类抗生素进行检测[22]。开发的超临界流体萃取法对于虾肉中的氯霉素（Chloramphenicol）、氟甲磺氯霉素（Florfenicol）与甲砜氯霉素（Thiamphenicol）的萃取流程如图 9-2 所示。在最佳超临界流体萃取与气相色谱-质谱法检测条件下，虾肉中氯霉素类化合物的检测限可达万亿分之一（Parts Per Trillion，ppt，pg/mL 或 pg/g）。该研究应用所开发方法检测市售虾肉样品，所得到的结果如图 9-3 所示。由图可知，所开发的超临界流体萃取同步衍生化结合气相色谱-质谱法，可成功测得虾肉样品中所含的氟甲磺氯霉素，其浓度介于 47~592 ng/g 之间。

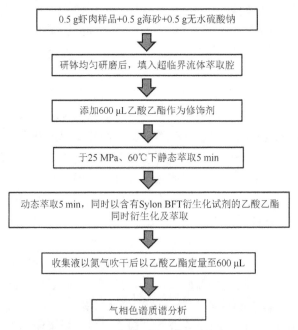

图 9-2　超临界流体萃取同步衍生化用于虾肉中氯霉素类化合物的萃取流程图

　　分散液-液微萃取法由伊朗学者 Yaghoub Assadi 提出，它是由分散溶剂（Dispersive Solvent）、萃取溶剂和基质溶液三相所组成的微萃取技术[23]，是一种利用溶剂对样品中分析物进行萃取的技术，相较于传统溶剂萃取技术，分散液-液微萃取法仅需微量萃取溶剂即可进行萃取，这大大改善需要使用大量有机溶剂的缺点。该技术中分散溶剂的主要功能是将萃取溶剂分散成微小的液珠至基质溶液中，此时液体会形成云雾状溶液（Cloudy Solution），使萃取溶剂和分析物接触表面积变大,可增加萃取效率。分散液-液微萃取法流程包含两个步骤:①将分散溶剂和萃取溶剂混合后快速注入基质溶液中,形成云雾状溶液,分析物可快速从基质溶液中移转至萃取溶液中;②将萃取完的云雾状溶液经过离心沉淀后,取离心管底部的沉淀相进行分析。分散液-液微萃取法优点为快速、操作简单、高回收率、高浓缩效果且有机溶剂使用量少,可减少使用大量有机溶剂对环境造成的污染,因此其被广泛应用在水样、环境样品、食品样品等复杂样品基质中微量物质的分析中。2009 年快餐店炸油中含微量砷的食品安全事件中,为了有效区别食用油中所含砷为有机砷还是无机砷,超声波辅助分散液-液微萃取技术结合液相色谱-质谱法的选择离子监测(Selected Ion Monitoring,SIM)模式,可用于食用油基质中所含有机砷的检测[24]。此方法以水为萃取溶剂,己烷为分散溶剂,对于油基质中三种有机砷化合物进行萃取。相较于传统手动摇晃,利用超声波辅助萃取,可使萃取溶剂的乳化效果更明显,进而增加萃取效果。以此方法分析食用油内甲基胂酸(MMA)、二甲基胂酸(DMA)与 4-羟基-3-硝基苯基胂酸(Roxarsone)的检测,所得结果如图 9-4 所示。开发的超声波辅助分散液-液微萃取技术结合液相色谱-质谱分析方法检测食用油中有机砷浓度的线性范围介于 $10 \sim 500$ ng/g 之间,回收率介于 $89.9 \sim 94.7\%$ 之间。研究同时应用此分析方法检测多次油炸食品后的食用油,可测得该样品中所含 DMA 的浓度为 6 ng/g。研究结果显示,使用超声波辅助分散液-液微萃取技术可快速且有效地萃取复杂油基质中所含微量有机砷化合物。

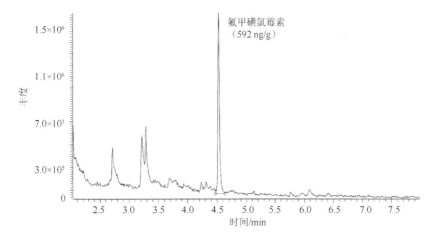

图 9-3　超临界流体萃取同步衍生化结合气相色谱-质谱法分析市售虾肉样品中氯霉素类化合物所得色谱图(摘自 Liu, W.L. et al. 2010. Supercritical fluid extraction in situ derivatization for simulaneous determination of chloramphenicol, florfenicol and thiamphenicol in shrimp. Food Chem.)

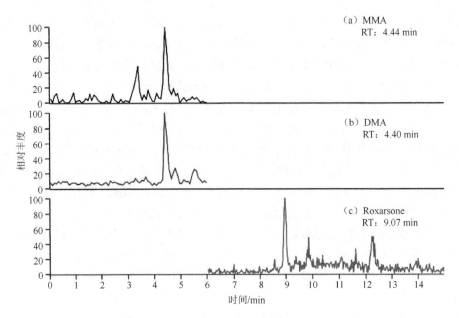

图 9-4 超声波辅助分散液-液微萃取法结合液相色谱-质谱技术分析含有有机砷的食用油所得色谱图（摘自 Wang, W.X. et al. 2011. A novel method of ultrasound-assisted dispersive liquid-liquid microextraction coupled to liquid chromatography-mass spectrometry for the determination of trace organoarsenic compounds in edible oil. Anal. Chim. Acta）（a）25 ng/g MMA（m/z 141）；（b）10 ng/g DMA（m/z 138）；（c）10 ng/g Roxarsone（m/z 264）

  近年来开发了一种新的萃取方法，并应用于快速、同时萃取蔬果农产品中所含多种残留农药，此萃取方法为 QuEChERS 萃取技术。QuEChERS 主要具备快速（Quick）、简单（Easy）、低成本（Cheap）、高效率（Effective）、耐用（Rugged）与安全（Safe）等优点，萃取名称即取其六个优点的英文，读音为"catchers"，该技术最早为 2002 年美国农业部 Anastassiades 等学者首先提出，主要为解决快速检测蔬果中残留多重农药的萃取问题[25]。QuEChERS 萃取主要分为两大步骤：第一，将固体样品均质后置于离心管中，再加入适当溶剂如乙腈进行液相萃取分配（Extraction/Partitioning），通常会在此步骤加入盐类，主要是通过盐析效应（Salting-Out Effect）使乙腈与水分离；第二，在含有乙腈萃取液的离心管中加入硫酸镁（Magnesium Sulfate，MgSO$_4$）与固相吸附剂，其中硫酸镁的主要作用为去除乙腈萃取液中所含的水分，固相吸附剂最主要的作用为去除乙腈萃取液中所含的干扰物。常用的固相吸附剂包含用于去除脂肪酸与脂质的一级二级胺（Primary Secondary Amine，PSA）与用于去除非极性（Non-Polar）干扰物的石墨化碳黑（Graphitized Carbon Black，GCB）等。QuEChERS 萃取通过手上下摇晃或旋涡混合器（Vortex Mixer）摇晃等方式，利用吸附剂除去杂质，最后将净化后的萃取液直接以仪器进行检测。QuEChERS 方法因为具有操作简单、快速、便宜、可靠并可同时分析多种分析物等优点，适用于快速检测包含蔬果等食物样品中残留多种微量有毒化合物的检测，QuEChERS 方法已被美国与欧盟列为官方的检验方法，主要是应用于农产品中农药的检测，台湾食品药物管理局于 2012 年所公告的食品中残留农药检验方法——多重残留分析方法（五）中，也是采用 QuEChERS 萃取技术为蔬果类、谷类、干豆类、茶类等植物类食品中多重残留农药的萃取方法，该方法结合液相色谱-串联质谱法或气相色谱-串联质谱法，可同时对于植物类食品中 213 项农药进行残留检测。QuEChERS 结合液相色谱-串联质谱技术，也曾被用于鸡蛋中灭蝇胺（Cyromazine）农药与其代谢物三聚氰胺的分析[26]。在最佳萃取与检测条件下，此分析方法测得鸡蛋中两种分析物的线性范围介于 10～1000 ng/g 之间，检测限均在数 ng/g，方法回收率则介于 83.2%～104.6%之间，由此可见，此方法可有效分析鸡蛋中所含微量灭蝇胺与三聚氰胺。研究应用此开发方法检测服用含有灭蝇胺饲料的鸡所生产的蛋，可成功测得鸡蛋中微量的灭蝇胺与三聚氰胺，浓度介于 20～94 ng/g 之间。由研究结果可得知，QuEChERS 技术可同时萃取样品中多种微量分析物，萃取过程仅需要几十分钟就可以完成，因此证明该技术非常适用于快速检测食品中多种有害物质的萃取分析。

　　食品安全与人的健康息息相关，因此开发一种快速、准确且可靠的方法快速筛检食品中微量有毒成分对于食品的安全十分重要。针对分析食品中所含微量对人体有害的物质，检测方法的选择最为关键。选择过程中需要考虑针对不同的样品基质与分析物性质，选择有效且快速前处理技术，以及高灵敏度与高选择性的检测仪器，这样才能达到快速且有效的筛检。本节针对目前用于食品检测的前处理方法与质谱检测技术做一简单的介绍，希望通过上述介绍与说明，让读者对利用质谱技术快速检测食品中微量毒素有更进一步的了解。

9.2　质谱方法在转基因食品检测上的应用

9.2.1　转基因作物

　　基因改造作物又称转基因植物（Transgenic Plants），自 20 世纪 70 年代起，基因工程及脱氧核糖核酸（DNA）重组技术已成为研究现代生物科技的主力工具之一。基因工程是将选定的单一基因，从一生物体转殖到另一生物体中，并能在非相关物种中进行，使其产生原本不具备的蛋白质或其他产物，经由非自然的 DNA 重组技术产生的生物体称为基因改造生物（Genetically Modified Organism，GMO）。若食品原料中含有基因改造作物，则可被分类为转基因食品。1983 年，世界第一株转基因烟草出现；1990 年，第一例转基因棉花种植试验成功；1994 年，美国加利福尼亚州基因（Calgene）公司的 Flav Savr™ 西红柿首次被美国食品药品监督管理局（U.S. Food and Drug Administration，FDA）批准在美国上市销售。1996 年后，FDA 又陆续批准了数种转基因食品如大豆、玉米、油菜和花生等上市销售。迄今世界上基因改造作物已有数百个物种，因为其巨大的商业利益，基因改造作物得以迅速发展。目前依作物区分，大豆、玉米、棉花、油菜各占全球转基因作物面积约 50%、32%、14%、5%。依转殖特性区分，抗除草剂、抗虫、多抗（除草剂与虫）各占 60.4%、17.8%、21.8%。此外，已有许多转基因甜菜、水稻与马铃薯正在进行试验，未来几年会进入市场；而另一类增加营养价值的第二代基因改造作物，如富含 β 胡萝卜素[27]、维生素 E[28]、ω-3 脂肪酸[29]的作物可能也会进入市场销售[30, 31]，而抵抗恶劣环境的作物也在开发中。

基因改造作物有许多优点，如增加产量、营养素、风味，提高抗病、抗逆境能力，减少有害农药的使用量等优点。但从另一方面来看，由于改造基因产生的潜在影响可能不会立即显现，因此也可能会造成环境或健康上的风险。例如，过度使用抗除草剂作物会使杂草产生抗性，即所谓的超级杂草（Superweeds）。抗除草剂的基因可能会转移到野生物种或近亲杂草。抗虫作物则会使昆虫产生新的抗性。至 2008 年，全球已有 185 种杂草分别对 17 种以上的除草剂产生抗药性[32]。当杂草产生抗药性，大部分人们会选择使用其他种类的除草剂，反而增加除草剂的使用量。然而，转基因食品中的新蛋白质或其他成分可能会造成人体健康的风险，包括过敏反应、在生物体中发展抗抗生素、具致癌或毒性成分及食品成分非预期的改变。此外，自 1996 年上市以来，转基因食品的长期性影响目前也还没有一定的结论，必须注意是否有未知、长期的副作用。

在达到全面性的安全评估之前，能够识别现有的食品与转基因食品更显重要，欧盟于 2003 年通过转基因食品相关法（European Commission Regulation 1829/2003 & 1830/2003），规定食品或饲料中若掺杂转基因成分超过 0.9%，必须强制加以标记。若食品原料含有大于 0.9% 的基因改造作物，即使是经过数道加工后的产品也都需要标记。美国、阿根廷及智利则依据实质等同的概念，若基因改造作物与传统作物本质相当，则该转基因食品对消费者应不至于造成危险，因此不设立阈值，也不强制一定要标示。日本从 2001 年起实施基因改造标示规范，指定 29 种农产加工品，如果基因改造质量成分大于 5%，则须强制标示，但是以目前检测科技无法验出的精致加工食品则无须标示[33]。

根据台湾 2001 年的公告，假如食品是以转基因黄豆或玉米为原料，且原料占最终产品总质量 5% 以上，就必须标示转基因或含转基因的字样，另一方面，非转基因黄豆或玉米若因采收、运输或其他因素，掺杂到转基因黄豆或玉米但未超过 5%，可以视为非转基因黄豆或玉米。此外，使用基因改造作物所制成的高加工层次产品，如玉米油、玉米糖浆、色拉油和酱油等，可以免标示转基因或含转基因字样。2015年，台湾规定于2015年6月起，所有农产品及原料中含有基因改造作物比例达3%以上者，均须标示转基因字样。自2016年1月起，规范范围更扩大至所有食品。目前各国家或地区标示规定都在不断检讨与修订，表9-4为粗略归纳的目前国际上的规定。

表9-4 对于转基因标示的规定[33]

地区	对于实质等同产品标示类型		标示基准（质量分数）
	I [b]	II [c]	
欧盟	强制	强制	0.9%
美洲 [a]	自愿	自愿	n.a. [d]
澳大利亚和新西兰	强制	自愿	1%
日本	强制	自愿	5%
韩国	强制	自愿	3%
中国香港	自愿	自愿	5%
中国台湾	强制	自愿	3%
巴西	强制	强制	1%
沙特阿拉伯	强制	强制	1%

a. 美洲：包括美国、阿根廷及智利

b. I：实质等同产品，可检测出转基因原料

c. II：实质等同产品，但经发酵、加热等高层次加工处理，以目前科技无法检测出转基因原料

d. n.a.：not available

9.2.2 转基因食品的检测方法

整体而言，鉴定转基因生物的分析方法包括目标物分析法及总体分析法。目标物分析法是针对主要的或预期的转基因目标，着重于嵌入的新基因及其蛋白质表现、营养成分、二次代谢物或毒性成分。总体分析法则涵盖基因组学、蛋白组学及代谢组学分析法[34]。

以核酸为基础的检测方法主要是以聚合酶链反应（Polymerase Chain Reaction，PCR）为主，其灵敏度高，检测限可达0.01%～0.1%，且可同时检测单一样品中所含不同的转基因。而DNA微阵列（DNA Microarray）、表面等离子体共振生物传感器（Surface Plasmon Resonance Biosensor）及电化学基因传感器（Electrochemical Genosensor）等都已被应用于检测GMO，其检测限可达0.1%[35]。以蛋白质为基础的检测方法主要以免疫分析为主，包括蛋白质印迹法（Western Blot）、酶联免疫吸附法及试纸条法（Lateral Flow Strip）等。以下介绍各类方法。

1. 蛋白质印迹法

蛋白质印迹法为一种高特异性方法，可用于检测不溶性蛋白质，但不适用于高通量检测。该方法主要是将蛋白质从食物样品中萃取出来后，加入表面活性剂或还原试剂让蛋白质变性，接着以聚丙烯酰胺凝胶电泳法分离蛋白质并转印到表面固定具有可辨识目标的特异性抗体的薄膜上，最后利用染色试剂（Ponceau、Silver Nitrate 或 Coomassie）或具有酶修饰后的二次抗体进行显色反应。利用蛋白质印迹法结合单株抗体检测转基因大豆及其加工后产品中的转基因蛋白质 CP4 EPSPS，未加工产品的检测限为 0.25%，加工后产品检测限为 1%[36]。

2. 酶联免疫吸附法

免疫技术为利用抗体与特异性蛋白质结合的技术，抗体会与特定蛋白质键合。ELISA 具有高灵敏、高通量和可同时检测多重样品的优势，因此可应用在自动化操作仪器上。依照设计形式的不同，酶联免疫吸附法可分数种类型，以三明治型 ELISA 为例，如图 9-5 所示，加入检体至具有特异性的抗体修饰的微量样品盘，检体中的目标抗原会被抗体捕捉，再加入具有经酶修饰的特异性二级抗体，两种抗体都会结合在抗原的抗原决定簇位置，形成夹心结构，最后再将适当的反应试剂加入，经过酶催化后的试剂会产生显色反应，颜色的深浅与目标蛋白质的浓度成正比。

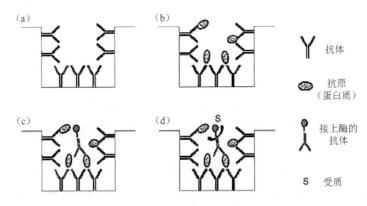

图 9-5　酶联免疫吸附法（ELISA）示意图

ELISA 已经被用于转基因食品的检测上，高特异性的单株抗体及较为灵敏性的多株抗体也已被开发，如只针对 Roundup Ready 公司所生产植物（大豆、棉花及玉米）中的抗除草剂转基因蛋白质 CP4 EPSPS 具有特异性的抗体，或者是能同时检测是否含有抗虫转基因蛋白质 Cry1Ab、Cry1Ac 及 Cry9C 的抗体。ELISA 的检测方法并不具有事件特异性（Event-Specific），所以无法得知样品的来源，且并不是所有的转基因特征蛋白质均能被 ELISA 检测或分辨。一般而言，ELISA 的检测极限约在 0.5%～1%，但在免疫分析中必须注意干扰物存在而产生不必要的交叉反应。

3. 试纸条法

试纸条法是依据 ELISA 的原理所衍生制成的，其中抗体是固定在纸条上而不是样品盘内[图 9-6（a）]，此技术具有快速检验（5～10 min）、较为便宜且低技术的优点。检验的结果以显色显示，不需要其他辅助仪器。将纸条插入蛋白质萃取溶液中，溶液会因为毛细现象而向上移动[图 9-6（b）]，当经过修饰以具有转基因蛋白质特异性抗体胶体金区域时，样品中的目标蛋白质会与抗体形成复合物且整体溶液继续向上移动，当到达固定化的特异性抗体区域时，复合物会被抓取且因区域较短所以兼具浓缩作用，胶体金因为浓缩作用而显现红色[图 9-6（c）]。其检测极限约在 1%，但不适合定量，而且只有少数的转基因特征蛋白质检验试纸条被商业化。

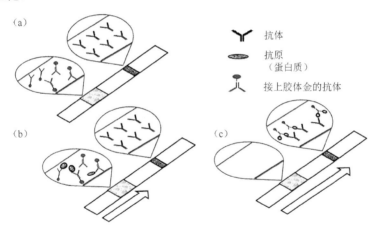

图 9-6　试纸条法示意图

9.2.3　质谱方法检测转基因食品

以质谱技术作为目标物分析法的分析仪器，在 DNA 的分析方面，是利用 PCR 技术针对由样品萃取出的特定 DNA 序列（改造基因与内源基因）进行扩增，在此步骤生成的寡核苷酸可经由在线纯化再以液相色谱-电喷雾法质谱仪进行分析。尽管目前 DNA 检测方法已成功运用于转基因生物鉴定，但检测经修饰的表达蛋白所产生的非预期性结果也日益受到重视，如监测植物产生的药用与工业用重组蛋白[37]，或是采收后基因表达的分析[38]等，而在检测转基因食品的应用上也日益重要。

目前仅有少数的研究为特定的基因改造作物目标蛋白分析，由于重组蛋白的表达量低，且新蛋白质并非均匀分布于植物组织中，因此目标蛋白分析会产生一些限制，而且生物体液或组织中的蛋白质具有较大的浓度范围，往往会使目标检测低于仪器的检测限，因此，开发新的蛋白质分离方法，将目标蛋白从复杂的蛋白质混合物中萃取出来是分析结果成败的关键。以大豆为例，其约含 40%蛋白质、20%油脂、35%碳水化合物及 5%灰分。大豆储存蛋白主要为蛋白 Glycinin 及 β-conglycinin，占整体蛋白质的 70%～90%。因此这些储存蛋白对于目标转基因蛋白的分析是一大干扰。

Careri 等在 2003 年首次利用质谱仪鉴定转基因马铃薯和非转基因马铃薯蛋白质酶解片段[39]；另外，在一系列的研究中，以不同的质谱分析法检测数种作物的 CP4 EPSPS，显示出目标蛋白分析的潜力；CP4 EPSPS 为商业化的抗除草剂（草甘膦）作物产生的重组蛋白，草甘膦（Glyphosate）是由 Monsanto 公司所研发的非选择性除草剂，其主要作用为抑制植物中莽草酸代谢路径 5-烯醇式丙酮酰莽草酸-3-磷酸合酶（EPSPS）的活性[40]。在一般植物中的 EPSPS 是形成酪氨酸、苯丙氨酸与色氨酸等三种芳香族氨基酸合成途径的重要酶，其机制为 EPSPS 催化莽草酸-3-磷酸酯（S3P）与磷酸烯醇丙酮酸盐（PEP）产生 EPSP（图 9-7），此反应具有可逆性，EPSP 进一步经由分支酸盐（Chorismate）的代谢即可生成芳香族氨基酸。草甘膦会与 PEP 共同竞争 EPSPS 造成 EPSP 无法生成，而进一步使芳香族氨基酸含量降低，影响蛋白质的合成，导致植物死亡。基因改造作物的抗除草剂机制主要是利用重组 DNA（Recombinant DNA）技术，将细菌 *Agrobacterium sp.* CP4 菌株的 EPSPS 基因导入大豆中，让 EPSPS 基因在大豆中表达，CP4 菌株的 EPSPS 不受草甘膦的抑制，使 Shikimic Acid 路径的合成得以进行而让植物存留下来。

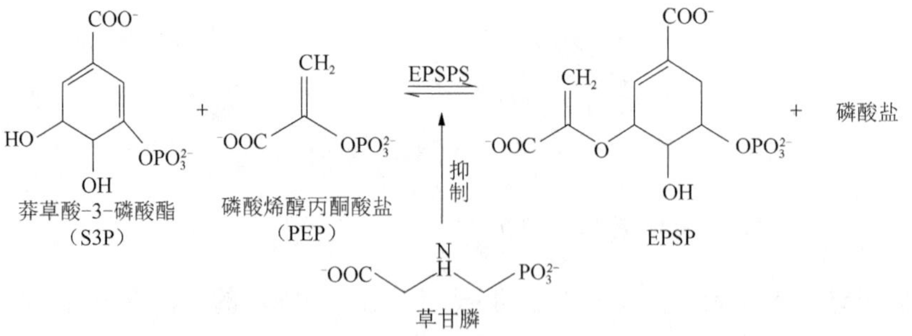

图 9-7　草甘膦抑制 EPSPS 的催化反应

由于 CP4 EPSPS 为低含量蛋白，使用不同的蛋白质分离及浓缩方法，避免丰富的种子储存性蛋白产生干扰以克服低丰度蛋白在质谱检测上的困难[41]；以凝胶过滤色谱（Gel Filtration Chromatography）纯化蛋白质，再以 SDS-PAGE 分离并得到目标蛋白 CP4-EPSPS，另一方法为加入阴离子交换的预处理步骤再进行蛋白质纯化，此方法能进一步富集低丰度蛋白。质谱分析法主要是以胰蛋白酶消化纯化后的 CP4 EPSPS，再以 MALDI-TOF MS 或 Nano-LC-ESI-QTOF 分析，该方法可成功检测含 0.9%转基因成分的样品；使用稳定同位素进行化学修饰，结合质谱可对目标蛋白进行定量分析[42]，定量抗除草剂转基因大豆的 CP4 EPSPS 蛋白，此分析程序也利用阴离子交换色谱与 SDS-PAGE 富集目标蛋白，降低样品复杂程度。在定量方法中，合成重同位素标记的多肽内标（L*）AGGEDVADLR（L* = ^{13}C）与消化后的 CP4 EPSPS 蛋白为相同氨基酸序列，与 CP4 EPSPS 蛋白质混合并进行胰蛋白酶消化，利用 LC-MS 分析后，可比较目标多肽与合成多肽的信号强度作为定量的方法，或使用同整质量标记（Isobaric Tag）试剂定量 CP4 EPSPS；也可将蛋白质纯化后以蛋白酶消化，再以强阳离子交换（Strong Cation Exchange，SCX）色谱法将样品纯化分离，最后再利用 LC-MS 分析；以同位素或同整质量标记试剂均可用于含 0.5%转基因大豆的定量。MALDI-MS 具有快速方便的优点，结合稳定同位素标记法，也可以对含 CP4 EPSPS 的转基因大豆定量，图 9-8 为以含氢与氘的甲醛对 CP4 EPSPS 的一个多肽定量实验的质谱图。

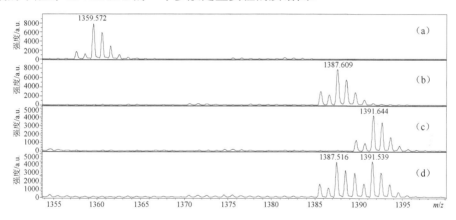

图 9-8　以含氢与氘的甲醛对 CP4 EPSPS 的一个多肽定量实验的质谱图

Hu 等[43]在玉米叶蛋白质萃取液中添加了三种不同的抗除草剂转基因蛋白质（GAT4621、zmHRA 和 PAT），并结合微波辅助消化与 MRM 扫描技术分析其个别蛋白质的物种特异性生物标志物，定量限可达 0.04 ng/μL（GAT4621 和 zmHRA）和 0.08 ng/μL（PAT），此方法具高通量的能力，一天内可鉴定 200 个样品。线性定量范围可达 100 倍且变异系数小于 15%。Labate 等[44]针对转基因烟草植物中的豌豆蛋白质 LHCb1-2 进行蛋白质的目标分析，利用蔗糖密度梯度超离心（Sucrose Density Gradient Ultracentrifugation）与凝胶电泳法纯化 LHCb 蛋白质，以 nLC-ESI QTOF MS 分析消化后产物，而作者并没有发现在烟草植物中 LHCb 蛋白质的相对含量有明显的改变。虽然基因与代谢物间并没有直接的联结，然而基因修饰可能与特殊的代谢反应有相关性，如可改变蛋白质或酶的活性。因此，代谢物质的目标分析可用于研究经由基因修饰产生的特定影响[45]。

转基因生物的发展对农业及食品业造成革命性的冲击，由于基因改造生物在农业及食品中面临众多消费者与生态组织的批判，因此，许多国家开始制定规范以监视产量与商品化的发展，面对基因改造生物的复杂程度，这些规范促使各研究单位开发出更有效的分析方法；近年来，以质谱分析为主的分析技术在基因改造生物的研究领域中提供一个全新的方向，目标物分析法是针对主要的或预期的基因改造目标，着重于嵌入的新基因及其蛋白质表达，甚至是营养成分、二次代谢物或毒性成分的分析，在分析目标转基因蛋白质方面，为了达到快速与准确定性或定量转基因食品的目的，去除高含量的蛋白质的干扰是一个重要的考虑因素，而转基因目标物在食品加工过程中结构的完整性也是未来研究的重点。

9.3 常压敞开式离子化质谱法用于食品安全快速筛检分析

在过去几年间，由于接二连三的食品安全事件相继爆发，社会大众对于本身食的安全充满疑虑与不安，民众往往希望有一套方法可以立即协助判定手边食物是否为问题商品，以确保自己与家人吃得安全。因此，食品安全问题也逐渐受到重视，特别是每当有食品安全事件发生时，话题总是迅速蔓延，并立即引起全民关注，大家开始担心家中的食物是否也是问题食品，如果不小心食用会不会造成家人健康上的危害。举例来说，与民生息息相关的话题，也就是每天所食用的蔬果农药残留的问题。因为农民采收是有时效性的，若无法立即检测是否有农药残留，会对民众造成食用上的危害。此外，如海关食品检测，若不能进行快速筛检，当样品数量多的时候，检验时限一旦拖长，可能会使农产品的新鲜程度大幅下降，造成不必要的损失。台湾的塑化剂食品安全事件发生时，各检验研究单位短时间内涌入大量的分析样品，造成各单位一时间无法负荷如此庞大的样品量，民众因无法在最短时间内得知各项结果而陷入恐慌。

目前用在食品安全检测的分析方法中，多以化学实验室常见的检验技术为主，如高效液相色谱-串联质谱法或气相色谱-质谱法[46-48]。在各检验项目中，虽然检测极限浓度可达到 ng/g 或 ng/mL 以下，但如果全面针对各种污染项目做详细的检验分析，那将相当耗时费事且成本极高。因此，如何开发一套准确、快速及简便的分析技术，是目前的发展热点。一般传统的质谱检测方式，样品多需要经过萃取、浓缩及分离等前处理程序，完成检测可能需花费数小时，当待检对象繁多时，等候时间往往长达数日。然而即使目前的检验分析方法拥有相当好的检测能力，但其分析时间久，面临突来大量的样品仍是一大挑战。此外，由于检测时间过长，对于一些需在短时间确认的检测也产生严重影响，就如农药残留的检测，若无法立即得知分析结果，将导致大部分的农产品在检验结果出来之前已流入市场，甚至已经被消费者食用。

现今用于各类食品的快筛分析技术，常见于超市或果菜批发中心，在考虑检验成本与时效的前提下，主要采用免疫试剂显色法进行快速筛检[49]。免疫试剂显色法的原理主要是利用有机磷试剂及氨基甲酸盐类杀虫剂对乙酰胆碱酯的抑制性，再以纯化后的乙酰胆碱酯与农产品样品进行反应时，因为农药的毒性成分会抑制酶活性，最后使用分光比色仪测定酶被抑制的程度从而计算出农药的残留量。生化法虽然具备快速检测的优点，但只适用于含有机磷试剂及氨基甲酸盐类的农药，有许多常用的农药仍然无法被检测出来。另外，有机磷和氨基甲酸酯两类农药中包含多种农药，同类而不同型态农药的酶抑制率差别非常大，所以若单单只依据抑制率来确认农药残留是否超标，可能会产生假阳性或假阴性的错误结果。而且判断蔬果农药残留是否符合安全标准，不仅要测定其残留总量，还要检测是否使用了高毒性的禁用农药。因此，以具有高灵敏度且具有鉴定功能的质谱检测技术为基础，发展一套有效且快速的分析方法，解决具有时效性的快筛检测技术的需求，已经越来越重要。

9.3.1　常压敞开式离子化技术

常压敞开式离子化质谱（Ambient Ionization Mass Spectrometry）是指样品不需经前处理过程就可以直接分析，具有快速及实时检测的特性，同时也可以维持质谱分析技术具有高灵敏度与低检测限的优点[50-54]。图 9-9 是四种典型的常压敞开式离子化质谱法示意图。其中解吸电喷雾电离（Desorption Electrospray Ionization，DESI）[55]是简单地将 ESI 喷嘴转一特定角度对准分析样品表面，以一高速的氮气气流带动经由电喷雾电离所生成的多价电荷的溶剂液滴，高速冲击样品表面，以解吸附并同时离子化表面上的化学物质而产生分析物离子[图 9-9（a）]。实时直接分析（Direct Analysis in Real Time，DART）[56]是施加一高电压（3～5 kV）于一针尖产生放电，此时针尖周围会因高电场的作用，将通入的氦气气体分子激发进而产生不同种类的等离子体物种。这些等离子体物种包括各种带电物质，如：He^*、$He^{+\cdot}$、H^+、H_3O^+、H_2O^+ 和 e^- 等，可以和分析物反应以产生分析物离子如 $M^{+\cdot}$ 或 MH^+[图 9-9（b）]。低温等离子体探针（Low Temperature Plasma Probe，LTP）[57]主要是以一接地的金属电极穿过一个玻璃管，并将其固定在玻璃管中心位置，再以一环形电极环绕在玻璃管外部。之后将氩气或氮气等惰性气体通入玻璃管内，当一交流高电压（电压：2.5～5 kV，频率：2～5 kHz）施加在环形电极

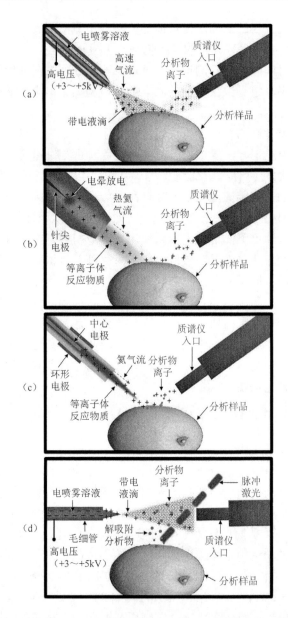

图 9-9　四种典型的常压敞开式离子化质谱法的代表技术，分别为解吸附电喷雾电离法（a）、实时直接分析法（b）、低温等离子体探针（c）及电喷雾激光解吸附电离法（d）。各技术均可直接分析固体表面化学组成，根据机制的不同其进行解吸附及电离所产生的反应带电物种不同

时，在电极附近产生介电放电，从而产生稳定的低温等离子体（约 30℃）。当低温等离子体物种与分析样品表面接触时，分析物会被等离子体物质撞击而被解吸附和离子化，其离子化机制与 DART 技术类似，主要是透过等离子体物种进行反应形成分析物离子[图 9-9（c）]。电喷雾激光解吸电离（Electrospray Laser Desorption Ionization，ELDI）[58]将解吸附与离子化两个过程分开，也就是所谓的二阶段式离子化技术（Two-Step Ionization）。该技术以脉冲激光，如能量从数十 μJ 至数十 mJ 范围的 N_2 激光或 Nd：YAG 激光，直接照射样品表面以解吸附存在于表面的化学成分，在激光解吸附过程中，分析物会直接吸收激光能量而瞬间产生解吸附或气化现象，或者是金属样品平台接收激光能量，使表面温度升高，经由热脱附现象汽化位于其上的分析物质。这些气相分子或是分析物，在离开样品平台后随即遇到来自电喷雾毛细管所产生的带电荷溶剂液滴以及各种带电荷溶剂离子，以进行一连串的离子/分子反应（Ion/Molecule Reaction），从而产生带单一价数的分析物质子化离子$(MH)^+$，或是融入带电荷溶剂液滴内，此时，电喷雾离子化过程会继续自这些液滴进行，而产生具有多价电荷的分析物离子$(M+nH)^{n+}$[图 9-9（d）]。

9.3.2 常压敞开式离子化技术应用实例

常压离子化质谱技术的应用范围非常广泛，自 2004 年发展至今，已被成功运用在许多样品的直接分析中，包括食品安全、药品检测、药物滥用、环境污染物监测、反恐和火药残留、海关检查、反毒及战场生化战剂检测等相关领域[55, 57−70]。其中在食品安全分析中，常压敞开式离子化质谱法由于具备快速检测的优势，而成为一个相当重要的分析利器，如以 DART 技术筛检葡萄、苹果及橙子表面上132 种农药残留[71]及小麦中的杀菌剂[72]，另外，LTP 技术也成功应用于各种蔬果表面上农药残留检测[73]。以下另举一个新的常压敞开式离子化质谱技术及其如何应用在蔬果农药残留的快速筛检分析上，该分析技术称为热解吸电喷雾电离（Thermal Desorption Electrospray Ionization，TD-ESI）[74]，属于二阶段式离子化技术。如图 9-10 所示，TD-ESI 技术主要是结合热解吸电喷雾电离概念所开发的电离技术，其原理主要是利用高温进行样品热脱附来产生中性气相分子，而这些化学物种在热脱附产生的同时，经由系统中连续流动的预热载流气体，传送到电喷雾离子源所产生的离子化区域。此时，这些中性气相分子会与电喷雾离子云中的带电物种进行反应而产生分析物离子，最后再以质谱仪来进行检测。

将 TD-ESI 技术应用在快筛分析中，其典型的操作流程如图 9-11 所示：①以一金属取样探针，轻轻刮取样品表面或内部进行采样；②将沾附样品的探针置入TD-ESI 装置中，分析物在此高温空间内会进行热脱附及电离；③以质谱仪检测分析离子信号并收集数据；④配合计算机内建数据库或云端数据库联机进行快速比对，可在短时间内获得化学物种的相关信息。

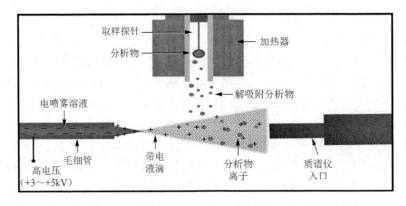

图 9-10　热解吸电喷雾电离质谱原理示意图

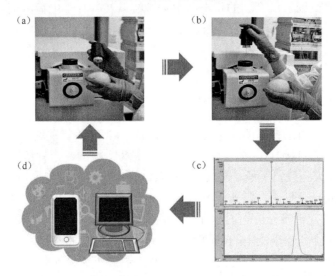

图 9-11　典型热解吸电喷雾电离质谱（TD-ESI/MS）的操作流程示意图

（a）利用取样探针沾取样品；（b）将取样探针置入 TD-ESI 装置中进行热脱附及电离；
（c）质谱检测及数据收集；（d）分析结果与云端数据库比对

　　而目前 TD-ESI/MS 技术已成功应用在不同领域的检测分析上，包括在环境监测、生物医学检测、不明药物或毒品快速筛检、国土安全及材料鉴定等领域[75, 76]。而在民众最关心的食品安全问题上，TD-ESI/MS 技术也发挥了其快速筛检的能力，如成功检测添加在各种食品及酒类中的化学物质：酱油、萝卜干、酸菜和豆腐干中的防腐剂（苯甲酸，m/z 121 或对羟基苯甲酸丁酯，m/z 193），玉米粉中的顺丁烯二酸（m/z 115），牛奶中添加的三聚氰胺（m/z 127）及茅台酒中的邻苯二甲酸二丁酯（m/z 279）等[74]。除此之外，TD-ESI/MS 技术也相当适合应用在蔬果表面的农药残留检测方面，如图 9-12 所示，取八种不同市售蔬果，包括甜椒、茼蒿、

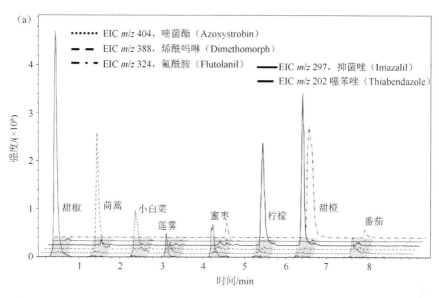

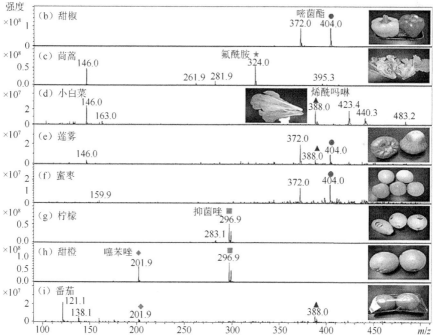

图 9-12　以热解吸电喷雾电离质谱法进行蔬果表面的农药残留快速分析所得的提取离子色谱
　　　　图（a）及其相对应的质谱图（b）～（i）。八种不同市售蔬果包括甜椒、茼蒿、小
　　　　白菜、莲雾、蜜枣、柠檬、甜橙及番茄

●：嘧菌酯；★：氟酰胺；▲：烯酰吗啉；■：抑菌唑；◆：噻苯唑

小白菜、莲雾、蜜枣、柠檬、甜橙及番茄，不经样品前处理直接以该技术进行快筛分析，由其提取离子色谱图（Extracted Ion Chromatogram，EIC）及其相对应的质谱图分析结果可知，TD-ESI/MS 技术可直接检测到在不同蔬果表面上的防霉剂或杀菌剂等不同的残留农药,如嘧菌酯(Azoxystrobin)、烯酰吗啉(Dimethomorph)、氟酰胺（Flutolanil）、抑菌唑（Imazalil）及噻苯唑（Thiabendazole），且每一个样品从取样到获得离子信号均只需短短数十秒。另外，由各质谱图可知，所测得的离子信号分布谱图相当简单，大多以农药的离子信号为主，这是因为该技术是以金属探针进行蔬果表面取样，大部分取出的化学物质来自表面，只有微量成分来自蔬果本身，因此可以大大降低来自于蔬果本身的基质干扰。由此实例可以证实常压敞开式离子化质谱技术对于农产品的快筛检验能力，可以实现农产品从农田采收后到人们餐桌前的过程中均可有层层把关并进行全程实时监控。这种新颖的操作模式，将取样、解吸附、电离与检测步骤分开进行，具有取样便利、分析物的种类及体积大小也不受限制等优点；另外，可在短短数十秒内完成一个样品的快速分析，其检测限依样品的化学特性不同及食品的复杂程度不等，也可达μg/g到数十 ng/g，再配合质谱数据库比对鉴定，使得该技术成为一个相当具有潜力且便利的快筛检验工具。

9.3.3　未来展望

近年来由于黑心食品事件层出不穷，从毒牛奶事件、塑化剂风暴、毒淀粉事件、防腐剂添加超标、蔬果农药残留、过期原料重制品乃至工业混油或回收油品使用，使民众对平常所吃的食物安全产生疑虑与不安，现今如何吃得安全与食得安心已经不只是民众关注的话题，同时也是一个全球性的问题。而要在最短时间内确立所食用的食品是否安全，必须经由一套有效的分析技术来辅助进行快速检测，否则以一般标准检验流程进行，不仅分析时间长，也花费不少人力成本，无法满足民众对于食品安全问题迫切的需求。

常压敞开式离子化质谱法的发展提供了一个相当有用的解决方案，上述例子，证实常压敞开式离子化质谱技术具有直接、快速、实时及高通量分析等优点，在大气压条件下就可直接对分析物表面进行离子化及检测，且分析样品几乎不需要进行前处理步骤，相较于一般分析需经繁杂样品前处理及分离过程，可节省分析时所需的时间，有效提升分析效率。然而常压敞开式离子化质谱法发展至今，虽然有如此多的优势，但就目前固体表面分析应用的范围，还是只局限在快速筛检的定性分析方面，对于传统分析所要求的重现性及定量分析还有很大的改善空间。而这个问题主要来自于该技术强调样品不需前处理，往往会使检测的灵敏度下降，尤其对于复杂样品中的基质干扰更为严重。再者，由于是直接分析固体表面，化学物质不会均匀分布在表面上，所以对于每次分析所取的样品量也不容易准确控制，而造成重现性较差与定量分析准度下降。这些问题也是未来常压敞开式离子化质谱技术所需解决的课题，包括新方法的开发或是结合快速前处理，如液-液萃取、固相萃取技术或固相微萃取技术来解决。

除此之外，常压敞开式离子化质谱技术若结合在一移动车体上，就可到现场进行实时快速检测[72, 73]。移动常压质谱仪的开发改变了过去分析人员往往都是在分析实验室内等待样品送达，再依一般流程完成分析，取而代之的是主动出击，在现场实时完成分析工作。这项新的思维与概念可以针对有安全疑虑的食品进行实时分析检测，也可以针对各类食品进行长期大规模的筛检与监控，未来政府在维护食品安全时势必发挥相当大的作用。此外，最重要的是政府在执行公权力时，不必再将有疑虑的食品送回实验室检测，而是犹如警察临街检测酒后驾驶一样，可进行现场分析采证，若查获有疑虑的食品，可立即举报、当场查扣并通知相关商家进行商品下架。

质谱学家 Eberlin 教授指出“常压敞开式离子化质谱法让质谱分析技术更贴近日常生活”[77]。常压敞开式离子化质谱技术是样品不需再经由均质、萃取及浓缩等前处理步骤，而是保留其原始状态，直接检测样品内或表面的化学组成分布的快速与实时分析。这个概念也逐渐改变科学家对传统化学分析的思考，相信随着常压敞开式离子化质谱法在硬件和软件上更进一步的发展，未来的化学分析工作将会是趋向简单、实时、快速及便利，并和生活更紧密地结合，让人们食得安全、食得安心。

参 考 文 献

[1] Hwang, B.-H., Lee, M.-R.: Solid-phase microextraction for organochlorine pesticide residues analysis in Chinese herbal formulations. J. Chromatogr. A **898**, 245-256 (2000)

[2] Blau, K., Halket, J.M.: Handbook of Derivatives for Chromatography. John Wiley & Sons, New York (1993)

[3] Watson, J.T., Sparkman, O.D.: Introduction to Mass Spectrometry. John Wiley & Sons, New York (2007)

[4] Cooks, R., Busch, K.: Counting molecules by desorption ionization and mass spectrometry/mass spectrometry. J. Chem. Educ. **59**, 926 (1982)

[5] Zhao, Y., Chen, P., Lin, L., Harnly, J., Yu, L.L., Li, Z.: Tentative identification, quantitation, and principal component analysis of green pu-erh, green, and white teas using UPLC/DAD/MS. Food Chem. **126**, 1269-1277 (2011)

[6] Zweigenbaum, J.: Mass Spectrometry in Food Safety. Springer, London. (2011)

[7] Mwatseteza, J., Torto, N.: Profiling volatile compounds from Mucuna beans by solid phase microextraction and gas chromatography-high resolution time of flight mass spectrometry. Food Chem. **119**, 386-390 (2010)

[8] Ates, E., Godula, M., Stroka, J., Senyuva, H.: Screening of plant and fungal metabolites in wheat, maize and animal feed using automated on-line clean-up coupled to high resolution mass spectrometry. Food Chem. **142**, 276-284 (2014)

[9]   Garrett, R., Vaz, B.G., Hovell, A.M.C., Eberlin, M.N., Rezende, C.M.: Arabica and robusta coffees: identification of major polar compounds and quantification of blends by direct-infusion electrospray ionization–mass spectrometry. J. Agric. Food Chem. **60**, 4253-4258 (2012)

[10] Garrett, R., Schmidt, E.M., Pereira, L.F.P., Kitzberger, C.S., Scholz, M.B.S., Eberlin, M.N., Rezende, C.M.: Discrimination of arabica coffee cultivars by electrospray ionization Fourier transform ion cyclotron resonance mass spectrometry and chemometrics. LWT-Food Sci. Technol. **50**, 496-502 (2013)

[11] Fraser, K., Lane, G.A., Otter, D.E., Hemar, Y., Quek, S.-Y., Harrison, S.J., Rasmussen, S.: Analysis of metabolic markers of tea origin by UHPLC and high resolution mass spectrometry. Food Res. Int. **53**, 827-835 (2013)

[12] Zhang, F., Yu, C., Wang, W., Fan, R., Zhang, Z., Guo, Y.: Rapid simultaneous screening and identification of multiple pesticide residues in vegetables. Anal. Chim. Acta **757**, 39-47 (2012)

[13] Wang, J., Chow, W., Leung, D., Chang, J.: Application of ultrahigh-performance liquid chromatography and electrospray ionization quadrupole orbitrap high-resolution mass spectrometry for determination of 166 pesticides in fruits and vegetables. J. Agric. Food Chem. **60**, 12088-12104 (2012)

[14] Jia, W., Chu, X., Ling, Y., Huang, J., Chang, J.: Multi-mycotoxin analysis in dairy products by liquid chromatography coupled to quadrupole orbitrap mass spectrometry. J. Chromatogr. A **1345**, 107-114 (2014)

[15] Jia, W., Chu, X., Ling, Y., Huang, J., Lin, Y., Chang, J.: Simultaneous determination of dyes in wines by HPLC coupled to quadrupole orbitrap mass spectrometry. J. Sep. Sci. **37**, 782-791 (2014)

[16] Jia, W., Ling, Y., Lin, Y., Chang, J., Chu, X.: Analysis of additives in dairy products by liquid chromatography coupled to quadrupole-orbitrap mass spectrometry. J. Chromatogr. A **1336**, 67-75 (2014)

[17] Majors, R.E.: Trends in sample preparation. LC GC North America **20**, 1098-1113 (2002)

[18] Fuh, M.-R.S., Chan, S.-A.: Quantitative determination of sulfonamide in meat by liquid chromatography–electrospray-mass spectrometry. Talanta **55**, 1127-1139 (2001)

[19] Arthur, C.L., Pawliszyn, J.: Solid phase microextraction with thermal desorption using fused silica optical fibers. Anal. Chem. **62**, 2145-2148 (1990)

[20] Lee, M.-R., Chang, L.-Y., Dou, J.: Determination of acrylamide in food by solid-phase microextraction coupled to gas chromatography–positive chemical ionization tandem mass spectrometry. Anal. Chim. Acta **582**, 19-23 (2007)

[21] Lee, M.-R., Chiu, T.-C., Dou, J.: Determination of 1, 3-dichloro-2-propanol and 3-chloro-1, 2-propanediol in soy sauce by headspace derivatization solid-phase microextraction combined with gas chromatography–mass spectrometry. Anal. Chim. Acta **591**, 167-172 (2007)

[22] Liu, W.-L., Lee, R.-J., Lee, M.-R.: Supercritical fluid extraction in situ derivatization for simultaneous determination of chloramphenicol, florfenicol and thiamphenicol in shrimp. Food Chem. **121**, 797-802 (2010)

[23] Rezaee, M., Assadi, Y., Hosseini, M.-R.M., Aghaee, E., Ahmadi, F., Berijani, S.: Determination of organic compounds in water using dispersive liquid–liquid microextraction. J. Chromatogr. A **1116**, 1-9 (2006)

[24] Wang, W.-X., Yang, T.-J., Li, Z.-G., Jong, T.-T., Lee, M.-R.: A novel method of ultrasound-assisted dispersive liquid–liquid microextraction coupled to liquid chromatography–mass spectrometry for the determination of trace organoarsenic compounds in edible oil. Anal. Chim. Acta **690**, 221-227 (2011)

[25] Anastassiades, M., Lehotay, S.J., Štajnbaher, D., Schenck, F.J.: Fast and easy multiresidue method employing acetonitrile extraction/partitioning and "dispersive solid-phase extraction" for the determination of pesticide residues in produce. J. AOAC Int. **86**, 412-431 (2003)

[26] Wang, P.-C., Lee, R.-J., Chen, C.-Y., Chou, C.-C., Lee, M.-R.: Determination of cyromazine and melamine in chicken eggs using quick, easy, cheap, effective, rugged and safe (QuEChERS) extraction coupled with liquid chromatography–tandem mass spectrometry. Anal. Chim. Acta **752**, 78-86 (2012)

[27] Ye, X., Al-Babili, S., Klöti, A., Zhang, J., Lucca, P., Beyer, P., Potrykus, I.: Engineering the provitamin A (β-carotene) biosynthetic pathway into (carotenoid-free) rice endosperm. Science **287**, 303-305 (2000)

[28] Cahoon, E.B., Hall, S.E., Ripp, K.G., Ganzke, T.S., Hitz, W.D., Coughlan, S.J.: Metabolic redesign of vitamin E biosynthesis in plants for tocotrienol production and increased antioxidant content. Nat. Biotechnol. **21**, 1082-1087 (2003)

[29] Kinney, A.J.: Metabolic engineering in plants for human health and nutrition. Curr. Opin. Biotechnol. **17**, 130-138 (2006)

[30] Robinson, C.: Genetic modification technology and food: consumer health and safety. ILSI Europe, Brussels (2002)

[31] Schubert, D.R.: The problem with nutritionally enhanced plants. J. Med. Food **11**, 601-605 (2008)

[32] 袁秋英, 林李昌, 叶茂生, 蒋慕琰: 美洲假蓬(Conyza bonariensis)对嘉磷塞之抗药性与 5-enolpyruvylshikimate-3-phosphate synthase (EPSPS)基因研究。作物、环境与生物信息 5, 268-280 (2009)

[33] AGBIOS http://www.agbios.com/

[34] Trojanowicz, M., Latoszek, A., Poboży, E.: Analysis of genetically modified food using high-performance separation methods. Anal. Lett. **43**, 1653-1679 (2010)

[35] Michelini, E., Simoni, P., Cevenini, L., Mezzanotte, L., Roda, A.: New trends in bioanalytical tools for the detection of genetically modified organisms: an update. Anal. Bioanal. Chem. **392**, 355-367 (2008)

[36] Ahmed, F.E.: Detection of genetically modified organisms in foods. Trends Biotechnol. **20**, 215-223 (2002)

[37] Goldstein, D., Thomas, J.: Biopharmaceuticals derived from genetically modified plants. QJM **97**, 705-716 (2004)

[38] Carpentier, S.C., Panis, B., Vertommen, A., Swennen, R., Sergeant, K., Renaut, J., Laukens, K., Witters, E., Samyn, B., Devreese, B.: Proteome analysis of non‐model plants: A challenging but powerful approach. Mass Spectrom. Rev. **27**, -377 (2008)

[39] Careri, M., Elviri, L., Mangia, A., Zagnoni, I., Agrimonti, C., Visioli, G., Marmiroli, N.: Analysis of protein profiles of genetically modified potato tubers by matrix‐assisted laser desorption/ionization time‐of‐flight mass spectrometry. Rapid Commun. Mass Spectrom. **17**, 479-483 (2003)

[40] Anderson, K.S., Johnson, K.A.: Kinetic and structural analysis of enzyme intermediates: lessons from EPSP synthase. Chem. Rev. **90**, 1131-1149 (1990)

[41] Ocaña, M.F., Fraser, P.D., Patel, R.K., Halket, J.M., Bramley, P.M.: Mass spectrometric detection of CP4 EPSPS in genetically modified soya and maize. Rapid Commun. Mass Spectrom. **21**, 319-328 (2007)

[42] Ocaña, M.F., Fraser, P.D., Patel, R.K., Halket, J.M., Bramley, P.M.: Evaluation of stable isotope labelling strategies for the quantitation of CP4 EPSPS in genetically modified soya. Anal. Chim. Acta **634**, 75-82 (2009)

[43] Hu, X.T., Owens, M.A.: Multiplexed protein quantification in maize leaves by liquid chromatography coupled with tandem mass spectrometry: an alternative tool to immunoassays for target protein analysis in genetically engineered crops. J. Agric. Food Chem. **59**, 3551-3558 (2011)

[44] Labate, M., Ko, K., Ko, Z., Pinto, L., Real, M., Romano, M., Barja, P., Granell, A., Friso, G., Wijk, K.: Constitutive expression of pea Lhcb 1–2 in tobacco affects plant development, morphology and photosynthetic capacity. Plant Mol. Biol. **55**, 701-714 (2004)

[45] Villas‐Bôas, S.G., Mas, S., Åkesson, M., Smedsgaard, J., Nielsen, J.: Mass spectrometry in metabolome analysis. Mass Spectrom. Rev. **24**, 613-646 (2005)

[46] Horie, M., Nakazawa, H.: Analysis of residual chemicals in food. Bunseki Kagaku **45**, 279-308 (1996)

[47] Malik, A.K., Blasco, C., Picó, Y.: Liquid chromatography–mass spectrometry in food safety. J. Chromatogr. A **1217**, 4018-4040 (2010)

[48] Wang, X., Wang, S., Cai, Z.: The latest developments and applications of mass spectrometry in food-safety and quality analysis. TrAC, Trends Anal. Chem. **52**, 170-185 (2013)

[49] Amine, A., Mohammadi, H., Bourais, I., Palleschi, G.: Enzyme inhibition-based biosensors for food safety and environmental monitoring. Biosens. Bioelectron. **21**, 1405-1423 (2006)

[50] Cooks, R.G., Ouyang, Z., Takats, Z., Wiseman, J.M.: Ambient mass spectrometry. Science **311**, 1566-1570 (2006)

[51] Huang, M.-Z., Yuan, C.-H., Cheng, S.-C., Cho, Y.-T., Shiea, J.: Ambient ionization mass spectrometry. Annu. Rev. Anal. Chem. **3**, 43-65 (2010)

[52] Ifa, D.R., Wu, C., Ouyang, Z., Cooks, R.G.: Desorption electrospray ionization and other ambient ionization methods: current progress and preview. Analyst **135**, 669-681 (2010)

[53] Harris, G.A., Galhena, A.S., Fernandez, F.M.: Ambient sampling/ionization mass spectrometry: applications and current trends. Anal. Chem. **83**, 4508-4538 (2011)

[54] Huang, M.-Z., Cheng, S.-C., Cho, Y.-T., Shiea, J.: Ambient ionization mass spectrometry: a tutorial. Anal. Chim. Acta **702**, 1-15 (2011)

[55] Takats, Z., Wiseman, J.M., Gologan, B., Cooks, R.G.: Mass spectrometry sampling under ambient conditions with desorption electrospray ionization. Science **306**, 471-473 (2004)

[56] Cody, R.B., Laramée, J.A., Durst, H.D.: Versatile new ion source for the analysis of materials in open air under ambient conditions. Anal. Chem. **77**, 2297-2302 (2005)

[57] Shiea, J., Huang, M.Z., HSu, H.J., Lee, C.Y., Yuan, C.H., Beech, I., Sunner, J.: Electrospray‐assisted laser desorption/ionization mass spectrometry for direct ambient analysis of solids. Rapid Commun. Mass Spectrom. **19**, 3701-3704 (2005)

[58] Harper, J.D., Charipar, N.A., Mulligan, C.C., Zhang, X., Cooks, R.G., Ouyang, Z.: Low-temperature plasma probe for ambient desorption ionization. Anal. Chem. **80**, 9097-9104 (2008)

[59] Chen, H., Talaty, N.N., Takáts, Z., Cooks, R.G.: Desorption electrospray ionization mass spectrometry for high-throughput analysis of pharmaceutical samples in the ambient environment. Anal. Chem. **77**, 6915-6927 (2005)

[60] Cotte-Rodríguez, I., Takáts, Z., Talaty, N., Chen, H., Cooks, R.G.: Desorption electrospray ionization of explosives on surfaces: sensitivity and selectivity enhancement by reactive desorption electrospray ionization. Anal. Chem. **77**, 6755-6764 (2005)

[61] Song, Y., Cooks, R.G.: Atmospheric pressure ion/molecule reactions for the selective detection of nitroaromatic explosives using acetonitrile and air as reagents. Rapid Commun. Mass Spectrom. **20**, 3130-3138 (2006)

[62] Huang, M.Z., Hsu, H.J., Wu, C.I., Lin, S.Y., Ma, Y.L., Cheng, T.L., Shiea, J.: Characterization of the chemical components on the surface of different solids with electrospray‐assisted laser desorption ionization mass spectrometry. Rapid Commun. Mass Spectrom. **21**, 1767-1775 (2007)

[63] Kauppila, T.J., Talaty, N., Kuuranne, T., Kotiaho, T., Kostiainen, R., Cooks, R.G.: Rapid analysis of metabolites and drugs of abuse from urine samples by desorption electrospray ionization-mass spectrometry. Analyst **132**, 868-875 (2007)

[64] Cheng, C.-Y., Yuan, C.-H., Cheng, S.-C., Huang, M.-Z., Chang, H.-C., Cheng, T.-L., Yeh, C.-S., Shiea, J.: Electrospray-assisted laser desorption/ionization mass spectrometry for continuously monitoring the states of ongoing chemical reactions in organic or aqueous solution under ambient conditions. Anal. Chem. **80**, 7699-7705 (2008)

[65] García-Reyes, J.F., Jackson, A.U., Molina-Díaz, A., Cooks, R.G.: Desorption electrospray ionization mass spectrometry for trace analysis of agrochemicals in food. Anal. Chem. **81**, 820-829 (2008)

[66] Zhang, Y., Ma, X., Zhang, S., Yang, C., Ouyang, Z., Zhang, X.: Direct detection of explosives on solid surfaces by low temperature plasma desorption mass spectrometry. Analyst **134**, 176-181 (2008)

[67] Liu, Y., Lin, Z., Zhang, S., Yang, C., Zhang, X.: Rapid screening of active ingredients in drugs by mass spectrometry with low-temperature plasma probe. Anal. Bioanal. Chem. **395**, 591-599 (2009)

[68] Nilles, J.M., Connell, T.R., Durst, H.D.: Quantitation of chemical warfare agents using the direct analysis in real time (DART) technique. Anal. Chem. **81**, 6744-6749 (2009)

[69] Gerbig, S., Takáts, Z.: Analysis of triglycerides in food items by desorption electrospray ionization mass spectrometry. Rapid Commun. Mass Spectrom. **24**, 2186-2192 (2010)

[70] Lalli, P.M., Sanvido, G.B., Garcia, J.S., Haddad, R., Cosso, R.G., Maia, D.R., Zacca, J.J., Maldaner, A.O., Eberlin, M.N.: Fingerprinting and aging of ink by easy ambient sonic-spray ionization mass spectrometry. Analyst **135**, 745-750 (2010)

[71]　Edison, S., Lin, L.A., Gamble, B.M., Wong, J., Zhang, K.: Surface swabbing technique for the rapid screening for pesticides using ambient pressure desorption ionization with high‐resolution mass spectrometry. Rapid Commun. Mass Spectrom. **25**, 127-139 (2011)

[72]　Schurek, J., Vaclavik, L., Hooijerink, H., Lacina, O., Poustka, J., Sharman, M., Caldow, M., Nielen, M.W., Hajslova, J.: Control of strobilurin fungicides in wheat using direct analysis in real time accurate time-of-flight and desorption electrospray ionization linear ion trap mass spectrometry. Anal. Chem. **80**, 9567-9575 (2008)

[73]　Soparawalla, S., Tadjimukhamedov, F.K., Wiley, J.S., Ouyang, Z., Cooks, R.G.: In situ analysis of agrochemical residues on fruit using ambient ionization on a handheld mass spectrometer. Analyst **136**, 4392-4396 (2011)

[74]　Huang, M.-Z., Zhou, C.-C., Liu, D.-L., Jhang, S.-S., Cheng, S.-C., Shiea, J.: Rapid characterization of chemical compounds in liquid and solid states using thermal desorption electrospray ionization mass spectrometry. Anal. Chem. **85**, 8956-8963 (2013)

[75]　黄明宗，郑思齐，郑储念，张修献，谢建台：现场实时检测食品中所含不法化学添加物之大气质谱仪。科仪新知 35, 26-37 (2012)

[76]　周志强，黄明宗，谢建台：利用大气压力游离质谱法进行快速化学分析。科仪新知 187, 3-9. (2012)

[77]　Alberici, R.M., Simas, R.C., Sanvido, G.B., Romão, W., Lalli, P.M., Benassi, M., Cunha, I.B., Eberlin, M.N.: Ambient mass spectrometry: bringing MS into the "real world". Anal. Bioanal. Chem. **398**, 265-294 (2010)

第10章

蛋白质组学/代谢组学

蛋白质组学（Proteomics）的概念首先于 1994 年由 Marc Wilkins 等学者们提出[1]，蛋白质组（Proteome）泛指一个生命体内（病毒、细胞、动物、植物等）所有的蛋白质。从分析化学的观点看，蛋白组学是针对一个蛋白质组做定性、定量及功能的分析，定性分析包含鉴定蛋白质的序列（Sequence）、翻译后修饰（Post-Translational Modification，PTM）及蛋白质-蛋白质相互作用（Protein-Protein Interaction）等，定量分析则着重比较蛋白质组在不同状态下的表达量差异。然而，蛋白质组在数量及结构上的复杂性远超过基因组，人类 30000 个基因[2]所能表达的蛋白质可能超过 100000 个，再加上翻译后修饰，其整体复杂度难以估计。现今质谱技术的快速发展使其俨然成为蛋白组学的主流方法之一，这使得蛋白质定性分析可快速、灵敏、可靠地进行[3,4]。另外，针对不同状态下的蛋白质组表达进行定量分析，近来也随质谱技术的发展带来许多的突破。目前以质谱技术为主的技术平台及相关应用极广，本章将着重介绍以质谱定性及定量蛋白质的技术，然后简述继蛋白组学之后质谱在代谢组学方面的技术发展。

10.1 质谱多肽测序与蛋白质鉴定

在 2000 年前后，质谱分析技术逐渐取代以埃德曼降解（Edman Degradation）反应为基础的蛋白质测序法[2]，成为多肽测序与蛋白质鉴定的主要化学分析工具。早在 20 世纪 80 年代，即有学者开始尝试以串联质谱（Tandem Mass Spectrometry，MS/MS）作为多肽测序的工具，累积了以碰撞诱导解离得到多肽碎片质量，继而推算氨基酸序列的丰富知识。随着蛋白质序列数据库通过基因组测序完成而完整地建立，加上计算机储存以及运算能力大幅提升，以多肽串联质谱分析数据来检索蛋白质序列数据库的各种软件工具蓬勃发展。与此同时，质谱分析技术大幅改进，兼具快速分析、高灵敏度、高质量分辨率与准确度的特性，能快速且正确地大规模测序多肽与鉴定蛋白质身份，成为研究蛋白质的重要工具。

以质谱仪为基础的蛋白质分析策略，在概念上可分为"自下而上"（Bottom-Up）与"自上而下"（Top-Down）两种方法。前者发展较早，是以水解酶将蛋白质降解为多段多肽，将这些多肽离子化并以串联质谱分析，再组合所获得的多肽序列得到蛋白质身份信息。后者则是以质谱直接离子化蛋白质并以串联质谱直接裂解蛋白质分析得到序列信息。"自下而上"鉴定法发展成熟，已经被广泛使用，故本节内容将着重于此。

10.1.1　蛋白质定性的早期发展历史与从头测序法

20 世纪 80 年代，埃德曼降解法被广泛运用于多肽测序，主要使用异硫氰酸苯酯（Phenyl Isothiocyanate），在弱碱性下将末端氨基酸转变为苯胺硫甲酰基（Phenylthiocarbamyl）的衍生物；在弱酸性下，衍生物与其连接氨基酸之间的肽键（Peptide Bond）将会断裂，形成乙内酰苯硫脲（Phenylthiohydantion）环状衍生物，利用有机溶剂可将环状衍生物中的氨基酸萃取出来，进一步分析其为何种氨基酸。若要鉴定一段多肽序列，必须重复此过程，将氨基酸按顺序切割下来定序。

Biemann 等于 1984 年提出利用质谱数据确认蛋白质序列与 DNA 序列的关系，他们认为质谱分析极有潜力被应用于蛋白质序列分析。当时包含 Biemann 在内的许多研究团队进行了大量的研究活动，试图利用质谱技术测定蛋白质序列，其中最受瞩目的策略是以串联质谱分析蛋白质以水解酶降解后得到的多肽，利用所得到的多肽碎片数据推测多肽的氨基酸序列，再组合回蛋白质的序列，此方法后来被称为"从头测序"（*de novo* Sequencing）[3]，以区别于目前更普遍应用的"检索数据库测序"。顾名思义，以质谱数据检索序列数据库定序，必须依赖蛋白质序列数据库；相对地，从头定序即由多肽碎片数据，重新从头组合出多肽的序列，完全不依赖序列数据库。

从头测序是将蛋白质水解为多肽后，以串联质谱仪先选取特定质荷比的多肽作为前体离子（Precursor Ion），送入碰撞室后，前体离子与氦气或氮气等气体分子发生碰撞，将碰撞动能转变成分子内能，造成前体离子的化学键断裂，产生的碎片离子（Fragment Ion）进入第二段质量分析器，测得多肽碎片质谱。各种碎片离子的命名如图 10-1 所示，a、b、c 系列离子属于断裂在不同多肽主干位置的胺端碎片（N-Terminal Fragment），x、y、z 则为羧端碎片（C-Terminal Fragment），数字代表碎片离子上的氨基酸支链（Side Chain）数目[4]。

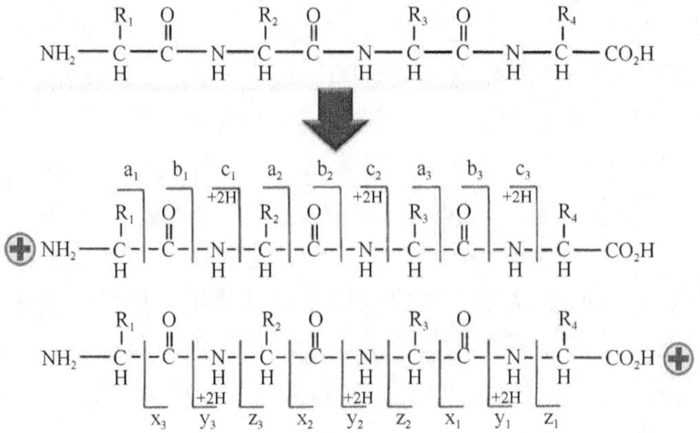

图 10-1　多肽离子碎片的命名

　　一般情况下，多肽测序时所进行的串联质谱采用低能碰撞（Low-Energy Collision）；在这样的条件下，多肽主干最容易在肽键（Peptide Bond）断裂，也就是氨基酸缩合反应形成的酰胺键（Amide Bond）上，所以产生的碎片离子多以 b，y 离子为主。如图 10-2 所示，由同一系列碎片离子（如 y_1, y_2, y_3, …）间的质量差，比对各个氨基酸残基（Amino Acid Residue）的质量，可推算出碎裂前的多肽是由哪些氨基酸序列组合而成。进行推算时，会从信号最强的碎片离子作为起始点向高、低质荷比展开，以进行质量差的计算及氨基酸的比对。图中的 m/z 603.0 即为起始点，往右比对每一根信号的差值是否符合某个氨基酸残基的质量，可以比对出 m/z 716.2 时出现了 113.2 的质量差，与氨基酸 L 或 I 吻合，代表在此有一个氨基酸应该是 L 或 I，在图 10-2 中以（L/I）注记。继续利用此方式往高、低质荷比方向，依序比对至最后一个吻合的信号峰（m/z 304.2 及 1047.5），可以推论出以下氨基酸序列：AV(Q/K)(L/I)SED，但此时仍不知胺端与羧端的方向。利用质谱所得到多肽前体离子的质荷比与其所带的电荷数，可计算出此多肽的分子量（Molecular Weight）为 $645.2 \times 2 - 2 = 1288.4$ Da，所以质子化（Protonation）的多肽质量为 $1288.4 + 1 = 1289.4$ Da。在图 10-2 的例子中，推算多肽序列的起始端或结尾端时，须考虑可能的氨基酸质量组合、质子化、氢原子转移（Hydrogen Shift）等，所以 304.2 Da 可拆解为 E，R，OH，2H，其质量分别为 129 Da、156 Da、17 Da、2 Da，加总后与 304.2 Da 符合，再考虑质子化多肽质量为 1289.4 Da，推算剩余的序列。因为 $1289.4 - 1047.5 = 241.9$，此为 L/I，E 之和。最后考虑胰蛋白酶（Trypsin）的水解作用位置必须在精氨酸（Arginine，R）或赖氨酸（Lysine，K），即多肽序列的羧端必须为精氨酸或赖氨酸，所以根据此谱图所推算出的序列应为 (L/I,E) DES(L/I)(Q/K)VAER。

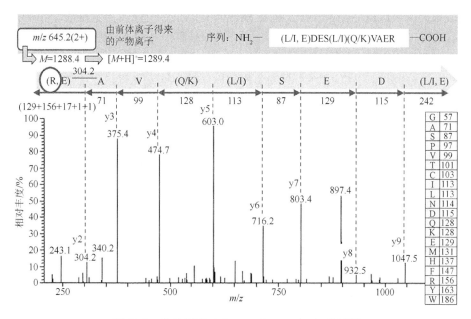

图 10-2　从头测序（*de novo* Sequencing）的过程

以串联质谱数据从头测序多肽，需具备充足的质谱及蛋白质知识，且对于复杂的谱图，推算过程十分烦琐，利用此方法，也很可能花费很长一段时间，才能解出部分序列，要鉴定出完整的多肽序列，往往不可求，或是需花费相当多的时间。相较于后来发展出的检索序列数据库的方法，从头测序较不适合作为一个常规的蛋白质鉴定法，其适于在缺乏合适的蛋白质序列数据库可供检索时使用，如研究某些品种兰花的学者，在其蛋白质序列数据库尚未建构时，只能使用从头测序的方法进行蛋白质鉴定。

10.1.2　检索数据库测序

自 2003 年人类基因组的测序完成后，人们将基因序列转译为蛋白质序列，建立了一个完整的蛋白质序列数据库。检索数据库测序，是利用生物信息软件将数据库中的蛋白质进行计算机仿真水解，得到其多肽质量、碎裂后的碎片离子质量，再将质谱数据和计算机仿真数据比对，由统计方法找出最符合实测值的蛋白质序列。检索数据库测序有两种主要的算法，即多肽质量指纹图谱（Peptide Mass Fingerprint）与多肽碎裂模式（Peptide Fragmentation Pattern）。

事实上，早在 1993 年，Stults 等就已经提出运用多肽质量指纹来检索数据库测序的概念[5]。多肽质量指纹图谱，是指将特定一个蛋白质，以特定水解酶（最常用的是胰蛋白酶）反应成多肽后，测量出所有多肽组成的质量，所得到的一组质量数据，可以视为是独一无二的，就像人类的指纹一般。也就是说，不同序列的蛋白质，它的多肽质量指纹就会不同，具有极高的特异性。如图 10-3 所示，将质谱仪测量由水解产生的"多肽质量指纹谱图谱"，与利用数据库序列计算产生的"理论多肽质量指纹图谱"进行比对，最后以比对算法配合统计评估法找出最有可能为正确蛋白的比对。

如图 10-4 所示，多肽碎裂模式测序法为先以串联质谱仪取得多肽碎片谱图数据，再与数据库中已知序列蛋白质的水解后多肽理论碎片图谱进行比对。在多肽碎裂模式测序法中，假设多肽在碎裂后所产生的裂解碎片具有一定的规则，所以其比对的对象是多肽碰撞碎裂后的碎片离子质量，这是与多肽质量指纹不同之处，此方法除了有较高定性的正确率外，可直接定性复杂的蛋白质混合物，这使得对于整体蛋白体的定性效能大幅提升。检索序列数据库与从头测序最大的不同在于数据库中的蛋白质序列是由基因序列翻译而来，而非所有氨基酸的全部排列组合，且真正存在于自然界中的蛋白质序列，只占所有排列组合序列中的极小部分。利用基因序列翻译而建立的蛋白质序列数据库较接近真实情况，排除了多数不可能存在于自然界中的序列，所以蛋白质序列数据库中含有有限的多肽序列数目，且这些序列具有一定的概率存在于自然界中，所以利用蛋白质序列数据库进行搜索比对，大幅提升了蛋白质鉴定的效率与正确性。

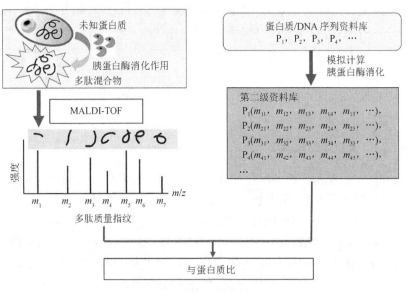

图 10-3　多肽质量指纹测序

目前在网络上可以找到许多比对软件，可进行前述的检索数据库测序，以下列举数个供读者参考：

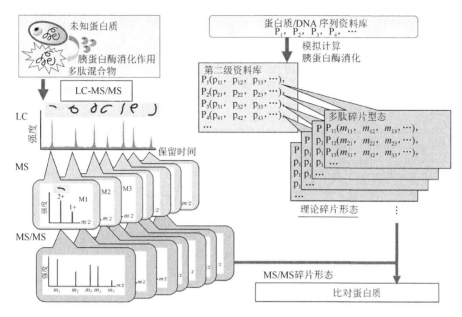

图 10-4 多肽碎裂谱图测序

（1）Comet MS/MS（http://comet-ms.sourceforge.net/）

（2）Mascot（http://www.matrixscience.com/）

（3）MS Amanda（http://ms.imp.ac.at/）

（4）MS-Fit（http://prospector.ucsf.edu/）

（5）OMSSA（ftp://ftp.ncbi.nih.gov/pub/lewisg/omssa/CURRENT/）

（6）Pepfrag（http://prowl.rockefeller.edu/prowl/pepfrag.html）

（7）ProFound（http://prowl.rockefeller.edu/）

（8）Protein Prospector（http://prospector.ucsf.edu/prospector/mshome.htm）

（9）X!Tandem（www.thegpm.org/tandem/）

10.1.3 蛋白质鉴定流程与注意事项

利用质谱分析法鉴定蛋白质，已发展出许多标准化的流程，以下以图 10-5 所示流程为例说明。第一个步骤即从生物样本中提取出蛋白质，依样本复杂度、目标蛋白质浓度设计不同的提取方法，例如磷酸化蛋白质含量极低，可利用具有特异性的抗体进行免疫沉淀（Immunoprecipitation），在样本中浓缩、富集（Enrichment）目标蛋白质。蛋白质提取出来后，可以利用凝胶电泳（Gel Electrophoresis）进行蛋白质的分离，让复杂的蛋白质样本依分子量（Molecular Weight）、等电点（Isoelectric Point）分开，有浓缩、纯化蛋白质的功能。接着将要分析的蛋白质，以胰蛋白酶将蛋白质降解为多肽。若样本中蛋白质数目太多，凝胶电泳无法有效地将蛋白质分离，所水解出的多肽会十分复杂，此时可将多肽混合物分离成多份样本，或使用更长时间的色谱法，有助于蛋白质的鉴定工作。将含多肽的样本以电喷雾电离法或基质辅助激光解吸电离法离子化，以进行质谱分析。不同类型的质量分析器在蛋白质鉴定能力上不尽相同，而仪器参数的设定则影响着质量分析的效能，必须依照实验的类型进行调整。

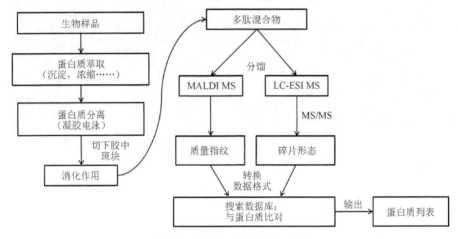

图 10-5　蛋白质身份鉴定流程

　　多肽经质谱仪分析得到谱图后，即可进行检索数据库定序。但谱图数据库比对软件需要读取的谱图信息，与质谱仪产生的原始数据（Raw Data）不尽相同，须使用谱图处理程序提取出多肽、碎片离子的质荷比。由于谱图处理算法不同，所提取出来的数据会有些许的差异，影响后续的蛋白质数据库比对的结果。在进行检索数据库定序时，软件的参数设定十分重要，与物种序列数据库选取、质谱仪种类以及实验设计有关，如使用高质量准确度质谱仪所产生的数据，在检索数据库时，其多肽的质量误差容忍值（Mass Tolerance）与低解析质谱仪相较，可设定较小的质量误差容忍值以减少错误比对的发生概率。从以上介绍可得知蛋白质身份鉴定的结果，不仅与样本的前处理有关，也与后续使用谱图处理软件、谱图数据库检索软件、仪器以及软件的参数设定等有密切关系，因此在撰写一份蛋白质身份鉴定报告时，须留意是否将每个步骤的信息都记录下来。

10.1.4　质谱分析法的置信度[6]

　　经前述的质谱分析流程所检索出的蛋白质，并非一定正确。在检索数据库后，生物信息软件会对每个比对到的多肽与蛋白质计算出分数，一般来说，分数越高代表比对时的关联度越高，原则上也代表得到正确比对的结果的置信度越高，但是分数多高才算是正确呢？分数排在最高的比对结果就是"正确"的答案吗？事实上，分数最高仍有可能不是正确的，造成此现象的可能原因有很多，如用于评分的算法无法模拟所有的排列组合情况，导致错误的多肽排序；检索的蛋白质序列数据库是不完全的，不包含目标多肽序列；输入的质谱数据信噪比太低，缺少有效的质量信息；目标多肽发生了未预料到的修饰，或不完全裂解（Missed Cleavage）等。也就是说，要对生物信息软件所做的评分结果进行可靠性的评估，找出较正确的多肽或蛋白质身份鉴定结果。

为对评分结果进行有效的置信度评估，必须辅以统计方法。目前，使用最普遍的衡量指标为错误发现率（False Discovery Rate，FDR），通过对诱饵序列数据库（Decoy Database）检索后进行对照，来计算错误发现率。此统计程序的假设前提为"利用一个错误的多肽序列数据库，进行数据库搜索，所比对出的多肽、蛋白质，一定是错误的结果"，因此可作为假性样本来估计错误发现率。诱饵多肽序列通常被设计成与目标多肽氨基酸数目相同，但排列顺序相反，或者是随机生成的序列，即诱饵多肽序列必须不包含目标多肽序列，同时又具有目标序列的特征，由这样的假性序列进行错误发现率的估算，所得到的值才具有评断力。利用诱饵序列数据库计算错误发现率的具体步骤如下：

（1）将数据库中目标蛋白质的序列反转，得到反向序列。

（2）将反向序列与正向序列合并，制作出诱饵序列数据库。

（3）输入质谱数据至生物信息软件，使用所制作出的诱饵序列数据库进行蛋白质搜索及鉴定。

（4）估计阳性（Positive）多肽鉴定结果的错误发现率：

$$\text{FDR} = \frac{2N_r}{N_r + N_f} \tag{10-1}$$

其中，N_r 为多肽序列来自诱饵序列数据库的阳性多肽鉴定数目；N_f 为多肽序列来自正确的蛋白质序列数据库的阳性多肽鉴定数目。即正确鉴定的多肽序列一定来自正确的蛋白质序列数据库，但错误鉴定的多肽序列来自两数据库的概率是一样的，因为正确的多肽序列和反向的多肽序列的长度相同，故可以认为两序列数据库的假阳性（False Positive）鉴定概率相同。在质谱蛋白质鉴定中，除参考生物信息软件的评分系统，假阳性率的计算可对鉴定结果进行可靠性评估。

10.2　以质谱技术为基础的蛋白质组定量分析

蛋白质的鉴定是蛋白质组学的首要工作，以定量分析方法比较生物体（或器官、组织、细胞）在不同生理状态下（如健康和疾病、疾病治疗前后）蛋白质表达量的变化，则能找出具有调控功能的蛋白质，进一步了解它们与病理机制的关系。本节将着重于探讨以质谱技术为主轴的定量分析策略。对于组成复杂的蛋白质组而言，现阶段的质谱仪仍无法一次分析数以千计甚至上万的蛋白质，就目前的技术层面，要全面分析蛋白质组中每一个蛋白质的浓度的可行性不高，绝对定量仅局限于数个蛋白质的范围；目前大部分采用的是蛋白质相对定量分析，比较在多种不同的状况下的样品，再找出相对浓度产生变化的蛋白质，并鉴定其身份。此外，基于蛋白质组的复杂程度，如果想尽可能检测到蛋白质组中的每一个蛋白质，在样品进行质谱分析之前，必须借助适当的蛋白质分离技术，以降低样品复杂程度，因此，目前定量蛋白质组常用的方法有以二维电泳来分离、定量或以液相色谱分离配合质谱检测的方法，以下将简述其原理及优缺点。

10.2.1　二维电泳

在蛋白质组学发展早期，质谱仪的灵敏度及速度尚未成熟到可以应用于复杂蛋白质定量与定性分析，以二维电泳（Two-Dimensional Electrophoresis，2-DE）来分离、定量蛋白质混合物，再以质谱鉴定蛋白质，是定量蛋白质组常用的策略之一[图 10-6（a）]。二维电泳是利用蛋白质的等电点和分子量这两个特性来分离蛋白质；第一维分离是利用固定 pH 梯度凝胶（Immobilized pH Gradient Gel，IPG），在电场作用下，凝胶中的蛋白质会受电场驱使移动到凝胶 pH 和蛋白质等电点相同的位置。影响蛋白质的等电点除了蛋白质本身序列之外，翻译后修饰或蛋白质构形也会改变等电点。第二维的电泳分离则依照蛋白质分子量的大小，在电场中进行分离。二维电泳分离完毕之后则利用染色剂染色显示蛋白质分布的程度，不同的样品间相对的定量可借由染色的深浅度而定。一般而言，利用不同尺寸的凝胶及 pH 梯度范围，二维电泳可以分离及检测数百到数千个蛋白质[7]，然而呈现于凝胶中的蛋白质多为样品中含量较高的蛋白质，相对含量较低的蛋白质容易被掩蔽；此外，溶解度低的蛋白质（如膜蛋白）、极大（> 100 kDa）或极小（< 6～10 kDa）的蛋白质以及极端等电点的蛋白质也不易被二维电泳检测。二维电泳最大的优点之一是它可以直接分离有翻译后修饰的蛋白质，此类蛋白质由于等电点（如磷酸化）或分子量（如糖基化）的差异，同一个蛋白质在凝胶上会呈现水平或垂直的排列，以利于了解蛋白质表达、异构体组成及翻译后修饰程度的变化。质谱仪在此分析平台的角色则纯粹是蛋白质鉴定，针对比较后表达量有差异的蛋白质，可从胶体上切割下来，进行蛋白质酶水解及多肽萃取后，再进行后续质谱分析（参阅 10.1 节）。

虽然二维电泳被广泛地使用，但其重现性（Reproducibility）并不佳，在比较两组不同状态的样品时，繁复及耗时的实验操作难以达到良好的重复性，影响不同样品间影像比对判断的准确度。为了克服这些实验操作造成的差异性，随后发展出以荧光标记蛋白质浓度的二维差异凝胶电泳（Two-Dimensional Differential Gel Electrophoresis，2D-DIGE）技术。此技术是利用荧光染料来标记在蛋白质赖氨酸上的 ε-氨基（ε-Amino Group），常用的荧光染料为花青染料（Cyanine Dye，如 Cy2、Cy3、Cy5），实验组和对照组分别以 Cy3 和 Cy5 标定（图 10-6），因染料具有相同的分子量而且本身并不带有电荷，因此不会影响在不同样品中的蛋白质本身的带电性及分子量差异。将标记后的两组样品等量地混合后，在同一个二维电泳中进行分离，之后用两种不同波长的光分别对两种荧光染料成像，再用影像分析软件比较二维影像中两种荧光在每个点的强度，以确定蛋白质表达量的差异。2D-DIGE 可有效地减少传统二维电泳在不同胶片的易变性，并增加了定量的准确性与实验的速度。

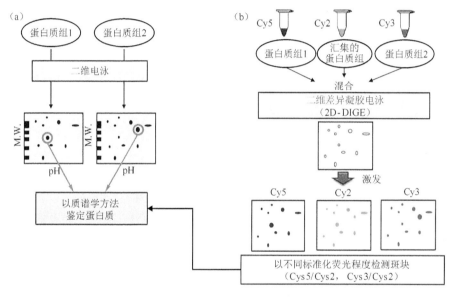

图 10-6　（a）二维电泳；（b）荧光标记蛋白质浓度的二维差异凝胶电泳技术

10.2.2　液相色谱-质谱定量法

近年来串联质谱仪在仪器分辨率及数据采集速度上有显著的进步，以纳升级流速液相色谱分离多肽再搭配串联质谱仪逐渐成为蛋白质组定量分析的主要方法。此技术不仅可以改善许多二维电泳分析的限制，显著提高蛋白质组分析的灵敏度，并可达到自动化及高通量（High-Throughput）的效能。以液相色谱-质谱仪进行蛋白质组定量分析主要使用 10.1 节所介绍的"自下而上"策略，如图 10-7 所示，所有的蛋白质先经酶分解成多肽，得到一个十分复杂的多肽混合物，这些多肽混合物经由色谱柱分离后，以纳升级流速（nL/min）和串联质谱仪连接，以有机相溶剂洗脱及分离出的多肽溶液直接进入质谱仪中做蛋白质鉴定或序列分析。多肽流出的速率很慢，通常为 100～200 nL/min，每个多肽的滞留时间约为 10～30 s。流出的多肽进入质谱仪的离子源后，质谱仪会先扫描该时间中所有多肽的质荷比，同一段多肽会有带二价或三价的形式同时存在，质谱仪会根据所扫描到多肽的强度、质荷比及带电状况判断要选择哪些多肽进一步进行串联质谱分析。但对整个蛋白质组分析而言，所水解出的多肽组成还是太过复杂，如果只做一维的液相色谱分离，能够检测到的蛋白质数量有限，无法观测到低含量的蛋白质。因此，Yates 等发展的多维蛋白质鉴定技术（Multidimensional Protein Identification Technology，MudPIT）可大幅增加多肽的解析数量[8]。也可串联不同分离原理的色谱柱，提高多肽混合物的分离度，例如，第一维根据蛋白质带电性以离子交换色谱来分离，而第二维利用疏水性的性质以反相色谱（Reverse Phase Chromatography）来分离，经二维分离后的多肽以电喷雾法电离进入串联质谱仪分析，再做蛋白质鉴定，此方式可提高检测到的蛋白质数量。

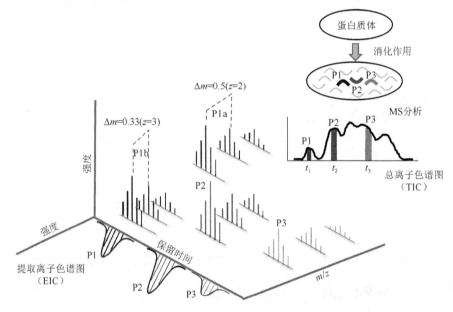

图 10-7　液相色谱-质谱进行蛋白质定量分析

　　液相色谱搭配串联质谱仪易于自动化的特性，除了可提供分析大量样品需要的高通量流程，并有较好的重复性，有利于提高定量的准确度，以液相色谱-质谱进行蛋白质表达量差异为蛋白组学最常见的应用之一。在蛋白质定量技术中，实验流程的重复性是十分关键的要素；因此，实验流程必须标准化，包括分析前样品制备、分析样品、所得资料分析等，都必须严格控制。此外，利用多维色谱将多肽适当分类，也有助于观察到更多低含量的蛋白质。

10.2.3 以液相色谱-质谱进行蛋白质定量分析

蛋白质组定量分析和 10.1 节所介绍的流程大部分相同，蛋白质的含量可从水解后多肽的 MS 或 MS/MS 中所得峰强度（Peak Intensity）推算。要注意的是，由于蛋白质间有序列同源性（Sequence Homology），一段多肽可能被推论为来自多个序列相近的蛋白质，在数据库比对结果中，多个蛋白质被称为一个蛋白质群（Protein Group），其目的为提醒从多肽推论至特定蛋白质时，需考虑是否有其他序列独特的多肽（Unique Peptide），蛋白质定量分析时，也必须考虑做定量的多肽是否为序列独特的多肽。

如图 10-8 所示，当鉴定到的多肽同时存在于多个蛋白质时，蛋白质 A 中除了 P1 为序列独特的多肽，P2 及 P4 则为同时存在于蛋白质 A 及 B 中的序列，此时蛋白质 A 及 B 称为同一个蛋白质群；对蛋白质 A 而言，最简易的方式是以 P1 计算其定量结果，同理，P3 及 P5 为蛋白质 C 的序列独特的多肽，可以计算蛋白质 C 定量的结果。

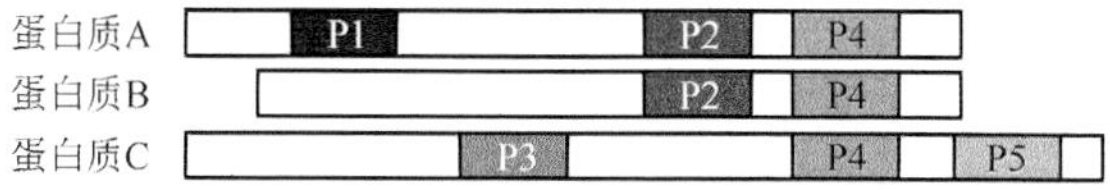

图 10-8 蛋白质间有序列同源性，蛋白质 A 具有序列独特的多肽 P1，而 P2 和 P4 也存在于蛋白质 B 中，无法辨别其来源；蛋白质 C 则具有序列独特的多肽 P3 和 P5，P4 则无法区分其来自蛋白质 B 或蛋白质 C

首先介绍如何利用液相色谱-串联质谱仪分析流程得到代表多肽含量的质谱信号。如图 10-7 所示，所有蛋白质水解成多肽后，经过液相色谱-串联质谱仪时，每一个多肽在色谱保留时间（Retention Time）内将连续在多张质谱图中出现，每一张质谱图中可能有多重价数的多肽信号同时存在（如二价、三价等），最简单的定量方式则是计算质谱图中该多肽的信号强度（峰高），再依此比较不同样品中该多肽峰高的相对比值。然而，每一张质谱图仅代表该多肽在某一个色谱时间通过质谱仪的部分含量，无法完整表示此多肽所有的含量，更准确的计算则是以该多肽的色谱峰面积，即提取离子色谱图（Extracted Ion Chromatogram，EIC），代表完整的多肽含量，并以此比较多肽在不同样品中相对含量的比值（R_{pi}）。

$$(R_{pi}) = \frac{\text{EIC}_{pi}(\text{sample1})}{\text{EIC}_{pi}(\text{sample2})} \tag{10-2}$$

针对二、三或四价同时存在的多肽，可以将不同价数多肽分别计算的比值求得平均值或加权平均值。例如，蛋白质 A 的多肽 P1 在质谱图中有二价及三价的谱峰（P1a 为 2^+，P1b 为 3^+），其信号强度分别为 I_{1a}，I_{1b}。最简单的计算方法为求得这两个信号强度的平均值，但不同价数的多肽离子化效率不尽相同，平均值易受到信号低的多肽谱图影响，故以信号强度加权计算可得到较稳定的定量结果。则加权后的平均值依下式计算：

$$\frac{I_{1a}}{I_{1a}+1} \times R_{p1a} + \frac{I_{1b}}{I_{1a}+I_{1b}} \times R_{p1b} \tag{10-3}$$

利用上述质谱信号强度或提取离子色谱图，可以获得每一个多肽的相对变化比值（R_{pi}），蛋白质的相对定量变化则可从其所鉴定到的所有多肽的比值求得，可有两种计算方法：

平均变化比值：
$$R = \frac{1}{n}\sum R_{Pi} \tag{10-4}$$

加权变化比值：
$$R = \frac{1}{n}\sum w_i \times R_{Pi} \tag{10-5}$$

其中，w_i 为信号强度加权值：

$$\frac{1}{n}\left(\frac{I_{P1}}{I_{P1}+I_{P2}+\cdots+I_{Pi}} \times R_{P1} + \frac{I_{P2}}{I_{P1}+I_{P2}+\cdots+I_{Pi}} \times R_{P2} + \cdots + \frac{I_{Pi}}{I_{P1}+I_{P2}+\cdots+I_{Pi}} \times R_{Pi} \right)$$
$$\tag{10-6}$$

10.2.4　稳定同位素标记定量法

使用上述液相色谱技术可以大幅减少使用二维电泳的限制，但是使用液相色谱的方法则无法像二维电泳的方法直接以影像定出蛋白质的表达量，为了解决这个问题，目前发展了许多种定量的方法，稳定同位素标记（Stable Isotope Labeling）定量法的主要原理是利用含有同位素的标签来造成质量上的差异，用不同的同位素标签来对欲比较的蛋白质组分别进行标记（图 10-9）；同位素除了质量上的差异，在结构及化学性质上都十分相似，因此在液相色谱中表现出的特征也十分相同，几乎会在相同的时间点由液相色谱仪流出，并同时离子化进入质谱仪中，再根据同一段多肽由于标记的同位素不同，在质谱中会形成特定质量差异的多肽对，其质谱信号的强度可以反映其对应的蛋白质的表达量，故从多肽对的强度比较可得到相对定量。一般所使用的质谱仪为串联质谱仪，可由全扫描谱图（即扫描一定时间中、固定质量范围里所有的多肽信号）中每一个多肽信号的强弱来推测多肽所属蛋白质的相对量，并由串联质谱扫描来确定多肽的序列。目前常用的同位素标记定量法常应用于整个蛋白质组的大规模分析，通常都是搭配离子交换色谱与反相色谱所组成的二维色谱法来分离多肽。

在这里针对一些较常用的标记方法作介绍：化学标记（Chemical Labeling）、代谢标记（Metabolic Labeling）、酶标记（Enzymatic Labeling）。

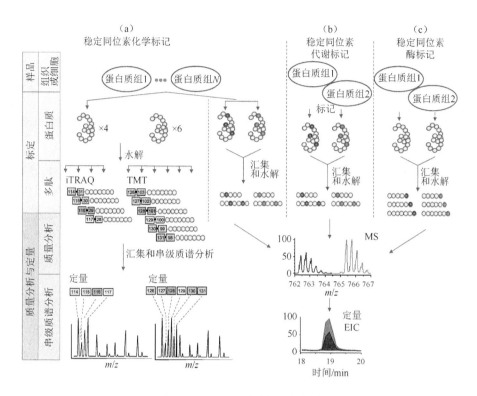

图 10-9　稳定同位素标记定量法
（a）化学标记；（b）代谢标记；（c）酶标记

1. 化学标记（Chemical Labeling）

化学标记法为目前最常使用的定量方法之一，这个方法是利用轻同位素（如 ^{12}C）和重同位素（如 ^{13}C）所合成的亲和标签，利用化学反应将此标签分别标记于不同样品的蛋白质或多肽，标记的多肽混合后，同一段多肽因带有轻同位素或重同位素标签而造成具有质量差异的多肽对，再由每一个多肽对在质谱上的强度提取离子色谱图进行表达定量分析。

此法源自于 Gygi 等发展的同位素编码亲和标签（Isotope-Coded Affinity Tag, ICAT）[9]，其亲和标签结构如图 10-10（a）所示，此试剂包含了可键合于半胱氨酸（Cysteine）的反应基团（Reaction Group），含不同同位素的定量标记链接（Linker）和含有生物素（Biotin）可作纯化的亲和基（Affinity Group）。此试剂定量标记链接上共有 8 个氢原子，轻同位素氢原子（^{1}H）和重同位素氘原子（^{2}D）将造成具有 8 Da 质量差异的多肽对，再由质谱上的谱峰强度进行蛋白质表达定量，蛋白质鉴定则由串联质谱完成。此法的特色是可纯化反应后含半胱氨酸的多肽，减少样品的复杂程度，增加低含量蛋白质被检测到的概率。早期 ICAT 试剂的应用有以下缺点：首先，标签分子量较大，在进行质谱分析时，标签与所结合的多肽同时进行碰撞诱导解离（Collision-Induced Dissociation，CID）而产生碎片，这些标签的碎片离子使串联质谱图变得复杂而难以判断；第二，试剂里使用 8 个氘原子来做质量标签，会引起同位素效应（Isotope Effect），即轻或重标签标记的多肽在反相液相色谱分离时，多肽对的色谱保留时间的不同造成定量上的误差。美国 Applied Biosystems 公司（Foster City，CA）发展了一种以可酸解的标记端来连接同位素标签和生物素的试剂称为 cICAT（Cleavable ICAT）。第二代 cICAT 试剂方法的实验流程与第一代相同，其差异是在进行质谱分析之前必须先经过酸切的步骤以分离生物素及被标定的多肽。这种同位素标签是由碳原子（^{12}C 和 ^{13}C）组成，在分子量上的差异相对较小，所以被 ^{13}C 或 ^{12}C 标记的多肽在反相色谱分离时具有相同的保留时间，可降低同位素效应，增加定量正确性。

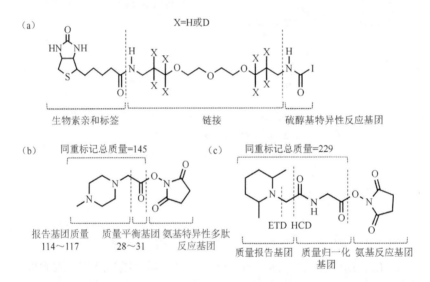

图 10-10 化学标记分子结构（摘自 Gygi, S.P., et al. 1999. Quantitative analysis of complex protein mixtures using isotope-coded affinity tags. Nat. Biotechnol.）（a）Isotope Code Affinity Tagging（ICAT）；（b）Isobaric Tags for Relative and Absolute Quantitation（iTRAQ）；（c）Tandem Mass Tags（TMT™）

有的化学标记方法则是通过串联质谱完成定量，如 iTRAQ（Isobaric Tags for Relative and Absolute Quantitation）及 TMT™（Tandem Mass Tags）。iTRAQ 技术是由 Applied Biosystems 公司研发的一种多重蛋白质组标记技术[10]，该技术核心为由 4 种或 8 种同位素的编码标签，可同时比较 4 种或 8 种不同样品中蛋白质的相对含量或绝对含量。TMT^{TM} 是由 Thermo Fisher 公司研发，包含 6 种或 10 种同位素的编码卷标，可同时比较 6 种或 10 种不同样品中蛋白质的相对含量或绝对含量[11]。两种方法基于化学反应标记效率高、灵敏度高以及一次可以分析多重样品等优点，是目前广泛应用的蛋白质组定量方法。

以 iTRAQ 的四重同位素编码标签为例，其标签试剂是基于多肽的标记，其结构包含了和多肽的氨基（—NH$_2$）进行键合的反应基团、四种分子量分别为 114、115、116 和 117 的报告基团（Reporter Group）及分子量分别为 31、30、29 和 28 的质量平衡基团（Balance Group）。图 10-10（b）显示不同的报告基团分别与相对应的平衡基团相配后，质量均为 145 Da，因此称为同整质量标记（Isobaric Tag）。

由于 iTRAQ 试剂具有相同的质量，不同同位素 iTRAQ 试剂在标记同一个多肽并混合后，在质谱中分子量完全相同，可提高同一个多肽的峰强度；定量分析则是在串联质谱扫描阶段完成，进行碰撞诱导解离时，报告基团、质量平衡基团和多肽反应基团之间的化学键断裂，在串联质谱的低质荷比范围产生分别为 114、115、116 和 117 的报告基团离子。另外，如图 10-10（c）所示，TMT^{TM} 也是与多肽的氨基进行键合，在 TMT^{TM} 的六重同位素编码标签中，最后在串联质谱的低质荷比范围会产生分别为 126～131 的报告基团离子。这些不同报告基团离子强度的差异就代表了它所标记的多肽的相对含量。同时，通过多肽键断裂所形成的一系列 b 离子和 y 离子，通过数据库查询和比对，可以得到蛋白质鉴定的信息。

2. 细胞培养中的氨基酸稳定同位素标记（Stable Isotope Labeling by Amino Acids in Cell Culture，SILAC）

除了化学和酶标记方法外，代谢标记也可以进行蛋白质组的定量分析。过去是利用含有同位素的含盐培养液进行代谢性同位素标记，而现在则利用含有同位素的氨基酸来做标记，这些方法可对体外培养细胞或细菌进行代谢标记，但是要应用于人类组织的蛋白质，代谢同位素标记方法仍在研发阶段。Oda 等首先利用活体内（in vivo）标记的方法将酵母菌分别培养于两种不同的培养液，一组含有重同位素（Heavy Isotope，在这个例子中为 ^{15}N）；另一组则为轻同位素（^{14}N）[12]。这两种酵母菌先混合在一起，然后进行蛋白质提取、分离，再将蛋白质水解后以质谱仪分析，并根据同一段多肽由于同位素不同，在质谱中会形成特定质量差异的多肽对[图 10-9（b）]，其质谱信号的强度可以反映其对应的蛋白质的表达量，故从多肽对的强度比较可得到相对定量。活体内标记的缺点是无法应用于组织或体液，只能限定于细胞标记，这个方法在实验早期就进行同位素标记，因此定量较为准确。

3. 酶标记（Enzymatic Labeling）

以水解酶将蛋白质降解成多肽时也可以进行同位素标记，此方法一次可比较两个样品，其步骤为利用含有 ^{16}O 或 ^{18}O 的水分子分别加入两个需要比较的蛋白质组样品，蛋白质水解时会将水分子中的 ^{16}O 或 ^{18}O 置换至水解后的多肽的羧基上，将两者所产生的多肽群合并后，进行质谱分析比对，由于羧基含有两个氧原子，^{16}O 或 ^{18}O 标定完全的多肽对将产生 4 Da 的差异[图 10-9（c）]，可由此多肽对求取定量比值。虽然这是一种简单而且可行的同位素标记方法，但只适合高分辨质谱仪，由于轻与重标签的 4 Da 质量差距在两价及三价时变小，为 2 Da 和 1.3 Da，相距太小和多肽本身的同位素分布难以区分，使定量分析变得复杂；此外，^{18}O 也容易和正常的 ^{16}O 产生逆交换（Back-Exchange），而且交换速率会因结构不同而改变，更增加质谱解读 ^{16}O 或 ^{18}O 标记多肽对的难度。

10.2.5 免标定定量法

针对稳定同位素标记定量法中过程烦琐和试剂昂贵等缺点，开发的基于免标记（Label-Free）技术的蛋白质定量新方法为近年新兴的方法（图 10-11）。

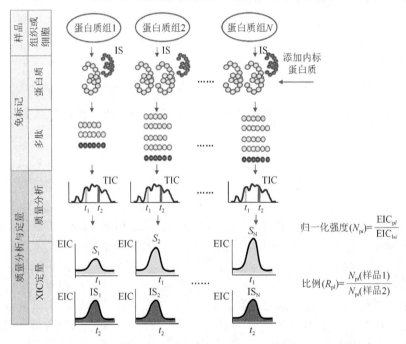

归一化强度 $(N_{pi}) = \dfrac{EIC_{pi}}{EIC_{Isi}}$

比例 $(R_{pi}) = \dfrac{N_{pi}(样品1)}{N_{pi}(样品2)}$

图 10-11　免标记（Label-Free）技术的蛋白质定量方法

此方法不需事先进行同位素编码标签标记，直接利用蛋白质水解后的多肽在液相色谱-质谱中所得的数据进行定量分析。常用的数据处理方法有两种：第一种方法为谱图计数法（Spectra Counting）[13]，其原理基于蛋白质含量越高时，产生高浓度多肽而被质谱检测进而进行串联质谱的频率更高，因此计算串联质谱所得到谱图的总数可以作为蛋白质表达量差异的定量依据。第二种方法为信号强度法[14-16]，其原理为利用质谱中提取该多肽的提取离子色谱图，并根据提取离子色谱图计算色谱峰强度或峰面积（Peak Area）作为定量依据，为了提高定量准确性，通常会加入内标物（Internal Standard，蛋白质或多肽），或以样品中已知浓度不变的蛋白质当作内标物，作为相对定量的依据。

两种方法各有优缺点，由于概念简单、周期快等特点，谱图计数法吸引了许多关注，但是低含量的蛋白质取得的 MS/MS 谱图数量少，定量准确性较差，谱图计数法比较适用于浓度高的蛋白质。信号强度法能够更准确地估计蛋白质的浓度差异，且不受串联质谱图总数的影响，但需要高分辨质谱以分辨质量接近的多肽；此外，数据处理流程相对复杂，计算速度慢，大量数据处理为最关键及具有挑战性的步骤。相较于稳定同位素标记定量法，免标记方法仍存在重复性差，定量准确性低等问题，定量软件的效能及方便性也有待进步，随着液相色谱仪及质谱仪设备的分辨率、稳定性及采样速度等不断进步，免标记方法定量结果的可靠性和重复性也有改进的潜力。

10.3　蛋白质翻译后修饰的质谱分析

DNA 序列的遗传信息，经转录（Transcription）成 mRNA 后再翻译（Translation）为具有特定氨基酸序列的蛋白质，但实际上许多经翻译的蛋白质在生物体中并不完全具有活性，需要进行化学修饰作用才能成为真正具有活性的蛋白质，这种修饰即为翻译后修饰。翻译后修饰是一种蛋白质生化合成的步骤，常见例子包括加入化学官能基团的酰化（Acylation）、烷基化（Alkylation）、磷酸化（Phosphorylation）、糖基化（Glycosylation）[17]等；也可以加入其他蛋白质或多肽的 SUMO 蛋白质修饰（SUMOylation），或是结构改变的二硫键（Disulfide Bridge）等形式。在蛋白质氨基酸序列中的特定氨基酸添加或改变特定化学官能团，不但影响蛋白质的折叠过程及结构，也可制造出功能截然不同的蛋白质。具有不同生化功能的蛋白质翻译后修饰，在各类型的蛋白质中也相当常见，可能具有磷酸化修饰的蛋白质估计约占所有蛋白质的三分之一[17]；以糖基化修饰为例，蛋白质数据库（Swiss-Prot）所提供文献显示，在所有蛋白质中，糖蛋白所占的比例高达 90% 以上；但其结构高度复杂性导致其分析上的困难。本节将以磷酸化与糖基化两种翻译后修饰为例，着重探讨其质谱技术分析的策略，其他类型的翻译后修饰分析可查阅相关参考文献[18]。

10.3.1　磷酸化翻译后修饰的质谱分析

近年来，蛋白质磷酸化在翻译后修饰领域中占有一席之地，通过磷酸化与去磷酸化的平衡机制，促使蛋白质活性改变进而影响其生理功能，因此在细胞生长、代谢、癌变等细胞间信号传递等方面都扮演着重要的角色。蛋白质磷酸化根据其修饰在不同种类的氨基酸的位置，可分成四种类型：O-phosphates、N-phosphates、S-phosphates 及 Acyl-phosphates；O-phosphates 修饰在丝氨酸（Serine，S）、苏氨酸（Threonine，T）或酪氨酸（Tyrosine，Y）上；N-phosphates 修饰在精氨酸、组氨酸（Histidine，H）或赖氨酸位置；S-phosphates 修饰在半胱氨酸上；Acyl-phosphates 是修饰在天冬氨酸（Aspartic Acid，D）或谷氨酸（Glutamic Acid，E）位置。在真核生物中的蛋白质磷酸化以 O-phosphates 形式占绝大多数，而其他形式多在原核生物中发现；在真核生物 O-phosphates 形式的磷酸化蛋白质中，丝氨酸：苏氨酸：酪氨酸的比例约为 $1800：200：1$。

通过搭配质谱分析技术来鉴定在不同状态下磷酸化蛋白质与多肽和其磷酸化修饰位点（Modification Site），就能得知细胞间信息传递路径（Pathway），并应用于疾病检测及治疗中，如癌症、糖尿病、神经性疾病等，故检测磷酸化蛋白质和磷酸化位点是为了对疾病进一步了解并找出相关治疗与预防方法。

在质谱分析上鉴定磷酸化位点的方法与多肽分析类似，有较为常用的自下而上方法，以及自上而下方法。自上而下分析是直接将蛋白质送入质谱分析比对，但经质谱撞碎后其离子片段过长，故需使用高准确度且高分辨率的质谱仪鉴定。自下而上分析是目前分析磷酸化蛋白质的普遍方法，常见的分析方式如图 10-12所示[19]，首先将蛋白质从细胞或组织中提取出来，接着通过水解酶将蛋白质水解成较小片段的多肽，再利用各种纯化磷酸化多肽的方式分离磷酸化多肽与非磷酸化多肽，最后送入质谱分析并配合产物离子扫描（Product Ion Scan）或前体离子扫描（Precursor Ion Scan）进行磷酸化位点的鉴定。

目前使用质谱仪检测磷酸化位点的分析过程遇到许多难题：第一，在生物体内磷酸化蛋白质含量相当低，且蛋白质的磷酸化过程易变又可逆，会随环境或时间而有不同的表现，故检测难度大幅增加；第二，质谱仪常用正电模式，但磷酸化多肽因磷酸修饰带负电而使得总价数偏低，不仅难被离子化，且其信号易被非磷酸化多肽抑制；第三，在碰撞诱导解离模式中，磷酸化多肽的磷酸基团不稳定且易脱去成为中性分子（H_3PO_4），造成无法检测磷酸化多肽的磷酸化位点。因此，为了有效检测磷酸化蛋白质及修饰位点，可在质谱分析前进行磷酸化蛋白质或磷酸化多肽的纯化，并利用磷酸化多肽在不同解离模式下所具有的特性，来得到更多的磷酸化多肽序列信息。

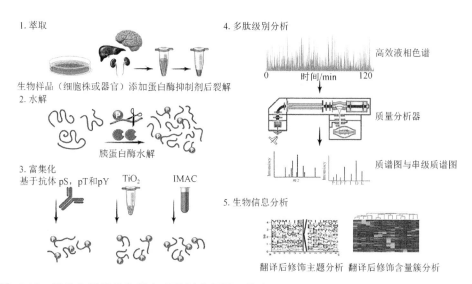

1. 萃取

生物样品（细胞株或器官）添加蛋白酶抑制剂后裂解

2. 水解

胰蛋白酶水解

3. 富集化
基于抗体 pS，pT 和 pY　　TiO₂　　IMAC

4. 多肽级别分析

高效液相色谱

时间/min

质量分析器

质谱图与串级质谱图

5. 生物信息分析

翻译后修饰主题分析　翻译后修饰含量簇分析

图 10-12　目前分析磷酸化蛋白质常用流程图（摘自 Olsen, J.V., et al. 2013. Status of Large-scale Analysis of Post-translational Modifications by Mass Spectrometry. Mol. Cell. Proteomics）

1. 纯化磷酸化蛋白质与磷酸化多肽方法

以质谱仪分析磷酸化蛋白质时，常受限于磷酸化蛋白质含量偏低而造成分析上的困难，且高含量的非磷酸化多肽不仅会抑制磷酸化多肽离子化，也会遮蔽（Mask）磷酸化多肽信号，故进行质谱分析前，会先纯化磷酸化蛋白质，以获得较好的鉴定结果。现今常用的纯化方法有亲和色谱（Affinity Chromatography）法和免疫沉淀法。

亲和色谱法可分为三种，分别为固定化金属亲和色谱（Immobilized Metal Affinity Chromatography，IMAC）法、金属氧化物亲和色谱（Metal Oxide Affinity Chromatography，MOAC）法以及固定化金属亲和色谱连续洗脱法（Sequential Elution From IMAC，SIMAC）。固定化金属亲和色谱法是利用磷酸化多肽上负电的磷酸基团与正电的固相金属离子如 Fe^{3+} 或 Ga^{3+} 产生亲和作用来纯化磷酸化多肽。然而，IMAC 的问题在于带正电的固相金属离子也会与含有羧基（—COOH）的氨基酸如谷氨酸或天冬氨酸的酸性多肽结合，造成非特异性结合，因而降低纯化磷酸化多肽的效率。但许多研究指出，通过调整 pH 值的步骤可提升纯化效率，方法为在进行 IMAC 纯化前将样品环境调控至适合的酸性条件，使得羧基保持电中性，且磷酸基团仍保有负电荷，可与固相金属离子结合，进而提高纯化专一性。金属氧化物亲和色谱法是以金属的氧化物或氢氧化物为主，如 TiO_2、ZrO_2，其中又以 TiO_2 开发最完全且使用最广泛。TiO_2 在酸性条件下为路易斯酸（Lewis Acid），此时正电的钛原子可和负电的磷酸基团结合；而在碱性条件下，TiO_2 则为路易斯碱（Lewis Base），负电的钛原子会与负电的磷酸基团互斥，因此借酸碱度的改变即可达到纯化磷酸化多肽的效果。Sugiyama 等发展脂肪族羟基酸修饰的金属氧化物色谱法（Aliphatic Hydroxyl Acid-Modified Metal Oxide Chromatography，HAMMOC）[20]，在其中加入脂肪族羟基酸，如乳酸（Lactic Acid），不仅可有效解决非特异性结合问题，也较容易以反相色谱去除此添加物，利于后续质谱分析。

免疫沉淀法是通过抗原与抗体结合的高专一性，在复杂混合物中使用能识别磷酸化多肽残基的特异性抗体进行免疫共沉淀，借此纯化磷酸化蛋白质，此法可结合柱色谱或西方墨点法以达到最佳效果。目前市面上磷酸化酪氨酸的抗体专一性较好，加上磷酸化酪氨酸含量较少，因此其在选择性、特异性及亲和力上均优于另外两种磷酸化氨基酸的抗体，故免疫沉淀法最常用于纯化磷酸化酪氨酸蛋白质。

上述各类纯化方法搭配串联质谱分析，可以有更多的机会鉴定到具有磷酸化修饰的多肽，以图 10-13[21]为例，图 10-13（a）为多肽混合物未经任何纯化方法直接进入质谱分析，可看出许多非磷酸化多肽信号，且磷酸化多肽信号强度低；图 10-13（b，c）分别使用 IMAC 和 TiO_2 可鉴定到许多磷酸化修饰信号，因此通过不同纯化磷酸化多肽的方法，可使非磷酸化多肽不会掩盖少量的磷酸化多肽，进一步提高信号，以达到鉴定磷酸化多肽及其修饰位点的目的。

2. 质谱应用于磷酸化蛋白序列鉴定

通过串联质谱仪分析磷酸化多肽时，一般先进行勘查扫描（Survey Scan），再以子离子扫描模式来检测；首先进行勘查扫描，第一段质量分析器会先检测某一质量范围中所有的多肽离子的质荷比，并依数据依赖采集（Data-Dependent Acquisition，DDA）模式设置后续子离子扫描的条件，此条件可以是多肽的信号强度、质荷比或带电价数；若符合数据依赖采集条件，则进行子离子扫描。在第一段质量分析器中选出符合 DDA 条件的多肽离子即为前体离子，接着将此步骤所选出的多肽离子送入碰撞室产生碎片离子，一般最常用的碎裂模式为碰撞诱导解离（详见第 4 章）。如图 10-14（a）所示，具有磷酸化修饰的多肽相较于无磷酸化修饰的多肽多出 79.9663 Da 的分子量；如图 10-14（b）所示，在串联质谱分析谱图中可由其他碎片离子信号推测其序列及磷酸修饰位点，此谱图中有前体离子丢失磷酸化修饰的信号（$[M+2H-H_3PO_4]^{2+}$），借此可知此多肽序列含有磷酸化修饰，经由 b 离子和 y 离子可以推得此谱图所对应的多肽序列 IEKFQsSEEQQQTEDELQDK。图 10-14（c）中显示不同 b 离子和 y 离子所对应的 m/z 值，在 y8 碎片离子中只有 TEDELQDK 氨基酸组合（977.4422 Da），且在苏氨酸（T）上并未多出 79.9663 Da 的信号，因此推得在苏氨酸上并无磷酸修饰；而 y14 碎片离子质量为 1688.7249 Da，是由 SEEQQQTEDELQDK 氨基酸序列加上一个磷酸化修饰所得（1706.7351 + 79.9663 - 97.9769 = 1688.7245），其中丝氨酸(S)上多了一个磷酸化修饰（+ 79.9663 Da，HPO_3），而在进行碰撞诱导解离时又丢失磷酸修饰的信号（- 97.9769 Da, H_3PO_4），这也使得 y15 和 y16 碎片离子的质量从 1834.1937 Da 和 1981.8621 Da 变为 1816.7832 Da 和 1963.8516 Da，依此可以得知，在多肽序列 IEKFQsSEE QQQTEDELQDK 中第六个氨基酸位置的丝氨酸（S）具磷酸化修饰。此外，磷酸化修饰相当不稳定，再加上碰撞诱导解离本身的限制，会产生中性磷酸化修饰（97.9769 Da）的丢失，这一中性丢失碎片（Neutral Loss Fragments）强度在串联质谱图的信号中会抑制其他离子信号，如图 10-15 （a）所示[22]，造成在串联质谱图中判定难度增加，因而极有可能无法鉴定磷酸化多肽的修饰位点。

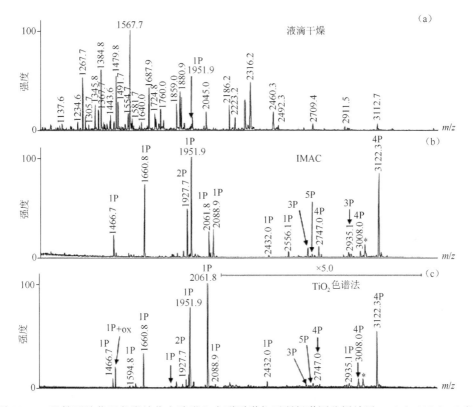

图 10-13 比较无纯化及各类纯化方法进入串联质谱仪后所得谱图分析结果。（a）500 fmol 多肽混合样品经液滴干燥处理后得到的 MALDI 质谱图；（b）多肽混合样品经 IMAC 纯化后所得到的磷酸化多肽 MALDI 质谱图；（c）多肽混合样品经 TiO₂ 纯化后所得到的磷酸化多肽 MALDI 质谱图（摘自 Thingholm, T.E., et al. 2009. Analytical strategies for phosphoproteomics. Proteomics）

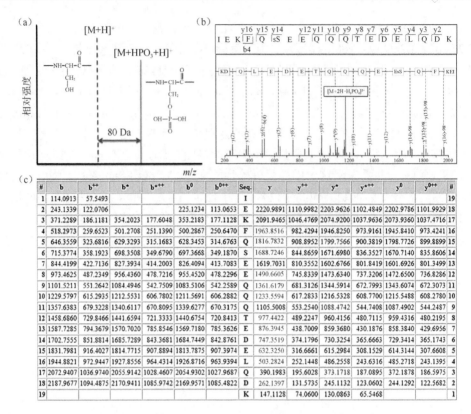

#	b	b++	b*	b*++	b⁰	b⁰++	Seq.	y	y++	y*	y*++	y⁰	y⁰++	#
1	114.0913	57.5493					I							19
2	243.1339	122.0706			225.1234	113.0653	E	2220.9891	1110.9982	2203.9626	1102.4849	2202.9786	1101.9929	18
3	371.2289	186.1181	354.2023	177.6048	353.2183	177.1128	K	2091.9465	1046.4769	2074.9200	1037.9636	2073.9360	1037.4716	17
4	518.2973	259.6523	501.2708	251.1390	500.2867	250.6470	F	1963.8516	982.4294	1946.8250	973.9161	1945.8410	973.4241	16
5	646.3559	323.6816	629.3293	315.1683	628.3453	314.6763	Q	1816.7832	908.8952	1799.7566	900.3819	1798.7726	899.8899	15
6	715.3774	358.1923	698.3508	349.6790	697.3668	349.1870	S	1688.7246	844.8659	1671.6980	836.3527	1670.7140	835.8606	14
7	844.4199	422.7136	827.3934	414.2003	826.4094	413.7083	E	1619.7031	810.3552	1602.6766	801.8419	1601.6926	801.3499	13
8	973.4625	487.2349	956.4360	478.7216	955.4520	478.2296	E	1490.6605	745.8339	1473.6340	737.3206	1472.6500	736.8286	12
9	1101.5211	551.2642	1084.4946	542.7509	1083.5106	542.2589	Q	1361.6179	681.3126	1344.5914	672.7993	1343.6074	672.3073	11
10	1229.5797	615.2935	1212.5531	606.7802	1211.5691	606.2882	Q	1233.5594	617.2833	1216.5328	608.7700	1215.5488	608.2780	10
11	1357.6383	679.3228	1340.6117	670.8095	1339.6277	670.3175	Q	1105.5008	553.2540	1088.4742	544.7408	1087.4902	544.2487	9
12	1458.6860	729.8466	1441.6594	721.3333	1440.6754	720.8413	T	977.4422	489.2247	960.4156	480.7114	959.4316	480.2195	8
13	1587.7285	794.3679	1570.7020	785.8546	1569.7180	785.3626	E	876.3945	438.7009	859.3680	430.1876	858.3840	429.6956	7
14	1702.7555	851.8814	1685.7289	843.3681	1684.7449	842.8761	D	747.3519	374.1796	730.3254	365.6663	729.3414	365.1743	6
15	1831.7981	916.4027	1814.7715	907.8894	1813.7875	907.3974	E	632.3250	316.6661	615.2984	308.1529	614.3144	307.6608	5
16	1944.8821	972.9447	1927.8556	964.4314	1926.8716	963.9394	L	503.2824	252.1448	486.2558	243.6316	485.2718	243.1395	4
17	2072.9407	1036.9740	2055.9142	1028.4607	2054.9302	1027.9687	Q	390.1983	195.6028	373.1718	187.0896	372.1878	186.5975	3
18	2187.9677	1094.4875	2170.9411	1085.9742	2169.9571	1085.4822	D	262.1397	131.5735	245.1132	123.0602	244.1292	122.5682	2
19							K	147.1128	74.0600	130.0863	65.5468			1

图 10-14　（a）在质谱图中，以丝氨酸（S）为例其磷酸修饰可检测到多 80 Da 的信号。（b）在串联质谱图中，在丝氨酸（S6）位点有磷酸修饰，而苏氨酸（T12）则无磷酸修饰。（c）IEKFQsSEEQQQTEDELQDK 多肽序列的各个碎片离子信号

为了能得到更好的多肽碎片离子信号，在离子阱质谱仪中，由于其质量分析器本身具有捕集（Trap）离子的功能，可另外在碰撞诱导解离时选用中性丢失三次串联质谱（Neutral Loss MS³）及多阶段活化（Multistage Activation，MSA）模式[22]，这两种模式的主要差异在于中性丢失离子分析路径不同。如图 10-15（b）所示，CID-MS³ 模式是在串联质谱扫描中检测到有中性磷酸基团丢失的离子，且仅隔离此中性丢失离子，接着再次进行碰撞诱导解离，产生未含磷酸修饰的碎片离子，如此即可检测已丢失磷酸修饰的碎片离子信号。而 MSA 模式则是通过去除中性丢失离子以减低信号抑制情形发生，如图 10-15（c）所示，此模式是当碰撞诱导解离所产生的离子中含有中性丢失离子时，对此中性丢失离子进行再次碰撞诱导解离，不再进行一次离子隔离（Isolation），直接产生中性丢失离子的碎片离子，因此 MSA 不仅具有较高的灵敏度，也能同时在一张谱图中得到串联质谱及 MS³ 所有的碎片离子信号。

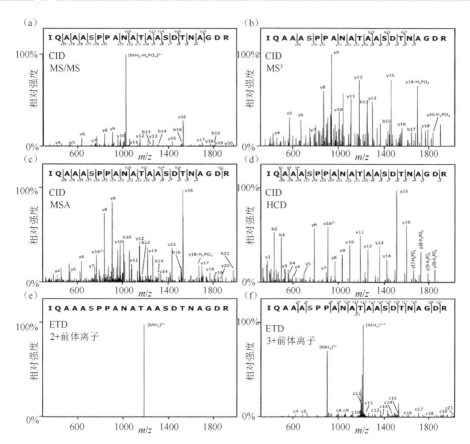

图 10-15　各种碎裂模式谱图示意图（摘自 Engholm-Keller, K., et al. 2013.
Technologies and challenges in large-scale phosphoproteomics. Proteomics）

　　除了勘查扫描模式之外，在线性离子阱（Linear Ion Trap）质谱仪中也可先进行前体离子扫描模式，再以子离子扫描模式检测磷酸化多肽[23]。首先进行负离子模式的前体离子扫描，第一阶段以四极杆扫描所有多肽离子，接着将所有离子送入碰撞室，在碰撞诱导解离模式下，裂解得到的碎片离子片段中若有相差 79.9663 Da 的片段（含 PO_3^- 官能团），则可通过线性离子阱进入检测器，借此可得知前体离子中具有磷酸化修饰离子；若由上述扫描得知前体离子中有磷酸化修饰离子，则接着进行正离子模式的子离子扫描，如同上述产物离子扫描模式，因此在 MS^2 谱图中可以推测出磷酸修饰的多肽序列。

　　在使用不同型态的质谱仪时，除了常见的碰撞诱导解离模式外，也可使用高能碰撞解离（Higher-Energy Collisional Dissociation，HCD）及电子转移解离（Electron Transfer Dissociation，ETD）。在高能碰撞解离模式中，其裂解特性可保有完整的磷酸化修饰，其 b 离子和 y 离子强度也较碰撞诱导解离模式强，如图 10-15（d）

所示。在电子转移解离模式下[图 10-15（e）]，使用低电子亲和力的阴离子化合物与分析物碰撞产生电子转移，分析物降低一个价数并断键形成 c 离子和 z 离子，这种断键形态保留完整磷酸化修饰位点，故极适合用于鉴定磷酸化修饰位点。在各种裂解模式中，可发现碰撞诱导解离和高能碰撞解离适合鉴定二价的离子，而电子转移解离则因分析物会在裂解过程中多加上一个电子而降低价数，故较适合鉴定三价或三价以上的离子，如图 10-15（e、f）所示。

运用质谱仪分析磷酸化多肽样品后，应选用统计运算分析软件整合质谱数据进而得到磷酸化多肽信息。生物信息软件是通过比较数据库与分析数据推测出多肽相关信息，在鉴定磷酸化多肽时，可变修饰（Variable Modifications）选择 Phospho（ST）和 Phospho（Y）的设定，常用的数据库比对软件有 Mascot、ProteinPilot™、MS-Fit、ProFound、PepIdent、Proteome Discoverer。目前质谱仪技术及各种纯化方法蓬勃发展，大大提升了鉴定到磷酸化修饰的机会。

10.3.2 糖基化翻译后修饰的质谱分析

糖基化蛋白质拥有许多功能，不但可作为细胞与外界沟通及信息传递的桥梁，还会影响蛋白质是否能发挥正常的功能。缺少糖基化的蛋白质，会比正常的更快降解掉。糖基化对于免疫系统中的抗体扮演了辨识的关键角色，例如借控制核心多糖（Core Glycan）上面的岩藻糖（Fucose）可以影响抗体药的疗效。糖基修饰变化多且结构复杂，在质谱仪上信号也相对较低，在早期高分辨质谱仪未普及时，单纯利用传统的分析方法并无法直接获得糖蛋白的信息。因此，在利用质谱分析糖蛋白前，会使用对糖有高度亲和性的色谱柱先进行纯化的步骤，如凝集素亲和色谱（Lectin-Affinity Chromatography）[24, 25]，也有许多厂商提供纯化糖蛋白的套件，来帮助纯化（Purification）和富集（Enrichment）糖蛋白。在糖蛋白的分析上，基本包含两个部分，一为糖基化位点（Glycosylation Site）的分析，二为糖基结构的解析。下面将对这两部分进行说明。

1. 质谱分析糖基化位点方法介绍

糖基化位点在蛋白质中以两种形式存在，分别为 N-糖基化（N-glycosylation）和 O-糖基化（O-glycosylation）。在氨基酸的位置上，糖基会有其位置的规则性，像是氮链结的糖会在天冬酰胺（Asparagine，N）上，而其后连接的多肽序列必须为任一氨基酸再接上丝氨酸或苏氨酸，简写为 Asn-X-Ser/Thr，而氧链结则是在丝氨酸或苏氨酸（Ser/Thr）上。如同多肽在质谱分析上的分类，目前对于糖基化位点的分析方法可分为两种，一种为常见的自下而上[24, 26]方法，另一种则是用自上而下[27]方法来分析糖蛋白。自下而上的分析方法是现今普遍使用的分析糖蛋白的方式，常见的分析方式如图 10-16 所示[28]，首先将糖蛋白用酶水解成多肽片段，接着利用各种糖肽纯化方式，如蛋白凝集素[25]或两性离子型亲水作用液相色谱（Zwitterionic Hydrophilic Interaction Liquid Chromatography，ZIC-HILIC）分离糖肽与非糖肽，之后将纯化后样品导入质谱仪分析来做糖基化位点的鉴定。在串联质谱仪的分析模式中，前体离子扫描是最适合鉴定糖基化位点的质谱扫描模式，由于在串联质谱的裂解模式中，含有糖基的多肽会产生特有的糖基碎片——N-乙酰氨基六碳糖（HexNAc）和六碳糖（Hexose）与 N-乙酰氨基六碳糖组合（HexHexNAc），因此在质谱图上会看到明显的质荷比为 204 及 366 的信号，称为氧鎓离子，通过此特性，如果多肽碎片离子中含有氧鎓离子信号，就可以快速地筛选出含有糖基的多肽片段。此方法虽然可以快速筛选出含糖肽，但当此段多肽含有两个以上的糖基化位点时，在判断上就会有盲点，因此通常会利用肽糖苷水解酶 F（PNGase F）[29]结合同位素标记的方法来判断氮聚糖（N-Glycans）的糖基位点。由于糖苷酶会将大多数常见氮聚糖上的糖基切下来，并将含糖氨基酸——天冬酰胺转换为天冬氨酸，而在质谱图上产生 1 Da 的差异，如图 10-17（a）所示。若再加上图 10-17（b）[25]的同位素标记法，就可以在质谱图上产生更大的差异，避免因脱酰胺作用（Deamidation）也会差 1 Da 的状况而误判糖基化位点的位置。若氨基酸——天冬酰胺在加入糖苷酶后，产生因同位素标记而造成的变化，就可以证明此天冬酰胺上原先有 N-糖基化的糖基，也就达到鉴定糖基化位点的目的。目前文献指出[26]，分析 N-糖基化位点和 O-糖基化位点，可通过电子转移解离的分析方法得知，此方法对于糖肽分析有很大的帮助；由于其裂解原理不同于碰撞诱导解离[26, 27]，此方法产生的碎片离子并不会破坏原先在糖肽上的糖基结构，而能得到多肽片段的序列，因此可以容易判断糖基位于哪一段多肽上，进而得知糖基化位点的信息。

自上而下的分析方法，是借着高分辨质谱仪的优势，直接判断糖基化位点；随着高分辨质谱仪的普及，此方法越来越被普遍使用在分析抗体的糖蛋白上。自上而下分析方法的优点就是不用经过太多前处理的步骤，这可大幅减少实验过程中可能影响分析结果的因素，因此可以更直接地确定糖基位于哪一个氨基酸的位置上。目前使用自上而下分析方法的仪器，多半是具有傅里叶变换（Fourier Transform）功能的质谱仪，如轨道阱（Orbitrap）质谱仪，由于这种质谱仪有超高分辨率的优点，不仅可以直接测量出准确的蛋白质分子量，还能从质谱图上判断出其中的糖差异，如图 10-18 中抗体上各自差一个六碳糖（162.053 Da）结构的G0F，G1F 与 G2F，或是相差一个岩藻糖（146.058 Da）结构的 G0 与 G0F。接着使用前述自下而上方法中提到的电子转移解离的技术，针对这些特定分子量做电子转移解离分析，就可以得知糖基化的位点。

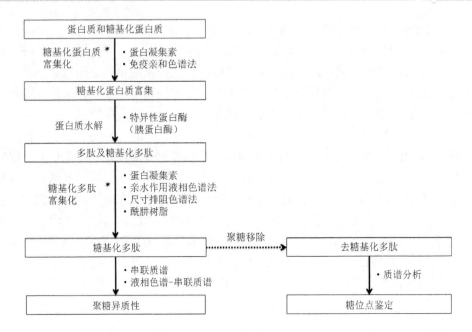

图 10-16　分析糖蛋白流程图（摘自 An, H.J., et al. 2009. Determination of glycosylation sites and site-specific heterogeneity in glycoproteins. Curr. Opin. Chem. Biol.）

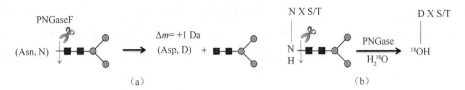

图 10-17　（a）PNGase F 糖苷酶将氮链结上的糖基切下，并产生 1 Da 的差异（由 Asn 转变成 Asp）。（b）搭配同位素标记（^{18}O）使得经 PNGase 糖苷酶反应后的多肽分子量差异变大，降低误判情形发生

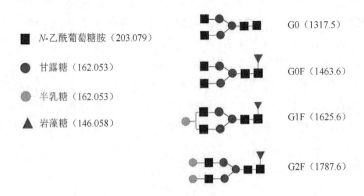

图 10-18　不同抗体上糖基的差异示意图

2. 糖基结构的判断

得知糖基化位点之后，接下来是如何判断糖基结构。对于糖基结构的判断，首先必须了解糖基在碰撞诱导解离后，裂解时会产生的现象。图 10-19 是一个被广泛用来命名糖基裂解的示意图，这些糖基裂解离子，最早是由 Domon 和 Costello 在使用快速原子轰击（Fast Atom Bombardment，FAB）结合高能碰撞诱导解离（High-Energy Collision-Induced Dissociation）时所观察到的。如同多肽片段，在不同的糖键结断裂后，也会产生 a、b、c 以及 x、y、z 离子。初步判断糖基结构，可以将糖基分为三个部分来阐述，分别是糖核心结构、由核心所延伸出去的糖链以及末端结构。延伸出去的糖链，可以由不同单糖构成，因此会有许多不同的分支结构产生，而末端糖结构的不同，也会影响糖在生物体内的功能。糖结构的重要性，在文献报道中都有许多论述[24]，下面针对如何利用质谱分析糖基结构做进一步的介绍。

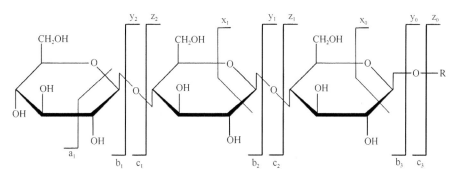

图 10-19　糖裂解碎片命名示意图

早期的糖基结构判断，是利用核磁共振（Nuclear Magnetic Resonance，NMR）光谱仪或 X 射线（X-ray）结晶的方式分析，但是这种方法需要纯度极高的样品，而将糖基纯化的流程又相当复杂，因此之后发展出了新的分析方法：利用不同的糖苷酶，将末端的糖依序切下，再经由质谱仪确认分子量并判断其结构，此方法的原理是利用具有特异性的酶，来辨别末端不同的糖链。通常糖蛋白在酶反应后，多肽的部分会用来做糖基化位点的分析，而糖基的部分，则会利用衍生化方法来帮助质谱分析，如全甲基化（Permethylation）反应，标记一个甲基在糖的还原端，借此增强糖基在质谱上的信号，并且在进行碰撞诱导解离时，可帮助糖结构的判断。另外也有一些利用其他衍生化的方式，如 2-氨基吡啶（2-Aminopyridine）或 2-氨基苯甲酰胺（2-Aminobenzamide），这些衍生化试剂与糖类反应后，会标记荧光在糖基上，再进行色谱搭配荧光分析（HPLC-Fluorescence），建立一套类似指纹比对的糖基结构数据库，将来分析未知样品，就可以经由比对判断其结构。

依据质谱图手动判断糖基结构其实相当费时，且有时人为的判断相当主观，因此很多实验室都想要建立一套判断糖基结构质谱图的快速检索软件，但是由于糖的异质性（Heterogeneity）高，结构太过复杂，因此如何建立一个如同蛋白质鉴定的糖检索软件，就具有相当大的挑战性。目前大多数的糖相关软件，都是以 N-聚糖结构为主，如 GlycoMod、GlycoPep DB 以及 SimGlycan。自动化软件开发的最新文献报道了一套软件——GlycoPeptide Finder（GP Finder），其不仅可分析 N-聚糖和 O-聚糖，还能同时判断糖基化位点与糖基结构，此软件的前身是 GlycoX。GP Finder 判断糖基化位点与糖基结构的方式，是根据裂解质谱图中含有多肽本身的离子、多肽的裂解离子、糖肽的裂解离子、糖基本身的裂解离子以及多肽加上 N-乙酰氨基六碳糖的数量来计算分数，称为自我一致性（Self-Consistency），并能计算错误发现率，让用户了解软件判断结果的准确性。目前质谱仪技术日新月异，判断糖基结构的软件也蓬勃发展，因此判断糖基结构方法的开发更是指日可待。

10.4 质谱技术应用于代谢组学分析

代谢组学（Metabolomics）是后基因组时代的新兴研究领域，相关文献的数目在最近几年持续上升，显示这个新领域越来越受重视。在目前的文献中，代谢组学泛指研究生物系统内的无机或有机小分子（< 1000 Da），并对其组成、动力学、相互作用以及在环境干扰下的变化等进行探讨，其应用范围包含微生物、植物以及哺乳类等[30, 31]。代谢组学与其他组学的最大不同在于快速反应的特性，例如基因组，如果生物体没有突变，产生变异的概率微乎其微。而代谢组（Metabolome）可能在短时间内产生变异，例如人们喝下一瓶可乐，五分钟后代谢组就产生了变异，所以代谢组的分析可以反映生物系统内实时的反应状况。此外，代谢组是基因表达的下游产物，少量的代谢酶变化，可能造成明显的代谢物浓度改变，因此代谢组相较于基因组或蛋白质组来说，更能反映细胞内的生理状态。目前研究代谢组的分析工具主要有质谱仪与核磁共振仪。质谱仪由于高灵敏度、高覆盖度（Coverage）与高分辨率的特性，提供较佳的代谢物检测能力，成为代谢组研究中的一项重要工具[32]。

10.4.1 质谱仪在代谢组学中的应用

目前常被用来分析代谢组的质谱系统有气相色谱-质谱仪、液相色谱-质谱仪以及毛细管电泳-质谱仪，择要介绍如下[33]：

以电子离子化法得到的气相色谱数据，目前已有完善的数据库可进行比对，因此使用气相色谱-质谱仪进行代谢组分析时所得到的数据，可借由比对数据库内的标准品谱图去鉴定未知代谢物。由于气相色谱仪适用于分析具有挥发性及热稳定性的化合物，如果要增大代谢物种类的涵盖度，须先进行化学衍生化，以降低代谢物极性与增加热稳定性，所以目前只能提供分子量小于 700 Da 的代谢物信息。

相较于气相色谱-质谱仪，液相色谱-质谱仪可量测的分析物极性与分子量范围较广，故不需进行化学衍生反应，就可适用于代谢组研究。超高效液相色谱（Ultra-High Performance Liquid Chromatography，UPLC）具有高稳定性、高分离效率与重现性好等优点，峰宽约 3～5 s，可大幅降低分析时间并增加代谢物涵盖度。此外，为了提升代谢组涵盖度，常使用电喷雾电离搭配正负离子模式检测的方式，提供更丰富的代谢物信息。与气相色谱-质谱分析不同的是，目前液相色谱-质谱数据没有完整的数据库可进行比对，完善的数据库尚待发展。

毛细管电泳-质谱仪应用于代谢组研究是较新的研究方向，目前的研究文献数量也较少，但其具有样品需求量低、分析时间短、分离效率高（理论塔板数约100000～1000000）等优点。目前毛细管电泳-质谱仪的系统稳定性较低，易造成保留时间变动，因此不利于代谢组研究中色谱峰的对准（Alignment），故较常用来研究目标代谢物分析。目前已有文献使用毛细管电泳-质谱仪研究尿液、血液、植物、细菌以及脊髓液中的代谢组[33]。

10.4.2　代谢组学分析策略

文献中报道的代谢组学研究有各种层次与方向，有学者将代谢组学分析策略归纳成下列四种，分述如下[34]：

（1）代谢组（Metabolome）分析：此名词在 2000 年由 Fiehn 首次提出，指广泛地鉴定（定性）及定量分析生物样品内的所有代谢物种类。

（2）代谢物轮廓（Metabolite Profiling）分析：针对特定的代谢途径，对一系列代谢物进行鉴定或定量分析。常使用在医药领域中，用来探讨候选药物、药物代谢产物或治疗的影响等。

（3）代谢指纹图（Metabolic Fingerprinting）分析：为快速、整体性地分析样本，并将样本进行分类，作为筛选具有差异性样本的工具，通常不测量样品内代谢物的具体成分。

（4）目标代谢物（Metabolite Target）分析：针对特定已知代谢物进行定量分析，是目前发展最成熟的代谢组学分析流程。

"Metabolomics"已经广泛使用于质谱相关文献，但另有一相似的名词，即"Metabonomics"，于 1999 年由 Nicholson、Lindon 与 Holmes 提出[35]，从文献资料的历史来看，两个名词的定义在概念上稍微不同，也有人认为两个名词目前无太大区别，实际上已经被等同使用[36]。

10.4.3 代谢组学分析流程

以液相色谱-质谱仪作为分析工具，代谢组的分析流程如图10-20所示，包含了下列步骤：样品前处理、仪器分析（色谱及质谱分析）与数据处理、代谢物鉴定；在确定代谢物的化学身份（Chemical Identity）后，便可利用数据库进行其代谢途径的检索，以上内容分述于下。

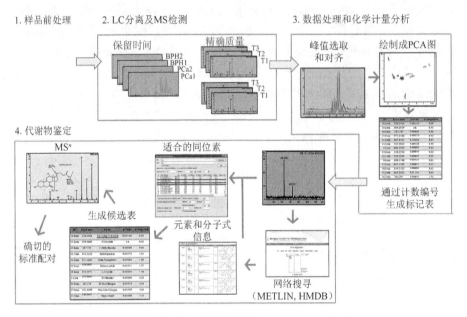

图10-20　代谢组学的分析流程（以LC-MS为例）

1. 样品前处理

样品前处理的质量在分析过程中扮演着重要的角色，依据分析策略的不同采用不同的前处理方式。以目标代谢物分析为例，由于代谢物是已知的，可以针对代谢物的提取步骤进行优化；若是进行广泛的代谢组分析研究，除了盐类以及大分子（如蛋白质或多肽）外，样品中的小分子均为目标代谢物，因此样本前处理的步骤越简单越好，以避免可能的样本损失[33]。目前有几种常用的前处理方式，可依据不同代谢物或分析策略进行选择。对于目标代谢物分析及代谢物轮廓分析，常使用固相萃取（Solid Phase Extraction，SPE）来去除多余的干扰基质。液-液萃取（Liquid-Liquid Extraction，LLE）是应用于生物样品的发展悠久的技术，常用于萃取组织中的代谢物；萃取极性代谢物时，常用乙醇、甲醇、乙腈、水或混合不同比例的极性溶剂进行萃取；亲脂性代谢物则可使用氯仿或乙酸乙酯进行萃取。另一种方式则是对样本直接进行分析，以尿液样本为例，可以直接注入液相色谱-

质谱或稀释尿液样本后再直接进行分析，目的是避免代谢物在前处理过程中损失。挥发性代谢物（如醇类、呋喃、醛类、酮类等）的前处理，常采用无溶剂前处理方式，如顶空固相微萃取（Headspace Solid Phase Microextraction, HS-SPME）[33]。主要原因是，萃取溶剂在进行气相分离时会有干扰；此外，使用传统的液-液萃取或固相萃取，常无法完整萃取出所有的挥发性代谢物。

2. 仪器分析与数据处理

仪器分析代谢组的过程中会产生大量的数据，因此数据处理的目的是将原始数据转换成可方便读取的格式，并筛选出要观察的信号。经过数据处理的质谱信号通常含有保留时间、质荷比（m/z）以及离子强度等信息。不同品牌的仪器有其专属的文件格式，且各家厂商均提供分析软件以利于数据处理，但若使用第三方开发的软件进行分析，数据处理的第一步是将各家厂商的专属文件格式转档成通用的格式（如 netCDF 或 mzXML），以便后续的数据处理步骤。

典型的数据处理程序分成峰检测（Peak Detection）、峰筛选（Peak Filtering）、峰校准（Peak Alignment）以及归一化（Normalization）等步骤。由于质谱仪在分析过程中会有化学噪声以及仪器噪声产生，信号筛选是将原始数据的噪声移除并扣除基线（Baseline）；峰检测则是数据处理中最重要的步骤，从复杂的质谱数据中挑选出所有代谢物信号，同时避免假阳性的信号；由于在不同分析批次的色谱过程中保留时间会有变动，保留时间校准是校正不同分析批次的保留时间变异；此外，通过归一化将离子信号强度做调整，使每个样品的总浓度或信号强度相近，才能在不同样品所获得的分析数据之间做定量比较。

以尿液分析为例，其归一化方式有三种，分别为固定尿液中肌酸酐（Creatinine）的浓度、尿液渗透压以及信号总强度归一化。以往大多数研究采用的方法是固定肌酸酐浓度来进行归一化，但随着代谢组学分析的进步，这样的归一化方法备受质疑，也有文献指出肌酸酐在受试者患有疾病的状态下，其表达量会产生变化，故近年来此方法逐渐被淘汰。尿液渗透压归一化，是因代谢物在液体内的浓度会与渗透压成正比，故可利用渗透压的大小进行尿液样品的归一化，须注意的是，测量尿液的渗透压时，必须在采样的第一时刻进行，否则加入蛋白酶抑制剂或抗菌剂后，测量的浓度会受到加入的相关药剂影响而产生误差。

以信号的总强度进行归一化，是假设所有代谢物的总起始量相同，在液相或气相质谱分析时的信号会与浓度成正比，故把所有的信号相加即可代表所有代谢物的浓度，这可作为归一化的依据。将质谱信号转变为可统计的变化量前，须进行峰校准，即对每个色谱图相互比对，并进行切割与对齐校正，这样才能对不同样品间的相同离子的强度进行比较。对液相色谱-质谱仪的数据来说，定义一个信号区间需要两个参数，分别为色谱时间的半高宽（Full Width at Half Maximum,

FWHM）与质量的准确度。例如，一个液相色谱峰的半高宽为 5 s，质量的准确度为 5 ppm，则定义的切割范围就不可以小于这两个值，以免将一个峰分成两个峰，造成错误的比对结果。得到信号的归一化数据，即可进行化学计量学分析（Chemometrics Analysis），其与许多组学一样，都倾向于用多个不同的变量来描述分析的结果，常用的方法是以主成分分析（Principal Component Analysis，PCA）为基础[37]，再加以发展的理论，如偏最小二乘法判别分析（Partial Least Squares Discriminant Analysis，PLS-DA）、正交偏最小二乘法判别分析（Orthogonal Projection to Latent Structures Discriminant Analysis，OPLS-DA）等[38, 39]。

PCA 分析会产生两张图，一张是得分图（Score Plot），另一张是载荷图（Loading Plot）。从得分图上可以看出样品间的关系，从载荷图上可看出各个变量的关系。图 10-21 是以液相色谱-质谱法分析膀胱癌（Bladder Cancer）患者与健康人的尿液的主成分分析图的示意图，在图 10-21（a）上可清楚看出这些样品分为两个族群，分别为十字标示的疝气（Hernia）族群与圆点标示的膀胱癌族群，其中一个点代表一个样品的液相色谱-质谱分析。由此图可发现，疝气族群的尿液的相似性，远比膀胱癌族群的尿液集中。其中的三角形标示为质量控制（Quality Control）组，可用来监控分析时仪器条件是否产生偏差，以本实验来看，质量控制组的点相当集中，表示整个实验的条件并无严重偏差。在图 10-21（b）中，一个点代表一个离子的信号，也代表一个代谢物，如图中圈起的点代表的是一个代谢物。

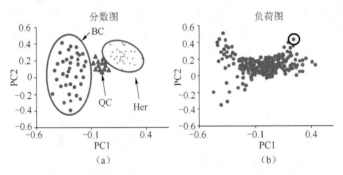

图 10-21　主成分分析示意图
（a）得分图；（b）载荷图。图（a）中十字代表疝气族群（Her），
圆点代表膀胱癌族群（BC），三角形代表质量控制组（QC）。
图（b）中圈起的点代表一个代谢物分子

依据样品之间的差异性，主成分分析可以将样品分群，又称无监督式分析（Unsupervised Analysis）。然而在分析数据的收集上，常会发生样品的数据缺漏，因此在数据分析上会有因缺漏数据点而无法分析的状况，这时可利用已知的数据，对缺漏的数据点进行预测，并将有缺漏的数据依预测的族群加入分类，这些方法称为有监督式分析（Supervised Analysis），如偏最小二乘（Partial Least Squares，PLS）法和 PLS-DA 方法等。在分析完毕后会得到数据的信号强度，此时再对这些数据进行统计分析，以找到变化量可靠的代谢信号，常用的统计方法有学生 t 检验（Student's t-Test）、曼-惠特尼 U 检验（Mann-Whitney U Test）、受试者工作特征曲线（Receiver Operating Characteristic Curve，ROC Curve）分析等。

3. 代谢物鉴定

使用 LC-MS 进行代谢物的鉴定，一般会先依据测量同位素峰所得到的准确质量，进行分子式的初步判定，再进行数据库搜索及子离子扫描实验，以利于结构的判定，最后以标准品比对色谱时间与子离子的谱图，确定代谢物的真正结构。

目前飞行时间质谱仪、傅里叶变换离子回旋共振质谱仪与电场轨道阱质谱仪均具有相当高的分辨率（可达 10^6）。因此在使用内标校正时，可以达到准确分子量的误差小于 3.0 ppm。通过准确分子量的比对，计算分子离子峰的质量亏损（Mass Defect），或两根同位素峰的质量差，代谢物的分子式可以被计算出来。由于准确度不同，比对时可能有一至多个候选分子式，而且随着分子量的增大，对应的元素组成也会增多，造成可能的候选分子式数目增多。即使单一的分子式也没有办法直接确认为单一代谢物，其可能是一系列同分异构体，例如 $C_6H_{12}O_6$，代表的可能是六碳糖，或者是六个碳的酮酸。代谢物的确定，除了要求分子式正确外，通常必须伴随着标准品保留时间与串联质谱分析的产物离子谱图（Product Ion Spectrum）的比对。

目前高分辨质谱仪使用内标校正的误差约在< 3 ppm 范围。以 3 ppm 的质量误差为例，决定一个准确质量对应一个分子式的质量上限，经过计算是 m/z 126，超过这个质量上限，一个准确质量就会对应到超过一个分子式。在 3 ppm 的误差下，m/z 500 会对应 64 个分子式，m/z 900 则会对应 1045 个分子式。每个代谢物都有其化学组成，因此固定的化学组成就会有一定的同位素峰分布。在代谢物判定的第一步，如果只依靠准确质量，还是会有许多不同分子式的代谢物具有近似的分子量，因此如果搭配同位素峰的辅助，可以去除大部分的近似干扰。如果使用不同同位素峰的相对高度分布来过滤分子式，在同位素峰的分布误差范围为 2% 下，m/z 500 会对应 3 个分子式，m/z 900 则会对应 18 个分子式[40]。虽然并未缩减到单一的分子式，但已经大大缩小了候选分子式的筛选范围。在计算同位素峰的时候，必须一并评估加合离子（Adduct Ion）的组成，才能得到正确的同位素分布。

以子离子谱图进行结构鉴定由来已久，目前各家质谱厂商均提供解谱的工具程序可供利用。建议先使用一些标准品进行子离子扫描实验，并试着用软件将谱图解析，有一些经验后，就比较清楚该如何使用产物离子进行谱图解析。图 10-22 为 N^2,N^2-二甲基鸟苷的子离子谱图与碎片离子的解释，由图中可以发现，测到的准分子离子（Pseudo-Molecular Ion）是以钠的加合物形式测得，其中 m/z 202 为最强的碎片信号，由两个五环分子间的键断裂产生，这个断裂属于碳与杂原子键的断裂，另外也可以看到较不明显的信号在 m/z 266 产生，这个信号则是由于二甲基胺（Dimethylamine）的中性丢失所造成的。另外，如 METLIN，HMDB 网站也提供子离子谱图的检索与比对功能，由于目前各质谱仪所产生的产物离子谱图仍有相当的差异，故对于比对的结果仍需小心求证。

图 10-22　N^2,N^2-二甲基鸟苷的子离子谱图

4. 代谢路径搜索

以准确质量进行数据库搜索有两个限制：分子式组成可能无法确定及无法确定检索的代谢物是否包含在数据库内。此问题可以搭配同位素峰分布进行辅助，但是同分异构体还是要靠标准品比对。针对第二个问题则建议多检索几个数据库，以克服目前代谢物数据库不全的问题。数据库有很多，建议使用相关的数据库以减少分析的复杂度。对以人为主的代谢物分析，常用的数据库有 METLIN，HMDB，LIPID MAPS 等[39-44]。HMDB 仅收集人的代谢物；而 METLIN 则包含了人的代谢物与经常使用的药物；LIPID MAPS 则是专门分析脂类分子；另外，Chemspider 则包含了天然与合成的各类化合物，相当复杂，建议使用特定相关的数据库来简化数据。当分析出许多代谢物后，可探索这些代谢物是经由哪些途径进行代谢，可将所有的代谢物输入数据库内，探索它们相互间的关系。例如，KEGG 与 Biocyc 均可提供代谢路径的信息[42, 45]。

参 考 文 献

[1]　Wasinger, V.C., Cordwell, S.J., Cerpa-Poljak, A., Yan, J.X., Gooley, A.A., Wilkins, M.R., Duncan, M.W., Harris, R., Williams, K.L., Humphery-Smith, I.: Progress with gene-product mapping of the Mollicutes: Mycoplasma genitalium. Electrophoresis **16**, 1090-1094 (1995)

[2]   Baldwin, M.A.: Protein identification by mass spectrometry issues to be considered. Mol. Cell. Proteomics **3**, 1-9 (2004)

[3]   Edman, P., Begg, G.: A protein sequenator. Eur. J. Biochem. **1**, 80-91 (1967)

[4]   Hunt, D.F., Yates, J.R., Shabanowitz, J., Winston, S., Hauer, C.R.: Protein sequencing by tandem mass spectrometry. Proc. Natl. Acad. Sci. U.S.A. **83**, 6233-6237 (1986)

[5]   Pappin, D.J., Hojrup, P., Bleasby, A.J.: Rapid identification of proteins by peptide-mass fingerprinting. Curr. Biol. **3**, 327-332 (1993)

[6]   Reiter, L., Claassen, M., Schrimpf, S.P., Jovanovic, M., Schmidt, A., Buhmann, J.M., Hengartner, M.O., Aebersold, R.: Protein identification false discovery rates for very large proteomics data sets generated by tandem mass spectrometry. Mol. Cell. Proteomics **8**, 2405-2417 (2009)

[7]   Wilkins, M.R., Pasquali, C., Appel, R.D., Ou, K., Golaz, O., Sanchez, J.-C., Yan, J.X., Gooley, A.A., Hughes, G., Humphery-Smith, I.: From proteins to proteomes: large scale protein identification by two-dimensional electrophoresis and amino acid analysis. Bio/Technolgy, 61-65 (1996)

[8]   Chen, E.I., Hewel, J., Felding-Habermann, B., Yates, J.R.: Large scale protein profiling by combination of protein fractionation and multidimensional protein identification technology (MudPIT). Mol. Cell. Proteomics **5**, 53-56 (2006)

[9]   Gygi, S.P., Rist, B., Gerber, S.A., Turecek, F., Gelb, M.H., Aebersold, R.: Quantitative analysis of complex protein mixtures using isotope-coded affinity tags. Nat. Biotechnol. **17**, 994-999 (1999)

[10]   Ross, P.L., Huang, Y.N., Marchese, J.N., Williamson, B., Parker, K., Hattan, S., Khainovski, N., Pillai, S., Dey, S., Daniels, S.: Multiplexed protein quantitation in Saccharomyces cerevisiae using amine-reactive isobaric tagging reagents. Mol. Cell. Proteomics **3**, 1154-1169 (2004)

[11]   Thompson, A., Schäfer, J., Kuhn, K., Kienle, S., Schwarz, J., Schmidt, G., Neumann, T., Hamon, C.: Tandem mass tags: a novel quantification strategy for comparative analysis of complex protein mixtures by MS/MS. Anal. Chem. **75**, 1895-1904 (2003)

[12]   Oda, Y., Huang, K., Cross, F., Cowburn, D., Chait, B.: Accurate quantitation of protein expression and site-specific phosphorylation. Proc. Natl. Acad. Sci. U.S.A. **96**, 6591-6596 (1999)

[13]   Wolters, D.A., Washburn, M.P., Yates, J.R.: An automated multidimensional protein identification technology for shotgun proteomics. Anal. Chem. **73**, 5683-5690 (2001)

[14]   Bondarenko, P.V., Chelius, D., Shaler, T.A.: Identification and relative quantitation of protein mixtures by enzymatic digestion followed by capillary reversed-phase liquid chromatography-tandem mass spectrometry. Anal. Chem. **74**, 4741-4749 (2002)

[15]   Chelius, D., Bondarenko, P.V.: Quantitative profiling of proteins in complex mixtures using liquid chromatography and mass spectrometry. J. Proteome Res. **1**, 317-323 (2002)

[16]   Chelius, D., Zhang, T., Wang, G., Shen, R.-F.: Global protein identification and quantification technology using two-dimensional liquid chromatography nanospray mass spectrometry. Anal. Chem. **75**, 6658-6665 (2003)

[17]   Ptacek, J., Devgan, G., Michaud, G., Zhu, H., Zhu, X., Fasolo, J., Guo, H., Jona, G., Breitkreutz, A., Sopko, R.: Global analysis of protein phosphorylation in yeast. Nature **438**, 679-684 (2005)

[18]   Zhang, K., Tian, S., Fan, E.: Protein lysine acetylation analysis: current MS-based proteomic technologies. Analyst **138**, 1628-1636 (2013)

[19]   Olsen, J.V., Mann, M.: Status of large-scale analysis of post-translational modifications by mass spectrometry. Mol. Cell. Proteomics **12**, 3444-3452 (2013)

[20]   Sugiyama, N., Masuda, T., Shinoda, K., Nakamura, A., Tomita, M., Ishihama, Y.: Phosphopeptide enrichment by aliphatic hydroxy acid-modified metal oxide chromatography for nano-LC-MS/MS in proteomics applications. Mol. Cell. Proteomics **6**, 1103-1109 (2007)

[21]   Thingholm, T.E., Jensen, O.N., Larsen, M.R.: Analytical strategies for phosphoproteomics. Proteomics **9**, 1451-1468 (2009)

[22] Engholm-Keller, K., Larsen, M.R.: Technologies and challenges in large-scale phosphoproteomics. Proteomics **13**, 910-931 (2013)

[23] Williamson, B.L., Marchese, J., Morrice, N.A.: Automated identification and quantification of protein phosphorylation sites by LC/MS on a hybrid triple quadrupole linear ion trap mass spectrometer. Mol. Cell. Proteomics **5**, 337-346 (2006)

[24] Medzihradszky, K.F.: Characterization of site-specific N-glycosylation. Methods Mol. Biol. **446**, 293-316 (2008)

[25] Kaji, H., Isobe, T.: Stable isotope labeling of N-glycosylated peptides by enzymatic deglycosylation for mass spectrometry-based glycoproteomics. Methods Mol. Biol. **951**, 217-227 (2013)

[26] Mechref, Y.: Use of CID/ETD mass spectrometry to analyze glycopeptides. Curr. Protoc. Protein Sci., 12.11. 1-12.11. 11 (2012)

[27] 林佳葳，吴思纬，于心宜，邱继辉：质谱分析技术之应用于醣质体学。65, 125-136. (2007)

[28] An, H.J., Froehlich, J.W., Lebrilla, C.B.: Determination of glycosylation sites and site-specific heterogeneity in glycoproteins. Curr. Opin. Chem. Biol. **13**, 421-426 (2009)

[29] Hägglund, P., Bunkenborg, J., Elortza, F., Jensen, O.N., Roepstorff, P.: A new strategy for identification of N-glycosylated proteins and unambiguous assignment of their glycosylation sites using HILIC enrichment and partial deglycosylation. J. Proteome Res. **3**, 556-566 (2004)

[30] Fernández-Peralbo, M., de Castro, M.L.: Preparation of urine samples prior to targeted or untargeted metabolomics mass-spectrometry analysis. TrAC, Trends Anal. Chem. **41**, 75-85 (2012)

[31] Katajamaa, M., Orešič, M.: Data processing for mass spectrometry-based metabolomics. J. Chromatogr. A **1158**, 318-328 (2007)

[32] Shulaev, V.: Metabolomics technology and bioinformatics. Brief. Bioinform. **7**, 128-139 (2006)

[33] Dettmer, K., Aronov, P.A., Hammock, B.D.: Mass spectrometry-based metabolomics. Mass Spectrom. Rev. **26**, 51-78 (2007)

[34] Dunn, W.B., Ellis, D.I.: Metabolomics: current analytical platforms and methodologies. TrAC, Trends Anal. Chem. **24**, 285-294 (2005)

[35] Jackson, J.E.: A user's guide to principal components. John Wiley & Sons, Inc, New York **587**, (1991)

[36] Wold, S., Sjöström, M., Eriksson, L.: PLS-regression: a basic tool of chemometrics. Chemometrics Intellig. Lab. Syst. **58**, 109-130 (2001)

[37] Trygg, J., Wold, S.: Orthogonal projections to latent structures (O-PLS). J. Chemometrics **16**, 119-128 (2002)

[38] Kind, T., Fiehn, O.: Metabolomic database annotations via query of elemental compositions: mass accuracy is insufficient even at less than 1 ppm. BMC Bioinformatics **7**, 234 (2006)

[39] Smith, C.A., O'Maille, G., Want, E.J., Qin, C., Trauger, S.A., Brandon, T.R., Custodio, D.E., Abagyan, R., Siuzdak, G.: METLIN: a metabolite mass spectral database. Ther. Drug Monit. **27**, 747-751 (2005)

[40] Wishart, D.S., Knox, C., Guo, A.C., Eisner, R., Young, N., Gautam, B., Hau, D.D., Psychogios, N., Dong, E., Bouatra, S.: HMDB: a knowledgebase for the human metabolome. Nucleic Acids Res. **37**, D603-D610 (2009)

[41] Fahy, E., Subramaniam, S., Brown, H.A., Glass, C.K., Merrill, A.H., Murphy, R.C., Raetz, C.R., Russell, D.W., Seyama, Y., Shaw, W.: A comprehensive classification system for lipids. J. Lipid Res. **46**, 839-862 (2005)

[42] Fahy, E., Subramaniam, S., Murphy, R.C., Nishijima, M., Raetz, C.R., Shimizu, T., Spener, F., van Meer, G., Wakelam, M.J., Dennis, E.A.: Update of the LIPID MAPS comprehensive classification system for lipids. J. Lipid Res. **50**, S9-S14 (2009)

[43] Kanehisa, M., Goto, S.: KEGG: kyoto encyclopedia of genes and genomes. Nucleic Acids Res. **28**, 27-30 (2000)

[44] Wishart, D.S., Tzur, D., Knox, C., Eisner, R., Guo, A.C., Young, N., Cheng, D., Jewell, K., Arndt, D., Sawhney, S.: HMDB: the human metabolome database. Nucleic Acids Res. **35**, D521-D526 (2007)

[45] Caspi, R., Altman, T., Dale, J.M., Dreher, K., Fulcher, C.A., Gilham, F., Kaipa, P., Karthikeyan, A.S., Kothari, A., Krummenacker, M.: The MetaCyc database of metabolic pathways and enzymes and the BioCyc collection of pathway/genome databases. Nucleic Acids Res. **38**, D473-D479 (2010)

第11章

环境与地球科学

　　环境污染的检测与质谱技术息息相关，气相色谱-质谱（Gas Chromatography Mass Spectrometry，GC-MS）技术已趋成熟，能在复杂基质中正确定性与准确定量多种熟知持久性有机污染物（Persistent Organic Pollutants，POPs）。然而近年来科学家们将研究方向指向许多残留于环境中，具有生物累积效应且工业上大量使用的表面活性剂、塑化剂、阻燃剂、全氟烷基磺酸与羧酸类等化学物质及另一类具有生物活性的微量有机污染物质，其中包括人体排放的激素物质、类激素药物、常用药物及个人卫浴残留物等，畜牧业也大量使用抗生素、促进生长药物（如类固醇）及动物体内排放的激素物质等。这些新的或尚未管制的污染物统称为新兴污染物（Emerging Contaminants），其与POPs类似且均具有慢毒性及生物累积性，会对生态及人类健康造成影响。本章 11.1 节将着重介绍气相色谱-质谱（Gas Chromatography Mass Spectrometry）及液相色谱-质谱（Liquid Chromatography Mass Spectrometry，LC-MS）在水环境、土壤与废弃物中新兴污染物检测中的应用；11.2 节将探讨质谱法在大气污染实时检测方面的发展与应用，着重于对质子转移反应质谱（Proton Transfer Reaction Mass Spectrometry，PTR-MS）原理与应用的说明；11.3 节将介绍多种无机质谱法在地球科学研究上的发展与应用。

11.1　在水、土壤与废弃物检测中的应用

　　气相色谱-质谱仪与液相色谱-质谱仪是环境检测中常使用的仪器，可检测大多数环境有机污染物。GC-MS 与 LC-MS 的接口技术已成熟，不会破坏 GC 与 LC 的绝佳的色谱分离能力，使得 GC-MS 与 LC-MS 可以从复杂环境样品中将微量的

有机物污染物分离出来，并利用色谱保留时间（或相对保留时间）与质谱图中数个特征离子的相对强度进行确认比对，达到定性的目的。更可由待测物的色谱峰经由校准曲线的计算得到定量结果，大多数的定量计算主要采用内标（Internal Standard）定量法，以待测物与内标的主要离子相对强度及所建立的校准曲线来定量待测物。表 11-1 列出台湾环境检验所依照不同样品基质所使用的 GC-MS 与 LC-MS 的标准方法，有兴趣的读者可上台湾环境检验所的网站，得到详细的相关检测步骤及品保/品管要求[1]。

表 11-1　台湾环境检验所 GC-MS、LC-MS 与 ICP-MS 的标准方法

方法名称
空气类
空气中粒状污染物金属检测方法——电感耦合等离子体质谱法
空气中粒状污染物微量元素检测方法——电感耦合等离子体质谱法
空气中挥发性有机化合物检测方法——不锈钢采样筒/气相色谱-质谱法
排放管道中多环芳烃检测方法——气相色谱-质谱法
排放管道中 $C_5 \sim C_{10}$ 非极性气态有机物检测方法——采样袋采样/气相色谱-质谱法
排放管道中二噁英及呋喃检测方法
空气中二噁英及呋喃检测方法
水质类
水中金属及微量元素检测方法——电感耦合等离子体质谱法
水中土霉味物质 Geosmin 及 2-Methylisoborneol 检测方法——固相微萃取/顶空/气相色谱-质谱法
饮用水中微囊藻毒素化学检测方法——固相萃取与高效液相色谱-串联质谱法
水中壬基酚及双酚 A 检测方法——硅烷衍生化/气相色谱-质谱法
全氟烷酸类化合物检测方法——固相萃取与高效液相色谱-串联质谱法
水中抗生素类及镇痛解热剂类化合物检测方法——固相萃取与高效液相色谱-串联质谱法
水中丙烯酰胺检测方法——固相萃取与高效液相色谱-串联质谱法
水中新兴污染物检测方法——固相萃取与高效液相色谱-串联质谱法
水中挥发性有机化合物检测方法——吹气捕捉/气相色谱-质谱法
饮用水中环氧氯丙烷检测方法——吹气捕捉/同位素稀释气相色谱-质谱法
水中半挥发性有机化合物检测方法——气相色谱-质谱法
废弃物土壤类
电感耦合等离子体质谱法
土壤及工业废弃物中挥发性有机物检测方法——气相色谱-质谱法
半挥发性有机物检测方法——毛细管柱气相色谱-质谱法
原物料及产品中挥发性有机物检测方法——平衡状态顶空进样气相色谱-质谱法
二噁英及呋喃检测方法——同位素稀释气相色谱-高分辨率质谱法
多溴二苯醚检测方法——气相色谱-高分辨率质谱法
二噁英类多氯联苯检测方法——气相色谱-高分辨率质谱法

方法名称
毒物类
毒性化学物质中多溴二苯醚类检测方法——气相色谱-质谱法
油漆中氧化三丁锡检测方法——热裂解仪/气相色谱-质谱法
毒性化学物质甲基叔丁基醚检测方法——气相色谱-质谱法
毒性化学物质中有机化合物检测方法——气相色谱-质谱法
毒性化学物质中醛类检测方法——气相色谱-质谱法
塑料中邻苯二甲酸酯类检测方法——气相色谱-质谱法
废弃物类
工业废弃物萃出液中挥发性有机物检测方法——吹气捕捉/毛细管柱气相色谱-质谱仪检测法
工业废弃物萃出液中半挥发性有机物检测方法——吹气捕捉/毛细管柱气相色谱-质谱仪检测法
环境生物类
水产品中三丁基锡检测方法——气相色谱-质谱（GC-MS）法及气相色谱-火焰亮度检测（GC/FPD）法
环境用药类
环境用药禁止含有的有效成分检测方法——气相色谱-质谱法

11.1.1　气相色谱-质谱的应用

　　以气相色谱-质谱为主的标准方法，大都以全扫描（Full Scan）形成总离子色谱图（Total Ion Chromatogram，TIC）的模式来检测待测物。如进行水中半挥发性有机化合物检测方法时，质量由 45 amu 扫描至 500 amu，使用电子电离（Electron Ionization，EI），标准电子能量设为 70 eV。由 GC-MS 所得的 TIC，除可获得待测物保留时间、色谱峰强度及待测物质谱图信息外，还可通过计算机对全离子扫描信息的储存及计算，获得重建离子色谱图（Reconstructed Ion Chromatogram，RIC）或称提取离子色谱图（Extracted Ion Chromatogram，EIC）。可将在 TIC 中不完全分离的色谱峰，先选取待测物的特征离子，再利用 RIC 技术，作出提取离子色谱图，可使共流出（Coeluting）的色谱峰分开，而利用 RIC 的色谱峰面积或高度做定量计算。

　　环境检测中另一个常用的 GC-MS 法称为选择离子监测（Selected Ion Monitoring，SIM）法，为 GC-MS 特殊的扫描方式，有助于提高微量检测的定量灵敏度。在进行 SIM 模式前，质谱仪先选定待测物的特征离子，而质谱仪在进行扫描时，仅对先前选定的特定质荷比离子扫描，而非针对大范围的质荷比做全扫描。这可增加选定离子的灵敏度，同时也降低背景噪声的干扰，大大提升信噪比（Signal-to-Noise Ratio，S/N），因而有助于待测物的定量。其中环境检测中常用的四极杆质谱仪非常适合搭配 SIM 使用，因为在四极杆质谱仪中，利用施加直流电压与射频电压在四极柱上以控制离子运动，可便于 SIM 进行时在预先选定的宽质荷比离子间快速变换，而不须依质荷比大小依序扫描，且同时能提供每一个质荷比离子不同的驻留时间（Dwell Time），尤其是对于丰度（Abundance）低的离子，因为延长其驻留时间，可提高其被检测的信号强度。在以 ^{13}C-同位素稀释（Isotope Dilution）气相色谱/高分辨质谱法检测二噁英及呋喃检测方法中，以 SIM 法检测 17 种含 2,3,7,8-氯化二噁英及呋喃同源物的浓度并计算其总毒性当量浓度（详细步骤请参考 NIEA M801.11B）。

在检测水中壬基酚及双酚 A 的方法中，待测物先进行硅烷化衍生化后，再以气相色谱-质谱法的 SIM 模式进行检测（详细步骤请参考 NIEA W541.50B）。此方法特别提到，如对待测物有定性检测需求时，也可使用全（40～450 amu）扫描模式，但检测灵敏度会下降。有些较新机型可进行扫描及选择离子监测模式同时进行，使用者可视实际需要适当调整。

11.1.2 液相色谱-质谱的应用

近年来液相色谱结合不同离子化方法的接口与质量分析器的技术已发展成熟，且仪器价格降至许多实验室或研究单位可接受的价位，使得目前检测低挥发性、高极性或离子型的有机污染物时，大多都以 LC-MS 为主。其中高极性或离子型待测物可利用电喷雾电离（Electrospray Ionization，ESI）进行分析；极性较低的待测物则可利用大气压化学电离（Atmospheric Pressure Chemical Ionization，APCI），此方法使待测物形成质子化分子进行检测；而大气压光致电离（Atmospheric Pressure Photoionization，APPI）也可针对非极性待测物进行离子化检测，以补足 ESI 及 APCI 的缺点。此外，为了降低检测限（Limit of Detection，LOD）、减少背景干扰以及增强待测物信噪比，搭配串联质谱法中的多重反应监测（Multiple Reaction Monitoring，MRM）模式已是不可或缺的方式之一。台湾环境检验所也于 2012 年发布了四个以固相萃取法搭配高效液相色谱-串联质谱法的标准方法：①全氟烷酸类化合物检测方法（W542.50B）；②水中抗生素类及镇痛解热剂类化合物检测方法（W543.50B）；③水中丙烯酰胺检测方法（W544.50B）；④水中新兴污染物检测方法（W545.50B）。这些方法均利用电喷雾电离法将待测物进行离子化后进行检测。其中水中新兴污染物检测方法共检测 31 种水中常见的环境激素、抗生素、镇痛解热剂与防腐剂，并加入 4 种内标作为定量的依据，总共 35 种有机化合物。这些 LC-MS 方法都采用基于性能（Performance-Based）指标的检测方法，主要以能符合这些检测方法的质量管理规范为依据，检测人员可通过适当地调整检测方法的操作步骤或条件，获得所需的检测数据，因此可依使用的固相萃取柱、前处理程序、高效液相色谱仪、色谱柱及串联质谱仪品牌的不同，适当修改这些方法的检测步骤或条件，因而要求检测人员对固相萃取（Solid Phase Extraction，SPE）与 LC-MS 的基本原理与操作步骤有一定的熟练程度及适时排除各样干扰效应的能力。

除了 ESI 的使用，在大气压光致电离法的应用上，目前已成功开发 LC-MS 结合 APPI，以 MS/MS 在负离子模式下，检测富勒烯（Fullerenes）纳米粒子的方法，如 C_{60}、C_{70} 及 PCBM（[6, 6]-phenyl C_{61} butyric acid methyl ester）在环境基质中的含量[2]。有关 LC-MS 结合 APPI 技术的基本原理与多样化的应用已发表在《科仪新知》中[3]，有兴趣的读者请自行参阅。富勒烯纳米粒子具有独特的化学结构，由 60 个碳原子以 20 个六元环和 12 个五元环相连而成，具有 30 个 C＝C 键，呈足球状空心对称分子，因此被视为自由基海绵（Radical Sponge），并广泛应用于化妆品中作为抗氧化剂（Antioxidant）。富勒烯纳米粒子结构类似一网状笼子，也被应用于医药中作为药物传送介质，增加药物效率与稳定性。然而，人体皮肤经由化妆品直接接触富勒烯纳米粒子或通过药物服用摄入富勒烯纳米粒子可能造成的人体危害及风险评估仍未被完全探讨及研究，此项议题已引起科学家深刻关注与讨论。以 APPI 检测 C_{60} 为例，由图 11-1 可见[2]，相较于常用的 ESI 及 APCI，APPI 得到最佳的[M]⁻信号。

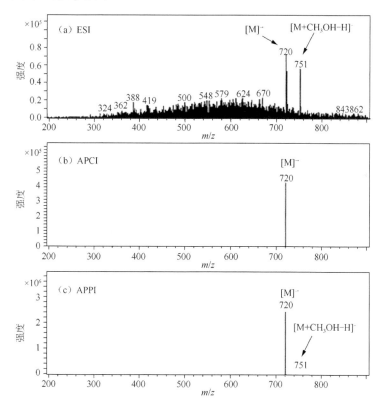

图 11-1　C_{60} 在三种离子源接口的质谱图（摘自 Chen, H.-C. et al. 2012. Determination of aqu eous fullerene aggregates in water by ultrasound-assisted dispersive liquid-liquid mic-roextraction with liquid chromatography-atmospheric pressure photoionization-tandem mass spectrometry. J. Chromatogr. A）

检测这三种富勒烯纳米粒子的优化检测条件如下：色谱柱为 Ascentis Express C_{18} 柱，其规格为 50 mm × 2.1 mm，粒径 2.7 µm。以 MeOH/甲苯 = 50/50 为 LC 流动相，流速 0.2 mL/min，并搭配 APPI 离子化方法，毛细管电压 1600 V（C_{60} 和 C_{70}）与 2100 V（PCBM）、雾化气体压力 70 psi①、雾化气体温度 350℃、干燥气体流速 5 L/min、干燥气体温度 350℃，因已使用甲苯为流动相，所以不添加添加剂，可有效分离并离子化 C_{60}、C_{70} 及 PCBM，如图 11-2 所示。[2]

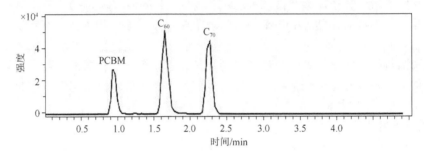

图 11-2 C_{60}、C_{70} 及 PCBM 的 LC-APPI-MS/MS 色谱图。（摘自 Chen, H.-C. et al. 2012. Determination of aqueous fullerene aggregates in water by ultrasound-assisted dispersive liquid-liquid microextraction with liquid chromatography-atmospheric pressure photoionization-tandem mass spectrometry. J. Chromatogr. A）

11.1.3 化学电离法的应用

除了前面介绍的电子电离的 GC-MS 标准方法外，当待测物进入质谱离子源（Ion Source）时，由于 EI 的撞击能量较高（约为 70 eV），待测物裂解成的特征离子碎片较多，对于某些待测物，会难以检测到主要的分子离子峰（M^+），因此有时就会用到"软性"的化学电离（Chemical Ionization，CI）作为离子源。CI 被称为"软性"离子化是由于相对于 EI，其能量较小，离子化后所生成的离子碎片较简单，不易造成分子过度裂解，因此可得到较强的[M+H]$^+$信号，借此辅助定性与定量测定待测物的分子量。美国环境保护局开发出使用固相萃取法，结合气相色谱-串联质谱仪，以甲醇（Methanol）或乙腈（Acetonitrile）蒸气为试剂气体，在化学离子化条件下检测饮用水中消毒副产物——7 种亚硝胺的浓度（US-EPA Method 521）[4]，其化学结构如图 11-3 所示。其中以 N-亚硝基二甲胺（N-nitrosodimethylamine，NDMA）的"三致"风险——致畸性（Teratogenicity）、致癌性（Carcinogenicity）及致突变性（Mutagenicity）最受人们关注。此方法的检测限可达 0.26～0.36 ng/L，非常适合检测饮用水中微量的消毒副产物。

---

① 1 psi=6.89476×10^{3}Pa

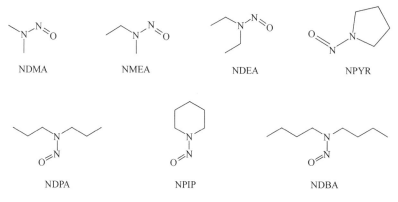

图 11-3　7 种亚硝胺的化学结构

　　电子捕获负离子化学电离（Electron Capture Negative Ion Chemical Ionization，ECNICI）法为 CI 的另一种应用，主要用于检测含有高电负性元素（如带有 F、Cl、Br 等）的待测物。其优点除可以得到待测物的分子离子信号，也可得到低干扰的信噪比，可大大提高检测灵敏度与选择性，以便达到在复杂基质中微量检测的目的。常用的试剂气体为甲烷，其经过电子撞击等一系列反应后，可以产生热电子（电子动能 ≈0 eV）被分析物捕捉，形成 M⁻，此过程称为共振电子捕获（Resonance Electron Capture）。ECNICI（请参阅 2.2 节）已成为检测环境基质中微量氯化阻燃剂（如 Dechlorane Plus、Dechlorane 602、Dechlorane 603 及 Dechlorane 604）的主要检测方法，氯化阻燃剂化学结构如图 11-4 所示。以 Dechlorane 602 的 EI 与 ECNICI 质谱图相比较（图 11-5），因为待测物带有 12 个氯原子，在 ECNICI 质谱图中可清楚地看到氯的同位素分子离子分布信号，及其相继失去一个氯原子的分布信号；反观 EI 质谱图，则无法看到分子离子，也无法看到特征离子碎片。这两个质谱图充分显示出使用 ECNICI 技术，对含有高电负性元素的待测物可提高其选择性与检测灵敏度。此类氯化阻燃剂因其毒性低于溴化阻燃剂（如常见的多溴二苯醚、四溴双酚 A 与六溴环十二烷），且热稳定性高及耐燃效果好，将有取代溴化阻燃剂的趋势，已被大量制造和广泛应用在家电产品与防火漆等材料上。但因其具有高脂溶性，化学稳定性高和光降解效率低，其半衰期超过 24 年，且缺乏生物降解途径，因此容易在鱼体及水产生物中产生生物累积作用，具有持久性有机污染物的特性。此外，在从格陵兰岛到南极洲沿着海洋断面采集的空气样品中也检测出 Dechlorane Plus 的存在。这表示，Dechlorane Plus 已成为全球性的污染物之一，并且已经由远距离大气运输扩散到全球[5]。

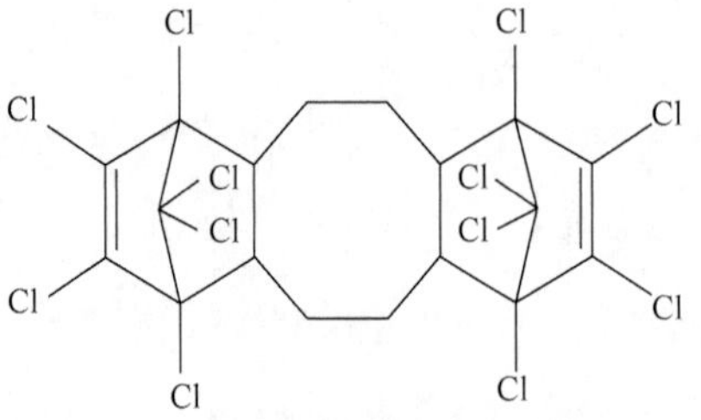

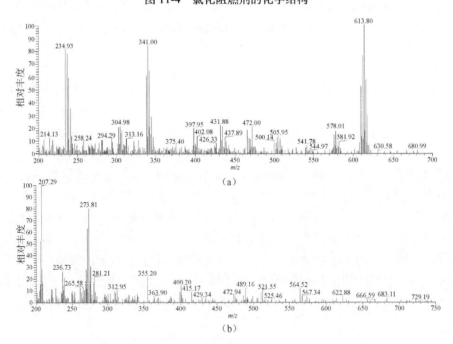

Dechlorane plus(MW 653.7)
双(六氯环戊二烯)环辛烷

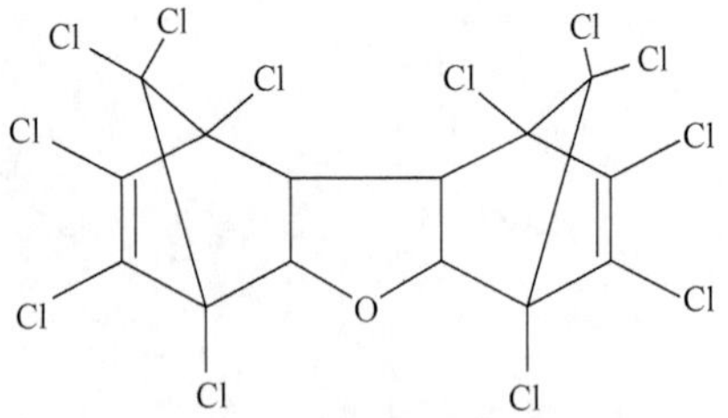

Dechlorane 602(MW 613.6)
十二氯代八氢-亚甲基-环丁并[cd]戊烯602

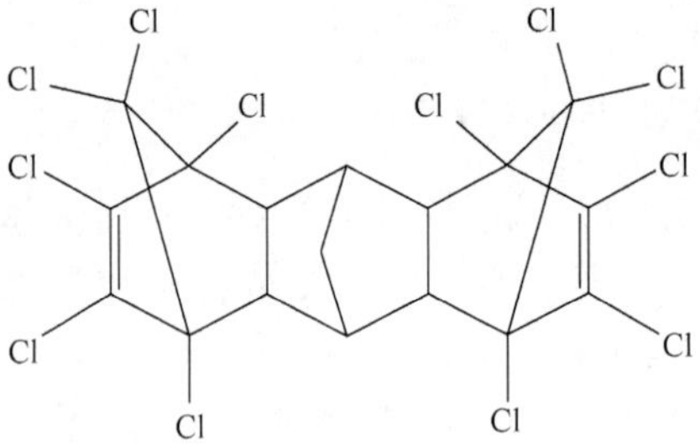

Dechlorane 603(MW 637.7)
得克隆 603

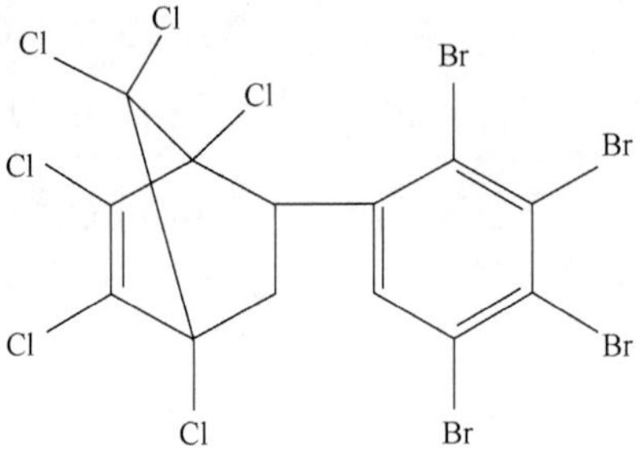

Dechlorane 604(MW 692.5)
四溴苯基六氯降冰片烯

图 11-4　氯化阻燃剂的化学结构

图 11-5　Dechlorane 602 的 ECNICI（a）及 EI 质谱图（b）

11.1.4 电感耦合等离子体质谱的应用

由于电感耦合等离子体质谱（Inductively Coupled Plasma Mass Spectrometry，ICP-MS）法的普及化，此技术已成为检测微量元素及金属的主要仪器，ICP-MS主要的检测特性与优点为：具有极佳的高灵敏度与检测极限；具有非常简单的质谱背景；可在单一操作条件下获得极佳的分析效能；还可进行同位素的分析[6]。例如，水中金属及微量元素检测方法（W313.52B）；空气中粒状污染物金属（A305.10C）及微量元素（A305.11C）等检测标准方法都以 ICP-MS 为主。台湾环境检验所的网站有详细的相关检测步骤及品保/品管要求[1]。

11.1.5 混合串联质谱技术的应用

在检测微量的新兴污染物方面，液相色谱-串联质谱法因具有良好的灵敏度及选择性而被公认为最适合的检测技术之一，其中以三重四极杆质谱仪（Triple Quadrupole Mass Spectrometer）使用最为普遍。现今质谱技术与仪器不断创新开发，在检测微量的新兴污染物方面又增加了混合串联质谱技术（Hybrid MS/MS Techniques），如四极杆-正交式飞行时间串联质谱法（Qq-TOF-MS）、四极杆-线性离子阱串联质谱法（Qq-LIT-MS）与线性离子阱/轨道阱（LTQ Orbitrap®）串联质谱仪。这些仪器扫描速度快、质量分辨率高（如 Qq-TOF-MS 与 LTQ Orbitrap®）及灵敏度高（如 Qq-LIT-MS），除了广泛应用于检测蛋白质或生化大分子外，最近也广泛使用在新兴污染物检测与针对特定污染物的生物降解或光降解产物进行结构的鉴定上。例如，Qq-TOF-MS 具有高扫描速度及质量分辨率，经由准确的质量测定及串联质谱分析的产物离子全扫描谱图的建立，除了可以大幅降低假阳性的检测结果及不确定性，也可借此缩小测量的质量窗口（Mass Window），有效去除干扰离子，提升灵敏度。图 11-6 是药物卡马西平（Carbamazepine）（m/z 237.103）在废污水中经 UPLC/ESI-Qq-TOF-MS 选择质量色谱图，当提取质量范围从 1 Da 缩小至 20 mDa 时，其 S/N 提升近 70 倍，且可去除同重离子（Isobaric Ions）的干扰，大大提升检测的灵敏度[7]。也有研究团队利用 GC-TOF-MS 在大质量范围扫描下，找出环境水体中 150 个有机污染物，图 11-7 即是利用 GC-TOF-MS 在大质量范围扫描下，检测到除草剂莠去津（Atrazine）的提取离子色谱图及伴随其特征碎片离子的精确质荷比 EI 质谱图，以作为其定性的依据[8]。

混合串联质谱法 Qq-LIT-MS，因其具有高灵敏度，近年来也应用于废污水中微量药物残留物检测中。图 11-8 为以 Qq-LIT-MS 检测废污水中残留的 β-受体阻断药物阿替洛尔（Atenolol）时，在增强产物离子（Enhanced Product Ion）扫描模式下，得到的清楚的提取离子色谱图与伴随其特征碎片离子的产物离子扫描质谱图[9]。

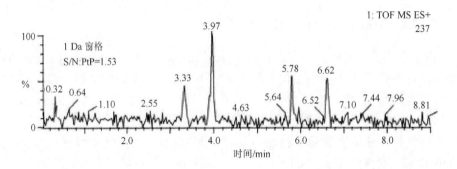

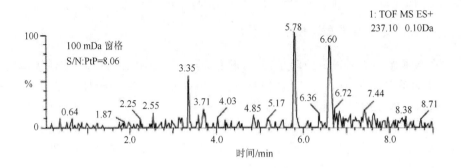

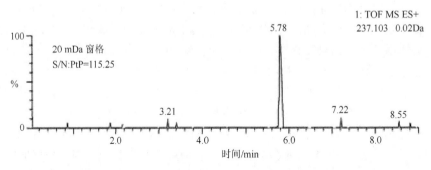

图 11-6　药物 Carbamazepine（*m/z* 237.103）在废污水中的 UPLC/ESI-Qq-TOF-MS 选择质量色
谱图（摘自 Petrović, M. et al. 2006. Multi-residue analysis of pharmaceuticals in
wastewater by ultra-performance liquid chromatography- quadrupole-time-of-flight mass
spectrometry. J. Chromatogr. A）

　　线性离子阱/轨道阱（LTQ Orbitrap®）串联质谱仪因兼具扫描速度快与高质量分
辨率，也有研究团队将其应用于环境检测上。图 11-9 为杀虫剂灭多草（Metolachlor）
在表面水中的定性分析。图 11-9（a）为轨道阱扫描的总离子流色谱图，经由质量
过滤器设定灭多草的理论精确质荷比[M+H]⁺为 284.1412，质量误差设定为 3 ppm，
所得提取离子色谱图为图 11-9（b），可看到单一且明显的色谱峰。图 11-9（d）

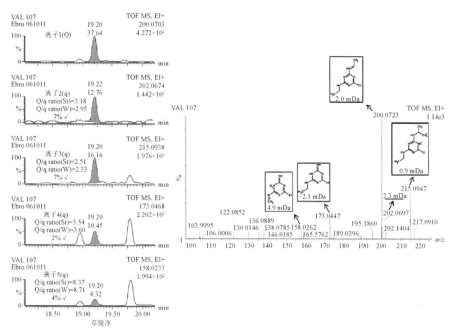

图 11-7　除草剂 Atrazine 的提取离子色谱图（Mass Window 0.02 Da）及伴随其特征碎片离子的精确质荷比 EI 质谱图。TOF-MS 的操作条件是：撷取为 1 spectrum/s、质量由 50 amu 扫描至 650 amu、多信道检测盘电压为 2800 V、TOF-MS 分辨率为 8500（FWHM at m/z 614）（摘自 Portolés, T. et al. 2011. Development and validation of a rapid and wide-scope qualitative screening method for detection and identification of organic pollutants in natural water and wastewater by gas chromatography time-of-flight mass spectrometry. *J. Chromatogr. A*）

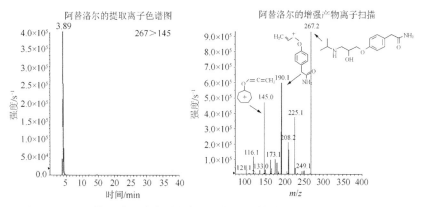

图 11-8　以 Qq-LIT-MS 检测废污水中残留的 β-受体阻断药物阿替洛尔时，在增强产物离子扫描模式下，得到的提取离子色谱图与产物离子扫描质谱图（摘自 Gros, M., et al. 2008. Trace level determination of beta-blockers in waste waters by highly selective molecularly imprinted polymers extraction followed by liquid chromatography–quadrupole-linear ion trap mass spectrometry. J. Chromatogr. A）

显示灭多草理论质谱图与测得质谱图的 ^{37}Cl 同位素成分具有一致性，且[M+H]$^+$ 质荷比的测量误差为 0.3 ppm，说明测得的待测物非常有可能是灭多草。为了判定此定性结果是否正确，将此化合物的信息依据串联质谱图与 Massfrontier 软件所预测的串联质谱图做比对，可发现三个测得的产物离子与预测的断裂均判定此化合物是灭多草，如图 11-9（e）所示[10]。此技术实现了从复杂环境样品中将微量的有机污染物定性与定量检测的目的。

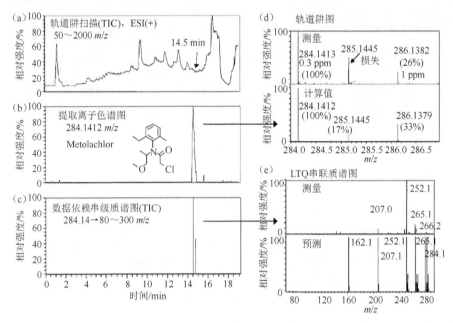

图 11-9　以线性离子阱/轨道阱（LTQ Orbitrap$^{®}$）串联质谱仪确认灭多草存在于湖水（摘自 Barceló, D., et al. 2007. Challenges and achievements of LC-MS in environmental analysis: 25 years on. Trends Anal. Chem.）

11.2　在大气科学研究上的应用

地表大气中存在数千种以上肉眼看不到的挥发性有机化合物（Volatile Organic Compounds，VOCs），产生的来源包含火山活动、植物光合作用、微生物作用、动物生理作用以及人为活动（石油化学制造、石化燃料燃烧、垃圾掩埋、污水处理、发电厂）等，据估计，全球每年有 13.47 亿吨 VOCs 由植物排放源贡献，4.62 亿吨来自人为排放源[11]，可见人为制造的 VOCs 相当可观。大气中为数众多的 VOCs，经由复杂的物理与化学作用会直接或间接影响环境，因此衍生出许多关于环境科学的议题，例如区域性空气污染光化学烟雾（Photochemical Smog）与地表二次臭氧（Ground-level Ozone）、臭氧层空洞（Ozone Hole）增加地球紫外线辐射量、酸雨（Acid Rain）的形成破坏建筑古迹与农作物、大气二次有机气溶胶（Secondary Organic Aerosol）的生成影响太阳辐射强度等，因此 VOCs 的存在与日常生活息息相关。

剖析 VOCs 的种类与变化是研究大气科学的首要工作，然而大气中 VOCs 含量相当稀少，仅占大气组成的 1%以内，微量的比例中包含了非甲烷碳氢化合物（Non-Methane Hydrocarbons）、卤碳化合物（Halocarbons）、含氧挥发性有机物（Oxygenated Volatile Organic Compounds）、含氮有机化合物（Nitrogen-Containing Organic Compounds）、含硫有机化合物（Sulfur-Containing Organic Compounds）等数千种化学物质，浓度介于 ppb（Parts Per Billion）至 ppm（Parts Per Million）之间，通过吸附材料或采样罐容器，以主被动的方式储存 VOCs，搭配气相色谱技术结合火焰离子化检测器（GC-FID）、质谱仪（GC-MS）的脱机方法剖析化学组成。其中 GC-MS 是最广为接受且成熟的技术，因其拥有绝佳的定性与定量能力，其最大的优势在于色谱分离后的分析物通过电子离子化法产生出特定的指纹碎片，作为定性的依据，并且可与标准物质数据库比对（如 NIST 数据库），以鉴定出化学结构，因此在大气污染物观测上具有极高的应用价值。

11.2.1　实时监测质谱法的起步

大气 VOCs 组成与浓度演变之快，分析方法的分析速度相当重要，因此质谱分析方法使用在线富集（On-Line Enrichment）技术，以吸附介质或冷凝的方式定量捕捉分析物，再热脱附注入色谱柱进行分离与检测，大幅降低分析检测限，分析速度（10 min～1 h）优于脱机分析方法。然而预富集与柱分离步骤较为耗时，对于大气中反应性高、大气滞留短暂的重要的化学物质较难以掌握，从而缺少了快速检测的优势。

光学法具有快速检测的优势，能快速掌握污染物浓度实时变化，例如开路傅里叶变换红外光谱仪（Open-Path FTIR Spectrometer）、DOAS（Differential Optical Adsorption Spectrometry）等都是常见的光学分析法，但分析物需对特定波长具有吸收特性才能有效检测，缺点是容易受到大气中水汽、CO_2 等物质干扰而影响分析准确度，并且光学法往往因物质不同而具有灵敏度不足与非线性等特性，使得在亚 ppb 浓度范围的微量 VOCs 监测工作受到局限。

鉴于此，近年来分析技术对于实时性的要求提高，说明设备除必须具备快速分析优势之外，也不应失去定性定量的能力，因此具有快速分析能力的质谱设备逐渐崭露头角，称为 DIMS（Direct Injection Mass Spectrometry）。本节将探讨实时监测质谱仪近期工作与发展，说明质子转移反应质谱仪的原理与应用。并汇总部分关于 PTR-MS 在大气化学、空气污染中的应用案例，以阐述其优势与局限。

11.2.2 实时监测质谱技术简介

实时监测质谱法的原理是质谱仪能在极短时间内（几秒内）完成离子化与检测，相较于 GC-MS 拥有更高的分析速度。实时监测质谱法最大的特点在于无须浓缩与分离过程，以软性化学电离法离子化分析物后直接进入 MS 扫描检测，因此分析时间大幅缩短，甚至不需要标准气体的浓度校正，也能通过数值计算的方法推算出半定量的浓度实时值，非常适合于快速筛检方面的应用，如临床医学疾病诊断、食品分析、气味分析等产业，近年来更扩展至大气研究领域，无论一般 VOCs 监测、VOCs 通量、高空飞航观测、车辆尾气监测等，在国际上已累积相当丰富的应用成果与经验。目前实时监测质谱法规格与性能比较如表 11-2 所示，各个设备都已进入商业化，其中 PTR-MS 为更广泛应用的设备，也是本节将深入探讨的对象。

表 11-2 各种实时监测质谱法的比较

类型	离子源	反应机制	质量分析器	扫描范围/amu	分析速度	检测限	载气
APCI-MS^{2}[12]	软；$H(H_2O)_n^+$	PTR	QqQ	约 450	< 5 s/scan	12 ppb（甲苯） 2.3 ppb（甲苯） 27 ppb（吡啶）	无
LPCI-MS^{2}[13, 14]	软；$H(H_2O)_n^+$	PTR	QqQ	5～1800	5 s/scan	0.23 ppb（苯乙烯） 0.19 ppb（TCE, PCE）	无
SIFT-MS	软；H_3O^+, O_2^+, NO^+	PTR, CTR HIT IAR	qMS	0～300	< 20 ms/amu	1 ppb	有（He）
PTR-QMS	软；H_3O^+	PTR	qMS	1～512	100 ms/amu	1 ppb	无
PTR-TOF-MS	软；H_3O^+	PTR	TOF-MS	全扫描	1 s/scan	10 ppt	无
MI-MS	硬（100 eV 以上）	EI	qMS	2～300	80 ms/scan	10 ppb	无
IMR-MS	硬（< 25 eV）； Xe, Hg, Kr	CTR	qMS	0～519	1 ms/amu	4 ppt（苯）	无
SIFDT-MS （Syft）	软；H_3O^+, NO^+, O_2^+	PTR, CTR HIT IAR	qMS	10～300	< 200 ms/amu	50 ppt	有（He）

注：APCI-大气压化学电离；LPCI-低压化学电离；ISIFT-选择性离子流动管；PTR-质子转移反应；MI-膜导入；IMR-离子分子反应；SIFDT-选择性离子流动飘移管；CTR-电荷传递反应；HIT-阴离子转移；IAR-离子相关反应

在线 EI-GC-MS 方法中浓缩与分离的过程往往占据大半的分析时间，质谱仪欲体现高分析速度的优势，必须进一步优化浓缩与层析条件，以达到最佳的分析质量，然而提高的程度相当有限。若摒除浓缩与分离的过程，分析时间可由数十分钟缩减至数秒，但是当 EI 法分析空气全样时，必定面临离子碎片混淆问题，影响物质鉴定甚至定量，图 11-10（a）～（f）为丙酮、乙醇、丁烯酮的 PTR-MS 与 EI-GC-MS 产生的质谱图特性，图 11-10（a）～（c）质子转移反应的软电离法下产生的谱图[15]相较于 EI 法[图 11～10（d～f）]，其离子碎片干扰混淆的问题大幅降低。此外，另一类具有选择性离子源的 SIFT-MS 或 SIFDT-MS，属于软电离中的延伸技术，除了质子转移反应方式之外（例如以 H_3O^+ 为试剂），也能利用电离能量较高的反应试剂，如 O_2^+ 与 NO^+ 进行电荷转移（CTR）、氢阴离子转移（HIA）、离子耦合反应（IAR），在三种试剂间快速切换，通过不同试剂提高对分析物的分辨力，区别质量同重分析物，提升质谱仪在定性、定量分析工作上的准确度，但对异构体仍无法分辨，需通过色谱的方法改善。

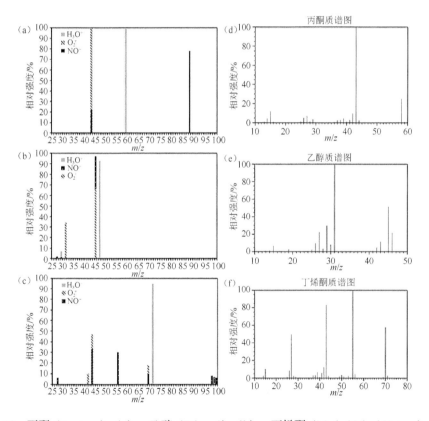

图 11-10　丙酮（Acetone）（a）、乙醇（Ethanol）（b）、丁烯酮（Methyl Vinyl Ketone）（c）作为软电离试剂（H_3O^+、NO^+、O_2^+）下的质谱图；丙酮（d）、乙醇（e）、丁烯酮（f）EI 法下的质谱图

早期实时监测质谱仪的质量分析器采用四极杆式，因此在分析物鉴别上受限于单位质量（1 amu）分辨率而无法有效分辨质量相近的化学物质（Isobaric Compounds），除了前述提到的选择不同的反应试剂可降低此问题之外，在后期发展中，具有高质量分辨率的飞行时间质谱仪（TOF-MS）整合 PTR 技术，质量分辨率（$m/\Delta m$）可达到 5000 或更高，能够区分精确质量差异至小数点后 2～3 位（图 11-11），在物质鉴定上优于四极杆式。

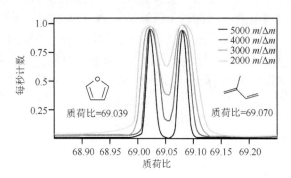

图 11-11 质量分辨率（$m/\Delta m$）分别为 5000、4000、3000、2000 时对于呋喃（Furan）与异戊二烯（Isoprene）两物质的分辨程度，而 PTR-TOFMS 因分辨率接近 5000，能有效分辨此两物质

11.2.3 质子转移反应质谱仪原理

质子转移反应质谱（Proton Transfer Reaction Mass Spectrometry，PTR-MS）法于 1998 年首次由 Lindinger 等发表[16]，仪器结构可以分为离子源、反应室（Reaction Chamber）、检测室（Detection Chamber）（图 11-12），并由三组涡轮分子泵（Turbomolecular Pump）维持真空条件以提高检测灵敏度。其中反应室为 PTR-MS 所特有的部分，其在离子源与检测室之间，作为分析物与软电离试剂进行离子/分子碰撞反应的空间，分析物由进样口直接注入反应室中与电离试剂 H_3O^+ 碰撞电离，在稳定电场引导下推送至质谱仪检测。

离子源不参与分析物离子化过程，仅产生水合氢离子质子（H_3O^+）作为化学反应试剂，其产生机制是通过中空阴极管将水分子（H_2O）激发产生大量的 H_3O^+（纯度为 99%），并且产生微量的 NO^+、O_2^+ 与水合离子 $H_3O(H_2O)^+$ 一同进入反应室，随分析物一同被检测，图 11-13 是以高纯度氮气作为空白的质谱图，仅有来自离子源的离子信号。离子源产生的 H_3O^+ 试剂与微量的附属离子会通过反应室的负压（2.1 mbar）与真空度的维持，稳定地注入反应室中与分析物混合进行质子化反应，分析物 R 形成质量数+1 的（R+H）$^+$ 离子，接着在稳定的电场下使电离态的分析物进入检测室进行检测，内有四极杆质量分析器与二次电子倍增管

（Secondary Electron Multiplier，SEM）进行质量扫描工作，若连接四极杆质谱仪成为 PTR-QMS，则质量分辨率为 1 amu 左右，而连接时间飞行质谱仪，质量分辨率可提高至 5000 或更高。

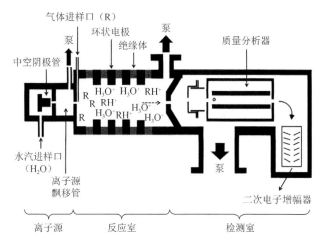

图 11-12　质子转移反应质谱仪结构示意图

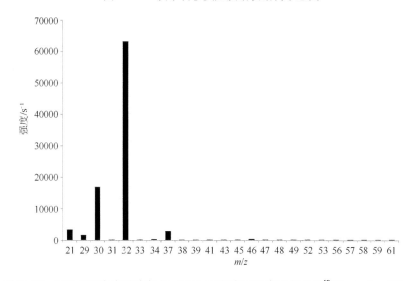

图 11-13　PTR-MS 在高纯度氮气（5N）下的离子源离子信号 $H_3^{18}O^+$（$m/z = 21$）、 NO^+（$m/z = 30$）、O_2^+（$m/z = 32$）、$H_3^{16}O^+(H_2^{16}O)$（$m/z = 37$）

5N 代表 99.999%

　　PTR-MS 属于一维扫描技术（m/z v.s. 强度），与使用电子电离气相色谱-质谱仪（EI-GC-MS）的二维技术不同（图 11-14），少了色谱保留时间的维度。扫描模式主要分为两种，一为全扫描模式，可快速扫描大的质量范围，每个数据的扫描时间依据扫描速率而定（0.5 ms/ion～60 s/ion），若连接 TOF-MS，扫描速率可再提升，每秒可产生一张全扫描质谱图；另一种方式为选择离子监测模式，可针对单一的离子连续监测，记录该离子强度随时间变化。

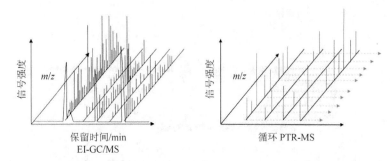

图 11-14　EI-GC-MS 属于二维的扫描技术；PTR-MS 属于一维扫描技术

（x：m/z，y：每秒计数），可于数秒内完成一次全扫描

质子转移反应机制取决于热力学所控制的质子亲和势（Proton Affinity，PA）与动力学所控制的反应速率常数（Reaction Rate Constant，k）。一个分析物被检测的前提是该分析物的 PA 值必须大于水分子的 PA 值（162.5 kcal[①]/mol），若分析物的 PA 值小于 H_2O，则不利于亲和质子而无法形成离子[式（11-1）、式(11-2)]，例如，大气中的主要组成物质 N_2(118 kcal/mol)、O_2(100.6 kcal/mol)、Ar（88.2 kcal/mol）、CO_2（129.2 kcal/mol），都因为质子亲和势低于水而无法有效被质子化，也因此在分析过程能够大幅降低大气所产生的背景干扰，凸显对于分析物的检测灵敏度，然而部分分析物的 PA 因为接近 162.5 kcal/mol，虽仍然可进行质子化反应，但容易发生逆反应[式（11-3）]，造成浓度低估问题。

$$如 PA_R > PA_{H_2O}，则 H_3O^+ + R \xrightarrow{k} RH^+ + H_2O \qquad (11\text{-}1)$$

$$如 PA_R < PA_{H_2O}，则 H_3O^+ + R \xrightarrow{\quad/\!/\quad} RH^+ + H_2O \qquad (11\text{-}2)$$

$$如 PA_R \approx PA_{H_2O}，则 H_3O^+ + R \underset{k_2}{\overset{k_1}{\rightleftharpoons}} RH^+ + H_2O \qquad (11\text{-}3)$$

动力学因素则取决于分析物与 H_3O^+ 两者之间的碰撞效率，决定了检测的灵敏度，式（11-1）中 k 系数代表碰撞反应的效率，单位为 cm^2/s，若分析物的 k 值偏大（$>2.0 \times 10^{-9} cm^2/s$），则表示质谱仪对其灵敏度较高，并且 k 系数除了与灵敏度有关之外，也会影响浓度估算的准确度，是质子转移反应质谱仪中相当重要的参数；k 系数可利用计算机计算或动力学实验两种方式求得。

k 值计算与半定量原理

探讨离子/分子反应（Ion/Molecule Reaction）机制与反应系数的研究可参考

---

① 1 kcal=4186.8 J

P. Španěl 与 D. Smith 两位学者于 1995～2005 年发表的一系列研究成果,其以实验法针对各系列的化学物质进行动力学 k 值实验探讨（表 11-3）；为了求得 k 系数, Španěl 等将不同分析物通过质量流速控制器调控浓度,由低至高连续注入反应室中,与反应试剂进行反应,通过调控分析物浓度,观察初始的电离试剂强度（I_0）随着与分析物反应的衰减状况（I）,建立电离试剂感度与分析物浓度[M]的对数曲线（$I = I_0 \exp -k[M]t$）,间接求得 k 系数。

表 11-3　各类化学物质的 k 反应系数系列研究

年份	反应试剂	探讨成分
1995	H_3O^+, OH^-	空气基质
1996	NO^+, O_2^+	空气基质
1997	H_3O^+, NO^+, O_2^+	乙醇
1997	H_3O^+, NO^+, O_2^+	醛, 酮
1998	H_3O^+, NO^+, O_2^+	羧酸, 酯
1998	H_3O^+, NO^+, O_2^+	含氮化合物
1998	H_3O^+, NO^+, O_2^+	芳香烃, 烃
1999	H_3O^+, NO^+, O_2^+	氯代烷烃, 氯代烯烃
2001	H_3O^+, NO^+, O_2^+	实验室气体, 人类呼出物
2002	H_3O^+, NO^+, O_2^+	烯烃
2003	H_3O^+, NO^+, O_2^+	单萜
2003	H_3O^+, NO^+, O_2^+	轻烃（C_2～C_4）
2004	H_3O^+, NO^+, O_2^+	酚, 酚醇, 环羰基

式（11-4）为 PTR-MS 计算分析物 R 浓度的总反应方程式,分析物的大气浓度 R_{ppb} 可由反应室内分析物浓度[R]相对于反应室内空气分子浓度[air]推导出的计算式,并考虑仪器参数（包括反应时间、温度、压力、电场、反应试剂强度、离子传输效率）,以及反应系数 k 计算[式（11-5）]半定量结果。然而大气成分复杂多样,针对个别物质进行标准品的制备以测定 k 值,再作为实测样品时的定量依据,是一个相当耗时的工作,若分析物成分较为特殊（高活性成分）的气体物质,如甲醛（Formaldehyde）,则以此法求得 k 值就更为困难,因此以计算机进行分子模拟是目前计算 k 值最有效的途径,文献中已有模拟计算出的 k 系数数据库提供参考[17, 18]。计算机模拟计算的优势在于不需涉及烦琐的实验过程,能通过已被验证的动力学理论来求得 k 系数,是较为广泛使用的方法,目前计算机模拟的方法已完整建立[19]。经由方程式简化与参数化（Parameterization）后可由计算机运算,前提是必须获得分析物的基本物化性质,如极化率（Polarizability）、偶极矩（Dipole Moment）、分子惯性矩（Moment of Inertia）与碰撞条件（Reaction Conditions）等作为基础参数,并且经由实际的计算验证,发现偶极矩是影响 k 值计算结果最主

要的因子，其次为极化率，均与 k 值呈现正相关，假若物化性质无法取得，必须通过分子模拟的方法（如 Gaussian 03 软件）计算。求出该物质的 k 值也必须意识到以此法所定出的物质浓度仍与真实浓度之间仍然有存在很大误差的可能，因此只能算是半定量方法，但因为往往使用 PTR-MS 的目的是希望掌握化学物质浓度快速变化的情形，而传统分析方法可能力有未逮，因此即使是半定量也能发挥很大的功能，尤其是在异臭味检测、工厂不定时偷排、毒化灾紧急应变等用途上。

$$R_{ppb} = \frac{[R] \cdot 10^9}{[air]} \left([R] = \frac{1}{k \cdot t_R} \cdot \frac{I_{RH^+}}{I_{H_3O^+}}; [air] = \frac{273.115}{T_{drift}} \cdot \frac{6.02 \cdot 10^{23}}{22400} \cdot \frac{P_{drift}}{1013} \right) \qquad (11\text{-}4)$$

$$R_{ppb(TR)} = 1.657 e^{-11} \cdot \frac{U_{drift} \cdot T_{drift}^2}{k \cdot P_{drift}^2} \cdot \frac{I_{RH^+}}{I_{H_3O}^+} \cdot \frac{TR_{H_3O}^+}{TR_{R^+}} \qquad (11\text{-}5)$$

其中，R_{ppb} 为分析物浓度；$R_{ppb(TR)}$ 为离子传输效率项修正的分析物浓度；t_R 为反应时间；k 为反应系数；$[R]$ 为分析物在反应室的物质的量浓度；$[air]$ 为空气基质在反应室的物质的量浓度；T_{drift} 为反应室温度（K）；P_{drift} 为反应室压力（mbar）；I_{RH^+} 为分析物 R 强度（Counts Per Second, cps）；$I_{H_3O^+}$ 为 H_3O^+ 强度（cps）；$TR_{H_3O^+}$ 为 H_3O^+ 离子传输效率；TR_{R^+} 为 R^+ 离子传输效率。

PTR-MS 软性质子转移技术造就了低背景干扰与低检测限的特性，使得大气中低浓度的化学物质能够被观测，再加上快速分析的能力，使得 PTR-MS 逐渐被应用在探讨大气化学物质组成与流布变化方面；系统验证工作也相当重要，可通过平行比对的方式验证 PTR-MS 在大气分析上的效能，在台湾彰化县某地点进行空气质量监测，运用过去已成熟的自动化在线 GC-MS 验证 PTR-MS，进行为期一个月的平行比对分析。比对结果显示，两方法对于芳香烃 BTEX 浓度变化掌握相当一致，确认了 PTR-MS 对大气污染物的分析能力；GC-MS 的分析速度为每小时一次，而 PTR-MS 可以达到数秒至数分钟一次，其快速检测的能力非传统化学分离方法（如色谱法或色谱-质谱法）所能及；除此之外，国际上也有相当多的研究将 PTR-MS 与对大气分析已成熟的色谱法进行平行比对，如 On-Line GC-MS[20]、On-Line GC-ITMS[21]、On-Line GC-FID[22]。

11.2.4 质子转移反应质谱在大气环境监测中的应用

表 11-4 列举了 PTR-MS 在大气研究中常见的分析对象，多数为极性化学物质，如甲酸盐（Formates）、醛（Aldehydes）、酮（Ketones）等成分，能够弥补传统中以采样法结合 GC-MS 脱机分析在这方面应用能力的不足。以下提供几个 PTR-MS 应用于大气化学与污染物分析的实例。

表 11-4　PTR-MS 在大气研究中常见的分析对象

类别	成分
醇类	甲醇（Methanol）、乙醇（Ethanol）、丙醇（Propanol）等
醛类	甲醛（Formaldehyde）、乙醛（Acetaldehyde）、丙醛（Propanal）等
氰化物	乙腈（Acetonitrile）等
酮类	丙酮（Acetone）、丁酮（Methyl Ethyl Ketone）、丁烯酮（Methyl Vinyl Ketone）等
酯类	乙酸甲酯（Methyl Acetate）、乙酸乙酯（Ethyl Acetate）、乙酸丁酯（Butyl Acetate）等
烯类	丙烯（Propene）、丁烯（Butene）、异戊二烯（Isoprene）、萜烯（Terpene）、单萜烯（Monoterpene）等
醚类	甲基叔丁基醚（Methyl *Tert*-Butyl Ether）等
含硫物质	硫化氢（Hydrogen Sulfide）、二甲基硫（Dimethyl Sulfide）等
有机酸	甲酸（Formic Acid）、乙酸（Acetic Acid）、丙酸（Propanoic Acid）等
含氮物质	氨（Ammonia）、乙胺（Ethylamine）、*N,N*-二甲基甲酰胺（*N,N*-Dimethylformamide）、过氧化乙酰硝酸盐（Peroxylacetyl Nitrate）等
芳香烃	苯（C_6H_6）、甲苯（C_7H_8）、C_2-芳香烃（C_8H_{10}）、C_3-芳香烃（C_9H_{12}）、C_4-芳香烃（$C_{10}H_{14}$）等

1. 区域性大气化学研究

探讨特定地区的大气背景化学组成与变化，包含分析 VOCs 组成、传输行为、排放源特征性（生物质燃烧/生物源/交通源）。Inomata 等[23]首次将 PTR-MS 架设于泰山（海拔 1530 m），探讨华中及华东商业区域所排放的污染物对该地区的地表臭氧生成的影响，PTR-MS 以全扫描模式收集周围空气中 *m/z* 17～300 的化学物质，检测到泰山周围存在 30 余种化学物质，包含非甲烷碳氢化合物（如异戊二烯、芳香烃）、含氧挥发性有机物（如乙醇、酮、醛、甲酸酯、乙酸酯）、含氮物质（如乙腈），污染物质量分布范围不超过 *m/z* 160，如表 11-5 所示。泰山环境受到一次（生物质燃烧、植物排放、工业活动）与二次（光化学反应产物）排放的影响，明显检测到非甲烷碳氢化合物与含氧物质的异常排放。

表 11-5　泰山周围空气以 PTR-MS 分析所建立的 VOC 清单

成分	定性离子（*m/z*）
氨	18
甲醛	31
甲醇	33
乙腈	42
丙烯/丙醇碎片	43

续表

成分	定性离子（m/z）
乙醛	45
甲酸，乙醇	47
丙酮，丙醛	59
乙酸/乙酸酯碎片	61
异戊二烯，呋喃	69
芳香烃（苯、甲苯、C_8-苯、C_9-苯、C_{10}-苯）	79, 93, 107, 121, 135
饱和酮/醛（C_nH_2nO）	73, 87, 101, 115, 129, 143, 157
不饱和酮/醛（$C_nH_{2n-2}O$）	71, 85, 99, 113, 127
酸/甲酸酯/乙酸酯/羟基酮/羟基醛（$C_nH_2nO_2$）	75, 89, 103,117

在非甲烷的部分，芳香烃属于人为排放的成分，包含苯、甲苯、C_8-苯、C_9-苯、C_{10}-苯，浓度变化介于 0～5 ppb，依据 Suthawaree 等以苯（B）/甲苯（T）的比值分析[24]，现场芳香烃可能来自工业活动（表 11-6）；异戊二烯的排放主要来自植物光合作用[25]，其浓度变化介于 0～1 ppb，与日照强度呈现高度正相关，而值得注意的是，在夜间无光照的环境检测到异戊二烯的排放事件，进一步判断确认为同定性离子呋喃（m/z 69）所贡献，加上监测期间（6 月 12 日～6 月 30 日）正值生物质燃烧活动，判断生物质燃烧产生的化学物质[26]不仅为呋喃贡献，乙腈（6.8 ppb）、CO（质子亲和势 < H$_2$O，无法被检测）于同一时段出现高值，图 11-15 为 Warneke 等在于实验室模拟生物质燃烧研究，以 PTR-MS 分析燃烧 Maritime Chaparral 产生的废气，结果显示，生物质燃烧过程会产生大量 CO、CO$_2$、非甲烷碳氢化合物以及含氧物质[27]，佐证了 Inomata 等检测到 Furan 的结果；泰山周围存在的含氧挥发性有机物有甲醛、乙醛、甲醇、丙酮、饱和醛/酮、不饱和醛/酮，主要来自生物质燃烧与光化学反应贡献，尤其是大气中的醛类（甲醛、乙醛）具有高活性与反应性，大气生命期约数小时至 1 天，是光学法（如 DOAS）之外 PTR-MS 对于醛类的优势，具有低大气基质干扰（无法检测 CO、CO$_2$、N$_2$、O$_2$、CH$_4$ 等）、快速分析（约 1 s）、低检测下限（1 ppb）的优势，不仅是 Aldehydes，对有机酸（Organic Acids）来说，PTR-MS 也为大气化学研究提供了一个新的方法。

表 11-6　泰山苯/甲苯比值与其他研究比较以诊断排放源特性

地区	苯/甲苯	作者
中国泰山	3.2	Inomata 等[23]
中国的 10 个城市	0.6（交通拥堵城市）	Barbara 等[28]
中国香港	0.2（道路旁边）	So 等[29]
墨西哥特大城市（La Merced, Constituyentes, Pedregal, CENICA）	0.2（郊区与轻工业区）	Velasco 等[30]

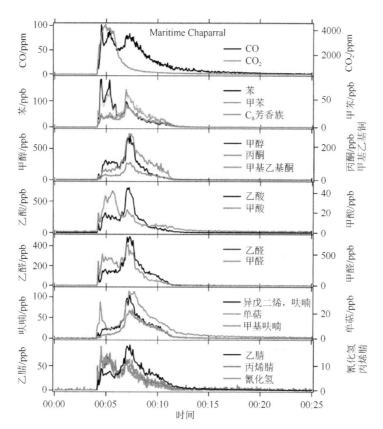

图 11-15　Warneke 等以 PTR-MS 监控燃烧 Maritime Chaparral 的废气组成（摘自 Warneke, C., et al. 2011. VOC identification and inter-comparison from laboratory biomass burning using PTR-MS and PIT-MS. Int. J. Mass Spectom.）

2. 异臭味污染物分析研究

空气异臭味污染问题恼人且随处可见，诸如畜牧业、掩埋场、废水处理厂、工业活动、零件食品加工等都是相关研究中锁定的产业，由于异味 VOCs 的化学结构具有多电子特性（如含氮、含氧、含硫、氮氧杂环），只要空气中浓度微量，人体灵敏的嗅觉器官便容易感受到强烈的气味。异臭味舆情事件时常发生于排放源与民众居住活动贴近的地带，容易在不良的气候条件（大气扩散效率差）下发生；此外，多数异臭味物质具有高极性或高反应性，容易经大气干、湿沉降快速消失，分析瞬息万变的异臭物质为解决异臭味问题的首要工作，只有这样才能进一步提供产业管控与减少异味 VOCs 的排放量。图 11-16 为 Feilberg 等针对丹麦 Jutland 一户养猪业的猪舍室内空气以 PTR-MS 执行全扫描分析所得的质谱全图[31]，谱图显示现场环境中 VOCs 组成相当复杂，以硫化氢（m/z 35）、有机酸[乙酸（m/z

61 + 43)、丙酸（*m/z* 75 + 57）、丁酸（*m/z* 89 + 71）、C_5-羧酸（*m/z* 103 + 85）]为主要成分，PTR-MS 可快速初筛、监测浓度、提供（异味）污染物的线索。

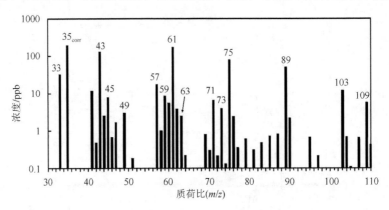

图 11-16　畜牧猪圈排风口空气质谱图（3 次连续扫描所得的平均）。谱图仅显示浓度大于 0.1 ppb 质量峰，离子源 water cluster[$H_3O^+(H_2O)$：*m/z* 37；$H_3O^+(H_2O)_2$：*m/z* 55)]，Oxygen（O_2^+）以及对应的同位素信号图中未显示（摘自 Feilberg, A., et al. 2010. Odorant emissions from intensive pig production measured by online proton-transfer-reaction mass spectrometry. Environ. Sci. Technol.）

以 PTR-MS 研究台湾工业区空气质量为例，将 PTR-MS 架设于桃园县观音工业区内，以掌握工业区环境污染物排放特征与浓度的变化。观音工业区属于石化与塑化产业为主的综合性工业区。乙酸乙酯、丁酮、丙酮为工业区环境主要排放的污染物，与前述中畜牧环境 VOCs 组成不尽相同，依据排放化学物质种类与强度，推测为工业有机溶剂操作产生的逸散。图 11-17 为三者在工业区中的浓度变

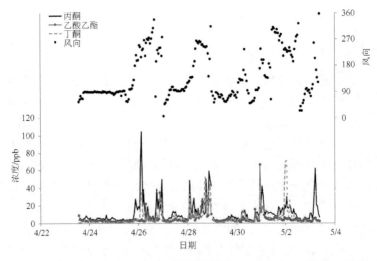

图 11-17　观音工业区内以 PTR-MS 观测到丙酮、乙酸乙酯、丁酮实时浓度变化

化与风向关系图，其在 4/26、4/28、4/30、5/1、5/2 浓度明显抬升，此时气象条件正由东风顺时针方向转至西风，观测到由原先主要来自东方相对干净的空气转成来自工业区方向所排放的污染物，因此快速污染物监测搭配气象数据解读，能初步判断污染源的方位，后续则可结合大气物理数值分析，模拟受测点与排放源的关系。

11.3　在地球科学研究上的应用

地球科学包罗万象，其中，地球化学结合地质学与化学，可应用于探讨地球各主要系统的组成、形成机制与演化过程，其主要研究对象为化学元素组成及其同位素组成，也是地球科学范畴中使用质谱技术最普遍的领域。高精确质谱分析技术可以帮助地球科学家了解地球上各种物质的化学组成，例如，分析冰芯中气泡的化学组成可以回推过去几万年来的大气组成，造成恐龙灭绝的陨石撞击事件也是经由质谱仪分析地层中的特定微量元素所发现的。质谱技术也广泛地被用来测量物质的同位素组成，除了可以利用放射性同位素判定物质年龄外，更能利用各种同位素系统探讨地球各环境系统的交互作用及参数。

在地球化学研究上，所使用的质谱技术大多为无机质谱技术，以元素为分析对象。虽然有机质谱技术也少量运用于有机地球化学研究中，如美国 Woods Hole 海洋研究所（附属麻省理工学院）就以 LTQ FT-ICR MS 及三重四极杆质谱仪来进行海洋生物地球化学研究，但因所用的仪器和方法与生物医学研究中所使用的质谱技术雷同，已另有专章详述，本节仅介绍无机质谱技术在地球科学中的应用。常用的仪器类型有热电离质谱仪（Thermal Ionization Mass Spectrometer，TIMS）、同位素比质谱仪（Isotope Ratio Mass Spectrometer，IRMS）、加速器质谱仪（Accelerator Mass Spectrometer，AMS）、二次离子质谱仪（Secondary Ion Mass Spectrometer，SIMS）、电感耦合等离子体质谱仪（ICP-MS）等。

11.3.1　多收集器质谱仪

测量自然样品的精确同位素组成是地球科学利用质谱技术的主要目的之一，因此常利用多收集器，同时测量不同质荷比的离子，以排除离子束强度因离子源不稳定而变动所造成的同位素测量误差。多收集器除了测量精密度较高外，因为不需要分次测量不同质荷比的离子，所需要的分析时间及样品量也较少。最早运用多收集器的质谱仪为热电离质谱仪，现在大部分专门测量同位素比值的质谱仪都采用多收集器模式。初期的多收集器质谱仪因为收集器间的距离固定，因此只能专门测量某一特定同位素，专为分析铅同位素设计的质谱仪就不能量测锶同位素，因为不同质荷比离子落在焦平面（Focal Plane）上的距离不同。为了让造价高昂的质谱仪发挥更多用途，质谱仪厂商开发了两种技术，使一台质谱仪具有多种同位素的分析能力。第一种技术是采用可移动式的收集器，其可精准地控制收集器的位置，让各收集器分别位于不同质荷比离子的飞行途径上；第二种技术仍然采用固定不动的收集器组合，但另外施加电场改变不同质荷比离子的间距，使各离子准确地落入收集器中[32]。多收集器质谱仪可混合采用不同类型的收集器，常见的有法拉第杯（Faraday Cup）和二次电子倍增管，使同位素测量的动态范围可达 10^{13}。

11.3.2　热电离质谱仪的应用

热电离质谱仪（Thermal Ionization Mass Spectrometer，TIMS）虽然是最早发展的质谱技术之一，但因为其极高的同位素测量精确度，分析锶、钕同位素组成的精确度可优于 3 ppm，仍然是地球科学研究不可或缺的重要技术，图 11-18 列出了可用 TIMS 测量的同位素系统。TIMS 的优势在于高稳定度的离子源，产生的离子能量分布范围集中且背景值低；缺点则是样品前处理步骤繁杂、分析时间长以及对高电离能元素电离效率低。现代的 TIMS 均为多收集器质谱仪，TIMS 在地球科学上主要应用于元素准确定量、绝对定年以及同位素示踪。元素准确定量是搭配同位素稀释质谱（Isotopic Dilution Mass Spectrometry，IDMS）法，利用已知同位素组成的同位素示踪剂与样品间同位素组成的差异，将两者均匀混合后测量其同位素比值，并且依两者的加入比例回算样品中某元素的浓度。同位素稀释法是目前已知最准确的元素定量分析方法，通过高精确度同位素比值分析，此法的分析误差可小于 0.05%（2σ）。同位素地球化学示踪剂在地球与环境科学用途很广，从水圈、大气圈、岩石圈到地幔，甚至地球以外的物质都可以用同位素来探究其来源与形成机制。绝对定年法利用放射性核素的衰变（Decay）情形来计算样品的年龄，表 11-7 列出了地球科学界常用来定年的放射性同位素。除了早期建立的 Rb-Sr 定年、Sm-Nd 定年、Re-Os 定年与 La-Ce 定年等，近十年更发展了铀系定年。不同的定年系统，其适合的定年时间也不同。以铀系定年而言，由于铀衰变到铅的时间较久，故 U-Pb 法适合用来定数亿年前岩石年龄；相对地，U-Th 法的适用时段介于百年至七十万年间，因此主要应用于较年轻的地质事件与近百万年来的古气候研究，图 11-19 为深海热泉矿床的铀钍定年等年线图[33]。

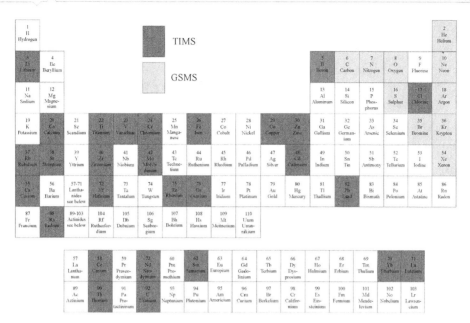

图 11-18　可运用 TIMS 及 GSMS 测量的同位素系统

表 11-7　地球科学常用来定年的放射性同位素

母核素	子核素	衰变方式	衰变常数/a^{-1}	半衰期
^{10}Be	^{10}B	β^-	4.6×10^{-7}	1.5 Ma
^{14}C	^{14}N	β^-	1.2097×10^{-4}	5730 a
^{26}Al	^{26}Mg	β^-	9.9×10^{-7}	0.7 Ma
^{36}Cl	^{36}Ar	β^-	2.24×10^{-6}	310 ka
^{40}K	^{40}Ar	β^+、EC	5.81×10^{-11}	11.93 Ga
^{40}K	^{40}Ca	β^-	4.962×10^{-10}	1.397 Ga
^{87}Rb	^{87}Sr	β^-	1.402×10^{-11}	49.44 Ga
^{129}I	^{129}Xe	β^-	4.3×10^{-8}	16 Ma
^{147}Sm	^{143}Nd	α	6.54×10^{-12}	106 Ga
^{176}Lu	^{176}Hf	β^-	1.867×10^{-11}	37.1 Ga
^{187}Re	^{187}Os	β^-	1.666×10^{-11}	41.6 Ga
^{190}Pt	^{186}Os	α	1.477×10^{-12}	469.3 Ga
^{226}Ra	^{222}Rn	α	4.33×10^{-4}	1600 a
^{230}Th	^{226}Ra	α	9.1577×10^{-6}	75.69 ka
^{231}Pa	^{227}Ac	α	2.116×10^{-5}	32.76 ka
^{232}Th	^{208}Pb	*1	4.9475×10^{-11}	14.01 Ga
^{234}U	^{230}Th	α	2.826×10^{-6}	245.25 ka
^{235}U	^{207}Pb	*2	9.8485×10^{-10}	0.7038 Ga
^{238}U	^{206}Pb	*3	1.55125×10^{-10}	4.468 Ga

*1: ^{232}Th 衰变系列。

*2: ^{235}U 衰变系列。

*3: ^{238}U 衰变系列。

EC: 电子捕获

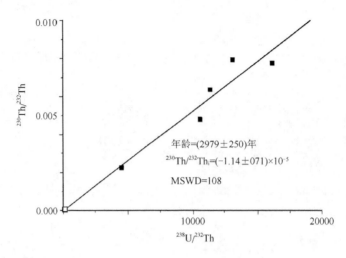

图 11-19　深海热泉矿床的铀钍定年等年线图（摘自 You, C.-F., et al. 1998.
Evolution of an active sea-floor massive sulphide deposit. Nature）

MSWD 表示加权平均方差

另外，TIMS 也被用来分析稳定同位素，例如，以正离子质谱（$Cs_2BO_2^+$ 和 Cs_2Cl^+）或负离子质谱（BO_2^+ 和 Cl^-）来进行硼与氯同位素的测定，正离子质谱精确度高，负离子质谱所需样品量少；硼、氯同位素主要应用于自然界水体如海水、河水、雨水及地下水的来源示踪，以及板块隐没与热液矿床的水岩反应等，生物碳酸岩中的硼同位素还能用来回推古海水的 pH 值。长半衰期的放射性同位素可用于定年及物质来源的示踪，例如，以 $^{87}Sr/^{86}Sr$ 评估河水的化学风化程度[34]，以钕同位素指示海洋的水团来源及分布，以 $^{207}Pb/^{206}Pb$、$^{208}Pb/^{206}Pb$ 观察大气的流动与环境污染源头；^{226}Ra、^{230}Th 等放射性核种计算沉积物的沉积通量或速率。

11.3.3　气体源质谱仪的应用

气体源质谱（Gas Source Mass Spectrometry，GSMS）法的原理是将待测样品先转化成 CO_2、N_2、SO_2、H_2 等气体，再将气体送入离子源离子化后进行质谱分析，图 11-18 显示了常以 GSMS 测量的同位素系统。GSMS 大多以 EI 离子源、磁场式质量分析器及数个法拉第杯收集器所组成。专为测量氢、碳、氮、氧、硫等同位素所设计的质谱仪，为目前运用最多的同位素比质谱仪（IRMS），因此，若没有特别说明，IRMS 通常是指这种专门测量这些轻元素同位素比值的质谱技术。表 11-8 列出了一些常用的稳定同位素。除了上述元素外，GSMS 也可用来量测氦、氖、氩、氪、氙等惰性气体的同位素组成，但这类质谱仪通常被称为惰性气体质谱仪（Noble Gas Mass Spectrometer）。

表 11-8　常用的稳定同位素系统

元素	分析气体	同位素	平均丰度/%	标准样品	常见同位素范围/‰
H	H_2	^1H	99.9885	V-SMOW	$\delta^2H = -500\sim150$
		^2H	0.0115		
C	CO_2	^{12}C	98.93	PDB	$\delta^{13}C = -120\sim20$
		^{13}C	1.07		
N	N_2	^{14}N	99.632	Air	$\delta^{15}N = -30\sim30$
		^{15}N	0.368		
O	CO_2、O_2	^{16}O	99.757	V-SMOW、PDB	$\delta^{18}O = -50\sim40$
		^{17}O	0.038		
		^{18}O	0.205		
S	SO_2、SF_6	^{32}S	94.93	VCDT	$\delta^{34}S = -50\sim90$
		^{33}S	0.76		
		^{34}S	4.29		
		^{36}S	0.02		

注：V-SMOW-V-SMOW 标准，Vienna Standard Mean Ocean Water

　　PDB-PeeDee Belemnite

　　VCDT-Vienna Canon Diablo Troilite

　　稳定同位素在地球科学领域应用极多，已自成一门独立学科——稳定同位素地球化学。水的氢氧同位素组成可应用于研究水的循环；矿物的氧同位素组成常用来当成地质温度计，计算矿物形成时的温度；也可以用来判断矿床和岩石成因，探讨流体和岩石的反应程度或传输过程；经由测量海洋生物碳酸盐（如有孔虫壳体或珊瑚骨骼）的氧同位素组成，不仅可以将其为定年的基准，也可以回推古海水温度或盐度。碳同位素组成则可以用来研究石油、天然气的生成与迁移等过程，也可用以重建古环境变迁。硫同位素可用来研究成矿作用、作为大气环境示踪剂等。氩同位素分析则主要用来定年，如利用 K-Ar 或 ^{40}Ar-^{39}Ar 定年可确定火山形成活动或变质活动的年代。

11.3.4　二次离子质谱仪的应用

　　二次离子质谱（Secondary Ion Mass Spectrometry，SIMS）法为一种以高能量离子束（一次离子）撞击样品，将样品离子化（二次离子）后进行质谱分析的技术。常用的一次离子为 O_2^+、O^-、Cs^+、Ar^+、Ga^+ 等，其中，O_2^+ 具有较大的电负性，多用来产生二次正离子；Cs^+ 有较低的电子亲和势，主要用来产生二次负离子。SIMS 的样品必须为固体或能稳定存在于真空下的物质，通常不需要复杂的样品前处理，其特点为可针对不同空间结构物质进行分析，且可应用于分析几乎所有周期表内元素的浓度及同位素组成（图 11-20），检测限约在 μg/kg～mg/kg 量级。随着分析精密度的提升，现代的 SIMS 被视为地球化学家的终极武器，可以进行许多以往不可能做到的微区微量元素及同位素研究。

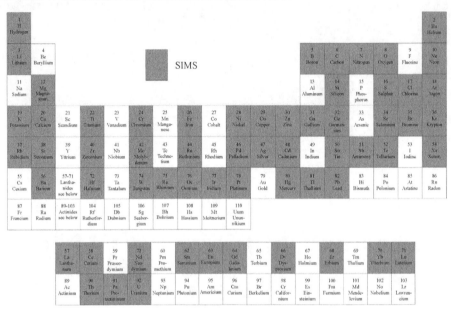

图 11-20　可运用 SIMS 测量的同位素系统

　　SIMS 在地球科学上常被用于分析微量元素的变化，如岩石或矿物的稀土元素分布，并可探讨元素在不同矿物间的扩散行为。例如，针对宇宙尘的微量元素及同位素分析可以研究太阳系的生成史；以 SIMS 分析陨石中的 ^{26}Mg 可以回推星际间核融合过程中元素形成的机制；锂、硼等难以用扫描电子显微镜/能量色散谱仪（Scanning Electron Microscope/Energy Dispersive Spectrometer，SEM/EDS）进行微区分析的轻元素，用 SIMS 不仅能进行分析，且灵敏度很高；微小样品中碳、氧同位素的空间分布一直是地球科学家很感兴趣的研究主题，近年来发展的 Nano-SIMS 技术可用于解析单细胞生物如有孔虫骨骼内碳氧同位素随壳体生长的变化，以回推其生长史；也可以分析珊瑚、贝壳内微量元素随生长轴的变异情形，重建古环境或古气候。在地质学上，SIMS 应用最多的是放射性同位素定年，专为地质样品设计的高分辨率 SIMS，可针对尺寸仅数百微米的锆石进行铀-铅定年，由于 SIMS 快速准确的特性，科学家能更详尽且迅速地重建地球历史。

11.3.5　加速器质谱法的应用

加速器质谱（Accelerator Mass Spectrometry）法结合了加速器与质谱仪特点，可以测量极微量的核素，常被用来测量 ^{10}Be、^{14}C、^{26}Al、^{36}Cl、^{129}I 等宇宙源同位素（Cosmogenic Isotope），广泛运用于地球科学、考古学、环境科学、生物医学、核物理等领域。一台完整的加速器质谱仪通常由溅射离子源（Sputter Ion Source）、低能量质谱仪（Low-Energy Mass Spectrometer）、加速器（Accelerator）、高能量质谱仪（High-Energy Mass Spectrometer）以及气体电离探测器（Gas Ionization Detector）组成，相较于其他无机质谱仪，加速器质谱法具有下列特点：①极高灵敏度及极宽的动态范围，可量测同位素比值低于 10^{-15} 的核素；②样品需求量少，通常只需几毫克的样品，甚至仅 10 µg 的样品也可以分析，约为其他分析方法的 $1/100\sim1/1000$。其主要缺点为体积庞大、造价及维护费昂贵。

地球科学家利用加速器质谱法来分析宇宙源核素在自然界的组成及分布情形，主要目的为：定年、追踪物质的来源与去向、研究物质的产生与变化速率。经常运用于地形学、大地构造、水文学、气候学研究上。例如，分析 ^{14}C 组成可以用来测定海洋沉积物或珊瑚等含碳物质的年龄，也可以追踪海水、地表水、地下水及大气的循环模式，更是研究地球碳循环的利器；分析 ^{10}Be 可用来回推古地磁强度的变化、测定岩石暴露年龄、判断地表剥蚀速率等[35]；^{26}Al 除了可以进行暴露年龄及剥蚀速率的研究外，还能用来研究太阳系的生成史；^{36}Cl 也常被用来确定地表各种作用的年龄，如露出地表的断层年龄等；环境中的 ^{129}I 大多从核反应堆释出，地球科学家把人为的 ^{129}I 当成示踪剂[36]，用来研究洋流循环，自然产生的 ^{129}I 则被用作地下水或其他一亿年内地质作用的定年工具。

11.3.6　电感耦合等离子体质谱仪的应用

电感耦合等离子体质谱仪因其灵敏度高，且能同时分析多个元素，常被用来测量各种地球科学样品。常见的 ICP-MS 主要可分为两类，一种是四极杆质谱仪（ICP-QMS），另一种为扇形场磁质谱仪（ICP-SFMS），也有少部分使用 TOF 为质量分析器。在性能上，ICP-SFMS 的灵敏度大致是 ICP-QMS 的 10 倍，背景值也较低，最主要的优势在于其高质量分辨率（$m/\Delta m = 10000$），可以避开干扰，直接分析待测物种。ICP-QMS 的质量分辨率虽然较低，但可通过导入气体原子（如 He、Xe）或分子（如 H_2、CH_4、NH_3）至 ICP-MS 的碰撞/反应室（Collision/Reaction Cell，CRC）以移除来自氧化物、氢化物等所形成的同重元素干扰（Isobaric Interference）。此外，应用低温等离子体（Cold Plasma）或干式进样系统，也可降低部分干扰，提高信噪比。大致来说，其元素浓度分析精确度可达 $0.1\%\sim0.5\%$（RSD），检测限约为 pg/mL。除了分析浓度外，ICP-MS 也可分析如锂、铅、铀等同位素组成，其分析精确度约为 1‰。

另一方面，ICP-MS 也可以快速且精确地分析自然界各类样品中的微量元素组成，例如，海洋生物性碳酸钙（珊瑚、有孔虫等）中的微量化学组成，蕴藏了许多古气候与古海洋的环境信息[37]；分析海水中微量元素组成可以了解海洋中生物地球化学与海洋化学的交互作用；雨水与河水的化学组成可评估风化作用的速率；分析岩石中的微量元素及稀土元素组成可探讨岩浆演化、蚀变作用与水岩反应程度等。

11.3.7　多收集器电感耦合等离子体质谱的应用

多收集器电感耦合等离子体质谱（Multi-Collector Inductively Plasma Coupled Mass Spectrometry，MC-ICP-MS）法发展始于 20 世纪 80 年代后期，由于具备了等离子体的高电离能力与多收集器的高分析精确度优势，能分析绝大部分同位素（图 11-21），诸多以往难以测量的同位素系统在 MC-ICP-MS 问世后都成为热门的研究主题。如铪和钨同位素，因为其电离能高，用 TIMS 测量效率很低，传统的 ICP-MS 精确度又不足以解析自然界的变化，MC-ICP-MS 能以极小的样品量，得到精确的同位素比值。MC-ICP-MS 多为双聚焦质谱仪，各有一个磁场式及一个电场式质量分析器，离子收集器通常由 9~12 个法拉第杯及 1~10 个二次电子倍增管组成，测量动态范围为 10^{12}~10^{13}。虽然也能配合同位素稀释法精确定量元素浓度，但 MC-ICP-MS 主要用来测量样品的精确同位素组成。

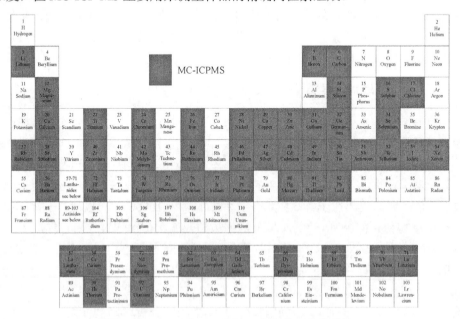

图 11-21　可运用 MC-ICP-MS 测量的同位素系统

MC-ICP-MS 能测量的同位素类型可分为三种：①放射源同位素（Radiogenic Isotope），测量由母核素衰变所产生子核素的量；②质量相关分级（Mass Dependent Fractionation，MDF）；③非质量相关分级（Mass Independent Fractionation，MIF）。放射源同位素的分析结果可用来定年和追踪物质来源；MIF 及 MDF 可用来回推地球历史中各种地质、生物作用，重建古环境。例如，Lu-Hf 同位素系统可以追踪玄武岩的来源，也可以用来探讨地幔和地壳的演化；海洋中锰核的 Hf 同位素变化可以研究过去洋流的变化；^{182}Hf-^{182}W 则可以用来判定地核形成及太阳系聚合或分化的时间[38]。MC-ICP-MS 问世以来，在许多同位素分析上快速地取代了 TIMS 的地位，目前 Hf-W、Lu-Hf、Pb、U-Pb、U-Series 等大多由 MC-ICP-MS 测量，以 MC-ICP-MS 测量 U-Th 同位素，其精确度及重现性都较传统的方法（TIMS 和 α计数）改善许多，^{234}U/^{238}U 的测量精确度可达 0.01%，^{230}Th/^{232}Th 也仅 0.02%左右，较 TIMS 所得的结果改善了 2 倍以上。这不仅降低了最近百万年样本定年的误差，也大大提高了分析效率。Rb-Sr、Sm-Nd 系统除了少部分需要高精确度的应用外，也渐渐改用 MC-ICP-MS 分析。Ca 和 Li 稳定同位素的测量方面，MC-ICP-MS 的测量精确度虽然未能超越 TIMS，但其所需的分析时间仅需 TIMS 的 1/5，且样品前处理较为简易，不易因元素纯化不完全而造成分析上的误差。

11.3.8 激光烧蚀电感耦合等离子体质谱仪的应用

激光烧蚀电感耦合等离子体质谱仪（Laser Ablation Inductively Plasma Coupled Mass Spectrometry，LA-ICP-MS）是以激光烧蚀系统为进样器的 ICP-MS，固体样品先以激光光击成细小颗粒后以传输气体送入 ICP 中，产生离子后再以质谱仪分析。LA-ICP-MS 发展始于 20 世纪 80 年代晚期，初期使用的激光为 Nd:YAG 固态红外激光，波长为 1064 nm；90 年代逐渐采用波长为 266 nm 及 213 nm 的 Nd:YAG 激光，接着波长为 193 nm 的 ArF 准分子激光也导入激光烧蚀系统；2000 年后，飞秒激光（Femtosecond Laser）也被少量运用于 LA-ICP-MS[39]。大致来说，激光的波长越短，烧蚀效率越高；脉冲时间越短，所产生的元素及同位素分化越小。LA-ICP-MS 的优势在于可直接分析固体样品、分析速度快、质谱干扰少，并可进行微区分析，提供样品的化学元素及同位素组成的空间分布信息。依目的不同，激光烧蚀系统可搭配单收集器的 ICP-MS，也可以连接 MC-ICP-MS，前者多用于元素分析，后者主要用作同位素分析。当需要同时分析同位素及元素浓度时，可将激光剥蚀所得的样品分流，分别送入 ICP-MS 及 MC-ICP-MS，同时获得样品的元素浓度与同位素组成[40]。

LA-ICP-MS 可提供样品详细的元素与同位素空间分布信息，此技术目前已广泛用于以下方面：①有孔虫、珊瑚骨骼、洞穴石笋、贝壳、鱼耳石内高空间分辨的微量元素变化，用以探讨与环境变迁相关的议题，如珊瑚骨骼的 Ba/Ca 比反映了陆源沉积物通量的变化[41]，图 11-22 为利用 LA-ICP-MS 测量高空间分辨率的珊瑚 Ba/Ca 变化，分析结果反映了过去台风的侵袭史，此技术可用以重建过去数百年至千年的台风纪录；鱼耳石的 LA-ICP-MS 分析也可以解读鱼类的洄游途径[42]。②岩石、矿物或液包体（Fluid Inclusion）内的微量元素分布，用以探讨岩石成因与液体来源；石榴子石环带的微量元素（Y 或 REEs）组成与扩散速率的变化也可用于解释多期的变质事件。③同位素定年，以 LA-ICP-MS 对锆石进行 U-Pb 定年具有与 SIMS 相近的精确度，但购置及操作成本却远低于 SIMS。

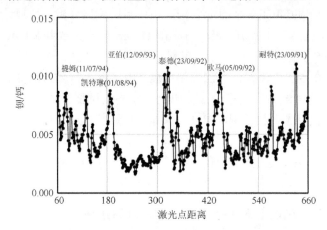

图 11-22　以 LA-ICP-MS 解读珊瑚骨骼的台风纪录

参 考 文 献

[1] http://www.niea.gov.tw/

[2] Chen, H.-C., Ding, W.-H.: Determination of aqueous fullerene aggregates in water by ultrasound-assisted dispersive liquid–liquid microextraction with liquid chromatography-atmospheric pressure photoionization-tandem mass spectrometry. J. Chromatogr. A **1223**, 15-23 (2012)

[3] 郭瀚文，丁望贤. 液相层析质谱仪中大气压力光游离法之原理与应用. 科仪新知，**26**, 86-97 (2004)

[4] 丁望贤，孙毓璋. 环境分析——原理与应用. 环境分析学会，台北(2012)

[5] Munch, J., Bassett, M.: Determination of nitrosamines in drinking water by solid phase extraction and capillary column gas chromatography with large volume injection and chemical ionization tandem mass spectrometry (MS/MS). US Environmental Protection Agency (2004)

[6] Feo, M., Barón, E., Eljarrat, E., Barceló, D.: Dechlorane Plus and related compounds in aquatic and terrestrial biota: a review. Anal. Bioanal. Chem. **404**, 2625-2637 (2012)

[7] Petrovic, M., Gros, M., Barcelo, D.: Multi-residue analysis of pharmaceuticals in wastewater by ultra-performance liquid chromatography–quadrupole–time-of-flight mass spectrometry. J. Chromatogr. A **1124**, 68-81 (2006)

[8] Portolés, T., Pitarch, E., López, F.J., Hernández, F.: Development and validation of a rapid and wide-scope qualitative screening method for detection and identification of organic pollutants in natural water and wastewater by gas chromatography time-of-flight mass spectrometry. J. Chromatogr. A **1218**, 303-315 (2011)

[9] Gros, M., Pizzolato, T.-M., Petrović, M., de Alda, M.J.L., Barceló, D.: Trace level determination of β-blockers in waste waters by highly selective molecularly imprinted polymers extraction followed by liquid chromatography–quadrupole-linear ion trap mass spectrometry. J. Chromatogr. A **1189**, 374-384 (2008)

[10] Barceló, D., Petrovic, M.: Challenges and achievements of LC-MS in environmental analysis: 25 years on. TrAC, Trends Anal. Chem. **26**, 2-11 (2007)

[11] Atkinson, R.: Atmospheric chemistry of VOCs and NOx. Atmos. Environ. **34**, 2063-2101 (2000)

[12] Mulligan, C.C., Justes, D.R., Noll, R.J., Sanders, N.L., Laughlin, B.C., Cooks, R.G.: Direct monitoring of toxic compounds in air using a portable mass spectrometer. Analyst **131**, 556-567 (2006)

[13] Chen, Q.F., Milburn, R.K., Karellas, N.S.: Real time monitoring of hazardous airborne chemicals: A styrene investigation. J. Hazard. Mater. **132**, 261-268 (2006)

[14] Karellas, N.S., Chen, Q.: Real-time air monitoring of Trichloroethylene and Tetrachloroethylene using mobile TAGA mass spectrometry. J. Environ. Prot. (Irvine, Calif.) **4**, 99 (2013)

[15] Blake, R.S., Wyche, K.P., Ellis, A.M., Monks, P.S.: Chemical ionization reaction time-of-flight mass spectrometry: Multi-reagent analysis for determination of trace gas composition. Int. J. Mass spectrum. **254**, 85-93 (2006)

[16] Lindinger, W., Hansel, A., Jordan, A.: On-line monitoring of volatile organic compounds at pptv levels by means of proton-transfer-reaction mass spectrometry (PTR-MS) medical applications, food control and environmental research. Int. J. Mass Spectrom. Ion Process. **173**, 191-241 (1998)

[17] Zhao, J., Zhang, R.: Proton transfer reaction rate constants between hydronium ion (H_3O^+) and volatile organic compounds. Atmos. Environ. **38**, 2177-2185 (2004)

[18] Cappellin, L., Probst, M., Limtrakul, J., Biasioli, F., Schuhfried, E., Soukoulis, C., Märk, T.D., Gasperi, F.: Proton transfer reaction rate coefficients between H_3O^+ and some sulphur compounds. Int. J. Mass spectrum. **295**, 43-48 (2010)

[19] Su, T., Chesnavich, W.J.: Parametrization of the ion–polar molecule collision rate constant by trajectory calculations. J. Chem. Phys **76**, 5183-5185 (1982)

[20] De Gouw, J., Goldan, P., Warneke, C., Kuster, W., Roberts, J., Marchewka, M., Bertman, S., Pszenny, A., Keene, W.: Validation of proton transfer reaction‐mass spectrometry (PTR‐MS) measurements of gas‐phase organic compounds in the atmosphere during the New England Air Quality Study (NEAQS) in 2002. J. Geophys. Res. Atmos. **108**, (2003)

[21] Kuster, W., Jobson, B., Karl, T., Riemer, D., Apel, E., Goldan, P., Fehsenfeld, F.C.: Intercomparison of volatile organic carbon measurement techniques and data at La Porte during the TexAQS2000 Air Quality Study. Environ. Sci. Technol. **38**, 221-228 (2004)

[22] Kato, S., Miyakawa, Y., Kaneko, T., Kajii, Y.: Urban air measurements using PTR-MS in Tokyo area and comparison with GC-FID measurements. Int. J. Mass spectrum. **235**, 103-110 (2004)

[23] Inomata, S., Tanimoto, H., Kato, S., Suthawaree, J., Kanaya, Y., Pochanart, P., Liu, Y., Wang, Z.: PTR-MS measurements of non-methane volatile organic compounds during an intensive field campaign at the summit of Mount Tai, China, in June 2006. Atmos. Chem. Phys **10**, 7085-7099 (2010)

[24] Suthawaree, J., Kato, S., Okuzawa, K., Kanaya, Y., Pochanart, P., Akimoto, H., Wang, Z., Kajii, Y.: Measurements of volatile organic compounds in the middle of Central East China during Mount Tai Experiment 2006 (MTX2006): observation of regional background and impact of biomass burning. Atmos. Chem. Phys **10**, 1269-1285 (2010)

[25] Lerdau, M., Guenther, A., Monson, R.: Plant production and emission of volatile organic compounds. Bioscience **47**, 373-383 (1997)

[26] Christian, T.J., Kleiss, B., Yokelson, R.J., Holzinger, R., Crutzen, P.J., Hao, W.M., Shirai, T., Blake, D.R.: Comprehensive laboratory measurements of biomass-burning emissions: 2. First intercomparison of open-path FTIR, PTR-MS, and GC- MS/FID/ECD. J. Geophys. Res. Atmos. **109**, (2004)

[27] Warneke, C., Roberts, J.M., Veres, P., Gilman, J., Kuster, W.C., Burling, I., Yokelson, R., de Gouw, J.A.: VOC identification and inter-comparison from laboratory biomass burning using PTR-MS and PIT-MS. Int. J. Mass spectrom. **303**, 6-14 (2011)

[28] Barletta, B., Meinardi, S., Rowland, F.S., Chan, C.Y., Wang, X.M., Zou, S.C., Chan, L.Y., Blake, D.R.: Volatile organic compounds in 43 Chinese cities. Atmos. Environ. **39**, 5979-5990 (2005)

[29] So, K.L., Wang, T.: C-3-C-12 non-methane hydrocarbons in subtropical Hong Kong: spatial-temporal variations, source-receptor relationships and photochemical reactivity. Sci. Total Environ. **328**, 161-174 (2004)

[30] Velasco, E., Lamb, B., Westberg, H., Allwine, E., Sosa, G., Arriaga-Colina, J.L., Jobson, B.T., Alexander, M.L., Prazeller, P., Knighton, W.B., Rogers, T.M., Grutter, M., Herndon, S.C., Kolb, C.E., Zavala, M., de Foy, B., Volkamer, R., Molina, L.T., Molina, M.J.: Distribution, magnitudes, reactivities, ratios and diurnal patterns of volatile organic compounds in the Valley of Mexico during the MCMA 2002 & 2003 field campaigns. Atmos. Chem. Phys 7, 329-353 (2007)

[31] Feilberg, A., Liu, D.Z., Adamsen, A.P.S., Hansen, M.J., Jonassen, K.E.N.: Odorant emissions from intensive pig production measured by online proton-transfer-reaction mass spectrometry. Environ. Sci. Technol. **44**, 5894-5900 (2010)

[32] Bhatia, R.K., Yadav, V.K., Mahadeshwar, V.M., Gulhane, M.M., Ravisankar, E., Saha, T.K., Nataraju, V., Gupta, S.K.: A novel variable dispersion zoom optics for isotope ratio sector field mass spectrometer. Int. J. Mass spectrom. **339**, 39-44 (2013)

[33] You, C.-F., Bickle, M.: Evolution of an active sea-floor massive sulphide deposit. Nature **394**, 668-671 (1998)

[34] Chung, C.-H., You, C.-F., Chu, H.-Y.: Weathering sources in the Gaoping (Kaoping) river catchments, southwestern Taiwan: Insights from major elements, Sr isotopes, and rare earth elements. J. Mar. Syst. **76**, 433-443 (2009)

[35] You, C.-F., Lee, T., Brown, L., Shen, J.-J., Chen, J.-C.: 10 Be study of rapid erosion in Taiwan. Geochim. Cosmochim. Acta **52**, 2687-2691 (1988)

[36] Hou, X., Aldahan, A., Nielsen, S.P., Possnert, G., Nies, H., Hedfors, J.: Speciation of 129I and 127I in seawater and implications for sources and transport pathways in the North Sea. Environ. Sci. Technol. **41**, 5993-5999 (2007)

[37] Huang, K.F., You, C.F., Lin, H.L., Shieh, Y.T.: In situ calibration of Mg/Ca ratio in planktonic foraminiferal shell using time series sediment trap: A case study of intense dissolution artifact in the South China Sea. Geochem. Geophys. Geosyst. **9**, (2008)

[38] Lee, D. C. and A. N. Halliday. : Hafnium-Tungsten Chronometry and the Timing of Terrestrial Core Formation. Nature **378**, 771-774 (1995)

[39] Shaheen, M., Gagnon, J., Fryer, B.: Femtosecond (fs) lasers coupled with modern ICP-MS instruments provide new and improved potential for in situ elemental and isotopic analyses in the geosciences. Chem. Geol. **330**, 260-273 (2012)

[40] Kylander-Clark, A.R., Hacker, B.R., Cottle, J.M.: Laser-ablation split-stream ICP petrochronology. Chem. Geol. **345**, 99-112 (2013)

[41] McCulloch, M., Fallon, S., Wyndham, T., Hendy, E., Lough, J., Barnes, D.: Coral record of increased sediment flux to the inner Great Barrier Reef since European settlement. Nature **421**, 727-730 (2003)

[42] Wang, C.-H., Hsu, C.-C., Chang, C.-W., You, C.-F., Tzeng, W.-N.: The migratory environmental history of freshwater resident flathead mullet Mugil cephalus L. in the Tanshui River, northern Taiwan. Zool. Stud. **49**, 504-514 (2010)

第12章

药物与毒物

药物与毒物进入人体后会经过吸收和代谢，而代谢物也可能具有药效或毒性。药物代谢研究在药品的安全性中非常重要，药物的代谢物必须被分离出来并证明是无毒或低毒性，该药物才能上市。分析药物代谢的速率即为药代动力学，这与药物的效能息息相关。非法使用的管制药品则称为毒品，对滥用毒品的稽查通常通过检验尿液来完成。毒物与生化分子（如 DNA、蛋白质、脂质等）反应，产生构造上的修饰，进而影响生理功能。当毒物与 DNA 的作用导致基因突变，引起细胞的癌变，此毒物即为致癌物，其常存在于日常生活环境中。要监测药物的吸收与排泄速率以及毒物的暴露情形，都需要在生物体中准确地分析药物、毒物和其代谢物的含量。但生物体内的成分（基质）复杂，要在复杂的基质中分析微量的药物、毒物及其代谢物，是极具挑战性的分析课题。因此，除了依赖质谱仪的高度专一性、选择性与灵敏度之外，也要搭配适当的样品前处理及色谱分离技术。

12.1　质谱技术在药物代谢研究中的应用

人生病时须依靠药物治疗以减缓身体的不适，然而这些药物进入人体后会经代谢反应（Metabolic Reaction）转变为较易排出体外的代谢物质，但这些物质是否对人体造成危害常需谨慎评估，这也是新药开发过程中，在上市前必须提报有关药物在人体内代谢的途径的原因。本节将简介药物在人体中的代谢过程，及运用高灵敏度和高选择性的质谱技术在代谢物分析与鉴定方面的应用，期望能为相关研究人员提供参考。

12.1.1 药物代谢简介

所谓药物，根据台湾 2009 年编订的《妳"药"的知识》[①]书中第八章所述，为具有疗效且能治疗疾病、减轻病患痛苦或预防人类疾病的物质。药物虽主要为治疗之用，但当药物进入人体后可能会产生一些不良反应，如副作用、毒性反应及过敏反应，对人体造成不可预期的危害。而产生这些问题的来源除了药物主成分之外，在生物体内经代谢过程所产生的代谢物（Metabolite）也可能是造成生物体内产生不良反应的"元凶"之一。因此通过了解药物在生物体内的代谢物，进而推论药物的生物体内的"代谢"过程，以减少药物对人体危害的程度，是现今不可或缺的研究课题之一。

1. 药物代谢途径

当药物进入生物体后，由于体内无法辨识这种外来物质，因此展开防御机制抵抗外来物质的入侵。一旦药物经特定方式如口服或静脉注射等方式进入生物体后，通过血液的运输将药物输送至肝脏等组织产生代谢反应，经代谢后的物质便会输送至排泄系统将其排除至生物体外，或重新将药物代谢，以达到消除异物入侵生物体的目的，所以代谢（Metabolism）过程可视为生物体内的一种防御机制。当药物经由血管输送至肝脏时，大部分药物会在肝脏中被特定酶转化为水溶性更高的物质以利于将这些外来异物排出体外，而这个过程也常称为药物代谢（Drug Metabolism）或异生物质生物转换作用（Xenobiotic Biotransformation）。通常药物多为亲脂性化合物，在肝脏中的代谢途径可分为 Phase Ⅰ 及 Phase Ⅱ 两种代谢反应。Phase Ⅰ 代谢反应主要为氧化、还原、环化或水解等反应。通常透过肝脏中的 Cytochrome P450（CYP 450）类酶将药物转换成为含某种极性官能团如 OH、COOH、SH 或 NH_2 等的化合物，可能会改变药物在生物体内的活性。Phase Ⅱ 的代谢反应也称为结合反应（Conjugation Reaction），此机制是通过酶将化合物本身或其代谢物转换为含葡萄糖醛酸（Glucuronic Acid）、磺酸盐（Sulfonates）等水溶性佳的代谢物，以利于药物通过排泄系统排出体外。

2. 探讨药物代谢的方式

探讨药物代谢的方式有两种，一种方式为体外（*in vitro*）或试管实验。此方式为将代谢反应在试管内完成，或更广义地说是在生物体外的环境中操作代谢反应。因此，体外实验为在生物体外观察药物作用的一种实验方式。目前常用的方式为将生物体肝脏中的微粒体（Microsome）取出，将药物与微粒体在生物体外进

---

① 此书专述女性的用药常识，故书名中的"妳"字未作简体化处理，特此说明。——简体中文版注

行体外代谢反应，而后分析所产生的代谢物[1-3]。另一种方式为活体内（*in vivo*）实验，为在完整且存活的个体内组织进行代谢反应的实验方式。前者具备易于保存、灵活等优点，一般药物代谢物的鉴定均以此实验方式为主。

12.1.2　代谢组和代谢组学

代谢组学（Metabolomics）为近十多年来受到重视的研究领域，可以观察代谢物在生物体内的变化，可用于疾病诊断[4, 5]、癌症研究[6]、临床化学及毒物学方面[7]等研究。而代谢组（Metabolome）通常指存在于生物样品中如细胞、组织或器官内经代谢过程所产生的小分子代谢物。所检测的代谢物可为原来存在于生物体内的小分子化合物如氨基酸、脂肪酸、胺类等小分子化合物，或是外来物质如毒物、环境污染物、食品添加物（Food Additives）等经代谢后所产生的代谢物。代谢组学则为检测一生物样品中所有或部分代谢组的含量的方法[8, 9]，通常包括取样（Sampling）、样品前处理、样品分析和数据处理等过程。样品分析通常通过各种色谱仪器结合质谱等不同检测系统经分析后得到结果。数据处理部分常采用各种统计分析方式来呈现研究结果的差异性。

目前代谢物分析主要为利用不同分析技术，对生物样品中所有小分子代谢物的定性和定量分析[10]。主要有三种方式：①目标代谢物（Metabolite Target）分析指针对特定一个或几个代谢物在复杂基质中的定性与定量分析，如 Liu 等针对具有症状性痛风（Symptomatic Gout）患者的尿液检测 15 种特定代谢物[11]。②代谢轮廓（Metabolic Profiling）分析指鉴定与定量和某些特定代谢路径有关的同一类代谢物，如 Lutz 等利用液相色谱-串联质谱（Liquid Chromatography Tandem Mass Spectrometry，LC-MS/MS）技术检测 10 男 10 女尿液中 22 种类固醇的葡萄糖醛酸代谢物（Steroid Glucuronides）[12]。③代谢指纹图（Metabolic Fingerprinting）分析是利用高通量（High-Throughput）、快速与综合技术分析样品，比较彼此间代谢指纹图的差异对样品进行分类，通常不需要进行定量分析与代谢物鉴定，如 Chan 和 Cai 将 10 mg/kg 的马兜铃酸（Aristolochic Acid）添加进老鼠食物中喂食 3 天后，收集 7 天老鼠尿液，以混合四极杆飞行时间质谱仪（Hybrid Quadrupole/Time-of-Flight Mass Spectrometer，QTOF-MS）分析，并与未喂食的老鼠进行比较，以此找出两个化合物可作为潜在的生物标志物[13]。

12.1.3　质谱技术用于代谢物的鉴定

代谢物鉴定难以使用单一分析仪器完成鉴定分析，一般常用于代谢物检测的仪器仍以核磁共振仪与质谱仪为主。核磁共振仪可检测出代谢物的细部结构，当代谢物为多种异构体之一时，可通过核磁共振的分析结果确认官能团所在的位置。但其最大缺点为代谢物须先纯化至单一成分，且其含量需在微克以上才能有好的检测效果，这对于生物体中代谢物检测而言是一个很大的问题。通常代谢物的含量低于原始药物数百倍之多，短时间内无法大量收集且纯化至可进行鉴定的量，因此目前进行代谢物检测的相关研究，大多以质谱技术为主[14-16]。

通常代谢物具有极性官能团，不易汽化，难以利用气相色谱-质谱（Gas Chromatography Mass Spectrometry，GC-MS）法进行检测。若须以气相色谱-质谱仪检测代谢物，为提高代谢物的检测灵敏度，常需先将其进行衍生化（Derivatization）后才能进行检测；如若分析未知代谢物，由于无法得知代谢物上接何种极性官能基团，可能选用错误的衍生化方式或因衍生化效率太差而无法检测出。近年来液相色谱-质谱（Liquid Chromatography Mass Spectrometry，LC-MS）法的快速发展，对极性高或热不稳定的化合物有较佳的分析效果，提供了一种检测复杂生物基质中微量代谢物的相当有力的工具。目前液相色谱法所使用的色谱柱大多为 C_{18} 柱，对极性化合物的保留效果较差，若能选用适当的色谱柱将可在短时间内完成不同成分的分离与测定，且色谱柱的操作温度通常不高于 50℃，对于热不稳定的化合物有其分析上的优势。现今液相色谱-质谱仪所使用的质子化方法为常压电离法，主要在一定大气压下将液体中的分析物分子转变为气态的质子化分子（Protonated Molecule，[M+H]$^+$）或去质子化分子（Deprotonated Molecule，[M−H]$^−$），而后进入质谱仪中进行检测。而常压电离法包括电喷雾电离法、大气压化学电离法、大气压光致电离法三种离子化方法，分别适用于极性化合物、中低极性化合物、中低极性或含苯环化合物。液相色谱-质谱法的分析方式虽具有高灵敏度，可得到分子量信息，却无法进一步得到分子结构的信息，因此目前代谢物的研究大多采用液相色谱-串联质谱技术的方式进行代谢物的结构鉴定。图 12-1 为参考 Clarke 等的研究所提出的质谱技术用于代谢物鉴定的流程图[17]。主要先利用串联质谱技术的前体离子扫描方式找寻复杂基质中所有可能的代谢物，或中性丢失扫描（Neutral Loss Scan）方式找寻原始药物与特定官能团结合如与葡萄糖醛酸结合所形成的代谢物，而后建立所有疑似代谢物的产物离子质谱图。若需更进一步得到代谢物的结构信息，则可以多级串联质谱分析推导代谢物结构，并通过高分辨质谱信息得到疑似代谢物的分子式，以提高推论结果的可信度。

目前常用的质谱仪大多为低分辨质谱仪，其仅能辨别相差一个质量单位的化合物，在小分子分析时，相同分子量的化合物为数众多，其数量可能高达数千个以上，在代谢物鉴定方面会有很大的困扰。而高分辨质谱（High Resolution Mass Spectrometry，HRMS）法主要具有高质量准确度（Mass Accuracy）及高分辨率（High Resolution）的特性，在代谢物鉴定方面有其重要性。在代谢物分析时可利用其高准确质量（Accurate Mass）的分析能力，提供未知成分的准确分子量信息，因此了解该化合物的可能元素组成，降低鉴定其化学结构的困难度。Kind 曾提出分子量大小与质量准确度的关系，以质量 400 Da 为例，当准确度为 10 ppm 时相同质量的化合物有 78 个，在准确度为 1 ppm 时相同质量的化合物只剩 7 个，准确质量的量测可以大幅减少同分子量化合物的可能数目以利于结构鉴定[18]。而在分辨率方面，提高仪器分辨率可分辨出分子量相近但元素组成不同的同重离子（Isobaric Ions）。

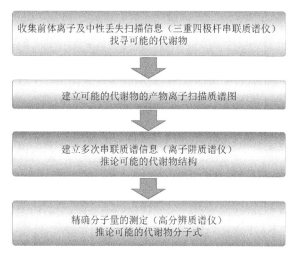

图 12-1　质谱技术对代谢物鉴定的流程图

12.1.4　样品前处理技术

样品前处理技术对于复杂生物基质中微量物质的分析与检测十分重要，生物基质中除尿液外，大多无法大量取得，且其成分复杂，难以直接分析基质中微量药物及其代谢物，因此开发快速且有效率的前处理方式相对重要。由于样品成分复杂，分析物含量很少，因此必须经过萃取、净化及浓缩等步骤以提高待测物检测浓度，增加分析结果的可靠度。由于药物代谢物的分子量通常小于 1000 Da，定性分析时为避免检测不到部分代谢物，大多采用离心过滤（Centrifugal Filtration）方式去除蛋白质[19]；但可能造成部分样品损失。通常监控复杂基质中微量代谢物主要仍以固相萃取（Solid Phase Extraction，SPE）法为主[20-22]。近来有研究者尝试使用固相微萃取（Solid Phase Microextraction，SPME）管柱[23]或 tips[24]等方式分析复杂基质中微量代谢物以减少样品使用量。

12.1.5　质谱技术对药物代谢物检测的应用

目前代谢物分析主要分为已知代谢物的检测及未知代谢物的结构鉴定两种方式。所有生物基质中，由于尿液较其他生物基质易取得，因此常被用来当作微量代谢物检测时所用的基质。Chen 等曾利用液相色谱串联质谱技术的常压化学电离质谱法，同时检测尿液中氯胺酮（Ketamine，K）及其代谢物去甲基氯胺酮

（Norketamine，NK）和去水去甲基氯胺酮（Dehydronorketamine，DHNK），三个化合物的结构图如图 12-2[25]所示。

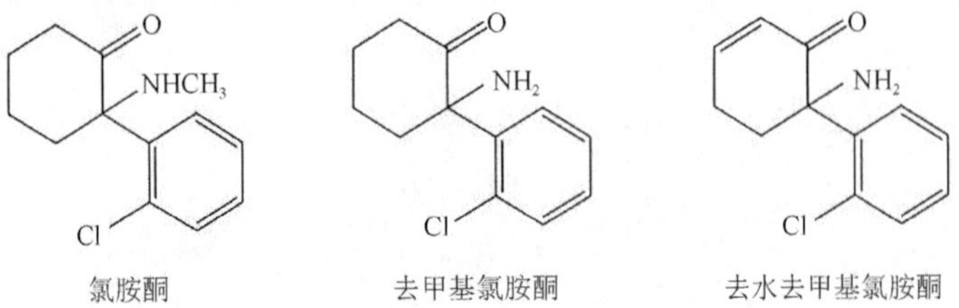

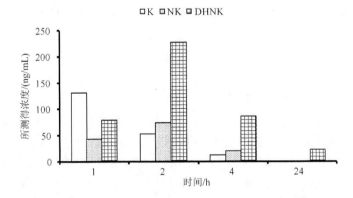

氯胺酮　　　　　　　　去甲基氯胺酮　　　　　　　去水去甲基氯胺酮

图 12-2　氯胺酮及其代谢物去甲基氯胺酮和去水去甲基氯胺酮的结构图

此分析方法对于尿液中 3 个分析物的检出限分别为 0.95 ng/mL、0.48 ng/mL 和 0.33 ng/mL，追踪三个服用过氯胺酮的志愿者，在 24 h 内监测尿液中氯胺酮其及代谢物的变化，所测得的浓度分别为：氯胺酮，5.4～131.0 ng/mL；去甲基氯胺酮，12.0～74.1 ng/mL；去水去甲基氯胺酮，22.8～278.9 ng/mL。而其中一位志愿者经服用氯胺酮后分别取 1 h、2 h、4 h 和 24 h 后的尿液，检测三个分析物的含量变化，如图 12-3 所示。由图中可知，氯胺酮于服用后 4 h 含量已降低许多，表示此药代谢速率较快，于 24 h 后已无法检测到；代谢物去甲基氯胺酮于 2 h 可达到最大量，24 h 后也难以检测到；代谢物去水去甲基氯胺酮也同样于 2 h 可测得最大量，经过 24 h 后仍可于尿液中检测到。

图 12-3　志愿者服用氯胺酮后于不同时间尿液中三个分析物的含量变化

Wang 等曾开发鸡蛋中农药灭蝇胺（Cyromazine）及其代谢物三聚氰胺（Melamine）的分析方法。利用 QuEChERS（Quick, Easy, Cheap, Effective, Rugged and Safe）前处理方式结合液相色谱串联质谱技术检测鸡蛋中的残留农药灭蝇胺及其代谢物三聚氰胺，检测限分别为 1.6 ng/g 和 8 ng/g，并应用于真实鸡蛋样品分析，检测出浓度范围介于 20～94 ng/g 之间[26]。此结果可作为 QuEChERS 应用于复杂基质中特定代谢物检测的参考方法。

在代谢物鉴定方面，Ho 等也曾探讨青霉素 G（Penicillin G）在人体血清中的代谢物，并以数据依赖采集（Data-Dependent Acquisition，DDA）的多级串联质谱技术方式，选择信号最强的离子自动产生其产物离子，可得到多级串联质谱图，进而推论所有可能代谢物的结构，所得 7 个代谢物的保留时间与部分多级串联质谱信息如表 12-1 所示[27]。

表 12-1　青霉素 G 及其代谢物以液相色谱-串联质谱分析所得的保留时间和多级串联质谱信息

分析物	保留时间/min	$[M+H]^+$（m/z）	MS^2	MS^3	备注
青霉素 G	21.8	335	160, 176		
M1	18.4/18.8	353	309, 160	292, 263, 174	Penicilloate
M2	16.4	309	174, 263, 292	146, 128	Penilloate
M3	20.9	425	266, 160	114	
M4	17.5	427	409, 225, 250	132, 176,	
M5	14.8/15.3/16.4/ 17.5/17.1	369	325, 351, 160		
M6	17.3/17.8 /18.2	529	511, 485, 336	318, 160	
M7	15.5/16.0	575	416, 241, 160	114	

由多级串联质谱图 12-4（a）中可推论 M6 的质子化分子$[M+H]^+$为 m/z 529，接着脱去一个 CO_2 中性分子形成信号最强的产物离子 m/z 485，于 MS^3 脱去一个水分子形成 m/z 467，之后于 MS^4 再脱去一葡萄糖醛酸基中性分子形成 m/z 309，而于 MS^5 所得的质谱图与 Penicilloate（M1）的 MS^3 质谱图和 Penilloate（M2）的 MS^2 质谱图非常相似，由此可推论代谢物 M6 的部分结构应与 M1 或 M2 相似，如此可推论出 M6 的结构。

从质谱信息可以证实青霉素 G 的代谢途径为先经 β-lactam 开环后再形成各种代谢物。其中 M1 为 Penicilloate，为 β-lactam 开环后所形成的带羧基化合物，此代谢物可由标准品比对确认；M2 推论为 Penilloate，为 M1 脱去一个羧基所形成的化合物；M3 推论为青霉素 G 与 Glycerone 结合所形成的化合物；M4 推论为 M3 经还原反应所形成的化合物；M5 推论为 M1 接上一个羟基所形成的代谢物。M6 则为 M1 与葡萄糖醛酸结合所形成的代谢物；而 M7 则推论为青霉素 G 与 Cystine 结合所形成的代谢物。青霉素 G 的 7 个代谢物及其可能的代谢途径如图 12-5 所示。由此可知，7 个代谢物中，有 5 个代谢物推论为经 Phase I 反应所形成的代谢物，而 2 个代谢物为经 Phase II 反应所形成的代谢物。

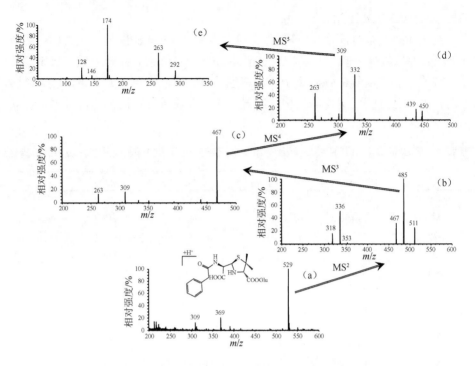

图 12-4　青霉素 G 在人体血清中的代谢物 M6 的多级串联质谱图

（a）全扫描质谱图；（b）MS^2, 529→；（c）MS^3, 529→485→；
（d）MS^4, 529→485→467→；（e）MS^5, 529→485→467→309→

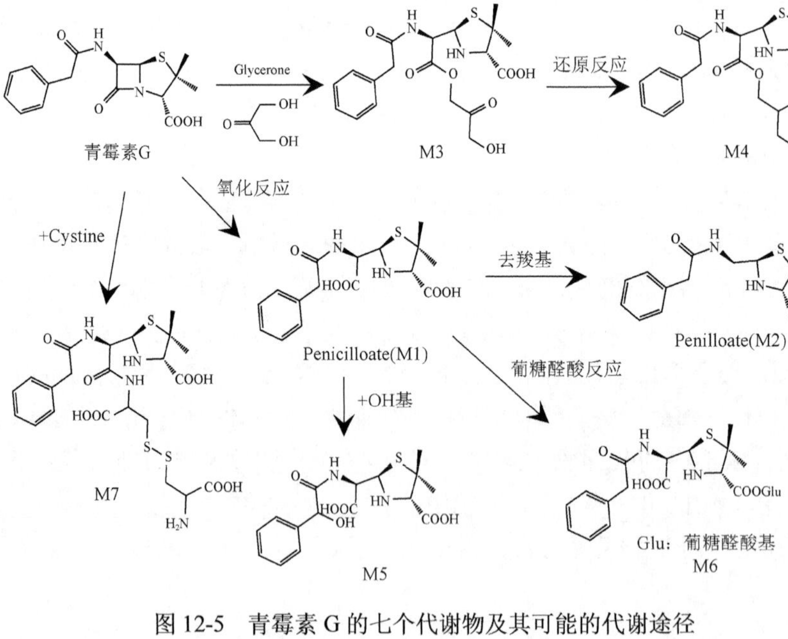

图 12-5　青霉素 G 的七个代谢物及其可能的代谢途径

12.1.6　高分辨质谱用于药物代谢物研究

近年来高分辨质谱法应用于代谢物的分析与鉴定也逐渐增加。利用高分辨质谱法可测得化合物的准确分子量，若再加上小于 5 ppm 的质量准确度，可较准确地推论该化合物的分子式。然而经分析后所得的离子信息太多，除找寻之前的文献数据，通常需通过软件筛选方式找出可能的代谢物信号及可能的代谢途径。经由高分辨质谱的测定，计算代谢物与原始药物间准确分子量的差异，可推测该代谢物比原始药物多或少了哪些元素，甚至是官能团，由此可知该代谢物可能进行何种代谢反应。目前高分辨质谱法用于代谢物分析与鉴定的研究已用得相当多。

Ho 等曾利用 MassWork^{TM} 软件进行青霉素 G 及其代谢物的准确分子量评估，所得结果如表 12-2 所示。所得的质量误差（Mass Error）均不高于 25.5 mDa[27]。此样品也以轨道阱高分辨质谱仪确认此结果的正确性，所有代谢物的质量准确度均小于 2 ppm，显示此推论结果的正确性较高。

表 12-2　青霉素 G 及其代谢物的准确分子量测定

分析物	分子式 [M+H]$^+$	理论精确 分子量/Da	测定的准确 分子量/Da	质量误差 /mDa
原始药物	$C_{16}H_{19}N_2O_4S$	335.1066	335.1187	12.1
M1	$C_{16}H_{21}N_2O_5S$	353.1171	353.1342	−17.1
M2	$C_{15}H_{21}N_2O_3S$	309.1273	309.1121	15.2
M3	$C_{19}H_{25}N_2O_7S$	425.1382	425.1459	−7.6
M4	$C_{19}H_{27}N_2O_7S$	427.1539	427.1619	−8.0
M5	$C_{16}H_{21}N_2O_6S$	369.1120	369.1247	−12.7
M6	$C_{22}H_{29}N_2O_{11}S$	529.1492	529.1747	−25.5
M7	$C_{22}H_{31}N_4O_8S_3$	575.1304	575.1495	−19.1

以轨道阱高分辨质谱仪进行老鼠血浆中利多卡因（Lidocaine）及其代谢物相关研究中，取老鼠血浆 100 μL 比较离心过滤方式及固相微萃取法两种前处理方法，由实验结果可知，以固相微萃取法能得到较佳的萃取效果。利多卡因的检测限为 0.4 ng/mL；经液相色谱高分辨质谱分析后除得到四个代谢物 Mono-Ethylglycinexylidide（MEGX）、3-Hydroxylidocaine、4-Hydroxylidocaine 和 Glycinexylidide（GX）外，还找到一个极性较低的未知代谢物。所有代谢物也以串联质谱法进行确认，由所得到的产物离子质谱图与之前文献数据进行比对。在分辨率 30000 FWHM（Full Width at Half Maximum）下，所有待测物与理论精确质量（Exact Mass）间的误差均小于 5 ppm。

12.2 质谱技术在药物分析中的应用

12.2.1 液相色谱-串联质谱在药代动力学中的应用

药代动力学（Pharmacokinetics）的基本定义是描述给予药物后在体内动态平衡的一门科学，探讨药物经由不同途径进入生物体内后，随着时间在体内进行吸收（Absorption）、分布（Distribution）、代谢和排泄（Excretion）等反应的过程，因此也简称 ADME。其基本理论是结合动力学的概念和原理，配合数学模型来描述药物在血液及各组织间浓度随时间的变化。

合理有效的服药剂量是根据药代动力学曲线（图 12-6）及计算结果得出，有效的药物浓度应介于 MEC 和 MTC 之间，如果服药剂量不足，虽经吸收但未达MEC，是无效的给药；如给药剂量过大，吸收后药物浓度高于 MTC，则可能产生毒副作用。药物浓度介于 MEC 和 C_{max} 之间的浓度，称为药物强度（Intensity）。药物浓度介于 MEC 和 MTC 之间的浓度称为治疗窗口（Therapeutic Window）或治疗指数（Therapeutic Index）。研究药代动力学的结果，在临床应用上非常重要，这些数据结果都书写在药品说明书上，例如，一次吃多少药物，隔多久吃一次，以及哪些药物并服可能产生哪些毒副作用等。

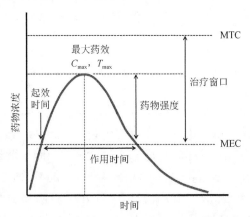

图 12-6 药代动力学曲线，药物浓度与时间关系图

最低有效浓度为 MEC（Minimum Effective Concentration）；最低有毒浓度为 MTC（Minimum Toxic Concentration）；最高浓度为 C_{max}（Maximum Concentration）；到达最高浓度的时间为 T_{max}（The Time to Reach Maximum Concentration）；药物在体内到达有效治疗浓度的时间称为 Onset；药物有效作用时间称为 Duration；药物强度为介于 MEC 和 C_{max} 的药物浓度，称为 Intensity

　　液相色谱-串联质谱法可检验出药物在血液与组织中的含量,利用时间与药物含量的关系推测药物的体内药代动力学与药物在器官中的分布。本节以瘦肉精——莱克多巴胺的药代动力学研究为例进行介绍。莱克多巴胺（Ractopamine）属于 β-肾上腺素受体激动剂（Agonists）,用于增加瘦肉在肌肉的比例,又称为瘦肉精[28]。在临床应用中,β-肾上腺素受体激动剂被广泛用作支气管扩张剂来治疗哮喘和其他肺部疾病。一些研究显示,β-肾上腺素受体激动剂可减少脂质的合成,并通过胰岛素相关机制提高脂质的分解作用。欧洲食品安全局（European Food Safety Authority,EFSA）指出,动物研究证实莱克多巴胺诱发心动过速,在许多国家被禁止。因此可利用 HPLC-MS/MS 分析动物血液与组织样品以检测莱克多巴胺含量,评估药代动力学及器官分布的分析结果[29]。

　　莱克多巴胺的分子式为 $C_{18}H_{23}NO_3$,平均分子量为 301.38,单一同位素分子量为 301.17。以质谱仪在正离子模式下得到的分子离子$[M+H]^+$的 m/z 为 302.17,经过串联质谱分析后其裂解（碎片）为 m/z 164.15,将由 m/z 302.17 裂解成 m/z 164.15 设为定性与定量信号。Nylidrin 为内部标准品,由 m/z 300.15 裂解成 m/z 150.05 为定性与定量信号。

　　为了检测在设定的质谱条件下生物基质是否有干扰检测的情况,对血浆[图 12-7（a）],血浆混合 5 ng/mL 的莱克多巴胺与内标[图 12-7（b）]和给予静脉注射莱克多巴胺（10 mg/kg）后 120 min 的血液样本[图 12-7（c）]进行检测。色谱图[图 12-7（a）]显示无任何信号,而（b）和（c）中有莱克多巴胺与内标的信号,这说明使用的质谱参数与 LC 条件对莱克多巴胺与内标有选择性。

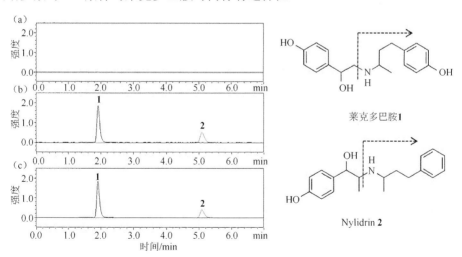

图 12-7　高效液相色谱-串联质谱的色谱图

（a）空白血浆; （b）血浆混合 5 ng/mL 的莱克多巴胺与内标;

（c）给予静脉注射莱克多巴胺（10 mg/kg）后 120 min 的血液样本（稀释 50 倍）

1 为莱克多巴胺; 2 为 Nylidrin

大鼠口服莱克多巴胺（10 mg/kg）后，结果显示，在给药 15 min 后，大鼠的莱克多巴胺血液浓度达到最高值（C_{max}），说明莱克多巴胺在大鼠体内能被快速吸收。而大鼠的生物利用度（Bioavailability）约为 2.99%，是利用静脉注射 1 mg/kg 剂量与口服 10 mg/kg 剂量的莱克多巴胺所计算得到的结果。

静脉注射莱克多巴胺 1 mg/kg 以及 10 mg/kg 剂量，而这两种剂量的莱克多巴胺的平均消除半衰期（Elimination Half-Life，$t_{1/2,\beta}$）分别为 118 min 与 165 min，呈现非线性药代动力学的现象，也就是当剂量越高，莱克多巴胺的排出越慢，容易在体内蓄积。作者以静脉注射 1 mg/kg 莱克多巴胺，并于给药 45 min 后收集大鼠的器官以及血液样品来探讨药物的器官分布。液相色谱-串联质谱法的分析结果显示，在大鼠的肾脏和肺脏蓄积了最大量的莱克多巴胺，其浓度分别约为血浆的 48 倍和 42 倍。

以多巴胺激动剂 L-DOPA 治疗帕金森病时，患者会有运动障碍的并发症。PNU96391 是个弱多巴胺 D_2 受体拮抗剂（Antagonist），可与 L-DOPA 一起使用以降低此并发症，而且不影响 L-DOPA 的药效。PNU96391 的主要代谢产物为去掉氮原子上丙基的 M1。

PNU96391 的药代动力学分析以三个实验进行：①给大鼠口服 PNU96391 与其稳定同位素[$^{13}C,^2H_3$]PNU96391 的混合物，由颈静脉抽血并收集尿液；②以静脉注射大鼠 PNU96391，并口服[$^{13}C,^2H_3$]PNU96391，收集颈静脉血、肝门静脉血与尿液；③以静脉注射大鼠 M1，并口服[$^{13}C,^2H_3$]PNU96391，收集颈静脉血与尿液。以液相色谱-串联质谱法分析这些血浆与尿液样品中 PNU96391、[$^{13}C,^2H_3$]PNU96391 与 M1 的浓度可知：①PNU96391 在肠胃的吸收率大于 90%；②大约 70%的 PNU96391 代谢成为 M1；③M1 没有进一步地代谢，几乎全由尿液排出。这些结果归功于将药物与其稳定同位素同时给动物的做法，以及液相色谱-串联质谱法的分析[30]。

12.2.2 液相色谱-串联质谱用于药物剂型设计的开发

制药工业是一项高度竞争的产业，新药研发上市的难度相当高，药物剂型改良成为一个热门的趋势，其目的是希望通过剂型来增值现有的产品，以达到更好的治疗效果。其中，药代动力学的评估在开发上占有非常重要的角色。因此，有许多研究是开发及建立 LC-MS/MS 分析方法，应用于药物剂型或是新药设计中药代动力学的评估，分析药物的浓度与时间的关系，将此关系利用数学方法计算药物的吸收、分布、代谢与排泄。

　　举例来说，水飞蓟素（Silymarin）是由飞水蓟（Milk Thistle，学名为：*Silybum marianum*）提炼而成的黄酮类抗氧化剂。许多研究证明，Silymarin 可以预防许多肝脏疾病像是肝硬化、脂肪肝、牛皮癣等症，是目前普遍被使用的保肝药品，也是保健食品。由于 Silymarin 具有亲脂性，其口服生物利用度非常低，因此有许多研究希望通过增加 Silymarin 的亲水性及溶解度来提高 Silymarin 的生物利用度，如结构修饰、改变给药途径（像是经皮肤吸收）以及剂型包覆。例如，以脂质体（Liposome）来包覆 Silymarin 拟提高生物利用度的研究。该研究中，作者建立了 Silymarin 中主要指标成分 Silibinin 在血液及各个器官的 LC-MS/MS 分析方法。此分析方法经过优化及实效评估，应用于药代动力学及器官分布研究[31]。

　　Silymarin 中可能的活性分子 Silibinin 的分子式为 $C_{25}H_{22}O_{10}$，利用串联质谱仪在负离子模式下分析后其裂解碎片为 *m/z* 301.0，将由 *m/z* 481.2 裂解成的 *m/z* 301.0 为定性与定量信号。Naringin 为内部标准品，以 *m/z* 579.3 裂解成 *m/z* 271.6 为定性与定量信号。接着评估生物样品在此分析方法中是否会造成干扰检测，作者对空白基质血浆[图 12-8(a)]，血浆混合 Silibinin（1 µg/mL）与内标 Naringin（250 ng/mL）[图 12-8（b）]和给予静脉注射 Silymarin（10 mg/kg）后的血液样本[图 12-8（c）]进行检测。

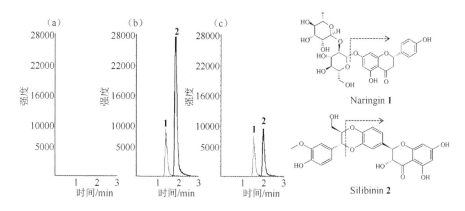

图 12-8　液相色谱-串联质谱色谱图

（a）空白基质血浆；（b）血浆混合 1 µg/mL 的 Silibinin 与 250 ng/mL 的内标 Naringin；（c）给予静脉注射 Silymarin（10 mg/kg）的大鼠血液样本 **1** 为 Naringin；**2** 为 Silibinin

大鼠口服 Silymarin（100 mg/kg）及利用 Liposome 包覆的 Silymarin（100 mg/kg）后，分析各取样时间点的浓度，再由药代动力学软件计算其参数。实验结果显示，由 Liposome 包覆 Silymarin 的剂型，其口服生物利用率可由 1.58%增加到 11.78%。

在器官分布的部分，经由 Liposome 包覆 Silymarin 后，可能由于单核吞噬细胞系统（Mononuclear Phagocyte System，MPS），药物蓄积在肝脏内，达到更好的治疗效果。

12.2.3　液相色谱-串联质谱用于中草药分析

近年来，中药方剂逐渐被广为使用，其疗效也被肯定，例如《医方集解》中的生脉散，具有益气生津，敛阴止汗的功效，可以改善许多心血管方面的疾病，是常使用的中药方剂。但是这些药物在医院选择药材来源、烹煮过程和产品保存的条件可能有所不同，进而影响到药物的功效，运用液相色谱-串联质谱仪发展一套分析方法，快速地将方剂里面的活性指标成分检测和定量出来，可以对药物的质量把关。此外，将其应用于药代动力学的评估上可以解开中药方剂中多种成分的功效。

举例来说，生脉散由人参、麦冬、五味子组成，其中以人参为君药，内含 Ginsenoside Rg1、Ginsenoside Rb1、Ginsenoside Rb2、Ginsenoside Rc、Ginsenoside Rd 等人参皂苷。麦冬为臣药，辅助君药的药性，指标成分是 Ophiopogonin D。五味子则是佐药，指标成分是 Schizandrin。将生脉散样品前处理后，进样至液相色谱-串联质谱仪分析，得到的结果为图 12-9。一些官能团相近的化合物也能被分别定量，例如 Ginsenoside Rc、Ginsenoside Rb2 这两个化合物仅在 Arabinose 的 Pyranose Form 和 Furanose Form 中有差异，通过断裂的片段可以将结构相似的化合物分开，更精确地分析相似的成分，以利于中药方剂中复杂的成分分析。

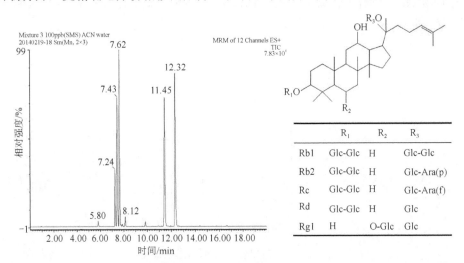

图 12-9　生脉散 UPLC-MS/MS 色谱图，由左至右分别是 Ginsenoside Rg1（5.80 min）、Ginsenoside Rb1（7.24 min）、Ginsenoside Rc（7.43 min）、Ginsenoside Rb2（7.62 min）、Ginsenoside Rd（8.12 min）、Schizandrin（9.83 min）、Ophiopogonin D（11.45 min）、Ginsenoside Copmpound K（12.32 min）。Ginsenoside 类皂苷的官能团比较：Glc 代表 Glucose、Ara（p）代表 Arabinose 的 Pyranose Form、Ara（f）代表 Arabinose 的 Furanose Form

　　中药方剂是由多种不同的草药组成，里面的活性成分更是细数不清，液相色谱-串联质谱法灵敏度高，即使是很微量化合物也可以检测到，并且可同时检测方剂里面的多种成分，节省许多时间，提高分析效率。将其应用于药代动力学上，可以在同一个时间点上分析出各个成分的浓度与时间的关系，进而理清中药方剂各个成分间的药代动力学变化情形，更科学地使用中药方剂。例如，液相色谱-串联质谱法在常用中药方剂补阳还五汤的药代动力学研究。在被喂食补阳还五汤的大鼠血浆中同时分析 9 个复方活性成分：Astragaloside Ⅰ、Astragaloside Ⅱ、Astragaloside Ⅳ、Formononetin、Ononin、Calycosin、Calycosin-7-*O*-*β*-*d*-glucoside、Ligustilide 及 Paeoniflorin，探讨各成分在大鼠血液中浓度变化情形及药代动力学变化。结果显示，Calycosin 有最高血浓度和最佳吸收率，而 Formononetin 具有第二高的吸收率[32]。

12.3　毒品与管制药品分析

　　依据《滥用药物尿液检验作业准则》第 11 条规定，滥用药物的尿液检验，分为初步检验及确认检验，该准则第 15 条及第 18 条明确有阈值的滥用药物尿液检验项目包括安非他命（Amphetamines）类药物、鸦片代谢物、大麻代谢物、可卡因（Cocaine）代谢物、氯胺酮代谢物五大类，而超出此五大类以外的滥用药物或其代谢物，初步检验可依各该免疫学分析方法载明的依据及阈值认定；或依其气相或液相色谱-质谱分析方法最低可定量浓度确定适当阈值。

　　初步检验应采用免疫学分析方法，初步检验结果在阈值以上或有疑义的尿液样本，应再以气相或液相色谱-质谱分析方法进行确认检验。由于免疫学分析方法易受到掺假或基质干扰，产生伪阳性及伪阴性的问题，因此，需以气相或液相色谱-质谱分析方法进行确认检验。气相色谱-质谱法在滥用药物的分析中扮演重要角色，占有一席之地，但是对于热不稳定及难以挥发的药物，却有不易克服的问题与挑战，对于滥用药物鉴定实验室而言，液相色谱-质谱法可以弥补免疫学分析法和气相色谱-质谱法的不足，除了具有滥用药物所需的快速、灵敏度与专一性（Specificity）的要求外，对于新兴滥用药物的筛查及鉴定，更是一项重要的工具。

12.3.1　毒品与管制药品

　　联合国毒品与犯罪办公室（United Nations Office on Drugs and Crime，UNODC）出版的 2013 年《世界毒品报告》（*World Drug Report*）指出，2011 年全世界 15～64 岁人口中，约 3.6%～6.9%曾经使用过非法药物，且新兴药物滥用有

增加的情况，毒品的危害可见一斑[33]。

何谓"毒品"？依据《毒品危害防制条例》第二条的规定，本条例所称"毒品"，指具有成瘾性、滥用性及对社会危害性的麻醉药品与其制品及影响精神物质与其制品。何谓"管制药品"？依据《管制药品管理条例》第三条规定，本条例所称"管制药品"，指下列药品：一、成瘾性麻醉药品。二、影响精神药品。三、其他认为有加强管理必要的药品。对于"毒品或管制药品"的区分，如果合法使用与管理则为管制药品，若非法使用则为毒品。依据《滥用药物尿液检验作业准则》第3条的定义，"滥用药物"是指非以医疗为目的，在未经医师处方或指示情况下，使用《毒品危害防制条例》中称为毒品的药物。

12.3.2　气相色谱-质谱在毒品与管制药品分析中的应用

目前例行性的滥用药物尿液分析方法为稳定同位素稀释气相色谱-质谱法，以确认尿液在初步检验时有无伪阳性的问题，此方法在样品前处理前就先加入稳定的同位素（一般为氘、^{13}C 或 ^{15}N 取代）内标准品，同位素内标准品可以补偿前处理回收率部分的误差以及在色谱或质谱上的变异，而且在定量上可协助检测干扰物质的存在（或机制）等优点。

滥用药物的尿液分析，除了萃取步骤等前处理因素外，另一个因素即衍生反应，由于分析物带有不同的—COOH、—OH、—NH$_2$、—NHR 等官能团，可以由衍生试剂与官能团的反应增加分析物可以被鉴别的程度，常用的衍生反应有烷化反应、酰化反应、酯化反应以及硅烷化反应等，也可以减小分析物的极性、增加挥发性和热稳定性、提高灵敏度等，解决气相色谱-质谱法在滥用药物分析方面面临的问题[34-36]。图 12-10 为安非他命及甲基安非他命衍生物的总离子色谱图及其质谱图[36, 37]。

《滥用药物尿液检验作业准则》列举安非他命类药物、鸦片代谢物、大麻代谢物、可卡因代谢物、氯胺酮代谢物五大类的鉴定。除此之外，近年来许多新兴药物，以一些原本对心理或精神有显著影响的药物为基础，利用化学合成法，加入或改变某些官能团以修改其分子结构，使其结构与效果类似于原来药物，有的类似物的效果甚至比原来的药物更强，从而可规避法律禁用、处罚或管理的规定。

最近经常在酒吧或俱乐部出现的药物包括俗称的"六角枫叶"（2C-B，4-bromo-2,5-dimethoxyphenethylamine）、"FOXY"（2C, 4-chloro-2,5-dimethoxyphenethylamine）、"喵喵"（Mephedrone）、"浴盐"（Methylenedioxypyrovalerone，MDPV），其他还有一些安非他命类似物、苯乙胺（Phenethylamines）类药物、色胺（Tryptamines）类药物、哌嗪（Piperazines）类药物等不胜枚举。这些接踵而至的新兴药物，给滥用药物分析化学家带来了相当大的挑战。Maurer 等利用系统化毒物分析法（Systematic Toxicological Analysis，STA），探讨十多种 2C 系列新兴药物分析的研究。用药喂食老鼠后，推估该药物在老鼠体内可能的代谢模式，取得其尿液，经过水解、萃取、衍生后经由 GC/MS 的电子电离法得知其断裂离子，再搭配化学电离法确认其分子量。将其所建立的方法，推测人体吸食后的可能代谢路径，也利用此方法加以检测及确认，其检测限依各药物不同，有的药物可低至 10 ng/mL（S/N > 3）[38, 39]。

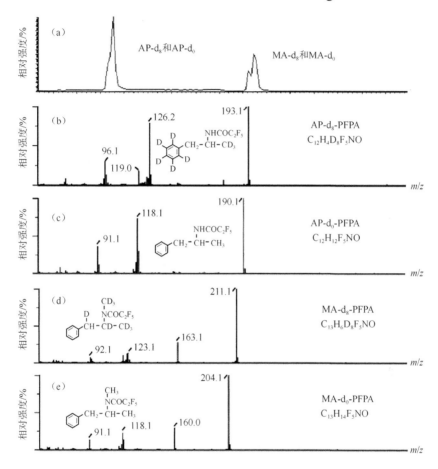

图 12-10　安非他命（AP）及甲基安非他命（MA）五氟丙酰基（PFPA）
衍生物的总离子色谱图及其质谱图
（a）总离子色谱图；　（b）AP-d$_8$-PFPA 质谱图；
（c）AP-d$_0$-PFPA 质谱图；　（d）MA-d$_8$-PFPA 质谱图；　（e）MA-d$_0$-PFPA 质谱图

2006～2013 年氯胺酮的查获量几乎是年年高居第一，也是目前台湾滥用最严重的毒品之一，氯胺酮（Ketamine）又称为 K 他命、K 仔、凯他敏等，台湾于 2002年公告列为第三级毒品，造成氯胺酮毒品泛滥的主因则是其原料取得及制作容易，其中主要原料为盐酸羟亚胺（Hydroxylimine HCl），因此台湾于 2007 年提列在《毒品危害防制条例》的第四级毒品先驱原料管控。Ketamine 及 Hydroxylimine 受热互相转换的机制如图 12-11 所示，从图 12-11 可知，加热会使氯胺酮开环产生 Hydroxylimine，或是 Hydroxylimine 经加热环化产氯胺酮。从图 12-12 分析氯胺酮的 GC-MS 总离子色谱图可知，若仅将氯胺酮在气相色谱仪的进样器中加热汽化送入质谱仪分析，氯胺酮容易开环产生羟亚胺；因此，在分析上必须区分谱图上的氯胺酮与 Hydroxylimine 成分，经研究其本身即为氯胺酮或 Hydroxylimine，抑或为氯胺酮开环或 Hydroxylimine 环化产生；另外也可分析出在制造过程中所使用的不纯物及溶剂。

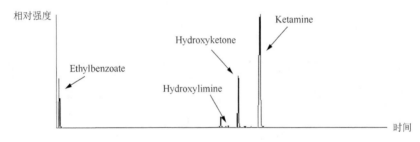

图 12-11　Ketamine 及 Hydroxylimine 受热互相转换的反应机制

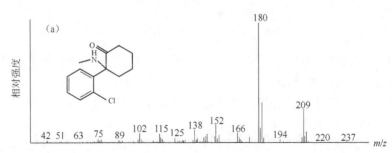

图 12-12　查获氯胺酮制毒工厂样品经气相色谱-质谱法分析的总离子流色谱图

图 12-13 为 Ketamine，Hydroxylimine，Ketamine-三氟衍生物，Hydroxylimine-硅烷化衍生物 GC/MS 分析所得质谱图。从图 12-13 可知，若 Ketamine 或 Hydroxylimine 先进行衍生化反应，则其衍生物不会开环或环化，所以不会造成 Ketamine 或 Hydroxylimine 误判，且其质谱图也不同。由此可知，将化学衍生法应用在 Ketamine 制毒工厂成品或半成品分析上，可有效地区分或鉴别 Ketamine 及 Hydroxylimine 在 GC-MS 进样器中因加热汽化所产生的互相转变的现象。

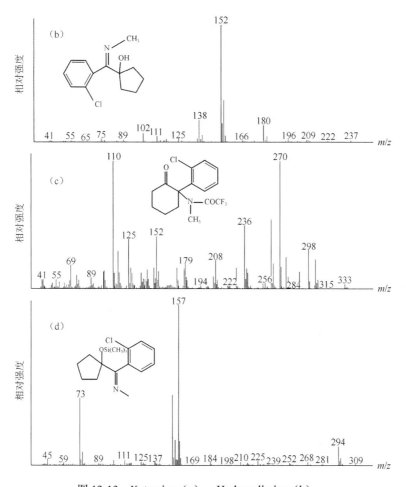

图 12-13　Ketamine（a）、Hydroxylimine（b）、

Ketamine-三氟衍生物（c）、Hydroxylimine 硅烷化衍生物（d）质谱

12.3.3　液相色谱-质谱在毒品与管制药品分析中的应用

早期滥用药物的尿液分析，初步检验是以免疫学分析方法为主，确认分析是以气相色谱-质谱法为主。由于免疫分析试剂通常都是单一的，对于多项药毒物同时初步筛检就必须有多样的免疫分析试剂。但免疫分析试剂研发与制备不易，试剂稳定性不佳、保存时间不长；因此，免疫学分析法对于新兴药物的分析受到极大的限制；而气相色谱-质谱法也受限于分析物分子量的大小、热稳定及挥发性，所以在药毒物的分析中也受到部分限制。

近年来，由于液相色谱-质谱法的技术发展日趋成熟及稳定，对于那些不易挥发、热不稳定、易分解的药毒物鉴定有了解决办法。由于在液相色谱-质谱法中标准品或未知物的质谱图（或串联质谱图）均可能因为仪器型式、操作条件等不同而有差异，所以液相色谱-质谱法的不足，就是无类似气相色谱-质谱法的标准质量谱图数据库。因此对于未知药毒物的筛查，各实验室的分析条件都必须严格控制；虽然过程困难，但液相色谱-质谱法在各药毒物鉴定实验室仍可以达到例行性滥用药物尿液初步检验的广筛功能及确认检验的定性、定量功能。而且在各实验室自建的质谱图数据库中，可以一次筛查出多项药物及可能的新兴药物。因此，液相色谱-质谱法在滥用药物分析应用中愈趋普遍，几乎已成为主流的分析工具[40]。

液相色谱-质谱法在滥用药物或运动禁药的实验室鉴定应用包括：

（1）以低分辨质谱仪（包含离子阱质谱仪）建立药毒物全质谱图数据库，进行未知物的比对分析。Venisse 等发表以单四极杆建立药毒物标准品全质谱图数据库，与未知物比对鉴定[41]；台湾法医研究所的 Liu 等发表以液相色谱-电喷雾离子阱质谱仪建立超过 800 种药毒物的串联质谱图数据库以快速筛查及确认生物体中药毒物成分，包含鸦片类、安非他命类、镇静安眠药、抗抑郁剂、农药及一般常见药物等[42]。

（2）使用低分辨串联质谱同时进行多样分析物的筛查及定量分析。Thörngren 等发表可同时直接从稀释的尿液中检测 133 种分析物，其中包括 37 种利尿剂和遮蔽剂，24 种麻醉剂和 72 种兴奋剂，检测限可达 1～50 ng/mL[43]。Tang 等发表使用液相色谱-三重四极杆串联质谱法同时检测尿液样本 90 种传统药物及新兴药物及其代谢物的方法，包括：安非他命类药物及其结构相类似的新兴药物 17 种、鸦片类药物（Opiates）6 种、可卡因及其代谢物 4 种、氯胺酮类及其代谢物与类似物 4 种、苯二氮䓬类（Benzodiazepines）安眠药及其代谢物 14 种、大麻及大麻类物质（Cannabinoids）及其代谢物 8 种、苯乙胺类药物 7 种、哌嗪类药物 6 种、卡西酮（Cathinones）类药物 6 种、色胺类药物 4 种、其他新兴精神活性物质 3 种（如 MDPV）、其他传统的滥用药物 11 种（美沙酮、巴比妥酸系安眠药、Z-drugs）等。各种药物 LOD 介于 1～200 ng/mL 之间，回收率、阈值、基质效应、保留时间、精密度、多重反应监测（Multiple Reaction Monitoring，MRM）、比值精密度等相关方法确效信息均评估得相当完整，证实了 LC-MS/MS 在传统及新兴药物检测方面扮演了不可或缺的角色[44]。台湾法医研究所 Liu 等发表以液相色谱-串联质谱分析法同时定量头发中安非他命类及鸦片类成分，该研究建立简单、准确与快速的液相色谱-三重四极杆串联质谱分析法，同时定量分析头发及头发片段内安非他命、甲基安非他命、吗啡、可待因、乙酰吗啡及乙酰可待因等 6 种成分，这 6 种成分定量极限可低至 10 pg/mL[45]。

（3）使用高分辨/高准确度串联质谱同时进行多样分析物的广筛及定量分析：本法最主要的优势是可以得到高分辨及高准确的质谱图数据，进而利用这些数据进行未知化合物的鉴定，当有新兴药物出现时，也可使用此方法进行确认。Peters

等发表用 UPLC-TOF 质谱仪对 57 种药毒物或运动禁药进行定量（5 种蛋白同化制剂、21 种 β-2-促效剂、10 种利尿剂、16 种皮质类固醇、1 种麻醉剂和 4 种兴奋剂），TOF 的分析器可设定为正或负离子模式，质量准确度可达 2.8 ppm，且定量极限均低于世界反禁药组织（WADA）的规定[46]。Badoud 等以稀释的尿液直接注入 UPLC-TOF 质谱仪，可以快速检测 4 种抗雌激素剂、1 种 β-2-促效剂、9 种 β-阻断剂、19 种利尿剂、8 种麻醉剂、59 种兴奋剂和其他 3 种分析物等，可获得极佳的 LOD，而且在整个正或负离子模式过程中均维持足够的质量准确度（误差<6 ppm）[47]。Kuuranne 等发表以液相色谱-串联质谱法分析设计药物（Designer Drugs）或新研发但未被批准进行临床试验的治疗药物，而其代谢物的结构则通过仿真人类或动物的代谢反应，再利用高分辨、高准确度质谱进行鉴定[48]。

建立完整的质谱分析方法及质谱图数据库，可同时筛查及鉴定《毒品危害防制条例》所列第一级至第四级毒品与管制药品、新兴毒品及其代谢物，可推广及应用至毒品及管制药品检验任务。

12.4　DNA 与蛋白质加合物的分析

12.4.1　DNA 加合物的分析

体内或环境中的活性种（Reactive Species）会与脱氧核糖核酸（Deoxyribonucleic Acid，DNA）及蛋白质等生化分子反应，产生结构上的修饰。对 DNA 的修饰若未被体内修复机制所修复，则会在 DNA 复制的过程中，引起错误的碱基配对并导致突变与降低染色体的稳定性。DNA 上碱基的修饰生成 DNA 加合物（DNA Adduct），它在多阶段性的致癌过程中扮演一个关键性的角色，为导致细胞癌变的起始期（Initiation Stage）。若要了解 DNA 的破坏在基因突变与癌症形成之间的关系，就需要在细胞中鉴定这种形式对 DNA 的伤害，并将其准确地定量。体内致癌物与 DNA 所形成的加合物含量取决于致癌物的代谢、DNA 的修复能力以及细胞周期的调控[49]。因此，它与个人因素有关。

DNA 加合物作为人致癌风险的生物指标已有动物实验作为依据，这也是分子流行病学（Molecular Epidemiology）的一个重要根据。因此，将 DNA 的加合物准确地定量可用来评估致癌的风险，进而发展预防癌症的措施。

要在复杂的生物样品中准确地测量这些超微量的 DNA 加合物，需要发展高专一性与高灵敏度的分析方法。DNA 加合物的分析方法包括质谱法、电化学检测法、激光诱导荧光、荧光与磷光光谱法、免疫分析法、^{32}P 后标记法等。这些方法不仅需要适当的前处理步骤，也需要使用高专一性与高灵敏度的分析方式。其中只有质谱法可以提供分析物化学结构上的信息，是具有高专一性的分析方法，虽然以往质谱法的灵敏度不及 ^{32}P 后标记法，但近年来质谱仪器的快速发展已有赶上的趋势。以下着重介绍 DNA 加合产物的质谱分析法。

在定量方面，利用与分析物结构相同的稳定同位素当作内标物，称为稳定同位素稀释（Stable Isotope Dilution，SID）质谱法，因为此内标物与分析物之间，除质量之外，物理化学性质均相同，因此只有质谱仪可以区分两者。稳定同位素稀释质谱法对组成复杂的生化样品中所含微量的分析物可以提供最准确的定量信息。此外，在使用气相或液相色谱-质谱仪时，分析物与其同位素随内标物共流出（Coeluting）是确定分析物身份的很重要的判定因素。

1. 样品前处理

DNA 加合物的分析流程主要包括：①将 DNA 从组织中纯化出来；②将 DNA 水解成核苷（Nucleosides）或碱基小分子；③从 DNA 水解产物（Hydrolysate）中纯化与浓缩（Enrich）加合物；④以色谱柱或毛细管电泳分离技术搭配质谱法分析。

由于不容易获得大量的生物体组织，所以需要纯化效率高的流程才能得到足够的 DNA，水解步骤也需要最佳化。由于水解酶对正常核苷与经碱基构造修饰后的核苷水解效率不同，后者可能较低，所以不能仅通过鸟嘌呤（Guanine）或其脱氧核苷的量来判断水解效率。若 DNA 加合物结构不同，酶的水解效率也不同，加之目前较常用的水解流程不止一个，水解酶相对于 DNA 的使用量也常不同，因此在确定整个分析方法之前应该将水解流程与酶使用量最佳化。有一种情形是不需要用水解酶就可以将加合物从 DNA 中释放出来：当鸟嘌呤的 N7 位置或腺嘌呤的 N3 位置上接了烷基后，其糖苷键因不稳定而自行断裂。由于不同加合物的不稳定程度不同，可以采用中性热水解加速其糖苷键断裂的速度，只有部分鸟嘌呤会一起断裂，而整个 DNA 骨架都还在，可以将其沉淀后除去。这一水解产物基质的复杂程度比使用酶将 DNA 完全地水解成核苷的水解产物低得多。

人体 DNA 中只存在微量的加合物，通常没有暴露在过量剂量下的人体内 $10^7 \sim 10^9$ 个正常 DNA 碱基中仅有数个 DNA 加合物。因此，在分析前将 DNA 加合物纯化与浓缩是相当重要的一个步骤。若纯化效果不好，大量正常 DNA 核苷会干扰微量加合物的分析。通过 HPLC 分离 DNA 水解液后，收集流出的加合物可以有效地纯化加合物。但是，收集过程耗时、费力，又容易产生样品之间的交叉污染。即使每次充分地清洗，还是会累积在进样口（Injection Port）。

采用一次性固相萃取柱来纯化 DNA 加合物，虽然纯化效果较 HPLC 差，但是可以避免交叉污染，又可以同时纯化多个样品，是个可行的方法。而且 SPE 柱种类繁多，可以依照所分析的 DNA 加合物的性质来选择。

2. 气相色谱-质谱法

DNA 加合物是一种极性高、不具挥发性的分析物。DNA 加合物的检测通常是用酶将 DNA 水解成核苷后进行检测。由于核苷结构上活性氢的数目众多，且 N 与 O 上活性氢的性质不同，因此需要使用不同的衍生化试剂。DNA 加合物中被研究得最广泛的是 8-羟基-2'-脱氧鸟嘌呤核苷（8-hydroxy-2'-deoxyguanosine，8-OHd），同时也是存在量最高的 DNA 氧化加合物。然而，用不同的方法分析所得到的含量差异却非常大。研究发现，当空气中的氧气遇到 2'-脱氧鸟嘌呤时就会形成 8-羟基-2'-脱氧鸟嘌呤核苷。因此处理样品时要格外小心，应先除去它的起始物 2'-脱氧鸟嘌呤核苷。例如，先将 DNA 用酸水解成碱基，再用三甲基硅烷基（Trimethylsilyl，TMS）衍生化后，用气相色谱-电子电离质谱（GC-EI/MS）法在选择离子监测（Selected Ion Monitoring，SIM）模式下检测 8-羟基鸟嘌呤的衍生物。此方法由 M. Dizdaroglu 于 1985 年首先发展出来，检测限可达 1 fmol。后经研究发现，使用酸在高温下将 DNA 水解成碱基，容易增加鸟嘌呤的氧化从而产生过多的 8-羟基鸟嘌呤，即所谓的人工产物（Artifact）。

气相色谱-质谱仪是灵敏度相当高的仪器，尤其是将不具有挥发性的分析物以亲电物衍生（Electrophore Labeling）后，经分辨率高的毛细管气相色谱分离后搭配电子捕获负离子化学电离（Electron Capture Negative Ion Chemical Ionization，ECNICI）质谱仪，可以使检测限轻易地达到 femto（10^{-15}）甚至 atto（10^{-18}）摩尔的数量级，并已成功地用于许多相关研究中[50]。对同一化合物而言，用电子捕获负离子化学电离气相色谱-质谱法可得到比电子电离质谱法高出一百倍以上的灵敏度。R. W. Giese 等于 1993 年提出"极性足迹"（Polar Footprint）的概念：当化合物在亲电性衍生时接的位置对称，而无明显的"极性足迹"时，它在电子捕获的气相色谱-质谱上的信号强度也较高。

气相色谱-质谱法也应用于分析体液（如尿液、血浆）中的 DNA 碱基加合物，它们可能是被体内的修复机制（酶）切下，也可能是自身的糖苷键因烷化加成后不稳定而自行断裂排到体液中。因为已经是碱基的形式，所示不需要水解的步骤，只要将碱基上的活性氢用衍生化试剂上的烷基取代，降低其极性后即可分析。

以 3,N^4-乙烯基胞嘧啶（3,N^4-εCyt）为例[51]，其五氟苯甲基（Pentafluorobenzyl，PFB）衍生物的检测限可达 1.0 fg（3.2 amol），而且信号与噪声的比值（S/N）大于 40。分析人体尿液时，先加入[$^{13}C_4$,$^{15}N_3$]εCyt，用反相 C_{18} 固相萃取柱纯化后，再以溴化五氟甲苯衍生化，置换胞嘧啶 N1 上的活性氢，然后用正相硅胶固相萃取柱纯化，即可注入气相色谱-负离子化学电离质谱仪在选择离子监测模式下检测[M–181]⁻的离子（图 12-14）。稍加改进后，此分析法的定量限可达 1.8 fmol，比

HPLC 搭配荧光检测器的定量限（5.9 pmol）低了 3000 倍以上，而且只需要 0.1mL 的尿液，即可准确定量 18 pmol/L 以上的浓度。

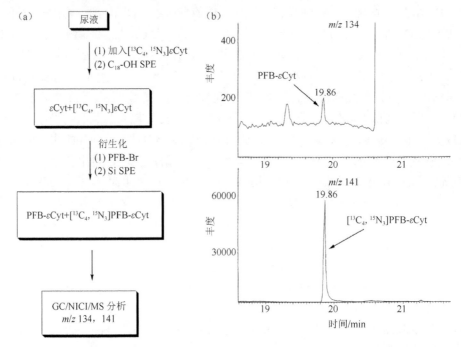

图 12-14　（a）以气相色谱-负离子化学电离质谱仪分析尿液中 3,N^4-乙烯基胞嘧啶的流程；（b）一个非吸烟者尿液中 N^1-五氟苯甲基-3,N^4-乙烯基胞嘧啶在选择离子追踪模式下的色谱图[51]（摘自 Chen, H.-J.C., et al. 2003. Effect of cigarette smoking on urinary 3, N^4-ethenocytosine levels measured by gas chromatography/mass spectrometry. Toxicol. Sci.）

3. 液相色谱-质谱法

在分离方面，除了气相色谱-质谱仪之外，最常用的就是液相色谱与毛细管电泳。毛细管电泳分析最大的缺点为样品的移动时间（Migration Time）缺乏再现性，而此缺点可以通过结合质谱提供的结构信息来弥补。相较于液相色谱分离法，毛细管电泳能够承载的样品量比液相色谱柱小（通常在纳升数量级），因此限制了它的浓度检测限，进而限制了它的实用性；所以毛细管电泳需要配合适当的样品前处理或在线浓缩步骤。但是，如果分析等量的同一样品，毛细管电泳所出现的波峰较尖锐，使得它的灵敏度较高。

如果采用近年来迅速发展的液相色谱-质谱仪来分析碱基或核苷加合物的含量则可以省略衍生化的步骤，若有串联质谱的功能，则专一性更高。它的灵敏度比气相色谱-质谱仪差，但若配合适当的前处理，则是相当有用的分析方法。对于 DNA 加合物这类不具有挥发性的强极性生化分子，电喷雾电离（ESI）质谱法的软电离方式很适合进行直接分析。基质辅助激光解吸电离（Matrix-Assisted Laser Desorption/Ionization，MALDI）则适合以负离子模式直接分析含磷酸的寡核苷酸（Oligonucleotides）或核苷酸（Nucleotides）。傅里叶变换离子回旋共振（FT-ICR）质谱法，在化学结构鉴定上非常有用，与分离柱配合使用时，可增加其灵敏度。值得一提的是，加速器（Accelerator）质谱仪的灵敏度已超过 ^{32}P 后标记法，可在 10^{12} 个正常碱基中检测到 1 个 DNA 加合物，但因价格昂贵并且需要用放射性同位素（如 ^3H 或 ^{14}C）而没有得到广泛使用。然而，对于灵敏度较差的 DNA 加合物，衍生上一个含季胺的基团[称为预电离（Pre-Ionized 或 Precharged）]或季铵化 (Quaternized)使之带正电荷，则不须在质谱的离子源中进行电离，例如用在 5-甲酰基-2′-脱氧尿苷（FodU）的分析中可以提高其灵敏度约 20 倍（图 12-15）[52]。

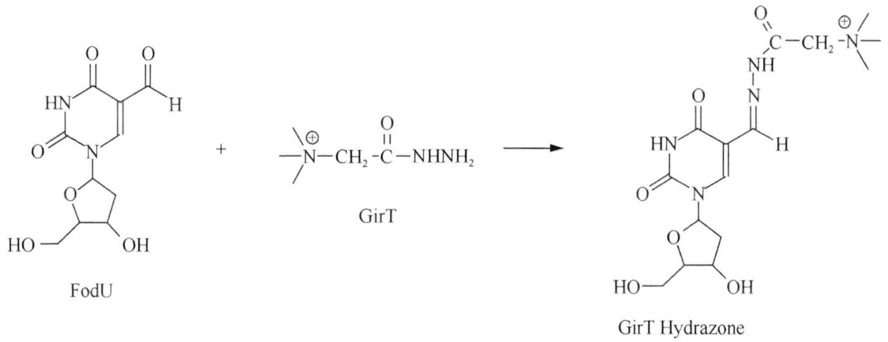

图 12-15　5-甲酰基-2′-脱氧尿苷与 Girard 试剂 T（GirT）的反应与产物[52]（摘自 Hong H, et al. 2007. Derivatization with Girard reagent T combined with LC-MS/MS for the sensitive detection of 5-formyl-2'-deoxyuridine in cellular DNA. Anal. Chem.）

　　使用三重四极杆串联质谱仪（Triple Quadrupole Tandem Mass Spectrometer，QqQ-MS/MS）在选择反应监测（Selected Reaction Monitoring，SRM）或多重反应监测模式下分析，可增加它的专一性以及降低背景值。在这种模式下分析可达到其他仪器无法超越的超高灵敏度。J. Cadet 的实验室于 1998 年首先报道以稳定同位素稀释液相色谱-电喷雾电离串联质谱法（LC-ESI/MS/MS）检测猪肝、小牛胸腺 DNA 与尿液样品中 8-羟基-2′-脱氧鸟嘌呤核苷的含量[53]。若用选择离子追踪单一离子，其检测限为 5 pmol；改用串联质谱法选择反应追踪来分析，检测限则降为 20 fmol，由此可见串联质谱法的优势。这是因为串联质谱法可降低背景值，增加信噪比，进而提高灵敏度。

　　近年来色谱柱的孔径与流速的微小化迅速发展，增加了蛋白质组分析的灵敏度。较常用的色谱柱的内径为 75 μm，流速为 200～300 nL/min，可搭配纳喷雾（Nanoelectrospray）离子源。当色谱柱的内径越小、流速越低时，分析物在色谱柱内的浓度越大；而且喷出的液滴越小，纳喷雾电离的效率也越好[54]。唾液也是 DNA 的一个来源，可以容易地以非侵犯性的方式取得。H. J. C. Chen 的实验室以内径为 75 μm 的液相色谱柱，流速为 300 nL/min，搭配纳喷雾电离串联质谱法在唾液 DNA 中同时分析 5 个来自环境和体内脂质过氧化产生的外环性加合物 AdG、CdG、εdAdo、εdCyd 与 $1,N^2$-εdGuo。从平均大约 3 mL 的唾液中纯化出 25 μg 的 DNA，加入 5 个稳定同位素作为内标物，这 5 个加合物均被检测到，而且被准确定量（图 12-16）[55]。

在核苷的分析上，因为碱基与脱氧核糖间的糖苷键比较容易断裂，选择反应追踪通常以质子化前体离子 $[M+H]^+$ 断裂糖苷键后形成碱基 $[BH_2]^+$ 产物离子的转换为最灵敏的条件。然而，此条件并没有提供碱基加合物的结构信息。使用三重四极杆串联质谱仪的中性丢失扫描，设定 $[M+H]^+$ 丢失 116（即脱氧核糖），却得到很多的信号。使用离子阱质谱仪则可以将离子储存后，连续做多次碰撞，进行多级串联质谱（Tandem Mass Spectrometry to the nth Degree，MS^n）分析，增加了分析的专一性。R. J. Turesky 等发展以 MS^3 的方法同时分析 13 个包括香烟与熟肉中致癌物所产生的 DNA 加合物，他们利用线性四极离子阱质谱仪超快的扫描速度，以多重反应监测或多级串联质谱分析，可以得到产物离子的多级串联质谱图来鉴定分析物[56]。

Turesky 的实验室也以在线（On-Line）SPE 搭配 UPLC-ESI/MS^3 的方法分析马兜铃酸代谢物马兜铃内酰胺(Aristolactam)产生的 DNA 腺嘌呤核苷（dAdo）与鸟嘌呤核苷（dGuo）加合产物，分析台湾的上泌尿道癌患者的肾肿瘤与肾皮质细胞中这些 DNA 加合物的含量。他们只检测到腺嘌呤核苷的加合物，而没有检测到鸟嘌呤核苷的加合产物。每个样品只用了 10 μg 的 DNA，其检测限为在 10^8 个正常碱基中可检测到 0.3 个此马兜铃酸与腺嘌呤核苷的加合物[57]。

或许是因为此系统须克服色谱柱易阻塞以及流速不易控制的技术关卡，这种纳升流速的液相色谱-纳喷雾电离的系统很少用在小分子的分析上。然而，DNA 加合物在组织中含量极微。临床样本得来不易，分析化学家必须将分析方法的灵敏度提升至极限，才能将此方法广泛地应用在临床医学上。否则，当分析方法的灵敏度不够高时，只能用在动物实验上或是经手术切除的大块组织上。因此，发展以血液中的白细胞作为替代组织（Surrogate Tissue）以及分析尿液中的 DNA 加合物，将它们的含量与组织 DNA 中的加合物做比较，以联结 DNA 修复酶的活性与 DNA 加合物的形成以及肿瘤的发生；并用来评估血液及尿液中 DNA 加合物作为疾病诊断与预防的生化指标，这些都是很重要的课题。

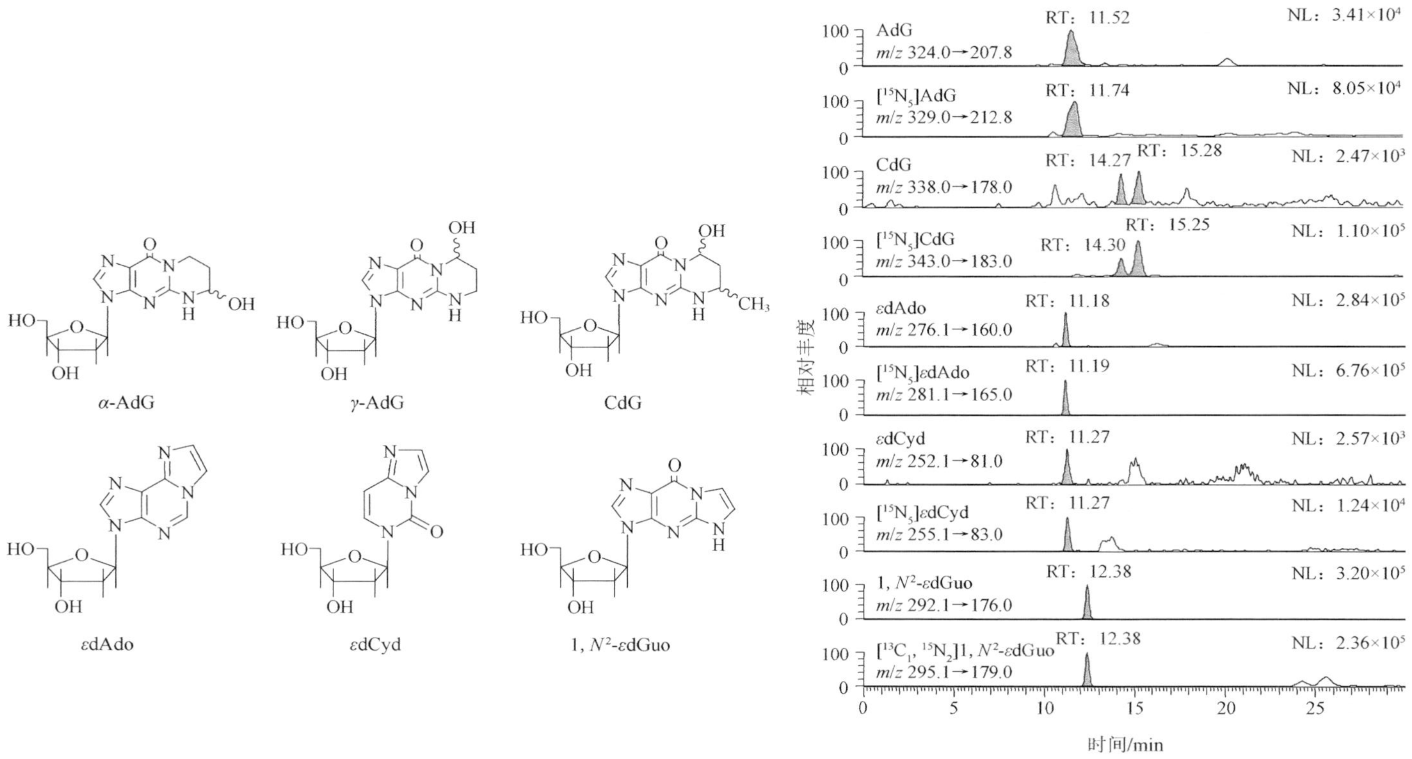

图 12-16　AdG、CdG、εdAdo、εdCyd 和 1,N^2-εdGuo 的结构与液相色谱-纳喷雾电离串质谱图[55]（摘自 Chen, H.-J.C., et al. 2011. Quantitative analysis of multiple exocyclic DNA adducts in human salivary DNA by stable isotope dilution nanoflow liquid chromatography-nanospray ionization tandem mass spectrometry. Anal. Chem.）

12.4.2 蛋白质加合物的分析

如图 12-17 所示，与蛋白质发生反应的物质可以是内生性或是外来（职业、环境、药物）物质（Xen），或经过代谢活化后的物质（Xen*）[58]。它们多为亲电基团（Electrophile），如烷基化亚硝胺或环氧化物等的烷基化试剂；蛋白质为亲核基团（Nucleophile）。内生性的蛋白质加合物，如糖基化、磷酸化、氧化等，也是蛋白质翻译后修饰（Post-Translational Modification，PTM）的产物。本节中的蛋白质加合物着重于与外来物质的产物。虽然与蛋白质发生加成反应不会导致基因突变，但体内蛋白质加合物与 DNA 加合物的含量相关性很强，而且体内蛋白质的量比 DNA 多，加上蛋白质加合物不会被酶修复。因此，只要蛋白质加合物的化学性质稳定，它很适合作为暴露于致癌物或药物、毒物的指标，是分子剂量学（Molecular Dosimetry）重要的一环，临床上可以与疾病的程度相关联。某些蛋白质被修饰后还可以存在于细胞中，并保持它的生理功能。例如，糖基化血红蛋白与糖基化血清蛋白的程度与血清中葡萄糖的含量成正比，因此特定的糖基化血红蛋白（HbA$_{1c}$）目前被用来追踪糖尿病患者控制长期血糖的成效指标。

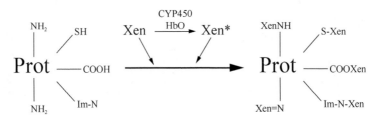

图 12-17　蛋白质与内生性或外来物质（Xen）或经过代谢活化后物质（Xen*）的反应

蛋白质上的亲核性原子包括半胱氨酸上的硫原子，组氨酸、赖氨酸与精氨酸上的氮原子，天冬氨酸与谷氨酸上的氧原子，以及 N 端上的氨基与 C 端上的羧基。其亲核反应性大小顺序依次序为 SH>NH$_2$>OH。加合物的含量与亲电基团的反应活性、亲电基团在组织中的浓度和持久性、加合物在蛋白质上的稳定性以及生物种类蛋白质的生命期（Life Span）有关。例如，人、大鼠、小鼠的血红蛋白生命期分别为 126 天、60 天、40 天，而人、大鼠、小鼠的血清蛋白生命期则分别为 20 天、2.5 天、1.9 天。因此，分子剂量学通常采用血红蛋白与血清蛋白来分析它们的加合物，而血红蛋白上的加合物较血清蛋白上的加合物更适合作为致癌物的暴露指标，因为其加合物可以累积较久、较多，而较易被检测到。然而如果要追踪长时间暴露的微量物质，就需要采用组蛋白（Histone，生命期为动物寿命的 1/5）与胶原蛋白。实际上，只有血红蛋白与血清蛋白与环境致癌物的加合物被广泛地研究，因为它们在血液中的含量较高而且生命期已知，容易由其加合物的含量回推暴露量[59]。

早在 1947 年，致癌物质 Aminoazo Dyes 的蛋白质加合物就被研究了，后来因为 DNA 加合物的形成与致癌的直接关系而被忽略。直到 70 年代，因为确定蛋白质加合物的形成是药物与化学物质毒性的重要机制，其才又受到重视。然而其分析受到限制，直到 90 年代质谱分析技术迅速发展，才又有所改进。

把加合物从蛋白质上切下来分析的方式有数种，包括：①以强酸加热将多肽水解成氨基酸后，用离子交换色谱法分离后分析；②对于接在半胱氨酸上的硫的加合物可用三氟乙酸酐衍生成硫醇酯后分析，或以 Raney-Ni 还原碳硫键后分析；③在强酸下不稳定的蛋白质加合物，而且不是接在天冬氨酸、谷氨酸、半胱氨酸或 N 端上者，可以用联氨（Hydrazine）分解成氨基酸的联氨衍生物后分析；④修饰在 N 端上的蛋白质加合物可用含氟的 Edman 试剂（Pentafluorophenyl Isothiocyanate）反应切除后以气相色谱-电子捕获负离子化学电离质谱仪分析；⑤酶水解成多肽后以液相色谱-电喷雾电离串联质谱仪或基质辅助激光解吸电离（MALDI）飞行时间（Time-of-Flight，TOF）质谱仪分析等[59]。分析蛋白质水解后所得的多肽即为 Shotgun 蛋白质组学分析法。

1. 气相色谱-质谱法

Edman 试剂（异硫氰酸苯酯）与蛋白质 N 端反应后的产物，在酸性环境下会形成环状的乙内酰苯硫脲（PTH），此结构包含 N 端的第一个氨基酸支链。反应后少了一个氨基酸的蛋白质，可继续发生相同的反应得到含第二个氨基酸的 PTH；依此类推，称为 Edman 降解（Degradation），长久以来用在蛋白质的定序上。PTH 可用 HPLC-UV 或 GC-EI/MS 分析鉴定，但是灵敏度很低。当蛋白质的 N 端氨基被烷基化后，与全氟的 Edman 试剂反应，在中性环境下即可形成环状的五氟乙内酰苯硫脲（PFPTH），称为改良的 Edman 反应（图 12-18）。PFPTH 可以搭配灵敏度高的 GC-ECNICI/MS 分析，常用在定量来自于毒物或药物的烷基化试剂对蛋白质的 N 端所造成的修饰。例如，S. S. Hecht 团队以此法分析人血红蛋白上 N 端缬氨酸（Valine）甲基化与乙基化的程度，发现抽烟者的乙基化程度高于非抽烟者，验证了香烟中含乙基化试剂的论点；甲基化则与抽烟无关。值得一提的是，他们使用 N 端缬氨酸含稳定同位素的六多肽当内标物，而非氨基酸，可以避免因 Edman 试剂对多肽和对氨基酸反应性不同所产生的差异（图 12-19）。此法的检测限可达 0.7 fmol，定量限为 0.4 pmol/g 球蛋白[60]。

2. 液相色谱-质谱法

为避免使用气相色谱-质谱仪分析氨基酸加合物的衍生物的低挥发性与热不稳定性问题，使用液相色谱-质谱仪搭配电喷雾电离（ESI）或大气压化学电离

（APCI）分析高极性的蛋白质或多肽的加合物是另一种选择。要鉴定加成反应发生的位置，则可以使用串联质谱法，以碰撞诱导解离（CID）产生的碎片离子来决定。

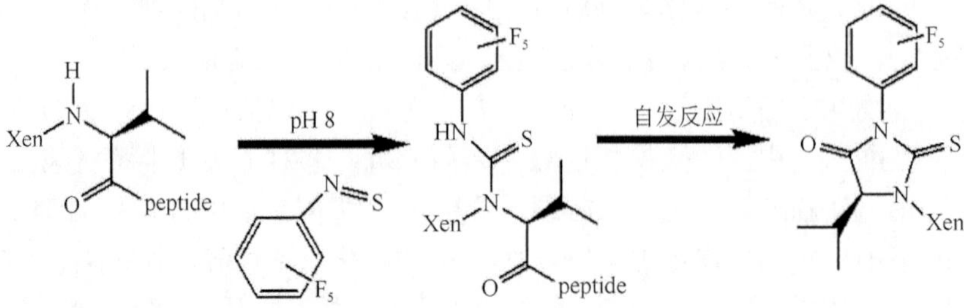

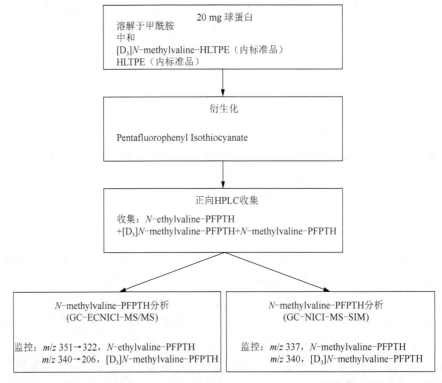

图 12-18　血红蛋白 N 端上 Valine 的烷基化（R）及与改良的 Edman 试剂的反应与产物

图 12-19　以改良的 Edman 降解反应分析甲基化与乙基化血红蛋白[60]（摘自 Carmella, S.G., et al. 2002. Ethylation and methylation of hemoglobin in smokers and non-smokers. Carcinogenesis）

　　最近，结合了亲电性探针的亲和性化学、Shotgun 蛋白质组学分析法、系统模拟工具等科技方法，又让蛋白质加合物的分析，不论在亲电物的结构鉴定、目标蛋白质鉴定、发生反应的氨基酸位置鉴定方面都向前迈进了一大步。因为蛋白质加合物含量极低，必须有好的纯化即浓缩前处理措施。传统上用抗体捕获修饰后的蛋白质来分析，其缺点在于昂贵、费时、缺乏选择性与专一性，会有假阳性的蛋白质也被捕获。因此，一些亲和性化学就被发展出来，配合生物素（Biotin）与链霉亲和素（Streptavidin）的超强结合力与专一性，得到很好的效果。生物素与链霉亲和素之间的结合力是至今已知最强的非共价作用力，其解离常数达 4×10^{-14} mol/L 数量级。为了了解细胞对于活性种的响应，就必须知道活性种与哪些蛋白质作用。因此，必须有好的措施将与活性种作用的蛋白质全部检测到，并且分离出来。"点击"化学（Click Chemistry）是使用以亚铜离子催化的叠氮化合物（Azide）与炔类（Alkyne）环化加成为稳定的五元环三唑（Triazole）的一拍即合的化学反应。

"点击"化学

以 4-羟基壬烯醛（4-Hydroxynonenal，HNE）为例，它是脂质过氧化的一个产物，会诱导结肠癌细胞的凋亡。可以用两种亲和性化学方法来捕获其蛋白质加合产物：①合成 HNE 与叠氮化合物的连接物，将它加入细胞裂解液（Lysate）与其中的蛋白质作用后，加入炔类与生物素的连接物，发生"点击"化学反应；②合成 HNE 与炔类的类似物，将它与细胞裂解液作用后，加入叠氮化合物与生物素的连接物，发生"点击"化学反应。接下来利用生物素与 Streptavidin 的超强结合力与专一性，加入包覆 Streptavidin 的琼脂糖（Sepharose）珠子，捕获发生"点击"化学反应的连接生物素的蛋白质组。洗去非专一性作用的蛋白质后，即可得到与 HNE 反应的蛋白质组。这些蛋白质组水解成多肽后以 Shot Gun 蛋白质组学的方法鉴定其身份。用此法在结肠癌细胞中鉴定到一些与压力信息传导及葡萄糖的调控有关的蛋白质[61]，也在人的血浆中鉴定到包含血清蛋白及载脂蛋白 A_1（ApoA$_1$）共 14 个蛋白质与 HNE 的加合物[62]。

12.5　毒物暴露评估

现代人在日常生活中往往暴露在许多环境毒物之下，如塑化剂、多氯联苯（Polychlorinated Biphenyls，PCBs）、有机空气污染物等，表 12-3 列出常见毒物的分类。这些毒物会影响人体的健康，如果能正确评估一个人所暴露到毒物的种类与剂量，做出合理的风险评估，则可以进一步控管毒物的暴露，将健康风险尽可能降低。图 12-20 说明毒物暴露途径及常用的质谱分析方法。毒物存在于人生活的环境中，就可能进入人体，而毒物暴露的途径并非单一的，毒物进入体内有三种主要的途径[63]：①经由呼吸吸入空气进入体内；②随食用食物、水的方式进入体内；③皮肤接触毒物穿透表皮结构进入体内。要测量某个人对毒物的暴露量，可以直接用质谱仪测定这个人身体里的毒物含量，也可以测定这个人周围的毒物浓度，同时估计毒物进入人体的机会有多大，也能推算暴露量。

表 12-3　常见毒物列表

分类	可能影响人体健康的毒物
持久性有机污染物 （Persistent Organic Pollutants，POPs）	艾氏剂、氯丹、DDT、狄氏剂、异狄氏剂、二噁英、呋喃、七氯、六氯苯、灭蚁灵、多氯联苯、毒杀芬
挥发性有机化合物 （Volatile Organic Compounds，VOCs）	苯、甲苯、乙苯、二甲苯、甲醇、异丙醇、三氯乙烯、丙烯腈、甲烷、乙烷、丙烷、丁烷、乙烯、丙烯、丁烯、二氯甲烷、四氯乙烯、甲醛
内分泌干扰物 （Endocrine Disruptor Chemicals，EDCs）	二噁英、多氯联苯、DDT、塑化剂、双酚 A、溴化二苯醚、全氟辛酸、烷基酚类、铅、镉、汞、呋喃、艾氏剂、马拉硫磷、氯菊酯、苯乙烯
重金属（Heavy Metals）	砷、镉、铬、铜、汞、锰、镍、铅、锌
杀虫剂（Pesticides）	有机氯杀虫剂（DDT、艾氏剂、七氯、硫丹） 有机磷杀虫剂（甲胺磷、对硫磷、地虫硫磷） 氨基甲酸盐杀虫剂（杀线威、治灭虱、涕灭威） 沙蚕毒素类似物（杀虫磺、培丹、硫赐安） 合成除虫菊酯杀虫剂（氯氰菊酯、氯菊酯、溴氰菊酯） 昆虫生长调节剂（百利普芬、六伏隆） 抗生性杀虫剂（阿维菌素、密灭汀、因灭汀） 苯基吡唑类杀虫剂（氟虫腈） 类烟碱杀虫剂（噻虫胺、噻虫嗪、啶虫脒）
食品添加剂（Food Additives）	防腐剂（抗坏血酸、苯甲酸、无水乙酸、己二烯酸） 食品改良剂（柠檬酸钠、六偏磷酸钠、乳酸钙） 保色剂（亚硝酸钠、亚硝酸钾、硝酸钠、硝酸钾） 人工甘味剂（阿斯巴甜、糖精）

　　实际上，常见的毒物暴露评估方式可以大概分为三大类：问卷调查、环境监测（Environmental Monitoring）以及生物监测（Biomonitoring）方式[64]。问卷调查方式是通过调查个人的生活习惯等去评估每个人所有可能暴露到毒物的状况，而环境监测则是利用分析空气中或食物中等所含有的毒物量有多少，以评估可能摄入人体的毒物暴露量，生物监测方式则是通过检测人类尿液、血液、毛发等样本，推估人体因暴露毒物而摄入的毒物剂量。

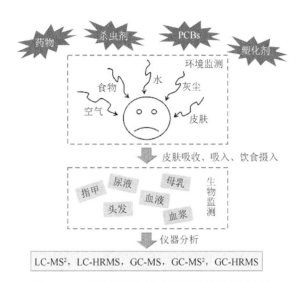

图 12-20　毒物暴露途径及常用的质谱分析方法

　　以环境监测或生物监测进行毒物暴露评估，都可以使用质谱分析技术作为化学分析工具，测量样品中毒物的种类与含量，进而推估暴露毒物的风险。一般来说，质谱仪应用于毒物暴露评估，几乎都会结合色谱分离技术，以有效处理潜在的复杂样品基质与毒物种类。色谱分离技术的选择，则依照毒物的极性、挥发性及热稳定性而定。举例来说，监测空气中的挥发性有机化合物，一般使用气相色谱-质谱仪；以尿液样品进行生物监测，液相色谱-质谱仪则为首选。当样品基质较复杂时，往往使用串联质谱仪来克服基质的干扰，增加分析信号的信噪比。

12.5.1　环境监测

　　环境监测的样品有空气、水样、食物、皮肤、灰尘等。各种样品基质需采取不同且适当的前处理程序，表 12-4[65]列出数个毒物环境监测标准分析方法。在分析环境样品前，需要进行样品前处理以移除基质干扰，目前常用的方式可大概分为三大类[66]：①自动化样品前处理连接检测系统，如在线固相萃取（On-Line Solid Phase Extraction）结合液相色谱；②吸附剂，如分子印迹聚合物、免疫吸附法；③合并多项前处理步骤，如同时萃取及提取气相或液相样品中的污染物[66]。样品前处理的一些细节也往往会影响分析数据质量，以检测水中的全氟化合物（Perfluorinated Compounds，PFCs）为例，在收集样品时由于有些化合物在水溶液中易与玻璃结合，须避免使用玻璃容器采集样品，而传统上处理全氟化合物，常使用固相萃取或液-液萃取。

表 12-4　毒物环境监测标准分析方法

分析物	样品	样品前处理	分析仪器	台湾公告检测方法编号
全氟化合物（PFOA、PFOS、PFDA）	河川水、工业污水、地下水、饮用水、清水	固相萃取（C_{18}）	LC-MS/MS（MRM）	NIEA W542.50B
重金属（铝、砷、硒、锑、钡、铍、镉、铬、钴、铜、铅、镍、银、铊、汞、钒、锌、铁、锰、钼、铥、镓、铟、铀）	饮用水、饮用水水源、地表水、工业污水、地下水及废水	微波辅助酸消化法	ICP-MS	NIEA W313.52B
挥发性有机化合物（苯、氯仿、二氯甲烷、四氯化碳、三氯乙烯、1,2-二氯丙烷等87种）	空气	热脱附	GC-MS（MRM）	NIEA W715.14B
邻苯二甲酸酯类（DMP、DEP、DBP、BBP、DEHP、DNOP、DINP、DIDP）	塑料原材料、含塑料的成品、市售玩具及塑料废弃物	四氢呋喃、正己烷萃取	GC-MS（MRM）	NIEA T801.10B
农药（艾氏剂、对硫磷、DDT、苯胺、狄氏剂、七氯、苯硫磷、皮蝇磷、氯丹、六六六）	各类工业废弃物、土壤	硅酸镁净化法、硅胶净化法	GC-MS（MRM）	NIEA R815.20B

在选取分析仪器的部分，须考虑待测物的物理化学性质。以分析农药为例，首先依毒物的极性选择使用气相色谱-质谱仪或液相色谱-质谱仪。由于农药在环境中容易经一连串降解（光降解及生物降解）过程，产生不同于原始化合物结构的产物，因此在分析农药时，使用高分辨率的 TOF 分析器是相当有帮助的；而且将 TOF 与 Quadrupole 串联成 QTOF 的系统，能有效提高环境中农药的分析准确性，减少分析的假阳性[67]，同时 QTOF 也可以鉴定农药剂在环境中降解后的产物，Detomaso 等利用 QTOF 分析水中农药克百威的光降解产物[68]；而 Ibanez 同样以 QTOF 分析三嗪类除草剂光降解产物[69]，二者主要利用 QTOF 可以测量出精确的分子量特性，鉴定出降解产物。

12.5.2　生物监测

和环境监测相比较，生物监测是最能直接针对单一个体进行精确毒物暴露评估的方法[64]。生物监测的样品为头发、尿液、血液、母乳等样本。根据要检测的毒物种类，必须选择合适的样本。以塑化剂为例，其进入人体后会代谢成易溶于水的代谢物，由尿液排出，因此常选择尿液作为样本。相对地，全氟类化合物不易代谢，极性低而只有少量排到尿液，但在血液中全氟类化合物的半衰期很长，因此血液是合适的样本。

表 12-5[63] 列出常见毒物的生物监测分析方法。与环境监测相比，生物监测分析的最大不同点在于毒物多半会在生物体内进行代谢反应，所以利用质谱技术进行分析时，要考虑毒物代谢物的化学结构变化。代谢产生的化学结构变化有很多种，最常见的是由代谢酶进行的氧化反应，还有在代谢过程中常加上亲水基团（如葡萄糖醛酸基），以利于代谢物溶于尿液中排出体外。实际上，也经常利用酶水解反应，将代谢过程中加上的亲水基团先去除后，再用质谱仪分析。一般而言，每个毒物分子在体内常会形成多种代谢物结构，所以有必要考虑测量哪个代谢物才最能够反映暴露的状况。以塑化剂的生物监测为例，塑化剂生成的一阶水解代谢物在体内的半衰期很短，并不适合作为测量的目标，反而是下游二阶以上的代谢物在生物样本中浓度较高，适合作为生物监测的暴露指标[70]。

表 12-5　常见毒物的生物监测分析方法

分析物	样品	样品前处理	萃取方式	分析仪器
全氟化合物（PFOA、PFOS、PFDA）	母乳	酶水解蛋白质	在线固相萃取（HLB）	LC-(ESI-)-HRMS, LC-(ESI-)-MS/MS
	血液	硫酸氢四正丁基铵（离子配对）	液-液萃取（三甲基甲醚）	
塑化剂（Phthalates, DEHP、DINP、DEP、MBzP、DBP）	血清	蛋白质沉淀	在线固相萃取（C_{18}）	LC-(ESI)-MS/MS
	尿液	酶水解	固相萃取（C_{18}）	
酚（Phenol）	尿液	酶水解	搅拌子吸附萃取法	GC(EI)-MS(SIM)
双酚 A（Bisphenol A）	尿液	酶水解	液相微萃取（乙酸酐衍生化）	GC(EI)-MS(SIM)
三氯苯氧氯酚（Triclosan）	血清	酶水解	固相萃取	LC-APCI（-）-MS/MS

生物样品基质较复杂，将样品导入质谱仪分析之前，多数情况下有必要进行样品净化以去除复杂基质的干扰，液-液萃取或固相萃取是经常使用的方法。以分析尿液中的塑化剂为例，常使用固相萃取。固相萃取对于萃取液体样品（如母乳、尿液、血液、唾液），其选择性及回收率都比液-液萃取好；要得到最佳化萃取效果，须选择适当的吸附剂、洗脱溶剂以及 pH 值。而在分析全氟化合物时，液-液萃取常被用在萃取母乳、血液中的代谢物。关于液相色谱-质谱仪离子源的选择，

由于 ESI 适合分析高极性的分子，所以分析尿液等生物样品中水溶性的毒物代谢物是相当合适的。在以质谱仪定量分析时，常采用串联质谱分析的多重反应监测模式，兼顾对于目标分析物的分析准确度、灵敏度及选择性。

参 考 文 献

[1] Chen, G., Daaro, I., Pramanik, B.N., Piwinski, J.J.: Structural characterization of in vitro rat liver microsomal metabolites of antihistamine desloratadine using LTQ-Orbitrap hybrid mass spectrometer in combination with online hydrogen/deuterium exchange HR-LC/MS. J. Mass Spectrom. **44**, 203-213 (2009)

[2] Meyer, M.R., Du, P., Schuster, F., Maurer, H.H.: Studies on the metabolism of the α-pyrrolidinophenone designer drug methylenedioxy-pyrovalerone (MDPV) in rat and human urine and human liver microsomes using GC–MS and LC–high-resolution MS and its detectability in urine by GC–MS. J. Mass Spectrom. **45**, 1426-1442 (2010)

[3] Meyer, M.R., Vollmar, C., Schwaninger, A.E., Wolf, E.U., Maurer, H.H.: New cathinone-derived designer drugs 3-bromomethcathinone and 3-fluoromethcathinone: studies on their metabolism in rat urine and human liver microsomes using GC–MS and LC-high-resolution MS and their detectability in urine. J. Mass Spectrom. **47**, 253-262 (2012)

[4] Gowda, G.A., Zhang, S., Gu, H., Asiago, V., Shanaiah, N., Raftery, D.: Metabolomics-based methods for early disease diagnostics. Expert Rev. Mol. Diagn. **8**, 617-633 (2008)

[5] Madsen, R., Lundstedt, T., Trygg, J.: Chemometrics in metabolomics—a review in human disease diagnosis. Anal. Chim. Acta **659**, 23-33 (2010)

[6] Liesenfeld, D.B., Habermann, N., Owen, R.W., Scalbert, A., Ulrich, C.M.: Review of mass spectrometry-based metabolomics in cancer research. Cancer Epidemiol. Biomarkers Prev. **22**, 2182-2201 (2013)

[7] Roux, A., Lison, D., Junot, C., Heilier, J.-F.: Applications of liquid chromatography coupled to mass spectrometry-based metabolomics in clinical chemistry and toxicology: A review. Clin. Biochem. **44**, 119-135 (2011)

[8] Oliver, S.G., Winson, M.K., Kell, D.B., Baganz, F.: Systematic functional analysis of the yeast genome. Trends Biotechnol. **16**, 373-378 (1998)

[9] Ramsden, J.J.: Bioinformatics: an introduction (2nd ed.). Springer, Berlin Heidelberg (2009)

[10] Villas-Boas, S.G., Nielsen, J., Smedsgaard, J., Hansen, M. A., Roessner-Tunali, U: Metabolome analysis: an introduction. John Wiley & Sons, Ltd, Chichester (2007)

[11] Liu, Y., Yu, P., Sun, X., Di, D.: Metabolite target analysis of human urine combined with pattern recognition techniques for the study of symptomatic gout. Mol. Biosyst. **8**, 2956-2963 (2012)

[12] Lutz, U., Lutz, R.W., Lutz, W.K.: Metabolic profiling of glucuronides in human urine by LC-MS/MS and partial least-squares discriminant analysis for classification and prediction of gender. Anal. Chem. **78**, 4564-4571 (2006)

[13] Chan, W., Cai, Z.: Aristolochic acid induced changes in the metabolic profile of rat urine. J. Pharm. Biomed. Anal. **46**, 757-762 (2008)

[14] Moco, S., Vervoort, J., Bino, R.J., De Vos, R.C., Bino, R.: Metabolomics technologies and metabolite identification. TrAC, Trends Anal. Chem. **26**, 855-866 (2007)

[15] Theodoridis, G., Gika, H.G., Wilson, I.D.: LC-MS-based methodology for global metabolite profiling in metabonomics/metabolomics. TrAC, Trends Anal. Chem. **27**, 251-260 (2008)

[16] Zhang, A., Sun, H., Wang, P., Han, Y., Wang, X.: Modern analytical techniques in metabolomics analysis. Analyst **137**, 293-300 (2012)

[17] Clarke, N.J., Rindgen, D., Korfmacher, W.A., Cox, K.A.: Peer reviewed: Systematic LC/MS metabolite identification in drug discovery. Anal. Chem. **73**, 430 A-439 A (2001)

[18] Kind, T., Fiehn, O.: Metabolomic database annotations via query of elemental compositions: mass accuracy is insufficient even at less than 1 ppm. BMC Bioinformatics 7, 234 (2006)

[19] Shen, B., Li, S., Zhang, Y., Yuan, X., Fan, Y., Liu, Z., Hu, Q., Yu, C.: Determination of total, free and saliva mycophenolic acid with a LC–MS/MS method: Application to pharmacokinetic study in healthy volunteers and renal transplant patients. J. Pharm. Biomed. Anal. 50, 515-521 (2009)

[20] Calafat, A.M., Slakman, A.R., Silva, M.J., Herbert, A.R., Needham, L.L.: Automated solid phase extraction and quantitative analysis of human milk for 13 phthalate metabolites. J. Chromatogr. B 805, 49-56 (2004)

[21] Jenkins, K.M., Young, M.S., Mallet, C.R., Elian, A.A.: Mixed-mode solid-phase extraction procedures for the determination of MDMA and metabolites in urine using LC-MS, LC-UV, or GC-NPD. J. Anal. Toxicol. 28, 50-58 (2004)

[22] Hermann, M., Christensen, H., Reubsaet, J.: Determination of atorvastatin and metabolites in human plasma with solid-phase extraction followed by LC–tandem MS. Anal. Bioanal. Chem. 382, 1242-1249 (2005)

[23] Bu, W., Sexton, H., Fan, X., Torres, P., Houston, P., Heyman, I., Liu, L.: The novel sensitive and high throughput determination of cefepime in mouse plasma by SCX-LC/MS/MS method following off-line μElution 96-well solid-phase extraction to support systemic antibiotic programs. J. Chromatogr. B 878, 1623-1628 (2010)

[24] Shen, J.X., Xu, Y., Tama, C.I., Merka, E.A., Clement, R.P., Hayes, R.N.: Simultaneous determination of desloratadine and pseudoephedrine in human plasma using micro solid-phase extraction tips and aqueous normal-phase liquid chromatography/tandem mass spectrometry. Rapid Commun. Mass Spectrom. 21, 3145-3155 (2007)

[25] Chen, C.-Y., Lee, M.-R., Cheng, F.-C., Wu, G.-J.: Determination of ketamine and metabolites in urine by liquid chromatography–mass spectrometry. Talanta 72, 1217-1222 (2007)

[26] Wang, P.-C., Lee, R.-J., Chen, C.-Y., Chou, C.-C., Lee, M.-R.: Determination of cyromazine and melamine in chicken eggs using quick, easy, cheap, effective, rugged and safe (QuEChERS) extraction coupled with liquid chromatography–tandem mass spectrometry. Anal. Chim. Acta 752, 78-86 (2012)

[27] Ho, H.-P., Lee, R.-J., Chen, C.-Y., Wang, S.-R., Li, Z.-G., Lee, M.-R.: Identification of new minor metabolites of penicillin G in human serum by multiple-stage tandem mass spectrometry. Rapid Commun. Mass Spectrom. 25, 25-32 (2011)

[28] 美牛进口后民众体内瘦肉精残留量的流行病学监测与健康营养评估, pp1-3, 台湾 (2014)

[29] Ho, J.-K., Huo, T.-I., Lin, L.-C., Tsai, T.-H.: Pharmacokinetics of ractopamine and its organ distribution in rats. J. Agric. Food Chem. 62, 9273-9278 (2014)

[30] Yamazaki, S., Toth, L.N., Kimoto, E., Bower, J., Skaptason, J., Romero, D., Heath, T.G.: Application of stable isotope methodology in the evaluation of the pharmacokinetics of (S,S)-3-[3-(Methylsulfonyl)phenyl]-1-propylpiperidine hydrochloride in rats. Drug Metab. Disp. 37, 937-945 (2009)

[31] Chang, L.-W., Hou, M.-L., Tsai, T.-H.: Silymarin in liposomes and ethosomes: pharmacokinetics and tissue distribution in free-moving rats by high-performance liquid chromatography-tandem mass spectrometry. J. Agric. Food Chem. 62, 11657-11665 (2014)

[32] Shaw, L.-H., Lin, L.-C., Tsai, T.-H.: HPLC–MS/MS analysis of a traditional Chinese medical formulation of Bu-Yang-Huan-Wu-Tang and its pharmacokinetics after oral administration to rats. PLoS One 7, e43848 (2012)

[33] 反毒报告书, 台湾 (2013)

[34] Wu, C.-H., Huang, M.-H., Wang, S.-M., Lin, C.-C., Liu, R.-H.: Gas chromatography–mass spectrometry analysis of ketamine and its metabolites—A comparative study on the utilization of different derivatization groups. J. Chromatogr. A 1157, 336-351 (2007)

[35] Wang, S., Chen, B., Wu, M., Liu, R., Lewis, R., Ritter, R., Canfield, D.: Mass spectra and cross-contributions of ion intensity between drug analytes and their isotopically labeled analogs-benzodiazepines and their derivatives. Forensic Sci. Rev. 21, (2009)

[36] Liu, R.H., Wang, S.M., Canfield, D.V.: Quantitation and mass spectrometric data of drugs and isotopically labeled analogs. CRC Press, Taylor & Francis Group, Boca Raton. (2010)

[37] 王胜盟：科学月刊, 535, 524-530 (2014)

[38] Theobald, D.S., Pütz, M., Schneider, E., Maurer, H.H.: New designer drug 4-iodo-2, 5-dimethoxy-β-phenethylamine (2C-I): studies on its metabolism and toxicological detection in rat urine using gas chromatographic/mass spectrometric and capillary electrophoretic/mass spectrometric techniques. J. Mass Spectrom. **41**, 872-886 (2006)

[39] Theobald, D.S., Fritschi, G., Maurer, H.H.: Studies on the toxicological detection of the designer drug 4-bromo-2, 5-dimethoxy-β-phenethylamine (2C-B) in rat urine using gas chromatography–mass spectrometry. J. Chromatogr. B **846**, 374-377 (2007)

[40] Thevis, M., Thomas, A., Schänzer, W.: Current role of LC-MS (/MS) in doping control. Anal. Bioanal. Chem. **401**, 405-420 (2011)

[41] Venisse, N., Marquet, P., Duchoslav, E., Dupuy, J., Lachatre, G.: A general unknown screening procedure for drugs and toxic compounds in serum using liquid chromatography-electrospray-single quadrupole mass spectrometry. J. Anal. Toxicol. **27**, 7-14 (2003)

[42] Liu, H.C., Liu, R.H., Lin, D.L., Ho, H.O.: Rapid screening and confirmation of drugs and toxic compounds in biological specimens using liquid chromatography/ion trap tandem mass spectrometry and automated library search. Rapid Commun. Mass Spectrom. **24**, 75-84 (2010)

[43] Thörngren, J.O., Östervall, F., Garle, M.: A high-throughput multicomponent screening method for diuretics, masking agents, central nervous system (CNS) stimulants and opiates in human urine by UPLC–MS/MS. J. Mass Spectrom. **43**, 980-992 (2008)

[44] Tang, M.H., Ching, C., Lee, C.Y., Lam, Y.-H., Mak, T.W.: Simultaneous detection of 93 conventional and emerging drugs of abuse and their metabolites in urine by UHPLC-MS/MS. J. Chromatogr. B **969**, 272-284 (2014)

[45] Liu, H.C., Liu, R.H., Lin, D.L.: Simultaneous quantitation of amphetamines and opiates in human hair by liquid chromatography-tandem mass spectrometry. J. Anal. Toxicol. **39**, 183-191 (2015)

[46] Peters, R., Oosterink, J., Stolker, A., Georgakopoulos, C., Nielen, M.: Generic sample preparation combined with high-resolution liquid chromatography–time-of-flight mass spectrometry for unification of urine screening in doping-control laboratories. Anal. Bioanal. Chem. **396**, 2583-2598 (2010)

[47] Badoud, F., Grata, E., Perrenoud, L., Avois, L., Saugy, M., Rudaz, S., Veuthey, J.-L.: Fast analysis of doping agents in urine by ultra-high-pressure liquid chromatography-quadrupole time-of-flight mass spectrometry: I. Screening analysis. J. Chromatogr. A (2009)

[48] Kuuranne, T., Leinonen, A., Schänzer, W., Kamber, M., Kostiainen, R., Thevis, M.: Aryl-propionamide-derived selective androgen receptor modulators: liquid chromatography-tandem mass spectrometry characterization of the in vitro synthesized metabolites for doping control purposes. Drug Metab. Disposition **36**, 571-581 (2008)

[49] Paz-Elizur, T., Brenner, D.E., Livneh, Z.: Interrogating DNA repair in cancer risk assessment. Cancer Epidemiol. Biomarkers Prev. **14**, 1585-1587 (2005)

[50] Giese, R.W.: Detection of DNA adducts by electron capture mass spectrometry. Chem. Res. Toxicol. **10**, 255-270 (1997)

[51] Chen, H.-J.C., Hong, C.-L., Wu, C.-F., Chiu, W.-L.: Effect of cigarette smoking on urinary 3, N4-ethenocytosine levels measured by gas chromatography/mass spectrometry. Toxicol. Sci. **76**, 321-327 (2003)

[52] Hong, H., Wang, Y.: Derivatization with Girard reagent T combined with LC-MS/MS for the sensitive detection of 5-formyl-2'-deoxyuridine in cellular DNA. Anal. Chem. **79**, 322-326 (2007)

[53] Ravanat, J.-L., Duretz, B., Guiller, A., Douki, T., Cadet, J.: Isotope dilution high-performance liquid chromatography–electrospray tandem mass spectrometry assay for the measurement of 8-oxo-7, 8-dihydro-2'-deoxyguanosine in biological samples. J. Chromatogr. B Biomed. Sci. Appl. **715**, 349-356 (1998)

[54] Tretyakova, N., Villalta, P.W., Kotapati, S.: Mass spectrometry of structurally modified DNA. Chem. Rev. **113**, 2395-2436 (2013)

[55] Chen, H.-J.C., Lin, W.-P.: Quantitative analysis of multiple exocyclic DNA adducts in human salivary DNA by stable isotope dilution nanoflow liquid chromatography–nanospray ionization tandem mass spectrometry. Anal. Chem. **83**, 8543-8551 (2011)

[56] Bessette, E.E., Goodenough, A.K., Langouët, S., Yasa, I., Kozekov, I.D., Spivack, S.D., Turesky, R.J.: Screening for DNA adducts by data-dependent constant neutral loss-triple stage mass spectrometry with a linear quadrupole ion trap mass spectrometer. Anal. Chem. **81**, 809-819 (2008)

[57] Yun, B.H., Rosenquist, T.A., Sidorenko, V., Iden, C.R., Chen, C.-H., Pu, Y.-S., Bonala, R., Johnson, F., Dickman, K.G., Grollman, A.P.: Biomonitoring of aristolactam-DNA adducts in human tissues using ultra-performance liquid chromatography/ion-trap mass spectrometry. Chem. Res. Toxicol. **25**, 1119-1131 (2012)

[58] Rubino, F.M., Pitton, M., Di Fabio, D., Colombi, A.: Toward an "omic" physiopathology of reactive chemicals: thirty years of mass spectrometric study of the protein adducts with endogenous and xenobiotic compounds. Mass Spectrom. Rev. **28**, 725-784 (2009)

[59] Törnqvist, M., Fred, C., Haglund, J., Helleberg, H., Paulsson, B., Rydberg, P.: Protein adducts: quantitative and qualitative aspects of their formation, analysis and applications. J. Chromatogr. B **778**, 279-308 (2002)

[60] Carmella, S.G., Chen, M., Villalta, P.W., Gurney, J.G., Hatsukami, D.K., Hecht, S.S.: Ethylation and methylation of hemoglobin in smokers and non-smokers. Carcinogenesis **23**, 1903-1910 (2002)

[61] Vila, A., Tallman, K.A., Jacobs, A.T., Liebler, D.C., Porter, N.A., Marnett, L.J.: Identification of protein targets of 4-hydroxynonenal using click chemistry for ex vivo biotinylation of azido and alkynyl derivatives. Chem. Res. Toxicol. **21**, 432-444 (2008)

[62] Kim, H.-Y.H., Tallman, K.A., Liebler, D.C., Porter, N.A.: An azido-biotin reagent for use in the isolation of protein adducts of lipid-derived electrophiles by streptavidin catch and photorelease. Mol. Cell. Proteomics **8**, 2080-2089 (2009)

[63] Calafat, A.M., Ye, X., Silva, M.J., Kuklenyik, Z., Needham, L.L.: Human exposure assessment to environmental chemicals using biomonitoring. Int. J. Androl. **29**, 166-171 (2006)

[64] Petrovic, M., Farré, M., De Alda, M.L., Perez, S., Postigo, C., Köck, M., Radjenovic, J., Gros, M., Barcelo, D.: Recent trends in the liquid chromatography–mass spectrometry analysis of organic contaminants in environmental samples. J. Chromatogr. A **1217**, 4004-4017 (2010)

[65] Yusa, V., Ye, X., Calafat, A.M.: Methods for the determination of biomarkers of exposure to emerging pollutants in human specimens. TrAC, Trends Anal. Chem. **38**, 129-142 (2012)

[66] Couchman, L., Morgan, P.E.: LC-MS in analytical toxicology: some practical considerations. Biomed. Chromatogr. **25**, 100-123 (2011)

[67] Petrovic, M., Barceló, D.: Application of liquid chromatography/quadrupole time-of-flight mass spectrometry (LC-QqTOF-MS) in the environmental analysis. J. Mass Spectrom. **41**, 1259-1267 (2006)

[68] Detomaso, A., Mascolo, G., Lopez, A.: Characterization of carbofuran photodegradation by-products by liquid chromatography/hybrid quadrupole time-of-flight mass spectrometry. Rapid Commun. Mass Spectrom. **19**, 2193-2202 (2005)

[69] Ibáñez, M., Sancho, J.V., Pozo, Ó.J., Hernández, F.: Use of quadrupole time-of-flight mass spectrometry in environmental analysis: elucidation of transformation products of triazine herbicides in water after UV exposure. Anal. Chem. **76**, 1328-1335 (2004)

[70] Hsu, J.-F., Peng, L.-W., Li, Y.-J., Lin, L.-C., Liao, P.-C.: Identification of di-isononyl phthalate metabolites for exposure marker discovery using in vitro/in vivo metabolism and signal mining strategy with LC-MS data. Anal. Chem. **83**, 8725-8731 (2011)

第 *13* 章
医学上的应用

由于基质辅助激光解吸电离（Matrix-Assisted Laser Desorption/Ionization，MALDI）法及电喷雾电离（Electrospray Ionization，ESI）法等软电离法的发展，质谱俨然成为生命科学中最重要的工具之一。最主要的原因是质谱检测的是分析物本身独特的物理性质，即分子量，而不需用荧光染剂或报告酶（Reporter Enzyme）等方式来间接测定分析物；能直接检测分析物是此技术最吸引人的地方，所以质谱成为一个在医疗上支持诊断的重要工具[1]。相较于其他分析技术，例如传统的酶联免疫吸附分析（Enzyme-Linked Immunosorbent Assay，ELISA）利用抗原抗体之间专一性键结的特性，对检体进行检测，必须先确认出特定的生物标志物（Biomarker），且取得其抗体分子才能进行；而使用质谱，无须利用抗体分子，即使无法确认特定的生物标志物，质谱图本身就是个轮廓（Profiling）描述的方法，只要将信号比对归类，仍可协助疾病的确认或诊断。

13.1 液相色谱-串联质谱应用在临床检验的现状与发展

传统的临床化学实验室常利用原子及分子吸收光谱、电化学方法、免疫法、免疫比浊法以及色谱或电泳等分离法来检测目标物。气相色谱结合质谱的方法虽已被使用了数十年，但是在临床应用领域一直被局限在毒物学及治疗性药物追踪项目中。近十几年来，液相色谱（Liquid Chromatography，LC）连接质谱的技术优势以及串联质谱检测技术的发展，使得较极性的化合物得以被检测，并且因具有较佳的分析灵敏度（Sensitivity）及专一性（Specificity），液相色谱-串联质谱

（Liquid Chromatography Tandem Mass Spectrometry，LC-MS/MS）法在临床诊断的应用大量增加。在各种参考实验室及大型实验室已采用 LC-MS/MS 检测许多特定项目，并开始扩散到各小型实验室，检测的项目包含类固醇（Steroid）及生物胺（Biogenic Amines）等类型的物质，如盐皮质素（Mineralocorticoid）、糖皮质素（Glucocorticoid）、性类固醇（Sex Steroids）、变肾上腺素（Metanephrine）及 25-羟基维生素 D（25-hydroxyvitamin D，25-OHD）等项目，这些物质的检验都凸显着 LC-MS/MS 的优势[2]。

LC-MS/MS 在小分子检验的广泛应用，最主要的原因如下：

（1）免疫法在小分子量化合物的检验中一直有所限制，例如需要延长反应的时间以获得正确的结果；若利用放射性免疫法则需要处理并弃置含有放射性的物质；为减少干扰，还可能需要前置的有机萃取或色谱流程；此外，以不同的免疫法检测同一种分析物，常无法获得相同的结果；另外，动态范围（Dynamic Range）也受到限制等。

（2）与气相色谱-质谱法及传统的液相色谱法相比，LC-MS/MS 有较简单的流程与较高的通量（Throughput）。

（3）在检验的试剂成本上，LC-MS/MS 显著地较其他方法低。LC-MS/MS 的试剂成本几乎可以忽略，但免疫试剂的成本却非常昂贵，因此由免疫法转为 LC-MS/MS 的方法可以降低试剂成本。

（4）若要开发一个针对新的目标物进行检测的方法，设计及评估一个新的免疫法需要很多的工作，而发展一个新的 LC-MS/MS 分析流程则显得简单许多。

LC-MS/MS 应用于临床诊断检验时，为提升分析效率，目前已有在线萃取（On-Line Extraction）及多重（Multiplex）进样的方式，以缩短检测的时间，提高分析的通量。而检测模式经常以选择反应监测（Selected Reaction Monitoring，SRM）模式来进行，其方法是：在第一段四极杆设定待测特定前体离子的质量，并仅让此质量的前体离子进入第二段四极杆进行碎裂，以产生另一个特定质量的产物离子，而产物离子可以在第三段的四极杆检测。一组特定前体离子与产物离子的碎片被称为前驱物是一组转换（Transition），一个化合物的检测通常会采用两组离子对，分别用来定量及定性，两组的信号面积比例也可作为待测物质的再次确认，还可以协助确认转换的设定没有受到样品中可能的干扰物的影响。因此，一个样品内极多种类的分析物都可以利用选择反应监测模式进行定量分析[3]。

目前在临床实验室采用 LC-MS/MS 的检测领域主要包含法医毒物学、药物分析、内分泌激素检测、新生儿筛查-生化遗传学及其他新开发的生物标志物等，毒物学与药物分析已在本书第 12 章进行完整介绍，现将其他几个重要的医学检测项目分述如下。

13.1.1　内分泌激素检测

有越来越多的实验室采用 LC-MS/MS 的方法来进行内分泌激素的分析[2-5]，分析项目包含睾酮（Testosterone）、雌二醇（Estradiol）、25-羟基维生素 D、甲状腺激素（Thyroid Hormone）、肾上腺皮质激素（Corticoid）、醛固酮（Aldosterone）及变肾上腺素等。

睾酮及雌二醇属于性类固醇，都是实验室最常检测的类固醇激素之一。其中睾酮是男性体内主要的雄性激素，用以发展及维持男性性征，睾酮的检测除了可以用来追踪男性的相关疾病，对女性及小孩的病理意义也十分重要，传统的免疫法虽然在健康男性的睾酮检测中十分适用，但对于女性及小孩的低浓度检测却缺乏足够的灵敏度。雌二醇则与女性发展及维持第二性征有关，并关系着生育功能，雌二醇的检测除了应用于诊断性激素相关的疾病，也可用来诊断儿童的早熟与青春期的延迟，因此仍需要有高灵敏度的方法才可以检测儿童体内的低浓度雌二醇，LC-MS/MS 已被验证适用于低浓度的睾酮及雌二醇的检测。

维生素 D 的检测会引起广泛的兴趣，主要是因为它在健康骨骼中所扮演的角色，并且许多报告中显示人体内维生素 D 不足。近年来，研究还指出维生素 D 与糖尿病、阿尔茨海默病或某些癌症等疾病相关。维生素 D 通常会键合在一个特定的运输蛋白质上，在肝脏中其 25-碳会被羟基化，形成 25-羟基维生素 D_2/D_3（25-OHD$_2$/D$_3$），这是循环中含量最高的形式，因此 25-OHD 的定量在近几年来成为一种重要的检测标准。然而在检测 25-OHD 的几种技术中，利用 LC-MS/MS 的分析结果是相对比较稳定的，且利用 LC-MS/MS 除了可以检测 25-OHD 的总含量，也可对 25-OHD$_2$、25-OHD$_3$ 及其差向异构体（Epimer）分别定量，可以用来追踪患者服用维生素 D_2 或 D_3 后体内代谢物浓度的变化。

甲状腺激素的作用是影响全身细胞新陈代谢的速率及促进氧气消耗的速率，检测主要以体内三碘甲状腺素（Triiodothyronine，T3）及甲状腺素（Thyroxine，T4）的游离态（Free T3 及 Free T4）为主，目前较好的分析方法是利用平衡透析或超过滤（Ultrafiltration）等物理分离法，将游离态甲状腺素分离出来，再以 LC-MS/MS 或免疫法分析，而 LC-MS/MS 能提供较好的专一性及灵敏度，并且可以同时分析 Free T3（FT3）及 Free T4（FT4），节省分析的时间。

肾上腺皮质激素是一种由肾上腺分泌的激素（荷尔蒙），会提高血压及血糖，并在抵抗压力中扮演重要角色，故又被称为"压力荷尔蒙"。库欣症候群（Cushing's Syndrome）是身体组织长期暴露在过量的皮质醇中所造成的荷尔蒙失调，诊断库欣症候群主要以检测 24 h 尿液中游离态的肾上腺皮质激素（Urinary Free Cortisol，UFC）含量为评估标准，并辅助以血浆中的皮质醇与促肾上腺皮质激素（Adrenocorticotropic Hormone，ACTH）的测量。免疫分析法对皮质醇的检验会受到内生性或外生性的糖化类固醇干扰，色谱的方法则有较低的干扰，并可同时检测皮质醇与其代谢物。然而 GC-MS 的方法需要衍生步骤，且一次分析需要 45 min，相比之下，LC-MS/MS 不仅提供较好的专一性与较短的分析时间，而且具备比 GC-MS 好 5 倍的灵敏度（约为 0.2 μg/dL）。

醛固酮由肾上腺皮质产生，主要作用于肾脏中进行钠离子及水分的再吸收，以维持血压的稳定。对于诊断原发性醛固酮增多症（Primary Aldosteronism），正确地测量循环系统中的醛固酮浓度是必需的，以 GC-MS 分析血清、血浆及尿液中的醛固酮的方法，虽然具有正确性，但在样品的萃取流程之后，还需要衍生的步骤，因此 LC-MS/MS 的方法开始被开发与评估，结果证明 LC-MS/MS 的方法不仅省略了衍生的步骤，分析结果也具有正确性与再现性。

13.1.2　新生儿筛查

"新生儿先天代谢异常疾病筛查"是为了早期诊断新生儿体内的代谢异常，进行预防或治疗，避免应代谢而未代谢的物质积存体内，造成身体机能与智能永久性障碍。使用 LC-MS/MS 进行新生儿筛查可以追溯到 1990 年初期，台湾则是在约 2000 年开始运用 LC-MS/MS 来执行"新生儿先天代谢异常疾病筛查"[2-5]。

这种检验方法为：在新生儿出生约三天后，采集脚后跟的血液置于滤纸上，再以 LC-MS/MS 测定滤纸血片样本中的多种氨基酸、有机酸及脂肪酸代谢产物浓度。当某检测物质浓度高于标准时，则需安排进一步复查，利用此法有二十种以上新生儿的罕见先天代谢异常疾病可以同时被筛查出来，如氨基酸代谢异常的疾病包含枫糖尿症、瓜氨酸血症、酪氨酸血症、精氨丁二酸酶缺乏症、非酮性高甘氨酸血症、精氨酸血症、高氨血症及苯丙酮尿症等；有机酸代谢异常的疾病包含丙酸血症、甲基丙二酸血症、异戊酸血症、戊二酸血症及亮氨酸代谢异常等；脂肪酸代谢异常的疾病包含中链脂肪酸脱氢酶缺乏症、短链脂肪酸脱氢酶缺乏症、长链脂肪酸代谢异常、极长链脂肪酸代谢异常、肉碱吸收障碍、肉碱结合酶缺乏症及肉碱穿透障碍等。

相较于以往一种疾病需要一套检查方式的模式，利用 LC-MS/MS 进行新生儿筛查的方法，可以同时筛查数十种疾病，节省了开发方法与执行检验的成本，突破了先天代谢异常的诊断困境，同时达到早期诊断与确定诊断的目的。

13.1.3　新的临床应用——多肽与蛋白质的分析

LC-MS/MS 是一个已被证明具有可行性的检测生物标志物的技术，特别是针对分子量位于适合质谱分析范围的物质，因此各项在临床医学的应用持续地被提出来，包含一些用来检测多肽与蛋白质标记的方法也开始被评估[2, 3]，例如开发检测铁调素（Hepcidin）的方法，以进行缺铁性贫血或感染发炎的诊断；尿液中出现白蛋白代表肾丝球通透障壁出现了问题，开发检测尿液中白蛋白（Albuminuria）的方法，以协助对肾功能的受损情形进行早期的诊断；开发检测副甲状腺素的方法，以协助诊断副甲状腺功能亢进，并确认引起高血钙症的肇因；开发检测血管紧张素（Angiotensin）的方法，以确认肾素–血管紧张素–醛固酮系统的功能；以及开发检测甲状腺球蛋白的方法，以诊断甲状腺癌的复发等。

另外，定量蛋白组学利用酶水解、同位素稀释（对目标物质绝对定量）、同位素标定（相对定量）及非标定定量等方法，也结合 LC-MS/MS 进行分析，从复杂的样品中定量蛋白质，也为临床诊断、预后及药物发展开启了更多应用。

综上所述，LC-MS/MS 用于临床实验室有许多优势：提供极佳的专一性及灵敏度、样品不需要经衍生等前处理程序、所需溶剂与萃取试剂的成本较免疫试剂的低、可同时检测多个目标分析物，甚至可以区分异构物等。目前许多临床检验的方法陆续地被研究与开发，预期未来 LC-MS/MS 在临床检验的角色会越来越重要。

13.2　基质辅助激光解吸电离质谱在临床诊断中的应用

基质辅助激光解吸电离飞行时间质谱（MALDI-TOF MS）法是一项极为灵敏的分析技术，可以用来确认蛋白质、多肽、核酸及脂质等不同类型的生化分子。这个技术产生的质谱图主要由一价的离子组成，相对而言复杂度较低，因此是分析大型分子（如蛋白质及多肽）的有力工具。MALDI-TOF MS 也因极易操作而闻名，且样品制备所需的基质并不昂贵，更重要的是它可以自动化操作，因此使其具有筛查大量样品的潜力。

在蛋白组学早期发展时期，MALDI-TOF MS 是鉴定蛋白质或多肽的重要工具之一，蛋白质经二维电泳（Two-Dimensional Electrophoresis，2-DE）分离之后，进行酶水解，水解的多肽样品再用 MALDI-TOF MS 分析，信号经数据库比对之后完成鉴定[6]。在临床蛋白组学中，这个方法被用来评估健康者与患者体液内的特定蛋白质表现是否有差异。然而此方法所开发的生物标志物常是含量极微的蛋白质，样品前处理与二维电泳所耗费的时间与人力太多，且有分析再现性问题，在临床诊断的实用上有其困难性。

事实上，若不结合 2-DE，进行一个 MALDI-TOF MS 的分析流程十分简单，只要将样品与基质在样品盘上面混合，干燥结晶之后，即可送入质谱仪分析。以激光激发样品，高分子量的分析物用线性模式（Linear Mode）进行分析，小分子则用反射模式（Reflectron Mode）分析，以获得较高的分辨率与较佳的质量准确度。这样的特性使得 MALDI-TOF MS 有潜力成为单独运作的分析工具，用以快速检测特定的生化物质。因此近几年来利用 MALDI-TOF MS 为工具，发展出许多在临床诊断上的应用，包括鉴定微生物、确认单核苷酸多态性（Single Nucleotide Polymorphism，SNP）、检测体液中的生物标志物以及研究组织（Tissue）上特定生化分子的分布等。

13.2.1 鉴定微生物

相较于传统耗时的致病菌鉴定方法，利用 MALDI-TOF MS 直接分析菌体、萃取液或经过亲和性捕获后的样品，可以获得各种菌种或菌株的特定多肽（或蛋白质）分布谱图，经过数据库的比对可以辨识其种类，是一个快速鉴定菌种或菌株的方法[7]。（由于本书 13.4～13.5 对于以质谱鉴定致病菌等微生物有详细的介绍，此部分不多做叙述。）

13.2.2 确认单核苷酸多态性

在人类基因计划完成之后，遗传学的焦点转移到解释基因的功能性及基因的多样性上，以了解复杂的疾病机制及病患对药物的治疗有不同反应的原因。在过去十年，由许多的基因型鉴定（Genotyping）技术发展出对单核苷酸多态性[8]的检测方法。MALDI-TOF MS 是其中最具潜力且被广为使用的鉴定技术，这个技术提供极大的弹性来设计不同的分析方法，并且可以高通量地进行正确定序。最常见的方法为将涵盖 SNP 的基因段当作模板，利用指标位置（SNP 可能发生的位置）之前的一小段 DNA 片段当作引物（Primer），进行引物延长的动作，将指标位置的脱氧核糖核苷酸接上，利用指标的等位基因（Allele）碱基对分子量的差异判断 SNP。为避免分子生物处理过程中各种物质的干扰，以及控制待测 DNA 片段质量在 MALDI-TOF MS 的质量分辨率内，必须设计适当的流程，以得到高质量的质谱结果。MALDI-TOF MS 在基因型鉴定中还有多种其他应用，包括分子单倍型鉴定、SNP、DNA 定序、表观基因型鉴定等，均可利用 MALDI-TOF MS 直接检测基因定序反应后的 DNA 片段，快速而正确地完成鉴定。

13.2.3 在体液内检测生物标志物

1. 直接检测特定的生物标标志物[9]

利用体液样品筛查疾病标志物是临床检验非常重要的一环。许多现行的筛查（Screening）方法是采用间接的方式来检测疾病标记分子，先利用化学试剂与样品内的标记分子进行反应，再利用肉眼辨别或仪器判读方式（吸收光谱或荧光光谱等）来检测产物，然而这些间接检测疾病标记的生化检验方法，经常会发生假阳性或假阴性的结果，例如样品或检测系统中存在会干扰反应或影响判读的物质，就可能导致错误的诊断结果。MALDI-TOF MS 能快速正确地检测分析物的质荷比，提供分子量信息，不需要标定或抗体，且具有高通量分析的能力，仪器可以全天自动化操作，每一台仪器每天可分析数万样品，因此具有筛查疾病标记的潜力。因此若能针对各种疾病发展出简易的体液样品前处理方法，结合 MALDI-TOF MS 的快速自动化检测，就可以发展出辅助诊断疾病的筛查方法，提供清楚而客观的检测结果。

然而在快速检测的需求下，这样的方法通常不采用繁复的色谱或电泳步骤，而是在稀释、离心、去盐、过滤或水解等简单的前处理之后即送入质谱仪分析，然而，体液样品内仍充满了不同浓度、不同质量及不同质子亲和势力的成分，而在检测时产生离子抑制（Ion Suppression）效应，造成在检测蛋白质分子时，离子信号多来自于高含量的蛋白质的现象。因此这类方法的应用对象常为体液内含量较高的疾病标记，目前已发表的研究包含检测粪便潜血（Fecal Occult Blood，FOB）以筛查大肠癌，检测尿液中的白蛋白（Albumin）以筛查肾脏的疾病，检测血清中血红素分子以诊断缺血性中风，检测口水中的白蛋白与淀粉酶的组成以诊断口腔癌，检测血液中糖化球蛋白以诊断糖尿病，检测眼泪中的防御素以诊断干眼症，以及检测尿液中三甲基胺氮氧化物（Trimethylamine N-oxide，TMAO）与三甲基胺（Trimethylamine，TMA）的比例以诊断三甲基胺尿症等。

以粪便潜血筛查大肠癌为例，利用免疫化学或化学方法筛查粪便潜血是早期诊断大肠直肠癌最有效率的方法之一。化学方法是利用血红素分子的假过氧化物酶活性（Pseudo-Peroxidase Activity）间接检测粪便潜血，此法成本较低，但存在准确度问题，例如受试者服用含过氧化物酶的药物，或食用含高浓度血基质或含过氧化物酶的食物，就会产生假阳性的诊断结果；相反地，大剂量的维生素 C 可能会造成假阴性结果。而 MALDI-TOF MS 方法以水萃取粪便样品后，即可进行分析，并证实可以避免干扰问题，提供灵敏且正确的检验结果[10]。

再以检测尿液中的白蛋白为例，一般筛查的方式是以试纸检测，但易被尿液本身的酸碱性、颜色、尿中的药物或维生素，以及尿中其他蛋白质及污染物干扰，从而出现假阴或假阳性的诊断。MALDI-TOF MS 方法直接以尿液为样品进行质谱分析，不须任何前处理，可达高通量的要求，且提供比试纸更佳的灵敏度，研究也证明 MALDI-TOF MS 的检测分析一般不会受尿液中其他物质的干扰。图 13-1 是典型的以 MALDI-TOF MS 直接检测尿液的结果，图 13-1（a）是有白蛋白尿症状患者的尿液样品的质谱图，在 m/z 1×10^4～9×10^4 的范围，可以看到一价（ALB^+）、二价（ALB^{2+}）、三价（ALB^{3+}）、四价（ALB^{4+}）的白蛋白离子信号。图 13-1（b）则为健康者的尿液样质谱图，其中的白蛋白浓度极低，所以没有任何白蛋白的信号。以上结果显示以白蛋白离子信号即可诊断白蛋白尿，相关研究也发展出定量的方法，这是以 MALDI-TOF MS 检测体液中含量较大的疾病标记的另一实例[11]。

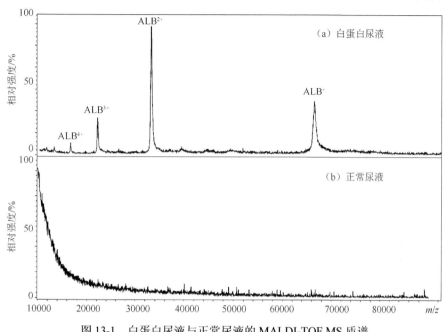

图 13-1　白蛋白尿液与正常尿液的 MALDI-TOF MS 质谱

2. 利用多重离子信号结合统计方法协助疾病诊断[9]

除了观察单一标记分子的变化之外，有些诊断方法是观察多重生物标志物，或是通过样品中多重成分（如蛋白质、多肽及脂质等）离子信号强度分布的变化作为诊断的依据。为准确区别不同样品间离子分布的差异，经常使用多变量分析（Multivariate Analysis）来辅助运算。多变量分析的方法包含主成分分析（Principal Component Analysis，PCA）、因素分析（Factor Analysis）、群集分析（Cluster Analysis）、判别分析（Discriminant Analysis）、相关分析（Correlation Analysis）以及回归分析（Regression Analysis）等。其中 PCA 是一种从多维度的数据中截取信息的最具代表性的方法，利用转换变量的方式，在简化的维度中看出数据的差异性。以质谱图为例，质谱图上每一个离子信号强度的高低代表不同样品多重成分差异的表现，利用 PCA 法整合谱图组中具有相关性或重复的变量，而改以较简单而且新的变量来表示。这个新的变量称为主成分（Principal Component，PC），是经过数学运算后产生出来的，每一个主成分来自原来多个变量的线性组合，在很多情况下，只需要少数主成分即可充分显示样品间的变异。在二维或三维的 PCA 坐标中，一个点表示一张质谱图，具有相似性的质谱图会群聚在一起，这样也可以显示出群聚间的不同。PCA 结合质谱已应用于食品安全、代谢组学、蛋白质组学及影像质谱学等领域。

图13-2是以脂质分子的质谱信号区分乳腺癌组织与正常乳房组织萃取液的例子，图（a）是癌症组织萃取液的质谱图，图（b）是正常乳房组织萃取液的质谱图，图（c）则是将 10 个乳腺癌患者的正常组织样本与癌症组织样本的萃取液进行质谱分析，每一个样品取三张质谱图，再以 PCA 统计分析的结果。利用 MALDI 的信号分布结合统计法而协助疾病诊断的研究还包含：以血清中的蛋白质分布区分上呼吸消化道癌患者与健康者、以血浆中的蛋白质分布区分大肠癌患者与健康者、以血清中的蛋白质分布区分皮肤恶性黑色素瘤患者与健康者，以及以尿液中的多肽分布区分糖尿病患者、肾病变患者、糖尿病患者/肾病变患者以及健康者等。

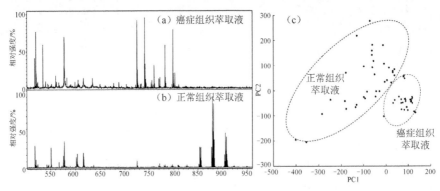

图 13-2　乳腺癌组织（a）、正常乳房（b）的组织萃取液的
MALDI-TOF 质谱图及 PCA 统计图（c）

采用这样的方法有几个重要的条件必须考虑：MALDI 质谱图的再现性以及样品储存是否造成化学组成改变。有些研究探讨实验条件与再现性的关系，例如对尿液样品采取不同的前处理方式，发现简单的处理如超过滤或直接以三氟乙酸溶液稀释尿液，可以获得该分子量在 20 kDa 以内的物质的信息与再现性最高的质谱图；也有研究证实样品储存的时间与温度，都会影响离子信号的分布，该研究利用最佳的实验条件及储存条件，结合 MALDI-TOF MS 的分析与 PCA 的计算，成功地区分前列腺癌患者的尿液。

对于含量较低的蛋白质，有一个可以提高检测效率的方法，是利用酶或化学试剂将蛋白质快速水解[9,12]，相比检测完整的蛋白质分布，以 MALDI-TOF MS 获得多肽分子的分布，可以提升检测的灵敏度。例如，将血浆样品经胰蛋白酶水解之后，再以 MALDI-TOF MS 分析，所得的多肽离子信号可以区分胰脏癌与胰脏炎。又如，脑脊液经胰蛋白酶水解及 MALDI-TOF MS 分析，可以获得良好的灵敏度及再现性，并协助诊断乳腺癌患者的软脑膜转移，提早诊断及治疗软脑膜转移对于防止患者的神经恶化是非常重要的,而这个方法可以区分出这一类的患者。另外,也有研究是以强酸快速水解血清样品中的蛋白质以产生多肽分子,结合 MALDI-TOF MS 的分析可以辨别重度抑郁症的患者。

3. 结合亲和式捕获流程协助疾病的诊断[13]

另外,为减少非目标物进入质谱仪所造成的离子抑制效应,并改善检测特定分子的质量,有些检验方法会在质谱分析之前先进行亲和式的萃取,称为亲和质谱法(Affinity Mass Spectrometry),利用各种生物芯片、纳米颗粒、磁珠、探针、亲和性薄膜及亲和性管柱等材料,对疾病标记做选择性捕获,并经由清洗步骤移除其他干扰检测的分子,可以提升检测含量较少的标记分子的效能,也使健康者样品与患者样品的信号区别性更为明确,增加诊断的准确性。有一些方法是将生物芯片直接作为 MALDI-TOF MS 分析的样品盘,也就是在完成亲和式萃取及清洗的步骤之后,直接涂附基质于芯片上,使其与分析物形成共结晶,并进行质谱分析,此法称为表面增强激光解吸电离(Surface-Enhanced Laser Desorption/Ionization,SELDI)。

13.2.4 研究组织上特定生化分子的分布

将质谱分析技术应用于分子成像(Molecular Imaging)的研究称为成像质谱(Imaging Mass Spectrometry,IMS)技术[14],不仅可以获得组织中各部位不同成分的离子信号,更可以用成像的方式呈现各成分在组织中的分布情况与含量多寡,相比于传统质谱分析将整个待测物混合去观察整体信号的情况,更能表现出组织特定部位的专一性。最早以二次离子质谱(Secondary Ion Mass Spectrometry,SIMS)法得到样品表面元素和氧化物分布的情况,其分析的对象都是以金属、聚合物、半导体材料中的无机小分子为主,由于 SIMS 的分析物受限于金属离子及较小的有机分子,多肽或蛋白质等大分子会在电离过程中碎裂,或者无法被有效脱附电离,因此无法得到完整的大分子分析物信号。后来发展将 MALDI 结合 IMS,此技术称为 MALDI IMS,由于 MALDI-TOF MS 的激光有很好的空间分辨率,且同时具有分析大小分子的能力,因此非常适合研究组织上特定生化分子的分布。

MALDI-IMS 的分析流程如图 13-3 所示,将生物组织样品以冷冻切片、激光撷取微组织或转渍等技术,置于金属或具有导电特性的样品平台上,利用不同的涂附技术将基质均匀置于组织切片,待干燥后,即可进行 MALDI-TOF-MS 分析。分析前可先选定欲分析的范围,激光即在此范围内一点一点地进行轰击并电离分析物,依据激光聚焦大小、设定的激光移动距离以及分析范围,可以获得大量的质谱图。接着可以由质谱图中锁定特定分子,并以成像的方式来呈现此分子在分析范围中的出现与强弱。在生物医学领域的应用方面,为更客观地区别正常与异常组织，可先将不同区域组织所得的大量质谱图进行多变量分析，计算出不同区域或样品之间具有显著差异性的离子信号，再加以显像确认这些特定分子在组织上的分布，这样也有助于搜寻各种疾病有关的生物标志物（包含脂质、多肽或蛋白质）。后续可对这些标记分子进行鉴定：脂质可以直接利用 MS/MS 的方式鉴定；蛋白质则可经由组织中萃取、分离收集、酶水解，再经质谱分析之后，通过数据库比对鉴定出蛋白质身份；也可直接在组织原位（*in situ*）进行酶水解，再添加基质于消化（Digestion）后的组织上进行 MALDI-TOF-MS 及 MS/MS 分析，经数据库比对鉴定出蛋白质身份。

MALDI-IMS 在医学领域的应用除了疾病的研究之外，也可了解药物代谢与转移的途径，也就是确认药物是否会作用到目标组织上，并观察药物的代谢产物的变化。

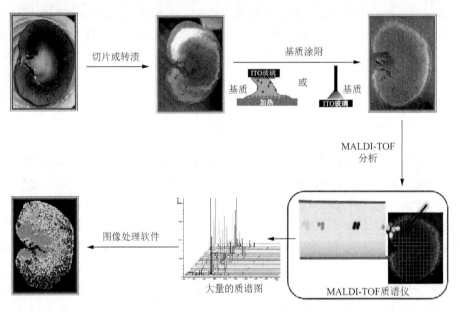

图 13-3　MALDI IMS 的分析流程

13.3　用于临床检验的其他质谱法

13.3.1　常压敞开式质谱法

常压敞开式质谱（Ambient Mass Spectrometry）法是可以在常温常压下直接电离且几乎不需要任何前处理的质谱法，近几年来在生物医学领域引起了广泛的兴趣，开发与研究了很多方法。有些常压敞开式质谱法可同时适用于气体、液体和固体样品的分析，因此各类生物或体液样品可在不经任何样品前处理的条件下，快速得到样品内所含各种大小分析物的质谱信号，不仅符合大量筛查的通量需求，也适用于必须快速确认检测结果的情形。甚至生物组织切片也可以利用常压敞开式质谱法进行质谱成像分析，做生物标志物相关的探讨[15]。

目前已发表许多常压敞开式质谱法应用于医学检验的研究，例如在血液分析方面：电喷雾激光解吸电离（Electrospray Laser Desorption Ionization，ELDI）发展出可快速分析一滴全血中糖化血红蛋白（HbAlC）的含量[16]；解吸电喷雾电离（Desorption Electrospray Ionization，DESI）、实时直接分析（Direct Analysis in Real Time，DART）及纸喷雾电离（Paper Spray Ionization）都发展出直接分析干血渍（Dried Blood Spots，DBS），并区别先天性代谢疾病的方法[17]。也有研究使用解吸电喷雾电离与纸喷雾电离质谱对尿液进行分析，并利用尿液中的代谢物来区分疾病[18]。在生物组织的研究方面，证实解吸电喷雾电离质谱法具有对人类脑部肿瘤切片进行区分与协助诊断的能力，预期可在手术中协助判定肿瘤切除的界线或范围[19]；纸喷雾电离质谱也证明可以区别人类前列腺肿瘤与邻近的正常组织中脂质组成的不同，并可追踪组织中的治疗药物[20]。

13.3.2 检验气体生物标志物的质谱法

过去二十年来，在生物样品中分析挥发性有机化合物（Volatile Organic Compounds，VOCs）引起了临床研究的极大兴趣，利用各种分析技术检验 VOCs 的结果，已显示 VOCs 的分布及浓度与各种疾病有关联性，因为病理的过程影响 VOCs 的生成与消耗，造成组成的改变，例如糖尿病的酮症酸中毒及肝性脑病都会使患者的呼出气体成分发生变化[21]。因此 VOCs 的组成分析具有诊断疾病、追踪病情及观察医药反应的潜力，不仅快速简单，其非侵入性的特质更为患者所接受。一般用来检测 VOCs 的生物样品包含呼气、粪便、尿液及血液等，由于气体内充满了不同组成及含量的 VOCs 物质，且有可能受到样品内水汽的干扰，因此需要有准确且有效的分析方法。

质谱方法中常用来分析 VOCs 的有选择离子流动管质谱（Selected Ion Flow Tube Mass Spectrometry，SIFT-MS）法、质子转移反应质谱（Proton Transfer Reaction Mass Spectrometry，PTR-MS）法、同位素比质谱（Isotope Ratio Mass Spectrometry，IRMS）法及气相色谱-质谱（GC-MS）法等，GC-MS 则常结合固相微萃取（Solid Phase Microextraction，SPME）进行样品前处理。气体的分析可以采用在线（On-Line）实时分析或收集气体离线（Off-Line）分析的方式。在已发表的研究中，以质谱法检测 VOCs 协助疾病诊断的实例包含：尿液的 VOCs 可作为大肠癌等癌症的生物标志物、血液的 VOCs 可以作为肝癌的生物标志物、粪便的 VOCs 则与不同的胃肠道疾病相关，呼气的 VOCs 可以区分肝硬化、酒精性脂肪肝及其他肝脏疾病，也可以协助判定乳腺癌与肺癌等。

常压敞开式质谱法中的熔融液滴电喷雾电离（Fused-Droplet Electrospray Ionization，FD-ESI）与类似原理的萃取电喷雾电离（Extractive Electrospray Ionization，EESI）及二次电喷雾电离（Secondary Electrospray Ionization，SESI）都开发了检测气体生物标志物的方法[22~24]，例如融合液滴电喷雾电离质谱法发展出一种检验胃中幽门螺杆菌（Helicobacter Pylori，HP）的方法，一般是先让受测者喝下 ^{13}C 或 ^{14}C 标记的尿素，因为胃幽门螺杆菌会分泌尿素酶将尿素水解产生氨气与二氧化碳，所以对受测者所呼出的二氧化碳（$^{13}CO_2$ 或 $^{14}CO_2$）进行同位素分析可确认胃幽门螺杆菌的存在。FD-ESI-MS 方法是将呼气中的氨（NH_3）导到一个以甲醇进行电喷雾的电喷雾区内，氨气分子和甲醇离子或液滴发生反应，产生氨离子（如 NH_4^+、$(NH_3 \cdot H_2O)H^+$等），再导入质谱仪检测[23]。此法不需要使用氮的同位素，因此检测时只需使用价格低廉的一般尿素即可，且受测者不会受到任何放射性试剂的影响。EESI 被应用于检测呼气中的吗啡及尼古丁[22]，SESI 则应用于检测不同菌种感染肺部的诊断，并证明了呼气的组成存在着个体的表现型（Phenotype）[24]。

13.4 质谱分析在鉴定致病细菌中的应用

快速鉴定致病菌（病毒、细菌及真菌）是诊断疾病及有效治疗的关键；监测环境中的生物危害物质与检测食品中的致病菌也是保护人类健康的重要一环。传统上，采集、分离及鉴定致病菌的方法是利用鉴别性（Differential）与选择性（Selective）培养基培养，再通过显微镜观察，以菌落形态与特征的表现作为分离的指标。此外，也可以采用生化、血清学及分子生物学的方式，作为分离与鉴定微生物的方法。但这些方式往往需要许多时间及人力；一般来说，利用选择性及鉴别性培养可能需要数天甚至数周，而临床上微生物物种的生化试验也可能多达20 种。因此，需要发展出快速且可靠的替代方式来鉴定致病菌。质谱是一个功能强大的分析工具，在传统的微生物鉴别方法之外，提供了另一个快速鉴定微生物的途径。

微生物样品可以由培养或非培养的方式处理再进行分析；革兰氏阳性菌细胞壁结构较厚（约 15~80 nm），相较于革兰氏阴性菌（细胞壁厚约 10~15 nm）而言，较难破坏其细胞壁；会产生孢子（Spores）的细菌，有坚固的外壳来抵抗外界恶劣的环境，因此需要经过培养才能变成营养细胞（Vegetative Cells）。复杂样品的微生物分析需特定的方法，必须分离及培养微生物，液体样品如牛奶或体液，可直接在培养基中培养；固体样品则须碾碎、稀释后再进行培养；而空气中的致病菌可利用空气采样器，采集致病菌样品，再进行分析。

基质辅助激光解吸电离法及电喷雾电离法的发展，改善了以往分析复杂样品的缺点，这两种软电离法不会产生太多的离子碎片，可扩大分子质量检测的范围，因此，已被应用于分析各种生物分子，如碳水化合物、蛋白质、多肽、脱氧核糖核酸（DNA）、核糖核酸（RNA）及聚合物；目前 MALDI 及 ESI 已可以准确分析多肽序列进而鉴定细菌蛋白质，此方法可简易且直接鉴定细菌的属（Genus）、种（Species）及亚种（Subspecies）。

图 13-4 概述进行质谱分析前处理微生物样品的程序。一般的鉴定方式是直接利用 MALDI-MS 分析，或是利用色谱法进行分离、消化后，再以串联质谱进行分析。在不经培养的微生物分析部分，可以由物理、化学或生化作用来丰化细菌。而空气采样与聚合酶链反应（PCR）等和质谱的结合也发展为检测微生物的方法之一。未知微生物的分析数据可利用数据库搜寻及计算器算法得到鉴定结果。本节将简单介绍鉴定致病菌的各种样品处理与质谱法，并简述其应用。

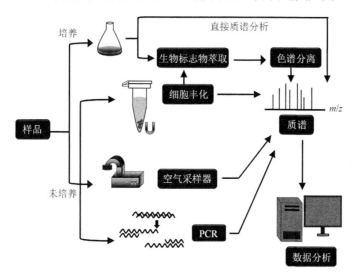

图 13-4　细菌质谱分析的各种流程

13.4.1　样品处理与质谱法

1. 纳米技术

在质谱分析的过程中，复杂基质产生的离子可能会抑制分析物的信号。目前亲和色谱法已经用于浓缩及纯化细菌样品，以 MALDI-MS 结合亲和色谱，利用以凝集素（Lectin）固定的基板，可从复杂样品中捕捉微量的细菌细胞；大多数细菌的细胞表面均有凝集素，因此可广泛应用于细菌分析[25]。使用免疫球蛋白 G（IgG）或多肽修饰亲和性表面来分离金黄色葡萄球菌（*Staphylococcus aureus*）的蛋白质 A，也成功利用 MALDI-MS 鉴定出蛋白质 A 的结构。结合特定抗体的磁性粒子可从复杂样品中选择性分离出目标致病菌[26]，将此技术应用在复杂样品溶液中，浓缩及分离出细菌并以 MALDI-MS 分析[27]，此技术称为免疫磁性分离法（Immunomagnetic Separation），可以降低检测时间、提高灵敏度。利用固定在微米级磁珠的抗体捕集细菌后，再进一步利用噬菌体（一种病毒）感染捕集的细菌，噬菌体会在活的细菌细胞中增生、繁殖、放大，并诱导细胞裂解，经由分析噬菌体的外鞘蛋白可以代表细菌的存在，检测限可到 5×10^4 cells/mL，且可在两小时内完成。由于很多抗体与噬菌体均可购得，此方法可以分析菌种甚至特定菌株，并改善检测限。

目前已有许多研究团队致力于质谱结合纳米颗粒的研究，图 13-5 为使用磁性纳米颗粒捕获及浓缩致病菌并结合质谱分析的流程图。将功能化（Functionalized）磁性纳米颗粒添加到样品溶液中，再将样品溶液于振荡环境中培养；磁性纳米颗粒与致病菌相互作用，使致病菌聚集在纳米颗粒上达到良好的吸附效果，最后再利用磁分离技术分离出致病菌，并于 MALDI-MS 分析。利用免疫球蛋白 G（IgG）与致病菌之间的作用力，IgG 修饰的磁性纳米颗粒会与致病菌细胞壁上的 IgG 受体（Receptor）键结合，利用此亲和性可以从样品溶液中分离出细菌，有研究使用此技术检测含腐生葡萄球菌（*S. saprophyticus*）和金黄色葡萄球菌（*S. aureus*）的水溶液（0.5 mL）与腐生葡萄球菌的尿液（0.5 mL），其最佳检测浓度分别为 3×10^5 CFU/mL 及 3×10^7 CFU/mL[28]；将修饰万古霉素（Vancomycin）的磁性纳米颗粒在样品溶液中选择性分离出革兰氏阳性菌[如金黄色葡萄球菌、腐生葡萄球菌及粪肠球菌（*E. faecalis*）]，其在尿液样品中的最佳检测浓度为 7×10^4 CFU/mL；以卵白蛋白（Ovalbumin）结合 $Fe_3O_4@Al_2O_3$ 磁性纳米颗粒作为亲和捕捉试剂，用来捕捉尿液样品中具有 P 菌毛（P fimbriate）的尿路致病型大肠杆菌（Uropathogenic *E.coli*）[29]，以及通过糖蛋白质作用力捕捉临床尿液样品中的绿脓杆菌（*Pseudomonas aeruginosa*）[30]，此方法已可以检测出 250 mL，浓度为每毫升 4×10^4 个细菌的多肽信号，对应到样品盘一个检测点上约有 10^2 个细菌。此外，利用阴/阳离子交换磁性纳米颗粒作为亲和探针，可以分离水中细菌[31]，带正电的磁性纳米颗粒会与细菌相互作用（大部分细菌带负电荷），利用此方法可在两小时内分析自来水及水库中的储水样品，且其检测限为 1×10^3 CFU/mL。虽然大多数的亲和方法是以 MALDI-MS 分析，利用 LC-ESI MS 作为分析微生物的工具也是可行的。

亲和纳米技术的优势为能够从复杂样品（如尿液）当中浓缩及纯化出微生物，且不需经过培养，即可直接利用 MALDI-MS 分析；若不经过亲和纯化的步骤，直接利用 MALDI 分析尿液中微生物，则可能会受到盐类的影响。另外，值得一提的是，在文献中计算检测限的报道中采用各种不同计算细菌数目的方法，如直接计数法（Direct Count）、浊度测定（Turbidity Measurement）、最大概率数（Most Probable Number）及定量平板（Quantitative Plating）；菌落形成单位（Colony Forming Unit，CFU）反映的是活细胞数目，但绝对细胞数量可能比 CFU 值还高许多，因此比较文献报道的检测限时必须谨慎。

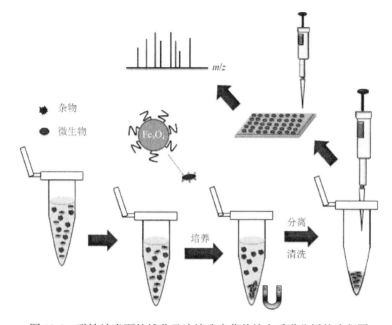

图 13-5　磁性纳米颗粒捕获及浓缩致病菌并结合质谱分析的流程图

2. 电喷雾电离质谱法

以 MALDI-MS 直接分析消化的细菌蛋白的质谱图会过于复杂；此外，MALDI-MS 较难结合样品预处理及分离方法做在线检测（On-Line Detection），因此较难自动化。ESI-MS 可以结合微透析（Microdialysis）、固相萃取（Solid Phase Extraction，SPE）、液相色谱（Liquid Chromatography，LC）及毛细管电泳（Capillary Electrophoresis，CE）做在线检测。因此，ESI-MS 可有效地分析复杂样品。

1）液相色谱-质谱仪（LC-MS）

液相色谱结合质谱对分离与鉴定各种微生物样品是非常重要的技术，它同时也是在蛋白质组学中分析复杂样品的重要工具。将冷冻干燥的细菌与含有 0.1% TFA 的水溶液（含 0～20%乙腈）混合，使细菌裂解并释放出其特有的蛋白质或代谢物，蛋白质或多肽可由反相高效液相色谱分离，再根据色谱谱图中的信号来鉴别细菌。然而，此鉴别方式会受到电喷雾电离法产生的复杂信号的影响，利用自动化数据处理的方式，解析所有多电荷离子信号；这个方法可以将蛋白质定序、鉴定并根据序列设计 PCR 引物[32]，对于基因还未定序的细菌物种，此方法提供了具有专一性的方式鉴定相关物种间基因的差异。

通过比对未知样品和数据库中的蛋白/多肽[33]，可以有效鉴定细菌。图 13-6 简述以 MS/MS 分析蛋白质来鉴定微生物的方法：经细胞裂解及萃取消化后得到的微生物多肽，先经由液相色谱仪分离，再以 MS/MS 分析，由得到的谱图结合蛋白质数据库分析，能推断出微生物的来源。液相色谱-选择性特异多肽分析（LC-Selective Proteotypic Peptide Analysis，LC-SPA）是一种鉴定复杂样品中细菌物种的方法，利用这种选择性的 MS/MS 分析，根据洗脱时间分离特定的多肽片段，并以 SEQUEST（蛋白质库搜索工具）根据如 NCBInr 等蛋白质数据库，分析多肽的串联质谱数据，鉴定此特定多肽，此方法已成功从复杂样品中同时鉴定出 8 种致病菌[34]。除了使用蛋白质数据库分析外，多变量分析，如主成分分析及群集分析也可用来分析未知细菌和已知细菌的多肽序列相似性并建立分类[35]，如炭疽杆菌（*Bacillus anthracis*）、蜡样芽孢杆菌（*B. cereus*）及苏云金杆菌（*B. thuringiensis*）均可用此法鉴定。

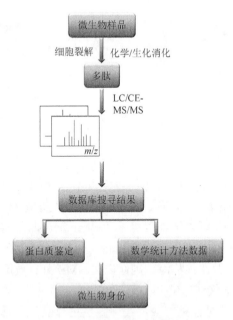

图 13-6 以 MS/MS 分析细菌的流程图

脂质生物标志物（Lipid Biomarkers）也广泛应用在分析细菌样品方面，利用 LC-MS 分离并鉴定细菌中的磷脂类化合物（如磷脂酰甘油、磷脂酰肌醇、心肌磷脂、酰基磷脂酰甘油）可区别不同菌种。其他像革兰氏阴性菌中 2,6-二羧基吡啶 （2,6-Dipicolinic Acid）和藿烷类（Hopanoid），也可作为鉴定细菌的生物标志物。 在脂质侧链或环状结构上修饰特殊基团的细菌，能产生不同的三萜类化合物 （Bacteriohopanepolyols，BHPs）；经由 LC-MS/MS 分析的细菌样品，可检测出完整的 BHPs。虽然脂质生物标志物能用来鉴定细菌，但由于不同生长条件会影响脂质的含量甚至种类，因此会使分析结果复杂化。

2）毛细管电泳-质谱仪

毛细管电泳具有样品及溶剂消耗量少的优点，然而，只有少数文献以 CE-MS 作为鉴定细菌的方法。利用 CE-MS/MS 分析特定多肽离子得到部分蛋白质的序列，其中特定多肽指的是可用来鉴定特定蛋白质的多肽；此方法能从复杂样品中鉴定致病菌，并具有高度选择性及高灵敏度[36]。在实验流程上，先将致病菌萃取物进行蛋白质水解消化，并以 CE-MS/MS 做初步分析，再利用数据库搜寻选择出特定的致病菌多肽离子作为生物标志物，此法可以成功检测微量（1%）的细菌样品；此外，也可鉴定真实样品中的细菌。由于仅针对选择的生物标志物进行分析，而非整个蛋白质的分析，因此加快了仪器与数据分析的速度。

3. 基质辅助激光解吸电离质谱法

1）细菌的蛋白质指纹（Fingerprint）

以 MALDI-MS 分析细菌具有快速简单的优点，目前大多数已发表的细菌分析方法均以 MALDI-MS 为基础，主要通过比对蛋白质、多肽或其他细胞内成分的质谱图而达到区分细菌的目的，而最早的研究就是比较细菌的蛋白质谱图[37]。以 MALDI-MS 分析微生物样品，样品的制备非常重要，在实验过程中，培养条件、基质、溶剂、细胞裂解的方式及点样的方法都是变量。一般来说，细菌样品由培养液或单一菌落中取得，再将样品点在样品盘上进入质谱分析。在样品制备中，最常使用的基质为 α-氰基-4-羟基苯甲酸（α-Cyano-4-Hydroxycinnamic Acid，CHCA）、芥子酸（Sinapinic Acid，SA）及羟基苯丙烯酸（Ferulic Acid，FA）；相比 SA 与 FA，CHCA 拥有较佳的信噪比（Signal-to-Noise Ratio），可以降低背景噪声，FA 则适用于分子量大于 15 kDa 的样品。在离子源部分，紫外（Ultraviolet，UV）激光是最常被使用的；相较于 UV-MALDI，由于使用红外光（Infrared，IR）灵敏度较低，故不常以 IR 作为光源。目前大部分细菌蛋白质谱图分析仍需要培养细菌样品才能得到信号，无法培养的细菌分析仍然是个挑战。

如前所述，使用 MALDI-TOF MS 分析细菌，培养条件及仪器参数变化对质谱图会有显著的影响，除了重复性很重要外，如果质谱图的复杂度高，可用统计算法来比对参考谱图和细菌谱图，或是产生指纹谱图。利用线性相关（Linear Correlation）分析细菌与数据库谱图可以区分各种芽孢杆菌（Bacillus）孢子[38]。

一种类似统计显著性检验（Test of Statistical Significance）的指纹选择算法（Fingerprint-Selection Algorithm），可从复杂质谱图中提取可分析的生物标志物信号；目前指纹数据库已广泛利用于鉴定细菌样品。Keys统计了超过100个属、350种与人类传染病有关的细菌质谱数据[39]；由于相关物种间的组成有高度相似度，质谱信号会有重叠的现象，使种及亚种的专一性生物标志物鉴定有一定的困难。目前已有许多多变量分析技术，如主成分分析、集群分析及因子分析应用于细菌样品的蛋白质谱图分析。多变量分析是以多变量统计学为基础，同时分析多个统计变量（如 m/z），如以 PCA 分类法区分两种致病菌的细菌谱图[40]，或是以集群分析鉴别致病性及非致病性细菌的质谱图等。

2）蛋白质/多肽的序列鉴定

自上而下（Top-Down）鉴定方法，指以 MS/MS 直接鉴定完整的蛋白质，利用 MALDI-TOF/TOF MS 直接分析蛋白质，可以快速地从单一菌种或混合菌中鉴定个别的芽孢杆菌菌种[41]。此方法的主要优点为不需消化、分离及清洗目标蛋白质就能得到分析谱图，利用 MALDI 串联质谱结合蛋白质数据库，能鉴定完整的微生物蛋白并得到良好的重现性。

自下而上（Bottom-Up）鉴定方法，是利用 MS/MS 分析蛋白质消化的多肽片段，由鉴定多肽序列得到蛋白质信息，再由蛋白质信息得知所属的微生物来源。以 MALDI-MS 或 MS/MS 分析特定生物标志物可达到快速且自动化的鉴别。在多肽/蛋白质鉴定方法中，只要谱图信号在数据库中可以找到，则谱图的重现性就不是那么重要；若数据库没有此微生物的数据，则鉴定会受到限制且可能误判，此时可以由实验建立详细的数据库。

3）其他生物标志物

蛋白质含量多且与基因有相关性，是最常作为细菌鉴定的物质。除了蛋白质外，MALDI 也可鉴定其他种类的生物标志物，如细菌的内毒素为一种脂多糖（Lipopolysaccharides，LPSs），是革兰氏阴性菌外膜的重要组成成分，细菌的 LPSs 结构包含脂质和多糖，脂质部分为脂质 A（Lipid A），会被固定在细胞膜内。以薄层色谱法（Thin-Layer Chromatography，TLC）选择性分离及萃取细菌的 LPSs，能够以 MALDI-MS 直接分析 LPS 及脂质 A。也有研究直接利用 MALDI-MS 鉴定由三种柠檬酸杆菌（Citrobacter）及两种博德氏杆菌菌株萃取出的脂质 A，此方法的优点为能够鉴定微量的细菌、LPS 及脂质 A[42]。

4）生物气溶胶质谱（Bioaerosol Mass Spectrometry，BAMS）

生物气溶胶质谱为用于鉴定细菌、孢子及病毒等悬浮空气中的生物微粒的工具，在气溶胶质谱法中，基质通过冷凝或沉积的方式涂附在样品盘上[43]，以气溶胶 MALDI-TOF MS 分析枯草芽孢杆菌孢子，可得到 m/z 1225 的肽聚糖生物标志物。利用激光诱导荧光（Laser-Induced Fluorescence，LIF）结合 MALDI，通过荧光在检测到样品时启动离子化，可作为单一生物气溶胶粒子的实时分析；
LIF-MALDI 可检测分子量为 20 kDa 的蛋白质生物标志物。此法虽然已得到许多
有用的细菌谱图，但仍需改善分析真实样品的检测限。

5）表面增强激光解吸电离质谱（Surface-Enhanced Laser Desorption/Ionization
Mass Spectrometry，SELDI-MS）

表面增强激光解吸电离质谱已成功用于鉴定细菌及蛋白质的生物标志物；以
亲和法为基础，蛋白质会选择性吸附在化学或生化修饰表面。由于 SELDI-MS 也
能产生相当多的离子信号，用于 MALDI 蛋白质指纹谱图的算法也能使用于此；
例如，以人工神经网络（Artificial Neural Network，ANN）算法结合 SELDI-MS
从淋病双球菌（Neisseria gonorrhoeae）、奈瑟菌属的其他细菌及相关的细菌，如
脱硝金氏菌（Kingella denitrificans）及奥斯陆莫拉菌（Moraxella osloensis）中分
析 350 种以上的细菌菌株[44]，不同于多变量分析为基础的方法，ANN 为一种机器
学习（Machine Learning）的算法；在 ANN 方法中，所有 m/z 值的相对丰度（Relative
Abundance）会输入到人工神经网络模型的输入层（Input Layer）中，对已知细菌
样品进行测试并验证，之后以 ANN 鉴别未知样品。Yates 使用四极杆质谱分析挥
发性物质，并以径向基函数神经网络（Radial Basis Function Neural Network，
RBFNN）鉴定未知细菌样品[45]。SELDI-MS 比直接的 MALDI-MS 分析更具有选
择性，可对生物标志物进行选择性萃取与分析；SELDI 探针的表面特性在检测生
物标志物中扮演重要的角色，而其获取能力取决于相互作用的基团数目及生物标
志物分子的大小；由 SELDI 表面捕捉的生物标志物，通常是较大量和具有特定相
互作用的基团，一般来说，SELDI 在微生物分析中主要是为了得到微生物样品的
蛋白质指纹，如同 MALDI 分析，谱图的重现性仍为分析的关键。

4. 其他质谱技术

1）常压敞开式离子化质谱（Ambient Ionization Mass Spectrometry）
常压敞开式离子化质谱如解吸电喷雾电离（Desorption Electrospray Ionization，
DESI）及实时直接分析电离法，已应用于检测微生物样品，并以不需或极少的前
处理过程达到快速且准确的分析。DART-MS 已应用于鉴定细菌中的脂肪酸甲酯
（Fatty Acid Methyl Esters）[46]，电离过程包含激发的原子或分子与热水解及甲基
化的脂质相互作用；DESI 是以电喷雾液滴解吸电离细菌样品的生物分子，通过细
菌磷脂质谱图鉴别菌种[47]。

2）裂解质谱（Pyrolysis Mass Spectrometry，Py-MS）
裂解质谱通过高温加热使分析物裂解，是分析热裂解产物指纹谱图的质谱法[48]。
将纯的微生物培养物在特定合金上快速加热至合金的居里点（Curie Point），使微
生物在居里点热裂解（Curie Point Pyrolysis），并立即将热裂解产物以质谱分析，

再以适合的算法鉴别不同致病菌的指纹谱图。但热裂解法会产生许多小碎片，导致谱图信号复杂化，以高效液相色谱法、气相色谱及薄层色谱法，结合 Py-MS 可以改善谱图复杂的情况，目前只有 Py-GC-MS 发展为商业化的微生物分析仪器，Py-GC 及 Py-GC-MS 都能快速挥发、分离及鉴定样品。糖类、脂类、核酸、蛋白质或吡啶二羧酸等化合物的热裂解产物，都可用来作为鉴别细菌的物质。而另一项技术，离子迁移质谱仪（Ion Mobility Spectrometer，IMS）则可作为 Py-GC 的检测器。以上大部分的研究都利用多变量分析（如 PCA）分析热裂解谱图信号。

5. 核酸的质谱分析法

虽然传统的生化分析在临床细菌检验上仍是主要的方法，但以核酸为基础的技术也日益受到瞩目，此技术以基因在物种内的保存（Conservation）和物种间的变异性（Variability）为基础。基因分型法分析核酸，包括杂合（Hybridization）、引物延伸（Primer Extension）、接合（Ligation）、裂解（Cleavage）或其组合的方式；而测量的仪器可为胶体检测器（Gel Reader）、阵列检测器（Array Reader）或盘式仪（Plate Reader）。MALDI-MS 也是分析 DNA 的工具；然而，可能会有形成 DNA 加合物（DNA Adduct）或受限于序列过长的问题，导致使用质谱主要用来分析 DNA 片段或单核苷酸多样性。ESI-MS 可检测大质量及带多价电荷的 PCR 产物；由高分辨的 ESI-MS 可得到准确的 PCR 产物质量，并能够得知其碱基组成，将核酸产物的质谱数据与核酸序列数据库进行比对，可得知其所属物种。PCR 复制技术能检测微量的样品，并适用于无法培养的微生物分析；主要的分析程序为细胞裂解、DNA 提取、复制及产物分析，所花费的时间会比传统的培养方式短，因而提高了分析效率；PCR 技术需考虑样品中潜在的抑制剂（Inhibitor），在实验上必须增加移除抑制剂的步骤。利用质谱仪作为检测器，除了可改善分析速度外，主要优点为可直接由核苷酸组成得知分子质量，比以迁移时间（Migration Time）定序的分析方式更为准确。

目前以质谱分析细菌基因的方法很多，较新的一种分析复杂微生物样品的方法为三角基因鉴定风险评估（Triangulation Identification for the Genetic Evaluation of Risks，TIGER）[49]。使用高分辨 ESI-FT-ICR/TOF MS 分析多重 PCR 产物，可准确推导出碱基组成。鉴定流程：第一步，萃取样品中所有的核酸，再利用数种引物聚合并进行引物延伸，而 PCR 的引物目标普遍分布在基因的高度保留区（Conserved）（如 16S 及 23S DNA）；第二步，利用质谱分析，长度在 100 个碱基对左右的 PCR 产物（质量大约为 30 kDa），为了推断 PCR 产物中碱基组成的质量，必须使用高准确度的质谱仪进行分析；由数种 PCR 产物序列片段分析其交集与关联性，可类似三角定位得知致病菌的种类。

13.4.2 临床医学的实际应用

质谱在临床医学分析、环境监测甚至生物战剂的检测中[50]已日益重要，因为质谱分析具有高机动性、灵敏度、专一性，并能在定性及定量方面提供丰富的信息，目前质谱已用于各种微生物的鉴定。一般来说，以质谱为基础的分析法，比传统的分析法可以花费更少的时间，以下列举几个质谱分析法的应用例子。

使用 MALDI-TOF MS 直接分析完整细菌，在许多临床分析中可用来鉴别不同种及亚种的细菌，根据蛋白质谱图，可鉴别耐甲氧西林金黄色葡萄球菌（Methicillin-Resistant *Staphylococcus aureus*，MRSA）与甲氧西林敏感性金黄色葡萄球菌（Methicillin-Susceptible *Staphylococcus aureus*，MSSA）[51]，从 20 种金黄色葡萄球菌菌株中，能够迅速鉴别 MRSA 与 MSSA，因此，可针对对不同抗生素产生抗药性的金黄色葡萄球菌做适当的治疗[52]。MALDI-MS 已可从临床样品中快速鉴定 1600 种细菌菌株；在鉴定出的 95.4%菌株中，有 84.1%可鉴定到物种级别，11.3%到菌属级别，若不考虑培养时间，分析的时间可在 10 min 以内[53]。

以 MALDI-TOF MS 鉴定抗药性仙人掌杆菌的 β-内酰胺酶（Beta-Lactamase），此蛋白质标记物可用来初步检测仙人掌杆菌对抗生素的抗药性。SELDI-TOF MS 已用来分析 273 种金黄色葡萄球菌菌株及其他临床样品[54]，由 SELDI-TOF MS 产生的蛋白质谱图，可作为鉴定细菌的工具。激光解吸电离（Laser Desorption Ionization，LDI）已用来检测孕妇血液样品中的恶性疟原虫（*Plasmodium falciparum*）[55]，利用 LDI 电离寄生虫中的疟疾色素（Hemozoin）产生血红素离子及碎片离子，再使用质谱检测感染疟疾的标记离子[56]。

结核病（Tuberculosis，TB）是由结核分枝杆菌所感染的一种传染性疾病，结核病往往会发生在感染人类免疫缺陷病毒（Human Immunodeficiency Virus，HIV）和获得性免疫缺陷综合征（Acquired Immunodeficiency Syndrome，AIDS）的患者中，导致全球的患病率增加，以 GC-MS 分析微生物细胞中的脂肪酸衍生物，能够在临床检验中快速诊断肺结核[57]。CE-MS/MS 可应用在鉴定脓液、尿液、痰液及伤口中特定的致病菌，这些临床样品中的细菌，不需先从纯菌落中分离，能以直接培养的方式，再进行串联质谱分析；由快速消化到质谱分析，仅 30 min 就能完成，而培养细菌样品的时间则需要 6 h。利用高分辨 ESI-MS 分析混合细菌样品的 PCR 产物，鉴定具有喹啉酮（Quinolone）抗药性的不动杆菌（*Acinetobacter*）[58]，研究结果提供了治疗感染不动杆菌的重要信息。

13.5 真菌的检测

除了细菌的检测外，真菌在医学的检测上也是很重要的一环。真菌类主要分为酵母菌（Yeast）、丝状霉菌（Molds，Filamentous Fungi）及双形性真菌（即生长型态随环境而定，可有酵母菌或丝状生长两种）三大类[59]。在致病酵母菌中，尤其以感染到侵入型念珠菌（Invasive *Candidiasis*）最为严重，其名列医院内四大常见的菌血症的致病菌之一[60]。当患者遭受真菌如霉菌感染，培养样本的时间会比一般细菌培养的时间长很多。因此，发展灵敏快速且可针对真菌的鉴定方法，相对来说更为重要且迫切。而质谱方法具有灵敏及分析时间短的优点，很适合用于真菌的分析。尤其是基质辅助激光解吸电离质谱法具有样品制备简易、分析时间短及适用于混合物的优势，一般真菌的质谱分析方法大都采用基质辅助激光解吸电离质谱法。

真菌和细菌的不同之处为真菌的细胞壁较厚，因此传统的分析方法通常须先经过破菌及萃取步骤，以得到较多可代表真菌的离子信号。此外，也可在进行基质辅助激光解吸电离质谱样品制备时，加入高比例的酸，如甲酸或三氟乙酸等，有助于得到较多代表性的离子信号[61-64]。最早使用基质辅助激光解吸电离质谱法来分析具有菌丝及孢子的霉菌的研究，可追溯至 2000 年左右[62]，有研究团队直接将基质与高比例的酸液和霉菌孢子混合后，进行基质辅助激光解吸电离质谱法分析，在不经过萃取的步骤下，得到来自于代表各霉菌菌种的指纹质谱图（Fingerprint Mass Spectra），但和细菌指纹质谱图的不同之处是所得到的离子峰的数目通常较少，虽然如此，依靠质谱指纹比对的方式，不同菌种可容易地进行比对。

举例而言，不同的霉菌可通过比较指纹质谱图进行区分。一般步骤为刮取霉菌样品上的孢子直接进行分析。图 13-7 为来自于直接分析曲霉菌孢子[图 13-7（a）]及青霉菌孢子[图 13-7（b）、（c）]所得到的质谱指纹谱图。离子峰的质荷比分布范围为 3000～12000 左右，这些代表性的离子峰大都来自细胞壁的碳水化合物，如糖类或来自于分子量小于 20 kDa 的蛋白质[61-64]。由这些指纹质谱图可以辨别不同属不同种的霉菌（图 13-7）；同样是青霉菌，但属不同种的霉菌孢子[图 13-7（b）、（c）]的差异性，也可以从指纹质谱图辨别出来。为了更容易地辨识真菌种类及大量处理样品，已有利用统计分析的方法发展出来，如可利用已建立的真菌质谱数据库进行未知样品的快速比对，根据比对得出的分数判定比对的可信度[65]。

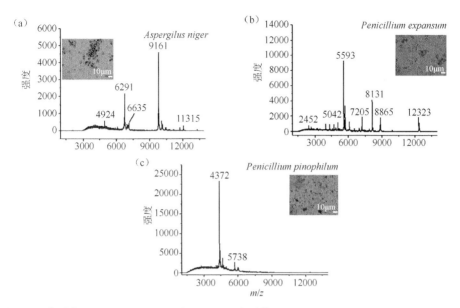

图 13-7　曲霉菌（*Aspergillus niger*）孢子及（a）青霉菌（*Penicillium expansum*）（b）、*Penicillium pinophilum*（c）孢子的基质辅助激光解吸电离质谱图。样品的制备方法为先将少量孢子悬浮于含有 α-氰基-4-羟基肉桂酸（15 mg/mL）的乙腈/3%三氟乙酸（2∶1，体积比）的溶液，在样品盘上点样（1 μL）干燥后即可送入质谱进行分析。插图为各菌种的孢子在光学显微镜下的影像

13.6　病毒的检测

　　病毒感染是疾病传染的重要途径之一，因此确认病毒身份在医学治疗上有重大意义。病毒体的构造并不复杂，可由两个或三个部分组成。一般病毒体的组成分子为遗传信息分子 DNA 或 RNA 及保护这些基因的蛋白质外壳，某些病毒体则会有脂质包膜围绕蛋白质外壳[66]。病毒的形状可能是多面体，如正二十面体的形状、螺旋形，甚至更复杂的结构。病毒约是细菌百分之一的大小，由于病毒太小，无法直接用光学显微镜观察，只能在电子显微镜下观察其形态。在确认病毒种类或突变时，确认基因序列是常使用的方法，利用质谱来确认包裹病毒的蛋白质外壳的身份或变异也是方法之一，常使用的质谱法为电喷雾电离质谱法、基质辅助激光解吸电离质谱法及串联质谱法[67, 68]。

　　图 13-8 显示的是一般常采用的方法，蛋白质的身份可先从基质辅助激光解吸电离质谱结果中粗略得知分子量大小，如有基因变异时可从蛋白质的质量偏移得

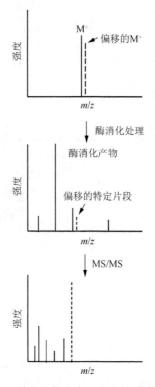

图 13-8 利用质谱法确认病毒的蛋白质外壳

知。需要进一步确认蛋白质的身份时，蛋白质要先经过酶消化处理，再将消化产物（多肽）作为分析物，进行直接基质辅助激光解吸电离质谱分析；或经由液相色谱分离，进行在线电喷雾质谱法分析，再由串联质谱法确认多肽序列[67]。

参 考 文 献

[1] Annesley, T., Majzoub, J., Hsing, A., Wu, A., Rockwood, A., Mason, D.: Mass spectrometry in the clinical laboratory: how have we done, and where do we need to be? Clin. Chem. **55**, 1236 (2009)

[2] Wu, A.H., French, D.: Implementation of liquid chromatography/mass spectrometry into the clinical laboratory. Clin. Chim. Acta **420**, 4-10 (2013)

[3] Grebe, S.K., Singh, R.J.: LC-MS/MS in the clinical laboratory – Where to from here? Clin. Biochem. Rev. **32**, 5 (2011)

[4] Strathmann, F.G., Hoofnagle, A.N.: Current and future applications of mass spectrometry to the clinical laboratory. Am. J. Clin. Pathol. **136**, 609-616 (2011)

[5] Taylor, P.J.: High-performance liquid chromatography-mass spectrometry in the clinical laboratory. Ther. Drug Monit. **27**, 689-693 (2005)

[6] Marvin, L.F., Roberts, M.A., Fay, L.B.: Matrix-assisted laser desorption/ionization time-of-flight mass spectrometry in clinical chemistry. Clin. Chim. Acta **337**, 11-21 (2003)

[7] Croxatto, A., Prod'hom, G., Greub, G.: Applications of MALDI-TOF mass spectrometry in clinical diagnostic microbiology. FEMS Microbiol. Rev. **36**, 380-407 (2012)

[8] Pusch, W., Kostrzewa, M.: Application of MALDI-TOF mass spectrometry in screening and diagnostic research. Curr. Pharm. Des. **11**, 2577-2591 (2005)

[9] Cho, Y.-T., Su, H., Huang, T.-L., Chen, H.-C., Wu, W.-J., Wu, P.-C., Wu, D.-C., Shiea, J.: Matrix-assisted laser desorption ionization/time-of-flight mass spectrometry for clinical diagnosis. Clin. Chim. Acta **415**, 266-275 (2013)

[10] Lin, S.Y., Shih, S.H., Wu, D.C., Lee, Y.C., Wu, C.I., Lo, L.H., Shiea, J.: Matrix-assisted laser desorption/ionization time-of-flight mass spectrometry for the detection of hemoglobins as the protein biomarkers for fecal occult blood. Rapid Commun. Mass Spectrom. **21**, 3311-3316 (2007)

[11] Cho, Y.-T., Chen, Y.-S., Hu, J.-L., Shiea, J., Yeh, S.M., Chen, H.-C., Lee, Y.-C., Wu, D.-C.: The study of interferences for diagnosing albuminuria by matrix-assisted laser desorption ionization/time-of-flight mass spectrometry. Clin. Chim. Acta **413**, 875-882 (2012)

[12] Dekker, L.J., Boogerd, W., Stockhammer, G., Dalebout, J.C., Siccama, I., Zheng, P., Bonfrer, J.M., Verschuuren, J.J., Jenster, G., Verbeek, M.M.: MALDI-TOF mass spectrometry analysis of cerebrospinal fluid tryptic peptide profiles to diagnose leptomeningeal metastases in patients with breast cancer. Mol. Cell. Proteomics **4**, 1341-1349 (2005)

[13] Tang, N., Tornatore, P., Weinberger, S.R.: Current developments in SELDI affinity technology. Mass Spectrom. Rev. **23**, 34-44 (2004)

[14] Seeley, E.H., Caprioli, R.M.: MALDI imaging mass spectrometry of human tissue: method challenges and clinical perspectives. Trends Biotechnol. **29**, 136-143 (2011)

[15] Huang, M.-Z., Yuan, C.-H., Cheng, S.-C., Cho, Y.-T., Shiea, J.: Ambient ionization mass spectrometry. Annu. Rev. Anal. Chem. **3**, 43-65 (2010)

[16] Shiea, J., Yuan, C.-H., Huang, M.-Z., Cheng, S.-C., Ma, Y.-L., Tseng, W.-L., Chang, H.-C., Hung, W.-C.: Detection of native protein ions in aqueous solution under ambient conditions by electrospray laser desorption/ionization mass spectrometry. Anal. Chem. **80**, 4845-4852 (2008)

[17] Corso, G., D'Apolito, O., Gelzo, M., Paglia, G., Russo, A.D.: A powerful couple in the future of clinical biochemistry: in situ analysis of dried blood spots by ambient mass spectrometry. Bioanalysis **2**, 1883-1891 (2010)

[18] Su, Y., Wang, H., Liu, J., Wei, P., Cooks, R.G., Ouyang, Z.: Quantitative paper spray mass spectrometry analysis of drugs of abuse. Analyst **138**, 4443-4447 (2013)

[19] Eberlin, L.S., Norton, I., Orringer, D., Dunn, I.F., Liu, X., Ide, J.L., Jarmusch, A.K., Ligon, K.L., Jolesz, F.A., Golby, A.J.: Ambient mass spectrometry for the intraoperative molecular diagnosis of human brain tumors. Proc. Natl. Acad. Sci. U.S.A. **110**, 1611-1616 (2013)

[20] Wang, H., Manicke, N.E., Yang, Q., Zheng, L., Shi, R., Cooks, R.G., Ouyang, Z.: Direct analysis of biological tissue by paper spray mass spectrometry. Anal. Chem. **83**, 1197-1201 (2011)

[21] Paschke, K.M., Mashir, A., Dweik, R.A.: Clinical applications of breath testing. F1000 Med. Rep. **2**, (2010)

[22] Ding, J., Yang, S., Liang, D., Chen, H., Wu, Z., Zhang, L., Ren, Y.: Development of extractive electrospray ionization ion trap mass spectrometry for in vivo breath analysis. Analyst **134**, 2040-2050 (2009)

[23] Shiea, J.: Mass spectrometric method and mass spectrometer for analyzing a vaporized sample. US patent. US7,750,291 B2 (2010)

[24] Zhu, J., Bean, H.D., Jiménez-Díaz, J., Hill, J.E.: Secondary electrospray ionization-mass spectrometry (SESI-MS) breathprinting of multiple bacterial lung pathogens, a mouse model study. J. Appl. Physiol. **114**, 1544-1549 (2013)

[25] Bundy, J., Fenselau, C.: Lectin-based affinity capture for MALDI-MS analysis of bacteria. Anal. Chem. **71**, 1460-1463 (1999)

[26] Ochoa, M.L., Harrington, P.B.: Immunomagnetic isolation of enterohemorrhagic Escherichia coli O157:H7 from ground beef and identification by matrix-assisted laser desorption/ionization time-of-flight mass spectrometry and database searches. Anal. Chem. **77**, 5258-5267 (2005)

[27] Madonna, A.J., Basile, F., Furlong, E., Voorhees, K.J.: Detection of bacteria from biological mixtures using immunomagnetic separation combined with matrix-assisted laser desorption/ionization time-of-flight mass spectrometry. Rapid Commun. Mass Spectrom. **15**, 1068-1074 (2001)

[28] Ho, K.-C., Tsai, P.-J., Lin, Y.-S., Chen, Y.-C.: Using biofunctionalized nanoparticles to probe pathogenic bacteria. Anal. Chem. **76**, 7162-7168 (2004)

[29] Liu, J.-C., Tsai, P.-J., Lee, Y.C., Chen, Y.-C.: Affinity capture of uropathogenic Escherichia coli using pigeon ovalbumin-bound Fe3O4@ Al2O3 magnetic nanoparticles. Anal. Chem. **80**, 5425-5432 (2008)

[30] Liu, J.-C., Chen, W.-J., Li, C.-W., Mong, K.-K.T., Tsai, P.-J., Tsai, T.-L., Lee, Y.C., Chen, Y.-C.: Identification of Pseudomonas aeruginosa using functional magnetic nanoparticle-based affinity capture combined with MALDI MS analysis. Analyst **134**, 2087-2094 (2009)

[31] Li, S., Guo, Z., Liu, Y., Yang, Z., Hui, H.K.: Integration of microfiltration and anion-exchange nanoparticles-based magnetic separation with MALDI mass spectrometry for bacterial analysis. Talanta **80**, 313-320 (2009)

[32] Williams, T.L., Monday, S.R., Edelson-Mammel, S., Buchanan, R., Musser, S.M.: A top-down proteomics approach for differentiating thermal resistant strains of Enterobacter sakazakii. Proteomics **5**, 4161-4169 (2005)

[33] Zhou, X., Gonnet, G., Hallett, M., Münchbach, M., Folkers, G., James, P.: Cell fingerprinting: An approach to classifying cells according to mass profiles of digests of protein extracts. Proteomics **1**, 683-690 (2001)

[34] Lo, A.A., Hu, A., Ho, Y.P.: Identification of microbial mixtures by LC-selective proteotypic-peptide analysis (SPA). J. Mass Spectrom. **41**, 1049-1060 (2006)

[35] Dworzanski, J.P., Deshpande, S.V., Chen, R., Jabbour, R.E., Snyder, A.P., Wick, C.H., Li, L.: Mass spectrometry-based proteomics combined with bioinformatic tools for bacterial classification. J. Proteome Res. **5**, 76-87 (2006)

[36] Hu, A., Tsai, P.-J., Ho, Y.-P.: Identification of microbial mixtures by capillary electrophoresis/selective tandem mass spectrometry. Anal. Chem. **77**, 1488-1495 (2005)

[37] Cain, T.C., Lubman, D.M., Weber, W.J., Vertes, A.: Differentiation of bacteria using protein profiles from matrix-assisted laser desorption/ionization time-of-flight mass spectrometry. Rapid Commun. Mass Spectrom. **8**, 1026-1030 (1994)

[38] Dickinson, D.N., La Duc, M.T., Haskins, W.E., Gornushkin, I., Winefordner, J.D., Powell, D.H., Venkateswaran, K.: Species differentiation of a diverse suite of Bacillus spores by mass spectrometry-based protein profiling. Appl. Environ. Microbiol. **70**, 475-482 (2004)

[39] Keys, C.J., Dare, D.J., Sutton, H., Wells, G., Lunt, M., McKenna, T., McDowall, M., Shah, H.N.: Compilation of a MALDI-TOF mass spectral database for the rapid screening and characterisation of bacteria implicated in human infectious diseases. Infect. Genet. Evol. **4**, 221-242 (2004)

[40] Parisi, D., Magliulo, M., Nanni, P., Casale, M., Forina, M., Roda, A.: Analysis and classification of bacteria by matrix-assisted laser desorption/ionization time-of-flight mass spectrometry and a chemometric approach. Anal. Bioanal. Chem. **391**, 2127-2134 (2008)

[41] Wynne, C., Fenselau, C., Demirev, P.A., Edwards, N.: Top-down identification of protein biomarkers in bacteria with unsequenced genomes. Anal. Chem. **81**, 9633-9642 (2009)

[42] Tirsoaga, A., El Hamidi, A., Perry, M.B., Caroff, M., Novikov, A.: A rapid, small-scale procedure for the structural characterization of lipid A applied to Citrobacter and Bordetella strains: discovery of a new structural element. J. Lipid Res. **48**, 2419-2427 (2007)

[43] Noble, C.A., Prather, K.A.: Real-time single particle mass spectrometry: a historical review of a quarter century of the chemical analysis of aerosols. Mass Spectrom. Rev. **19**, 248-274 (2000)

[44] Lancashire, L., Schmid, O., Shah, H., Ball, G.: Classification of bacterial species from proteomic data using combinatorial approaches incorporating artificial neural networks, cluster analysis and principal components analysis. Bioinformatics **21**, 2191-2199 (2005)

[45] Yates, J., Gardner, J., Chappell, M., Dow, C.: Identification of bacterial pathogens using quadrupole mass spectrometer data and radial basis function neural networks. IEE Proc.-Sci. Meas. Technol. **152**, 97-102 (2005)

[46] Pierce, C.Y., Barr, J.R., Cody, R.B., Massung, R.F., Woolfitt, A.R., Moura, H., Thompson, H.A., Fernandez, F.M.: Ambient generation of fatty acid methyl ester ions from bacterial whole cells by direct analysis in real time (DART) mass spectrometry. Chem. Commun. 807-809 (2007)

[47] Song, Y., Talaty, N., Tao, W., Pan, Z., Cooks, R.: Rapid ambient mass spectrometric profiling of intact, untreated bacteria using desorption electrospray ionization. Chem. Commun. **7**, 61-63 (2007)

[48] Wilkes, J.G., Rushing, L., Nayak, R., Buzatu, D.A., Sutherland, J.B.: Rapid phenotypic characterization of Salmonella enterica strains by pyrolysis metastable atom bombardment mass spectrometry with multivariate statistical and artificial neural network pattern recognition. J. Microbiol. Methods **61**, 321-334 (2005)

[49] Ecker, D.J., Sampath, R., Massire, C., Blyn, L.B., Hall, T.A., Eshoo, M.W., Hofstadler, S.A.: Ibis T5000: a universal biosensor approach for microbiology. Nat. Rev. Microbiol. **6**, 553-558 (2008)

[50] Ho, Y.P., Reddy, P.M.: Advances in mass spectrometry for the identification of pathogens. Mass Spectrom. Rev. **30**, 1203-1224 (2011)

[51] Du, Z., Yang, R., Guo, Z., Song, Y., Wang, J.: Identification of Staphylococcus aureus and determination of its methicillin resistance by matrix-assisted laser desorption/ionization time-of-flight mass spectrometry. Anal. Chem. **74**, 5487-5491 (2002)

[52] Edwards-Jones, V., Claydon, M.A., Evason, D.J., Walker, J., Fox, A., Gordon, D.: Rapid discrimination between methicillin-sensitive and methicillin-resistant Staphylococcus aureus by intact cell mass spectrometry. J. Med. Microbiol. **49**, 295-300 (2000)

[53] Seng, P., Drancourt, M., Gouriet, F., La Scola, B., Fournier, P.-E., Rolain, J.M., Raoult, D.: Ongoing revolution in bacteriology: routine identification of bacteria by matrix-assisted laser desorption ionization time-of-flight mass spectrometry. Clin. Infect. Dis. **49**, 543-551 (2009)

[54] Yang, Y.C., Yu, H., Xiao, D.W., Liu, H., Hu, Q., Huang, B., Liao, W.J., Huang, W.F.: Rapid identification of Staphylococcus aureus by surface enhanced laser desorption and ionization time of flight mass spectrometry. J. Microbiol. Methods **77**, 202-206 (2009)

[55] Nyunt, M., Pisciotta, J., Feldman, A.B., Thuma, P., Scholl, P.F., Demirev, P.A., Lin, J.S., Shi, L., Kumar, N., Sullivan, D.J.: Detection of Plasmodium falciparum in pregnancy by laser desorption mass spectrometry. Am. J. Trop. Med. Hyg. **73**, 485-490 (2005)

[56] Demirev, P., Feldman, A., Kongkasuriyachai, D., Scholl, P., Sullivan, D., Kumar, N.: Detection of malaria parasites in blood by laser desorption mass spectrometry. Anal. Chem. **74**, 3262-3266 (2002)

[57] Cha, D., Cheng, D.e., Liu, M., Zeng, Z., Hu, X., Guan, W.: Analysis of fatty acids in sputum from patients with pulmonary tuberculosis using gas chromatography‑mass spectrometry preceded by solid-phase microextraction and post-derivatization on the fiber. J. Chromatogr. A **1216**, 1450-1457 (2009)

[58] Hujer, K.M., Hujer, A.M., Endimiani, A., Thomson, J.M., Adams, M.D., Goglin, K., Rather, P.N., Pennella, T.-T.D., Massire, C., Eshoo, M.W.: Rapid determination of quinolone resistance in Acinetobacter spp. J. Clin. Microbiol. **47**, 1436-1442 (2009)

[59] 吴俊忠: 临床微生物学—细菌与霉菌学. 五南图书出版公司，台北(2014)

[60] Amiri-Eliasi, B., Fenselau, C.: Characterization of protein biomarkers desorbed by MALDI from whole fungal cells. Anal. Chem. **73**, 5228-5231 (2001)

[61] Li, T.Y., Liu, B.H., Chen, Y.C.: Characterization of Aspergillus spores by matrix-assisted laser desorption/ionization time-of-flight mass spectrometry. Rapid Commun. Mass Spectrom. **14**, 2393-2400 (2000)

[62] Welham, K., Domin, M., Johnson, K., Jones, L., Ashton, D.: Characterization of fungal spores by laser desorption/ionization time-of-flight mass spectrometry. Rapid Commun. Mass Spectrom. **14**, 307-310 (2000)

[63] Chen, H.Y., Chen, Y.C.: Characterization of intact Penicillium spores by matrix-assisted laser desorption/ionization mass spectrometry. Rapid Commun. Mass Spectrom. **19**, 3564-3568 (2005)

[64] Pan, Y.-L., Chow, N.-H., Chang, T.C., Chang, H.-C.: Identification of lethal Aspergillus at early growth stages based on matrix-assisted laser desorption/ionization time-of-flight mass spectrometry. Diagn. Microbiol. Infect. Dis. **70**, 344- (2011)

[65] Vermeulen, E., Verhaegen, J., Indevuyst, C., Lagrou, K.: Update on the evolving role of MALDI-TOF MS for laboratory diagnosis of fungal infections. Curr. Fungal Infect. Rep. **6**, 206-214 (2012)

[66] Breitbart, M., Rohwer, F.: Here a virus, there a virus, everywhere the same virus? Trends Microbiol. **13**, 278-284 (2005)

[67] Lewis, J.K., Bendahmane, M., Smith, T.J., Beachy, R.N., Siuzdak, G.: Identification of viral mutants by mass spectrometry. Proc. Natl. Acad. Sci. U.S.A. **95**, 8596-8601 (1998)

[68] Kordyukova, L., Serebryakova, M.: Mass spectrometric approaches to study enveloped viruses: new possibilities for structural biology and prophylactic medicine. Biochemistry (Moscow) **77**, 830-842 (2012)

附录 MALDI 基质分子及其用途

基质（CAS 编号）	别名	结构；摩尔质量(g/mol)	pK_a	溶解性	应用
(E)-2-cyano-3-(4-hydroxyphenyl)prop-2-enoate (28166-41-8)	α-cyano-4-hydroxycinnamic acid; CHCA; HCCA; α-CCA; 4-HCCA; α-CHCA; α-Cyano; ACCA	$C_{10}H_7NO_3$ (Average) 189.168 (Monoisotopic) 189.043	1.2	水中溶解度低；溶于甲醇水溶液及极性有机溶剂	低分子量的多肽及蛋白质 (<10 kDa)
(E)-3-(4-chlorophenyl)-2-cyanoacrylic acid (20374-46-3)	ClCCA	$C_{10}H_6ClNO_2$ (Average) 207.613 (Monoisotopic) 207.009	2.3	水中溶解度低	磷脂质及氯胺检测
2,5-dihydroxybenzoic acid (490-79-9)	gentisic acid; 2,5 DHB; DHB	$C_7H_6O_4$ (Average) 154.120 (Monoisotopic) 154.027	2.9	溶于水及极性有机溶剂	小分子、合成聚合物、多肽、糖蛋白、糖脂质（分子量小于 10 kDa）、碳水化合物及离子源衰减实验
1,4-Dihydroxynaphthalene-2-carboxylic acid (31519-22-9)	1,4-dihydroxy-2-naphthoic acid; 1,4-dihydroxy-2-naphthoate; DHNA	$C_{11}H_8O_4$ (Average) 204.179 (Monoisotopic) 204.042	2.4	水中溶解度低	碳水化合物

基质（CAS 编号）	别名	结构；摩尔质量(g/mol)	pK_a	溶解性	应用
2-hydroxy-5-methoxybenzoic acid (2612-02-4)	*m*-Anisic acid; MSA	$C_8H_8O_4$ (Average) 168.147 (Monoisotopic) 168.042	2.5	水中溶解度低	碳水化合物和糖蛋白（MSA 与 2,5-DHB 混合，形成 "Super 2,5-DHB"）
(*E*)-3-(4-hydroxy-3-methoxyphenyl)prop-2-enoic acid (1135-24-6)	4-hydroxy-3-methoxycinnamic acid; Ferulic acid; Ferulate	$C_{10}H_{10}O_4$ (Average) 194.184 (Monoisotopic) 194.058	4.5	溶于乙醇及乙酸乙酯	多肽及蛋白质
3-(4-hydroxy-3,5-dimethoxyphenyl)prop-2-enoic acid (530-59-6)	3,5-dimethoxy-4-hydroxy cinnamic acid; Sinapinic acid; SA	$C_{11}H_{12}O_5$ (Average) 224.210 (Mmonoisotopic) 224.068	4.6	水中溶解度低；溶于甲醇水溶液及极性有机溶剂	分子量介于 10~30 kDa 的多肽及蛋白质
2-[(*E*)-2-(4-hydroxyphenyl)diazen-1-yl]benzoic acid (1634-82-8)	2-(4-hydroxy-phenylaz-o)benzoic acid; HABA; HBABA	$C_{13}H_{10}N_2O_3$ (Average) 242.230 (Monoisotopic) 242.069	3.6	溶于乙醇	多肽及糖蛋白(分子量大于 20 kDa)、全甲基糖脂质及合成聚合物
3-hydroxypyridine-2-carboxylic acid (874-24-8)	3-hydroxypico-linic acid; 3 HPA	$C_6H_5NO_3$ (Average) 139.109 (Monoisotopic) 139.027	1.1	易溶于水	大的寡核苷酸（分子量大于 3.5 kDa）和寡核苷酸加合物
2-aminobenzoic acid (118-92-3)	anthranilic acid; 2-AA	$C_7H_7NO_2$ (Average) 137.136 (Monoisotopic) 137.048	2.1	溶于水及乙醇	寡核苷酸及唾液酸糖蛋白

基质（CAS 编号）	别名	结构；摩尔质量(g/mol)	pK_a	溶解性	应用
1*H*-indole-2-carboxylic acid (1477-50-5)	2-carboxyindole; 2-Indolylformic acid; indole-2-carboxylic acid	$C_9H_7NO_2$ (Average) 161.157 (Monoisotopic) 161.048	4.4	溶于水及乙醇	多肽及蛋白质
pyridine-2-carboxylic acid (98-98-6)	picolinic acid	$C_6H_5NO_2$ (Average) 123.109 (Monoisotopic) 123.032	1.1	溶于水及乙醇	寡核苷酸、唾液酸糖蛋白及蛋白质
pyridine-3-carboxylic acid (59-67-6)	nicotinic acid; niacin; bionic; vitamin B3	$C_6H_5NO_2$ (Average) 123.109 (Monoisotopic) 123.032	2.2	溶于水及乙醇	寡核苷酸、唾液酸糖蛋白及蛋白质
1-(2,4,6-trihydroxyphenyl)ethanone (480-66-0)	2,4,6-trihydroxyaceto-phenone ; THAP	$C_8H_8O_4$ (Average) 168.147 (Monoisotopic) 168.042	7.8	溶于甲醇	小的寡核苷酸 (分子量小于 3.5 kDa)、酸性碳水化合物、酸性糖多肽及酸敏性化合物
1-(2,5-dihydroxyphenyl)ethanone (490-78-8)	2,5-DHA; DHAP	$C_8H_8O_3$ (Average) 152.147 (Monoisotopic) 152.047	9.5	水中溶解度低	多肽及碳水化合物
3-amino-4-hydroxybenzoic acid (1571-72-8)	4-hydroxy-3-aminobenzoic acid;	$C_7H_7NO_3$ (Average) 153.135 (Monoisotopic) 153.043	4.7	易溶于水	碳水化合物

基质（CAS 编号）	别名	结构；摩尔质量(g/mol)	pK_a	溶解性	应用
1,8-dihydroxy-9,10-dihydroanthracen-9-one (1143-38-0)	dithranol; anthralin	$C_{14}H_{10}O_3$ (Average) 226.227 (Monoisotopic) 226.063	7.2	溶于甲醇	非极性聚合物
7-amino-4-methyl-2H-chromen-2-one (79818-52-3)	7-amino-4-methylcoumarin; AMC	$C_{10}H_9NO_2$ (Average) 175.184 (Monoisotopic) 175.063	1.9	溶于丙酮	硫酸化碳水化合物（单硫酸化双糖）
isoquinolin-1-ol (491-30-5)	1-hydroxysoquinoline; isocarbostyril; 1-HIQ	C_9H_7NO (Average) 145.158 (Monoisotopic) 145.053	11.8	水中溶解度低	碳水化合物（1-HIQ 与 2,5-DHB 混合）
3-mercapto-6-methyl-1,2,4-triazin-5-ol (615-76-9)	6-aza-2-thiothymine	$C_4H_5N_3OS$ (Average) 143.167 (Monoisotopic) 143.015	6.3	水中溶解度低	酸性糖类和神经节苷脂
5-chloro-1,3-Benzothiazole-2-thiol (5331-91-9)	5-chloro-2-mercaptobenzothiazole; CMBT	$C_7H_4ClNS_2$ (Average) 201.696 (Monoisotopic) 200.947	6.8	可溶于水	碳水化合物
benzo[d]thiazole-2-thiol (149-30-4)	MBT; 2-MBT	$C_7H_5NS_2$ (Average) 167.251 (Monoisotopic) 166.986	6.9	水中溶解度低；溶于丙酮及氯仿	多肽、小的蛋白质及合成聚合物

基质（CAS 编号）	别名	结构；摩尔质量(g/mol)	pK_a	溶解性	应用
naphthalene-1,5-diamine (2243-62-1)	1,5-diamino-naphthalene; DAN	$C_{10}H_{10}N_2$ (Average) 158.200 (Monoisotopic) 158.084	4.4	微溶于水；溶于乙醇及甲苯	神经节苷脂、含双硫键的多肽及离子源衰减实验
quinolin-3-amine (580-17-6)	3-amino-quinoline; 3-AQ	$C_9H_8N_2$ (Average) 144.173 (Monoisotopic) 144.069	4.9	微溶于热水；溶于甲醇	糖多肽、碳水化合物及磷多肽
acridin-9-amine (90-45-9)	9-aminoacridine; 9-AA	$C_{13}H_{10}N_2$ (Average) 194.232 (Monoisotopic) 194.084	10.0	溶于水、乙醇和甘油	代谢物及糖脂质（负离子模式检测）
1-nitro-9H-carbazole (31438-22-9)	1-nitrocarbazole	$C_{12}H_8N_2O_2$ (Average) 212.204 (Monoisotopic) 212.059	14.7	水中溶解度低	硫酸化碳水化合物

英汉名词对照索引

Electronegativity	电负性	21
Electronic Excited State	电子激发态	29
Electronic Ground State	电子基态	29
Electroosmotic Mobility	电渗淌度	159
Electrospray Ionization，ESI	电喷雾电离	6, 13, 37, 195, 223, 290, 362
Electrospray Laser Desorption Ionization，ELDI	电喷雾激光解吸电离	241, 373
Electrostatic Field	静电场	71
End Cap Electrode	端帽电极	97
Endocrine Disruptor Chemicals，EDCs	内分泌干扰物	354
Energy Dispersion	能量分散	72
Energy Focusing	能量聚焦	71
Enhanced Product Ion	增强产物离子	295
Environmental Monitoring	环境监测	354
Enzymatic Labeling	酶标记	262, 265
Exact Mass	精确质量	5, 188, 331
Excited Atoms	激发态原子	47
Extracted Ion Chromatogram，EIC	提取离子色谱图	162, 244, 261, 289
Extraction/Partitioning	萃取/分配	230
Extractive Electrospray Ionization，EESI	萃取电喷雾电离	374
Extremely High Vacuum	极高真空	167

F

False Discovery Rate，FDR	错误发现率	257
Faraday Cup	法拉第杯	312
Faraday Plate/Cup	法拉第板/杯	173
Fast Atom Bombardment，FAB	快速原子轰击	12, 21, 277
Fast Fourier Transform	快速傅里叶变换	105
Fast Ion Bombardment，FIB	快速离子轰击	22
Field Desorption，FD	场解吸	12
Field-Free Region	无场区	73
Fingerprint Mass Spectra	指纹质谱图	384
Flame Ionization Detector，FID	火焰离子化检测器	149, 220
Flame Photometric Detector，FPD	火焰光度检测器	149
Fourier Transform	傅里叶变换	275
Fourier Transform Ion Cyclotron Resonance，FT-ICR	傅里叶变换离子回旋共振	68, 76, 116, 224

Higher-Energy Collisional Dissociation Cell，HCD Cell	高能碰撞解离池	123
Hybrid Mass Spectrometer	杂合质谱仪	123
Hybrid MS/MS Techniques	混合串联质谱技术	295
Hybrid Quadrupole/Time-of-Flight Mass Spectrometer，QTOF-MS	混合四极杆飞行时间质谱仪	325

I

Image Charge	像电荷	76
Image Current	像电流	79
Imaging Mass Spectrometry，IMS	成像质谱	27, 371
Immobilized Metal Affinity Chromatography，IMAC	固定化金属亲和色谱	269
Immobilized pH Gradient Gel，IPG	固定 pH 梯度凝胶	258
Induction Charge Detector	感应电荷检测器	174
Induction Coil	感应线圈	54
Inductively Coupled Plasma Mass Spectrometry，ICP-MS	电感耦合等离子体质谱	13, 53, 295
Infrared Multiphoton Dissociation，IRMPD	红外多光子解离	141, 143
Insulator Cap	绝缘帽	47
Internal Standard	内标物	42, 267, 288
Ion	离子	1
Ion Activation	离子活化	112, 134
Ion Capacity	离子容量	100
Ion Chemistry	离子化学	109
Ion Chromatogram	离子色谱图	162
Ion Cyclotron Motion	离子回旋运动	77
Ion Cyclotron Resonance	离子回旋共振	68
Ion Enhancement	离子增强	226
Ion Focusing	离子聚焦	97
Ion Guide	离子传输管	97
Ion Mobility Mass Spectrometry，IM-MS	离子淌度质谱	162
Ion/Molecule Reaction	离子/分子反应	12, 304
Ion Motion	离子运动	78
Ion Packet	离子包	79
Ion Pump	离子泵	171
Ion Ratio	离子比率	221
Ion Source	离子源	2, 12, 292
Ion Suppression	离子抑制	226, 368

Ion Trap	离子阱	78, 116
Ionic Clusters	离子团簇	24
Ionization	电离/离子化	1, 53, 115
Ionization Cross Section	离子化截面	15
Ionization Efficiency	离子化效率	15
Ionization Energy，IE	电离能	18
Ionization Gauges	电离真空计	172
Ionization State	离子化态	15
Isobaric Interference	同重元素干扰	317
Isobaric Ions	同重离子	130, 295, 327
Isobaric Tag	同整质量标记	212, 237, 265
Isobaric Tag for Relative and Absolute Quantitation，iTRAQ	相对和绝对定量的同整质量标记	213
Isocratic Elution	等度洗脱	153
Isotope-Coded Affinity Tag，ICAT	同位素编码亲和标签	212, 263
Isotope Ratio Mass Spectrometer，IRMS	同位素比质谱仪	311
Isotope Ratio Mass Spectrometry，IRMS	同位素比质谱	373
Isotopic Dilution Mass Spectrometry，IDMS	同位素稀释质谱	312
Isotopic Ion Cluster	同位素离子团簇	190

L

Laser Ablation	激光烧蚀	53
Laser Desorption Ionization，LDI	激光解吸电离	12, 25
Lift Cell	提升室	116
Limit of Detection，LOD	检测限	204, 220, 290
Limit of Linearity，LOL	线性限	208
Limit of Quantitation，LOQ	定量限	208
Linear Ion Trap，LIT	线性离子阱	104, 121
Linear TOF	线性飞行时间	83
Linked Scan	联动扫描	74
Liquid Chromatography，LC	液相色谱	3, 53, 362, 377
Liquid Chromatography Mass Spectrometry，LC-MS	液相色谱-质谱	145, 153, 221, 287, 326
Liquid Chromatography Tandem Mass Spectrometry，LC-MS/MS	液相色谱-串联质谱	221, 325, 362
Longitudinal Diffusion	纵向扩散	148
Low-Energy Collision	低能碰撞	252
Low-Energy Mass Spectrometer	低能量质谱仪	317

Metabolite Profiling	代谢物轮廓	279
Metabolite Target	目标代谢物	279,325
Metabolome	代谢组	279, 325
Metabolomics	代谢组学	278, 325
Metal-Assisted SIMS	金属辅助二次离子质谱	51
Metastable	亚稳	73
Metastable Ion	亚稳离子	91, 115, 134, 194
Microchannel Plate，MCP	微通道板	178
Mobile Phase	流动相	145
Molecular Ion	分子离子	3, 12, 188
Molecular Weight	分子量	252, 255
Monoisotopic Mass	单一同位素质量	189
Multi-Collector Inductively Plasma Coupled Mass Spectrometry，MC-ICP-MS	多收集器电感耦合等离子体质谱	318
Multiple Path	多重路径	148
Multiple Reaction Monitoring，MRM	多重反应监测	134, 162, 290, 342

N

Nanoelectrospray	纳喷雾	348
Nanoelectrospray Ion Source	纳喷雾离子源	42
NanoFlow LC	纳升级流速液相色谱	154
Nebulizer	雾化器	53
Nebulizer Gas	雾化气体	33
Neutral Fragment	中性碎片	112
Neutral Loss	中性丢失	194
Neutral Loss Fragments	中性丢失碎片	271
Neutral Loss Scan	中性丢失扫描	75, 133, 162, 326
Nitrogen Rule	氮规则	195
Noble Gas Mass Spectrometer	惰性气体质谱仪	314
Nominal Mass	整数质量	5, 188
Non-Targeted	无靶标	7, 57, 203, 224
Nonlinear Photoionization Model	非线性光致电离模型	293
Normal Phase Chromatography	正相色谱	153
Normalization	归一化	281

O

On-Line Enrichment	在线富集	299

Product Ion Spectrum	产物离子谱图	283
Profile Spectrum	轮廓谱图	188
Proteome	蛋白质组	250
Proteomics	蛋白质组学	250
Proton	质子	40
Proton Affinity，PA	质子亲和势	18, 19, 304
Proton Transfer	质子转移	17
Proton Transfer Reaction	质子转移反应	17
Proton Transfer Reaction Mass Spectrometry，PTR-MS	质子转移反应质谱	287, 302, 373
Protonated Molecular Ion	质子化分子离子	197
Protonated Molecule，$[M+H]^+$	质子化分子	223, 326
Protonation	质子化	20, 252
Pyrolysis Mass Spectrometry，Py-MS	裂解质谱	381
Q		
Quadro-Logarithmic Field	四极对数场	106
Quadrupole	四极杆	68, 93
Quadrupole Ion Trap	四极杆离子阱	68, 93
Quadrupole/Time-of-Flight，QTOF	四极杆飞行时间	124, 224
Quadrupole/Time-of-Flight Mass Spectrometer	四极杆飞行时间质谱仪	69
Quantitation Ion	定量离子	221
Quantitation Ion Transition	定量离子转换	223
Quasi-Equilibrium Theory	准平衡理论	135
R		
Radio Frequency，RF	射频	79, 114
Radio Frequency Electric Field	射频电场	76
Radio Frequency Generator	射频发生器	54
Reaction Chamber	反应室	302
Reaction Group	反应基团	263
Reagent Gas	试剂气体	12
Reagent Ion	试剂离子	12
Reconstructed Ion Chromatogram，RIC	重建离子色谱图	162, 289
Reflector	反射器	88
Reflectron TOF	反射飞行时间	88
Relative Abundance	相对丰度	381
Relative Intensity	相对强度	1, 188

Spraying Nozzle	喷嘴	42
Sputter Ion Source	溅射离子源	317
Stable Ion	稳定离子	134
Stable Isotope Dilution，SID	稳定同位素稀释	344
Stable Isotope Labeling	稳定同位素标记	262
Stable Isotope Labeling by Amino Acids in Cell Culture，SILAC	细胞培养中的氨基酸稳定同位素标记	265
Standard Addition Method	标准加入法	42, 210
Stationary Phase	固定相	145
Stretched End Cap Distance Ion Trap	伸长端帽距离子阱	102
Surface-Enhanced Laser Desorption/Ionization，SELDI	表面增强激光解吸电离	371
Surface-Enhanced Laser Desorption/Ionization Mass Spectrometry，SELDI-MS	表面增强激光解吸电离质谱	381
Surface-Induced Dissociation，SID	表面诱导解离	141
Sweet Spot Effect	甜点效应	31

T

Tandem Mass Spectrometer	串联质谱仪	2
Tandem Mass Spectrometry，MS/MS	串联质谱	2, 112, 195, 221, 250
Tandem Mass Spectrometry to the nth Degree，MS^n	多级串联质谱	348
Tandem Mass Spectrum	串联质谱图	4
Tandem Time-of-Flight，TOF/TOF	飞行时间串联质谱仪	114
Taylor Cone	泰勒锥	38
Thermal Conductivity Gauges	热传导真空计	171
Thermal Desorption Electrospray Ionization，TD-ESI	热解吸电喷雾电离	241
Thermal Ionization，TI	热电离	13
Thermal Ionization Mass Spectrometer，TIMS	热电离质谱仪	311, 312
Thermal Ionization Source	热离子源	50
Time Domain	时域	76
Timed Ion Selector，TIS	定时离子选择器	93, 115
Time-Lag Focusing	时间延迟聚焦	86
Time-of-Flight，TOF	飞行时间	68, 83, 224, 351
Top-Down	自上而下	251, 380
Total Ion Chromatogram，TIC	总离子色谱图	162, 289
Transimpedance Amplifier	转阻放大器	174
Trap Column	捕集柱	155
Trapping Plate	捕获电极	76